Nachhaltige Geschäftsmodellinnovationen in sozio-technischen Transitionen

Florian Stokom

Nachhaltige Geschäftsmodellinnovationen in sozio-technischen Transitionen

Eine empirische Untersuchung im Lebensmittel- und Ernährungssektor

Springer Gabler

Florian Stokom
Universität Regensburg
Regensburg, Deutschland

Dissertation zur Erlangung des Grades eines Doktors der Wirtschaftswissenschaft, eingereicht an der Fakultät für Wirtschaftswissenschaften der Universität Regensburg
vorgelegt von Florian Stokom
Berichterstatter: Prof. Dr. Michael Dowling und Prof. Dr. Thomas Steger
Tag der Disputation: 25. Juli 2025

ISBN 978-3-658-50052-8 ISBN 978-3-658-50053-5 (eBook)
https://doi.org/10.1007/978-3-658-50053-5

Die Deutsche Nationalbibliothek verzeichnet diese Publikation in der Deutschen Nationalbibliografie; detaillierte bibliografische Daten sind im Internet über https://portal.dnb.de abrufbar.

Planung/Lektorat: Karina Kowatsch
Springer Gabler ist ein Imprint der eingetragenen Gesellschaft Springer Fachmedien Wiesbaden GmbH und ist ein Teil von Springer Nature.
Die Anschrift der Gesellschaft ist: Abraham-Lincoln-Str. 46, 65189 Wiesbaden, Germany

Vorwort und Danksagung

Liebe Leserinnen und Leser,

nach nunmehr fast vier Jahren intensiver Auseinandersetzung mit nachhaltigem Entrepreneurship, nachhaltigem Management und nachhaltigen Innovationen, ist diese Arbeit weit mehr als eine bloße Bestandsaufnahme dringender ökologischer und gesellschaftlicher Herausforderungen. Sie soll vor allem eines zeigen: Lösungsansätze für eine zukunftsfähige, generationengerechte Entwicklung.

Mich fasziniert an der Nachhaltigkeit im unternehmerischen Kontext vor allem ihr Innovationspotenzial. Während klassische Innovationsansätze primär auf Kundenbedürfnisse und Markterfolg ausgerichtet sind, zwingt Nachhaltigkeit dazu, über den reinen Verkauf hinauszudenken: Wie wird ein Produkt genutzt, wie lange, unter welchen Bedingungen – und was passiert danach? Nachhaltige Innovationen denken diese Fragen systematisch mit. Dieser „natürliche" Gedanke war eigentlich schon immer da – wurde aber lange ignoriert. Heute hingegen verschieben sich die Rollen: Unternehmen können sich ihrer gesellschaftlichen Verantwortung kaum mehr entziehen. Sie sind nicht nur Teil des Problems, sondern auch Teil der Lösung – und stehen mitten in einem sich verändernden gesellschaftlichen Gefüge.

Am Ende sind nachhaltige Innovationen und eine Dissertation gar nicht so unterschiedlich: Beide versuchen, verschiedene Anspruchsgruppen zu erreichen, gesellschaftlichen Mehrwert zu stiften und gleichzeitig die eigene Belastbarkeit nicht aus den Augen zu verlieren – sei es wirtschaftlicher, geistiger oder körperlicher Natur. Vielleicht ist das ihre eigentliche Gemeinsamkeit: der Versuch, etwas

Bleibendes zu schaffen, das im besten Fall mehr bewirkt als nur einen Haken auf der To-do-Liste.

In diesem Sinne möchte ich mich bei den Menschen bedanken, die mich auf diesem Weg begleitet und unterstützt haben – und bei einem besonderen Tier.

Mein besonderer Dank gilt meinen beiden Betreuern, Prof. Dr. Michael Dowling und Prof. Dr. Thomas Steger. Sie standen mir stets mit wertvollem Feedback zur Seite, ermöglichten mir den wissenschaftlichen Austausch auf hohem Niveau und eröffneten mir den Zugang zu einer akademischen Gemeinschaft, in der ich mich entfalten durfte.

Ebenso danke ich meinen Kolleginnen und Kollegen am Lehrstuhl für die anregenden Gespräche – sei es zur fachlichen Reflexion oder als willkommene Ablenkung vom eigenen Forschungsthema. Da eine Promotion nicht nur aus Schreiben besteht, sondern auch von organisatorischen und lehrbezogenen Aufgaben begleitet wird, geht mein aufrichtiger Dank an unser Sekretariat, das nicht nur unsere Arbeit erleichtert, sondern jedes meiner bürokratischen Anliegen mit erstaunlicher Geduld und Effizienz löste.

Meiner Familie und meinen Freundinnen und Freunden danke ich dafür, dass ihr mich in allem unterstützt, was ich mir vornehme, mir mit Rat und Aufmunterung zur Seite steht und mir immer das Gefühl gebt, stolz auf mich zu sein. Eine Promotion ist für mich und mein familiäres Umfeld alles andere als selbstverständlich – umso mehr betrachte ich diese Arbeit nicht nur als mein persönliches Ergebnis, sondern auch als etwas, das mir durch euch erst ermöglicht wurde.

Ich möchte mich besonders bei meiner Freundin (und bald Frau) Maria und unserem Hund Ari bedanken. Ohne euch hätte ich diese Promotion sicher nicht in dieser Form und bei klarem Verstand abgeschlossen. Danke, dass ihr in allen Lebenslagen an meiner Seite seid und an mich glaubt.

Und Ihnen, liebe Leserinnen und Leser: Danke fürs Lesen – und viel Freude bei der Lektüre!

Regensburg
im Mai 2025

Florian Stokom

Competing Interests Der/die Autor*in hat keine für den Inhalt dieses Manuskripts relevanten Interessenkonflikte.

Inhaltsverzeichnis

Abkürzungsverzeichnis

B2B	Business-to-Business
B2C	Business-to-Customer
BoP	Bottom of the Pyramid
CEO	Chief Executive Officer
COVID-19	Coronavirus Disease 2019
CO2	Kohlenstoffdioxid
ERP	Enterprise Resource Planning
ESG	Environmental, Social and Governance
EU	Europäische Union
F&E	Forschung und Entwicklung
GM	Geschäftsmodell(e)
GMI	Geschäftsmodellinnovation(en)
IFS	International Featured Standards
IKT	Informations- und Kommunikationstechnologie
IoT	Internet of Things
ISO	Internationale Organisation für Normung
LEH	Lebensmitteleinzelhandel
m	modifiziert
MLP	Multi-Level-Perspective
NGO	Non-Governmental Organisation
NT	Nachhaltigkeitstransition(en)
P2P	Peer-to-Peer
P	Proposition
PAS	Publicly Available Specification

PSS	Produkt-Service-Systeme
QR	Quick Response
RFID	Radio Frequency Identification
SNM	Strategic Niche Management
TIS	Technological Innovations System
TM	Transition Management
WBCSD	World Business Council for Sustainable Development
ZNU	Zentrum für Nachhaltige Unternehmensführung

Abbildungsverzeichnis

Tabellenverzeichnis

Einführung 1

1.1 Relevanz des Forschungsthemas und Problemstellung

Der Klimawandel und globale Krisen stellen die Welt vor **komplexe und weitreichende Herausforderungen**, die sowohl ökologische als auch soziale Dimensionen umfassen. Die Zunahme extremer Wetterereignisse wie Hitzewellen, Dürren und Überschwemmungen führt nicht nur zu verheerenden Auswirkungen auf Gemeinden, Ökosysteme und Lebensgrundlagen, sondern bedroht auch die wirtschaftliche Stabilität.[1] Prognosen zufolge könnte das globale Bruttoinlandsprodukt bis 2050 um bis zu 18 % sinken, wenn keine wirksamen Maßnahmen gegen den Klimawandel ergriffen werden.[2] Gleichzeitig verschärfen Krisen wie die COVID-19-Pandemie und Kriege soziale Ungleichheiten, Armut, Ernährungsunsicherheit und gesundheitliche Risiken, insbesondere für vulnerable Bevölkerungsgruppen.[3] Das derzeitige, auf **Kurzfristigkeit ausgerichtete Konsum- und Produktionsverhalten** trägt wesentlich zu diesen Problemen bei.[4]

Das World Business Council for Sustainable Development (WBCSD), ein Zusammenschluss hochrangiger Führungskräfte und Unternehmer aus verschiedenen Branchen, formuliert in seiner Vision 2050 einen vermeintlichen Lösungsansatz. Dabei soll die **nachhaltige Transition von Systemen** im Vordergrund stehen,

[1] Vgl. IPCC (2023: 6, 2023: 24); OECD (2024: 46 f., 2024: 10).

[2] Vgl. OECD (2024: 32); Swiss Re Institute (2021: 26).

[3] Vgl. FAO et al. (2024: 22); United Nations Department of Economic and Social Affairs (2024: 24, 2024: 15 f.).

[4] Vgl. IPCC (2021: 12); United Nations Environment Programme (2024: 52 f.).

F. Stokom, *Nachhaltige Geschäftsmodellinnovationen in sozio-technischen Transitionen*, https://doi.org/10.1007/978-3-658-50053-5_1

wobei das ganzheitliche Systemdenken eine zentrale Rolle spielt.[5] Aus wissenschaftlicher Sicht ist dieser Ansatz nicht abwegig: In den letzten zwei Jahrzehnten hat die Forschung zu Nachhaltigkeitstransitionen (NT) erheblich an Bedeutung gewonnen, insbesondere im Bereich der innovations- und technologieorientierten Nachhaltigkeitsforschung.[6] Im Kontext meiner Arbeit sind NT langfristige, multidimensionale und grundlegende gesellschaftliche Transitionsprozesse. Ihr Ziel ist es, etablierte sozio-technische Systeme, die soziale und technische Elemente zur Befriedigung gesellschaftlicher Bedürfnisse wie Energie, Transport oder Ernährung integrieren, in Richtung nachhaltigerer Produktions- und Konsummuster zu verändern. Sie umfassen Anpassungen bei Technologien, Nutzungsgewohnheiten und institutionellen Strukturen.[7] In der Literatur wurden im Laufe der Zeit neue theoretische Bezugsrahmen entwickelt, die das Verständnis von NT erheblich verbessert haben (siehe Abschnitt 2.3). Diese Ansätze betonen die Rolle von Macht, Politik, Kultur und sozialen Bewegungen bei der Gestaltung nachhaltiger Praktiken sowie die Bedeutung lokaler und globaler Kontexte für die Dynamiken von Transitionen.[8]

Eine zentrale Herausforderung ist die Beschleunigung nachhaltiger Transitionsprozesse, insbesondere durch die Überwindung von Widerständen, die Steuerung von Systemtransitionen und die Förderung nachhaltiger Konsum- und Lebensstile.[9] Damit sich sozio-technische Systeme nachhaltig verändern können, müssen sie durch ein neues Konsum- und Produktionsverhalten transformiert werden.[10] Unternehmen spielen dabei als Innovationstreiber eine Schlüsselrolle.[11] Sie schaffen **Geschäftsmodellinnovationen** (GMI), die es ihnen ermöglichen, sich an veränderte Rahmenbedingungen anzupassen und neue Wege der Wertschöpfung zu erschließen.[12] GMI ermöglichen die wirtschaftliche Umsetzung von Technologien und nachhaltigen Lösungen, indem sie Unsicherheiten reduzieren.[13] Darüber hinaus tragen Geschäftsmodelle (GM) zur Verbreitung nachhaltiger Lösungen bei,

---

[5] Vgl. WBCSD (2021: 9).

[6] Vgl. Köhler et al. (2019: 2 f.); Markard, Raven und Truffer (2012: 957); Smith, Voß und Grin (2010: 437).

[7] Vgl. Geels (2019: 187 f.); Markard, Raven und Truffer (2012: 956).

[8] Vgl. Köhler et al. (2019: 21 f.); Markard, Raven und Truffer (2012: 965).

[9] Vgl. Markard (2018: 630 f.); Markard, Geels und Raven (2020: 1 f.).

[10] Vgl. Geels (2019: 187 f.); UN General Assembly (2021: 6 f.); United Nations Environment Programme (2024: 52 f.).

[11] Vgl. Westley et al. (2011: 762).

[12] Vgl. Hoffman, Badiane und Haigh (2012: 141 f.); Koistinen et al. (2018: 121).

[13] Vgl. Chesbrough (2010: 354 f.); Teece (2010: 172 ff.).

indem sie Mehrwert für mehrere Interessengruppen schaffen. Zudem fördern sie die Legitimität nachhaltiger Innovationen und erleichtern ihre Replizierbarkeit.[14] Porter und Kramer (2011) sehen in einer GMI eine Möglichkeit, ihr Konzept des *Shared Value* zu verwirklichen, das ökonomische und soziale Wertschöpfung miteinander verbindet.[15]

Die Forschung zu nachhaltigen GMI hat in den letzten Jahren erheblich an Bedeutung gewonnen, da sie eine entscheidende Rolle bei der Integration ökonomischer, ökologischer und sozialer Ziele in die Unternehmensstrategie spielen.[16] **Nachhaltige GM** basieren auf dem *Triple-Bottom-Line*-Ansatz, der die ökonomische, ökologische und soziale Wertschöpfung berücksichtigt und einen Rahmen bietet, um durch innovative Wertschöpfungslogiken langfristigen Nutzen für alle Stakeholder zu schaffen.[17] In der aktuellen Diskussion um GM rückt eine **systemische Perspektive** in den Vordergrund, in der der Einfluss des sozialen, ökologischen und technologischen Umfelds von Unternehmen näher untersucht wird. Diese Sichtweise reflektiert die zunehmende Komplexität moderner Wertschöpfung, bei der finanzielle, soziale und ökologische Ziele integriert werden.[18] GM werden nicht nur als interne Strukturen betrachtet, sondern auch als Instrumente zur Förderung systemischer Transitionen im Rahmen nachhaltiger Innovationen.[19]

Nachhaltige GMI stehen in einer **komplexen Wechselwirkung** mit ihrem institutionellen Umfeld, das sowohl durch formelle als auch informelle Institutionen geprägt ist. Forschung zeigt, dass kognitive, normative und regulative Institutionen Unternehmen dazu zwingen, sich mit Nachhaltigkeit auseinanderzusetzen, wobei institutionelle Klarheit und Konsistenz eine entscheidende Rolle spielen.[20] Dabei zeigt sich, dass GM stark von politischen, institutionellen und technologischen Rahmenbedingungen geprägt werden.[21] Ohne das Eingreifen auf der Makroebene, etwa durch die Politik, die Barrieren abbaut, können nachhaltige

---

[14] Vgl. Mehrabi, Perez-Mesa und Giagnocavo (2022: 13); Mihailova (2023: 11).

[15] Vgl. Porter und Kramer (2011: 4 f.).

[16] Vgl. Boons et al. (2013: 1 f.); Boons und Lüdeke-Freund (2013: 16 f.); Geissdoerfer, Vladimirova und Evans (2018: 403).

[17] Vgl. Bocken et al. (2014: 42); Lüdeke-Freund (2010: 1).

[18] Vgl. Boons und Lüdeke-Freund (2013: 16 f.); Geissdoerfer, Vladimirova und Evans (2018: 406 f.); Hall und Roelich (2016: 295 f.).

[19] Vgl. Boons et al. (2013: 4); Plewnia und Guenther (2021: 496).

[20] Vgl. Cao, Fang und Sun (2022: 11); Markoff-Legrand, Bocquet und Gandia (2024: 10); Stål und Corvellec (2018: 638).

[21] Vgl. Hall et al. (2022: 2); Planing (2018: 80); Proka, Hisschemöller und Loorbach (2018: 14).

GMI nicht langfristig erfolgreich sein.[22] Neben dem externen Einfluss wirken **GM auch als Treiber für systemische Transitionen**. Sie verbinden Technologien, Akteure und Nutzerpraktiken und fördern dadurch gesellschaftliche und ökologische Ziele. Beispiele aus der *Sharing Economy* zeigen, wie GM neue Konsummuster etablieren und nachhaltige Lösungen kommerzialisieren können. Derartige GMI schaffen nicht nur neue Märkte, sondern fördern auch die soziale Akzeptanz von Innovationen und treiben den Übergang zu nachhaltigen Praktiken voran.[23] Unternehmerische Aktivitäten wie Lobbyarbeit oder der Aufbau neuer Partnerschaften können bestehende Systeme herausfordern und zur Etablierung alternativer Institutionen beitragen.[24]

Die bisherige **Forschung an der Schnittstelle von GM und NT** zeichnet sich vor allem durch eine systemische Perspektive aus. Dabei wird u. a. das GM-Konzept in sozio-technische Transitionsprozesse integriert, wodurch die Funktionalität und Rolle von GMI in NT näher untersucht werden kann.[25] Aus der bisherigen systemischen Perspektive ergibt sich Forschungsbedarf hinsichtlich der Wechselwirkungen zwischen internen Elementen nachhaltiger GM und externen Kräften.[26] Eine stärkere Fokussierung auf **Unternehmer als Analyseeinheit** könnte das Verständnis von GMI deutlich erweitern.[27] Bisherige Forschungsansätze bieten hier nur begrenzte Einblicke und lassen viele praxisrelevante Aspekte unberücksichtigt. Eine fundierte Untersuchung dieser Aspekte ist notwendig, um praxisorientierte Lösungsansätze und Empfehlungen zur Förderung nachhaltiger GM zu entwickeln.[28]

[22] Vgl. Diaz Lopez, Bastein und Tukker (2019: 33); Tschiedel, Feiter und Kock (2024: 18).

[23] Vgl. Bocken et al. (2018: 506 f.); Sarasini und Langeland (2021: 232 f.); Vernay, Sebi und Arroyo (2023: 17).

[24] Vgl. Kallio et al. (2020: 6 f.); Ramos-Mejía und Balanzo (2018: 12 f.); Sarma und Sun (2017: 611 ff.).

[25] Vgl. Bidmon und Knab (2018: 907); Sarasini und Linder (2018: 20 ff.); Trotter und Brophy (2022: 17 ff.).

[26] Vgl. Najmaei und Sadeghinejad (2023: 980); Rauter, Santa-Maria und Schöggl (2022: 38 f.).

[27] Vgl. Koistinen et al. (2018: 120); Trotter und Brophy (2022: 20).

[28] Vgl. Fehrer und Wieland (2021: 617); Kühl et al. (2023: 646); Mehrabi, Perez-Mesa und Giagnocavo (2022: 15); Tschiedel, Feiter und Kock (2024: 21 f.).

1.2 Zielsetzung und Forschungsfragen der Arbeit

In meiner Arbeit verfolge ich eine **handlungsorientierte Mikroperspektive,** um die Entscheidungen von Unternehmern in Bezug auf ihr institutionelles Umfeld zu verstehen und die wechselseitige Beeinflussung zu beleuchten. Konkret liegt der Fokus auf den spezifischen Aktivitäten und strategischen Entscheidungen, die Unternehmen bei der Gestaltung und Umsetzung ihrer nachhaltigen GMI treffen. In der bisherigen Forschung zu GM als Systeminnovationen wird häufig eine Makroperspektive eingenommen, in der Unternehmen und ihre GM als Teil von NT ganzheitlich betrachtet werden.[29] Anstatt Unternehmen primär als passive Empfänger oder Anpasser institutionellen Drucks zu betrachten, wird untersucht, wie sie aktiv auf ihr institutionelles Umfeld einwirken, es wahrnehmen, darauf reagieren und es durch ihre Innovationen und Handlungen mitgestalten und Wandel vorantreiben können. Diese Perspektive beleuchtet somit die Rolle des Unternehmens als Akteur in NT und ergänzt makro- oder systemische Sichtweisen, indem sie die Unternehmensebene in den Mittelpunkt stellt.[30] Verschiedene Forschungsaufrufe weisen auf die Notwendigkeit hin, die Wechselwirkungen zwischen GM und institutionellen Mechanismen zu untersuchen (siehe Tabelle 1.1).[31] Empirische Forschung ist notwendig, um zu verstehen, wie sich GMI, Stakeholder und Netzwerke gegenseitig beeinflussen.[32]

[29] Vgl. Bidmon und Knab (2018: 907); Sarasini und Linder (2018: 20 ff.); Trotter und Brophy (2022: 17 ff.).

[30] Vgl. Levänen, Lyytinen und Gatica (2018: 379); Trotter und Brophy (2022: 20); van Opstal und Smeets (2023: 51); Verleye et al. (2023: 15).

[31] Vgl. Bidmon und Knab (2018: 913); Gregori et al. (2019: 21 f.); van Waes et al. (2018: 1309).

[32] Vgl. Bonfanti et al. (2023: 2504); Planing (2018: 80); Tschiedel, Feiter und Kock (2024: 21 f.).

Tabelle 1.1 Auszug an Forschungsaufrufen zur Thematik[33]

Konkrete Forschungsaufrufe	Quellen/Autoren
„Another promising emerging theme within sustainable business model research is its integration with the wider sustainability transitions literature.“	Rauter, Santa-Maria & Schöggl (2022), S. 38
„Future research should examine the interplay between formal institutional arrangements such as public policy and changes in business models […].“	Sarasini und Langeland (2022), S. 243
„Future work in individual country contexts could focus more strongly on entrepreneurs as a unit of analysis to add an agency-driven perspective to our structural understanding of the conditions for BMI.“	Trotter und Brophy (2022), S. 20
„Future research could explore the actions that actors can take to facilitate effective changes for sustainability due to the logics present.“	Olesson, Nenonen und Newth (2023), S. 248
„Finally, rather than assuming that sustainable business models lead to successful organizations and a more sustainable society, scholars should investigate the outcomes and impact of sustainable business models.“	van Bommel et al. (2020), S. 17
„It would be interesting to study how entrepreneurs balance efforts to weaken the dominant institutional logic […] and efforts to strengthen the alternative logics.“	Vernay, Cartel und Pinkse (2022), S. 441
„There is scope to test whether business model innovation can assist in sustainability transitions or defer radical change.“	Köhler et al. (2019), S. 13
„[…] we need an approach that simultaneously addresses the details of business model activities, institutional features and their interplay.“	Levänen, Lyytinen und Gatica (2018), S. 379

(Fortsetzung)

[33] Eigene Darstellung.

Tabelle 1.1 (Fortsetzung)

Konkrete Forschungsaufrufe	Quellen/Autoren
„Future research needs to better address the role of firms from other industries in both accelerating and delaying sustainability transitions via business model innovation.“	Ruggiero et al. (2021), S. 12
„Regarding future research suggestions, we point to studies based on organizational theories, especially the institutional theory, regarding the various forms of regulations imposed on companies.“	Comin et al. (2020), S. 2042

Basierend auf den Forschungsaufrufen zielt meine Arbeit darauf ab, die **systemische und die unternehmerische Ebene in nachhaltigen Transitionsprozessen zu integrieren**. Von besonderer Bedeutung ist die Untersuchung, wie Unternehmen erfolgreiche nachhaltige GM entwickeln und umsetzen können, und zwar nicht nur auf Unternehmensebene, sondern auch auf Industrie- und Systemebene.[34]

Darüber hinaus ist die **Rolle von Unternehmen bei der Förderung von NT** zu untersuchen. Um die Transition zu einer nachhaltigen Gesellschaft zu unterstützen, ist weitere Forschung erforderlich, um die Rolle und die Auswirkungen nachhaltiger GM auf den Transitionsprozess besser zu verstehen.[35] Dazu gehört auch die Untersuchung strategischer Aktivitäten von Unternehmern, insbesondere im Hinblick auf die Veränderung institutioneller Rahmenbedingungen.[36] Darüber hinaus werden methodische Ansätze zur systematischen Untersuchung von GM in sozio-technischen Systemen weiterentwickelt, einschließlich der Durchführung von *Cross-Case*-Studien und Experteninterviews zur Erhöhung der empirischen Validität.[37]

Aus dem beschriebenen Forschungsbedarf und der wissenschaftlichen Fragestellung lässt sich die folgende Leitfrage der Dissertation ableiten:

---

[34] Vgl. Hausdorf und Timm (2023: 3411); Rauter, Santa-Maria und Schöggl (2022: 38); Susur und Engwall (2023: 28).

[35] Vgl. Dentchev et al. (2016: 3); van Bommel et al. (2020: 17).

[36] Vgl. van Opstal und Smeets (2023: 51); van Waes et al. (2018: 1309); Verleye et al. (2023: 15).

[37] Vgl. Abadzhiev, Sukhov und Johnson (2024: 14); Markoff-Legrand, Bocquet und Gandia (2024: 10 f.); Wagner et al. (2020: 15).

Welche Wechselwirkungen zeigen sich zwischen unternehmerischen Entscheidungen zur Gestaltung und Umsetzung nachhaltiger GMI und dem institutionellen Umfeld?

Voraussetzung für eine zielgerichtete Datenerhebung und zentraler Ansatzpunkt der als Forschungsmethode dienenden Fallstudienmethodik nach Yin (2018) ist die Formulierung weiterer Forschungsfragen.[38] Zunächst soll untersucht werden, wie bestimmte Elemente von GMI und vorangegangene Entscheidungen von Unternehmen zur Gestaltung nachhaltiger GM die Einflussmöglichkeiten dieser als Akteure des institutionellen Wandels beeinflussen. Mit Blick auf die Literatur lässt sich vermuten, dass die Gestaltung von GM nicht nur einen direkten Einfluss auf den Erfolg von Unternehmen hat, sondern auch als Einflussfaktor für deren institutionelle Wirkung von Bedeutung ist.[39] So zeigt sich beispielsweise, dass Unternehmen, die ihre Kunden stärker einbeziehen und innovative GM verfolgen, das direkte Verhalten der Kunden beeinflussen können.[40] Darüber hinaus zeigt sich, dass die Andersartigkeit nachhaltiger GM die Wechselkosten für die Teilnehmer erhöhen kann.[41] Maßnahmen zur Senkung dieser Wechselkosten sind daher nicht nur für den ökonomischen Erfolg der nachhaltigen GMI entscheidend, sondern auch für die soziale Position des Unternehmens in seinem Netzwerk.[42] Da in der bisherigen Literatur nur die Wirkungen branchenspezifischer nachhaltiger GMI auf bestimmte Stakeholdergruppen untersucht wurden[43], sollen in einem ersten Schritt Erfolgsfaktoren und Mechanismen untersucht werden, durch die nachhaltige GMI die institutionellen Aktivitäten von Unternehmen positiv beeinflussen können:

---

[38] Vgl. Agee (2009: 445 f.); Döring (2023: 149); Yin (2018: 2 ff.).

[39] Vgl. Hoffman, Badiane und Haigh (2012: 141 f.); Sułek und Borowski (2024: 14 f.); Verleye et al. (2023: 12 f.).

[40] Vgl. Bocken et al. (2018: 506 f.); Sarasini und Langeland (2021: 232 f.).

[41] Vgl. Tunn et al. (2019: 330 ff.); van Opstal und Smeets (2023: 44); Xia-Bauer et al. (2022: 12 ff.).

[42] Vgl. Amit und Zott (2001: 504 f.); Vernay, Cartel und Pinkse (2022: 425); Zhao et al. (2017: 100 ff.).

[43] Vgl. Brown, Hall und Davis (2020: 7); Midttun und Piccini (2017: 333 f.); Petzer, Wieczorek und Verbong (2020: 265 f.).

Forschungsfrage 1: Wie können Unternehmer durch die Gestaltung nachhaltiger GMI den Wandel ihres institutionellen Umfelds vorantreiben?

Im Zentrum der zweiten Forschungsfrage steht die Annahme, dass sich Institutionen in den alltäglichen Aktivitäten und Entscheidungen von Unternehmen widerspiegeln.[44] Unter **Institutionen** bzw. dem **institutionellen Umfeld** werden in meiner Arbeit im Sinne der neo-institutionalistischen Theorie (eine detaillierte theoretische Fundierung und Einordnung erfolgt in Kapitel 4) die regulativen, normativen und kulturell-kognitiven Rahmenbedingungen verstanden, die das Handeln von Organisationen beeinflussen und formen.[45] Der **institutionelle Wandel** beschreibt die Veränderung dieser Rahmenbedingungen, die – wie in meiner Arbeit beleuchtet – nicht nur externe Einflüsse auf Organisationen darstellen, sondern auch durch das Handeln von Akteuren aktiv mitgestaltet werden können.[46] Institutionen sind demnach keine starren Konzepte, sondern können je nach Umsetzung durch den Akteur auf der Mikroebene interpretiert und in operative Dimensionen übersetzt werden.[47] Diese Entscheidungsfreiheit eröffnet Unternehmern die Möglichkeit, Institutionen durch ihre eigenen Aktivitäten zu verändern, indem sie durch ihre umgesetzten Aktivitäten selbst bestimmen, wie Institutionen interpretiert werden.[48] Die Forschung zu GM zeigt, dass diese als ein *Activity-System* verstanden werden können, das aus Aktivitäten besteht, die im Rahmen eines Unternehmens von bestimmten Akteuren durchgeführt werden und miteinander in Beziehung stehen.[49] Umso mehr liegt es in der Hand des Unternehmers, durch die Gestaltung des GM die eigenen Aktivitäten und Operationen im institutionellen Wandel zu steuern.[50] Da die Aktivitätenperspektive des Unternehmens als Akteur im institutionellen Wandel bisher wenig erforscht ist[51], ergibt sich folgende zweite Forschungsfrage:

---

[44] Vgl. Brinker und Satchwell (2020: 10); Stål und Corvellec (2018: 638).

[45] Vgl. Scott (2013: 56); Wooten und Hoffman (2017: 69 f.); Zucker (1977: 727).

[46] Vgl. Barley und Tolbert (1997: 100 ff.); Bergek, Jacobsson und Sandén (2008: 13 f.); Grin, Rotmans und Schot (2010: 49 ff.); Köhler et al. (2019: 12).

[47] Vgl. Aoki (2007: 26 f.); Grin, Rotmans und Schot (2010: 42 f.).

[48] Vgl. Battilana, Leca und Boxenbaum (2009: 71); Garud und Karnøe (2001: 6 ff.).

[49] Vgl. Amit und Zott (2001: 496); Zott und Amit (2010: 217 ff.).

[50] Vgl. Battilana, Leca und Boxenbaum (2009: 78); Duygan, Stauffacher und Meylan (2019: 18 ff.); Hardy und Maguire (2017: 268 ff.).

[51] Vgl. Levänen, Lyytinen und Gatica (2018: 379); Sarasini und Linder (2018: 25 f.).

Forschungsfrage 2: Welche unternehmerischen Aktivitäten sind bei der Umsetzung nachhaltiger GMI von strategischer Bedeutung, um institutionellen Wandel voranzutreiben?

In der dritten und vierten Forschungsfrage soll der Einfluss des institutionellen Umfelds auf nachhaltige GMI in Unternehmen näher beleuchtet werden. In der dritten Forschungsfrage wird das institutionelle Umfeld zunächst durch eine Unterteilung in **institutionelle Faktoren** und **unternehmensexterne Stakeholdergruppen** konkretisiert. Betrachtet werden Politik, Kunden, Technologien, Wettbewerber und Netzwerke. Diese Faktoren und Gruppen stellen das Umfeld dar, in dem Unternehmen agieren. Die Forschung zeigt, dass nachhaltige GMI durch ihren institutionellen Kontext beeinflusst werden. Einerseits eröffnet dieser Gelegenheiten zur Wertschöpfung, andererseits bewirkt er aber auch direkte Restriktionen hinsichtlich der Umsetzbarkeit von GMI.[52] Mit Blick auf die Literatur lässt sich vermuten, dass dabei verschiedene Elemente des institutionellen Umfelds unterschiedliche Wirkungen entfalten: So zeigt sich, dass politische Rahmenbedingungen Unternehmen dazu zwingen können, ihre GM zu überdenken.[53] Auf der anderen Seite können Transitionen normativer oder kognitiver Rahmenbedingungen, z. B. wenn Kunden ihre Bedürfnisstruktur im Zeitablauf anpassen, neue Möglichkeiten der Wertschöpfung und damit GMI hervorbringen.[54] Die bisherige Forschung zum Einfluss von Institutionen auf nachhaltige GMI betrachtet diese in Form von Regeln, die Unternehmen umgeben und ihr Handeln bestimmen.[55] Um diese Perspektive zu erweitern, soll eine handlungsorientierte Sichtweise aufzeigen, wie diese Regeln in Form von Stakeholdern oder institutionellen Faktoren konkret aus der Wahrnehmung von Unternehmen wirken und GMI beeinflussen. Vor diesem Hintergrund wird die dritte Forschungsfrage wie folgt formuliert:

---

[52] Vgl. Brinker und Satchwell (2020: 10); Kühl et al. (2023: 643 ff.); Provance, Donnelly und Carayannis (2011: 5635 f.).

[53] Vgl. Rezaeian, Pinkse und Rigby (2024a: 10, 2024b: 14); Trotter und Brophy (2022: 17 ff.).

[54] Vgl. Geissdoerfer et al. (2023: 3824); Govindan, Diabat und Madan Shankar (2015: 188); Olesson, Nenonen und Newth (2023: 245); Ruggiero et al. (2021: 9 f.).

[55] Vgl. Bauwens, Hekkert und Kirchherr (2020: 4 ff.); Dreyer et al. (2017: 96 f.); Rezaeian, Pinkse und Rigby (2024a: 10).

Forschungsfrage 3: Welche unternehmensexternen Stakeholder und institutionellen Faktoren sind für die Gestaltung und Umsetzung nachhaltiger GMI von zentraler Bedeutung?

Die vierte und letzte Forschungsfrage zielt schließlich darauf ab, einen Zusammenhang zwischen institutionellen Einflüssen und konkreten Elementen von GMI herzustellen. Mit Blick auf die Literatur lässt sich vermuten, dass das institutionelle Umfeld die eigentliche GMI nicht vollständig beeinflusst, sondern vielmehr Druck auf einzelne Elemente des bestehenden GM ausübt.[56] Beispielsweise führt eine nachhaltigere Bedürfnisstruktur der Kunden dazu, dass Unternehmen eher bereit sind, ihr Produktangebot zu überdenken, ihre Wertschöpfungs- oder Wertlieferungsprozesse jedoch unverändert lassen.[57] Nachhaltige GMI können aus der Neuausrichtung einzelner GM-Elemente oder deren Verknüpfung bestehen.[58] Da in der Forschung wenig Informationen über den detaillierten Einfluss von Institutionen auf konkrete GM-Komponenten zu finden sind, soll mit der letzten Forschungsfrage die „Black-Box" von GMI weiter geöffnet werden[59]:

Forschungsfrage 4: Wie wirkt sich das institutionelle Umfeld von Unternehmen auf die Gestaltung und Umsetzung nachhaltiger GMI aus?

1.3 Forschungsmethodik und -design

In der Forschung liegen bisher erste Untersuchungen zum Zusammenhang zwischen GMI und dem institutionellen Umfeld von Unternehmen vor (siehe Abschnitt 2.3). Darauf aufbauend soll ein Rahmen entwickelt werden, der das Zusammenspiel von Unternehmen bei der Schaffung nachhaltiger GMI und Institutionen umfassend abbildet.

---

[56] Vgl. Joyce und Paquin (2016: 1477); Laasch und Pinkse (2020: 13 f.); Stål und Corvellec (2018: 638).

[57] Vgl. Geissdoerfer et al. (2023: 3824); Todeschini et al. (2017: 761).

[58] Vgl. Geissdoerfer, Vladimirova und Evans (2018: 406 ff.); Shakeel et al. (2020: 8 ff.).

[59] Vgl. Ferreira et al. (2022: 808); Kurek et al. (2023: 14 f.); Pieroni, McAloone und Pigosso (2019: 210 f.); van Bommel et al. (2020: 17).

Die vorliegende Arbeit konzentriert sich auf den **Lebensmittel- und Ernährungssektor** als Kontext für eine empirische Untersuchung. Dieser Sektor ist für die Forschung zu nachhaltigen GMI von hoher Relevanz, da er entscheidend zur Bewältigung globaler Probleme wie den erheblichen Umweltauswirkungen der Lebensmittelproduktion, der Ernährungssicherheit und des hohen Abfallaufkommens beitragen kann.[60] Die Herausforderung, die Lebensmittelproduktion angesichts einer wachsenden Weltbevölkerung zu steigern und zugleich die Nachhaltigkeit entlang der Wertschöpfungskette zu verbessern, schafft ein Spannungsfeld.[61] Dadurch wird der Lebensmittel- und Ernährungssektor zu einem geeigneten Untersuchungskontext für die Wechselwirkungen zwischen nachhaltigen GMI und ihrem institutionellen Umfeld.

Um den komplexen Forschungsgegenstand adäquat zu untersuchen, wurde ein **mehrstufiger, linearer, aber iterativer Forschungsprozess** gewählt.[62] Dieser orientiert sich an der Fallstudienmethodik nach Yin (2018), die sich insbesondere für Phänomene eignet, deren Grenzen zum Kontext – in diesem Fall nachhaltige GM und das institutionelle Umfeld – fließend sind.[63] Das *Multiple-Case-Study*-Design ermöglicht es, durch die Untersuchung mehrerer Unternehmen Muster und Unterschiede in den Wechselwirkungen zu identifizieren.[64] Die gezielte Auswahl der Fälle gewährleistet eine Vielfalt innerhalb eines definierten Rahmens, was die Verallgemeinerbarkeit der Ergebnisse unterstützt.[65]

Der Forschungsprozess gliedert sich in verschiedene Phasen: Beginnend mit der Definition der Forschungsidee und der Einordnung in den aktuellen Forschungsstand werden der Forschungsbedarf identifiziert und die Relevanz der Forschungsfragen begründet. Die präzise Formulierung der Forschungsfrage dient als Leitfaden für alle weiteren Schritte. Darauf aufbauend wird die Forschungsmethodik festgelegt.[66] Im Rahmen der theoretischen Fundierung wird ein Bezugsrahmen entwickelt, der als Teil der Theoriebildung zum Verständnis der Zusammenhänge zwischen theoretischen und empirischen Forschungsergebnissen beitragen soll.[67] Der wissenschaftliche Fokus liegt dabei auf der Literatur zu nachhaltigen GM und NT in sozio-technischen Systemen. Mit Hilfe der

---

[60] Vgl. Barth et al. (2021: 1); Silvia und Truzzi (2020: 15 f.); van Bommel et al. (2020: 10 f.).

[61] Vgl. Barth, Ulvenblad und Ulvenblad (2017: 3).

[62] Vgl. Aspers und Corte (2019: 155).

[63] Vgl. Baxter und Jack (2008: 544 f.); Rashid et al. (2019: 2 f.); Yin (2018: 9 ff.).

[64] Vgl. Eisenhardt und Graebner (2007: 27); Yin (2018: 54 ff.).

[65] Vgl. Robinson (2014: 32); Yin (2018: 45 f.).

[66] Vgl. Döring (2023: 149); Yin (2018: 2 ff.).

[67] Vgl. Yin (2018: 179 ff., 2018: 96).

neo-institutionalistischen Theorie werden Wirkungszusammenhänge in Form von Propositionen formuliert.[68]

Das Forschungsdesign umfasst die Definition der Untersuchungseinheit, die Auswahl der Fälle und die Planung der Datenerhebung.[69] Die Untersuchungseinheit stellt ein Unternehmen mit einer nachhaltigen GMI dar.[70] In der Datenerhebungsphase werden verschiedene Datenquellen trianguliert, um ein umfassendes Bild des Forschungsgegenstandes zu erhalten.[71] Im Anschluss an die Datenerhebung erfolgt die systematische Analyse und Interpretation der Daten zur Beantwortung der Forschungsfragen.[72] Die zuvor formulierten Propositionen werden anhand der Erkenntnisse aus den Fallstudien überprüft und überarbeitet.[73] Abschließend werden die Ergebnisse aufbereitet und der Fachöffentlichkeit präsentiert, wobei die Form der Präsentation an die Zielgruppe und das Publikationsmedium angepasst wird.[74]

Dieser methodische Ansatz liefert wertvolle Einblicke in die komplexen Wechselwirkungen zwischen nachhaltigen GM und ihrem institutionellen Umfeld und trägt zur Theoriebildung in diesem Bereich bei.[75] Ziel ist es, die Forschungsfragen mit Hilfe der Propositionen, des theoretischen Bezugsrahmens und der gesammelten Erkenntnisse zu beantworten.[76]

1.4 Aufbau der Arbeit

Eine gut strukturierte qualitative Forschungsarbeit integriert effektiv theoretische und empirische Komponenten und vermittelt ein umfassendes Verständnis des Forschungsthemas. Der **theoretische Teil** gibt den Rahmen vor, indem er die Forschung in bestehende Literatur und Theorien einordnet, während der **empirische Teil** die Daten und Ergebnisse klar und präzise darstellt. Der Schwerpunkt liegt dabei auf der Zusammenführung von Theorie und Empirie, die dem Erkenntnisgewinn und der Beantwortung der Forschungsfragen dient. Diese

[68] Vgl. Döring (2023: 149 ff.); Yin (2018: 27 ff.).

[69] Vgl. Yin (2018: 24).

[70] Vgl. Yin (2018: 28 ff.).

[71] Vgl. Thurmond (2001: 255 f.); Yin (2018: 110).

[72] Vgl. Yin (2018: 164 f.).

[73] Vgl. Döring (2023: 149 ff.); Yin (2018: 27 ff., 2018: 180).

[74] Vgl. Yin (2018: 219 ff.).

[75] Vgl. Döring (2023: 66).

[76] Vgl. Döring (2023: 16); Yin (2018: 232 ff.).

Struktur sorgt für Klarheit und Relevanz und leistet einen Beitrag zum Fachgebiet (siehe Abbildung 1.1).[77]

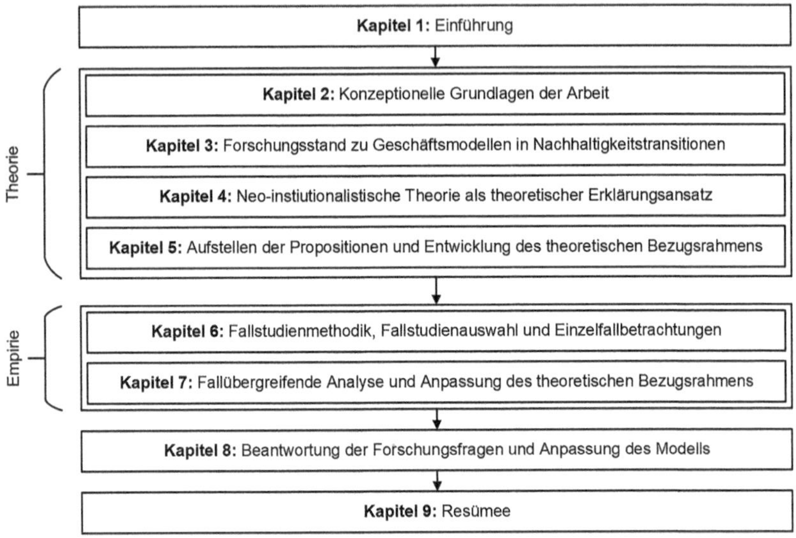

Abbildung 1.1 Aufbau der Arbeit[78]

Zu Beginn der Arbeit in **Kapitel 1** wird der Leser zunächst in die Thematik eingeführt, die Problemstellung wird offengelegt, um daraus die Zielsetzung und schließlich die Forschungsfragen meiner Arbeit abzuleiten. Des Weiteren wird das methodische Vorgehen erläutert.

Zu Beginn des theoretischen Teils in **Kapitel 2** wird in die Thematik der GM im unternehmerischen Kontext eingeführt, indem zunächst eine Herleitung und Definition des Begriffs erfolgt und anschließend auf deren Komponenten und Muster eingegangen wird. Dabei wird zudem die Dynamik von GM in Form von GMI betrachtet. Es folgt eine Überleitung zu nachhaltigen GM, die anschließend in ihrer Funktionalität und Struktur näher betrachtet werden und auf die Differenzierung durch GM-Muster näher eingegangen wird. Auf die Betrachtung nachhaltiger GMI folgt eine Darstellung des Forschungsfeldes und des potenziellen Forschungsbedarfs. Im abschließenden Unterkapitel wird auf NT

[77] Vgl. Denzin (2017: 5 f.); Döring (2023: 25 f.); Edmondson und Mcmanus (2007: 1156).

[78] Eigene Darstellung.

in sozio-technischen Systemen eingegangen, grundlegende Begriffe werden definiert und wichtige Konzepte werden erläutert. Anschließend werden Ansätze zur Darstellung des Transitionsprozesses vorgestellt, bevor Unternehmen als wichtige Akteure des Wandels in den Vordergrund der Argumentation rücken. In **Kapitel 3** folgt eine Darstellung der bisherigen Forschung zu NT und nachhaltigen GM, bevor abschließend der Forschungsbedarf an der Schnittstelle der beiden Literaturbereiche abgeleitet wird.

Inhaltlich besteht **Kapitel 4** aus theoretischen Erklärungsansätzen der Arbeit in Form der neo-institutionalistischen Theorie, die jeweils in die Grundbegriffe Institutionen, institutionelle Logiken und institutionelles Entrepreneurship einführt.

In **Kapitel 5** werden in kritischer Auseinandersetzung mit dem Stand der Forschung Propositionen formuliert und ein theoretischer Bezugsrahmen abgeleitet. Beides dient als Grundlage für die Beantwortung der Forschungsfragen der Arbeit in den folgenden Kapiteln. Anschließend wird in **Kapitel 6** das Forschungsdesign im Rahmen der Fallstudienanalyse erläutert. Dabei wird u. a. die Auswahl der Fallstudien begründet und sechs Einzelfallstudien werden beschrieben und analysiert.

In **Kapitel 7** folgen die Ergebnisse der fallübergreifenden Analyse, die durch die theoretisch gebildeten Propositionen strukturiert wird. **Kapitel 8** dient der Beantwortung der Forschungsfragen und stellt einen modifizierten Bezugsrahmen vor, der detaillierte Einblicke in die Wechselwirkungen zwischen nachhaltigen GMI und ihrem institutionellen Umfeld gibt. Die Arbeit schließt in **Kapitel 9** mit einer Zusammenfassung der Ergebnisse, der Ableitung von Implikationen für Theorie und Praxis sowie der Identifikation von weiterem Forschungsbedarf und Limitationen der Arbeit.

Konzeptionelle Grundlagen der Arbeit 2

Der zentrale Untersuchungsgegenstand meiner Arbeit sind nachhaltige GMI in ihrem institutionellen Kontext. In diesem Kapitel wird anhand einer Literaturübersicht in die wichtigsten Konzepte im Rahmen von GM und NT eingeführt, um ein einheitliches Verständnis beider Forschungsfelder zu vermitteln. Ziel ist es, mit Hilfe von Definitionen und Hintergrundwissen ein Verständnis für GM und NT zu schaffen, das für die Beantwortung der Forschungsfragen notwendig ist.

In Abschnitt 2.1 wird der Leser zunächst in das GM-Konzept eingeführt, wobei der Fokus auf der definitorischen Auseinandersetzung sowie den zentralen Schlagworten liegt. Anschließend wird in Abschnitt 2.2 das Forschungsfeld nachhaltiger GM betrachtet, wobei der Schwerpunkt auf den nachhaltigen GM-Mustern, den einzelnen Forschungsfeldern und dem Forschungsbedarf in diesem Bereich liegt. In Abschnitt 2.3 wird näher auf NT in sozio-technischen Systemen eingegangen, werden Ansätze zur Darstellung des Transitionsprozesses vorgestellt und Unternehmen als zentrale Akteure in NT hervorgehoben.

2.1 Inhalte zu Geschäftsmodellen

Um die Grundlagen für den weiteren Verlauf der Arbeit zu schaffen, wird in diesem Kapitel auf die zeitliche Entwicklung (Abschnitt 2.1.1), Definitionen (Abschnitt 2.1.2), Komponenten und Muster (Abschnitt 2.1.3) des GM-Konzepts

F. Stokom, *Nachhaltige Geschäftsmodellinnovationen in sozio-technischen Transitionen*, https://doi.org/10.1007/978-3-658-50053-5_2

eingegangen und ein dynamischer Blick auf nachhaltige GMI (Abschnitt 2.1.4) geworfen.

2.1.1 Entwicklung des Geschäftsmodell-Konzepts

Im Zuge der fortschreitenden Digitalisierung und des Aufkommens von *E-Business*-Tätigkeiten[1] in den 90er Jahren stiegen die unternehmerischen Möglichkeiten zur Wertschöpfung stark an.[2] GM, damals noch ein medialer Schlagbegriff für die Vielzahl an gewonnenen unternehmerischen Möglichkeiten, sollten erst zu einem späteren Zeitpunkt Einzug in die Wissenschaft finden.[3] Der Einsatz von GMI ist kein exklusives Phänomen der Digitalisierung, sondern findet sich bereits im Kontext der Industrialisierung im 19. Jahrhundert.[4] Um die Jahrtausendwende nahmen GM Einzug in die Forschung, wobei der E-Business-Fokus aus dem vorangegangenen Jahrzehnt erhalten blieb.[5] In den 2000er Jahren hat sich in der Forschung, neben der Verknüpfung von GM mit dem Internet, eine immer stärker vertretene strategische Perspektive entwickelt.[6] Hierin wurden GM als integrativer Bezugsrahmen dargestellt. Beispiele finden sich in Chesbrough und Rosenbloom (2002), einer vielzitierten Fallstudienuntersuchung, in der die beiden Autoren zeigen, wie die Xerox Corporation durch den Einsatz eines effektiven GM ihr Fotokopiergerät marktfähig machte.[7] GM sind hierbei Mediatoren zwischen technologischen Inputs und ökonomischen Outputs.[8] In Hedman und Kalling (2003) integrieren GM als Struktur unternehmensinterne Aspekte und

[1] Der Begriff „E-Business" beschreibt alle unternehmerischen Aktivitäten, die mit Hilfe des Internets getätigt werden (Vgl. Timmers (1998: 3)).

[2] Vgl. Amit und Zott (2001: 493).

[3] Vgl. Chesbrough und Rosenbloom (2002: 532).

[4] Vgl. Teece (2010: 176).

[5] Vgl. Afuah und Tucci (2003: 10); Amit und Zott (2001: 493); Timmers (1998: 3).

[6] Vgl. Chesbrough und Rosenbloom (2002: 550); Hedman und Kalling (2003: 53); Magretta (2002: 90); Osterwalder, Pigneur und Tucci (2005: 9); Wirtz et al. (2016: 37).

[7] Vgl. Chesbrough und Rosenbloom (2002: 529).

[8] Vgl. Chesbrough und Rosenbloom (2002: 536).

wandeln dabei Ressourcen durch Aktivitäten in marktfähige Produkte und Angebote um.[9] Osterwalder, Pigneur und Tucci (2005) beschreiben GM als Bauplan für die Gestaltung und Umsetzung der Unternehmensstruktur und -systeme, die die operative und physische Gestalt des Unternehmens ausmachen. Sie integrieren strategische, organisatorische und technologische Aspekte eines Unternehmens, welche einem stetigen Druck von außen ausgesetzt sind, wie beispielsweise den Wettbewerbskräften, dem sozialen Wandel, dem technologischen Wandel, der Meinung der Kunden und dem rechtlichen Umfeld.[10] Mitte bis Ende der 2000er Jahre nahm das wissenschaftliche Interesse an GM stetig zu, wobei die akademische Forschung im Kontext von veröffentlichten Artikeln weiterhin hinter der Praxis zurückblieb.[11] Vor allem in der Wirtschaftspresse hat die Verwendung des Begriffs im Laufe der Zeit deutlich zugenommen.[12]

Im letzten Jahrzehnt hat sich ein zunehmend einheitliches Grundverständnis von GM herausgebildet. Das Abstraktionsniveau des Konzepts war nicht mehr technologisch und detailorientiert, sondern das GM wurde zunehmend als Abbild des gesamten Unternehmens verstanden.[13] Dabei wird sowohl eine Wettbewerbs- als auch eine unternehmensinterne Perspektive in den eigentlichen Unternehmensfokus integriert.[14] Es herrscht zunehmend Einigkeit unter Forschern darüber, welche Rolle GM innerhalb bestehender Unternehmenskonzepte, wie beispielsweise der Strategie, spielen.[15] Das wissenschaftliche Interesse an GM ist im Laufe der Zeit stetig gewachsen. Die Forschung auf diesem Gebiet hat von Literaturanalysen (siehe u. a. Shafer, Smith & Linder (2005), Zott, Amit & Massa (2011) und Wirtz et al. (2016)), kritischen Literaturübersichten (siehe u. a. DaSilva & Trkman (2014), Klang, Wallnöfer & Hacklin (2014) und Massa, Tucci & Afuah (2014)) und Sonderausgaben wissenschaftlicher Zeitschriften (u. a. Long Range Planning (2010, 2018), Strategic Entrepreneurship Journal (2015) und Organization & Environment (2016)) profitiert.

[9] Vgl. Hedman und Kalling (2003: 53).

[10] Vgl. Osterwalder, Pigneur und Tucci (2005: 8).

[11] Vgl. Zott, Amit und Massa (2011: 1022).

[12] Vgl. Wirtz et al. (2016: 37).

[13] Vgl. Amit und Zott (2001: 514); Wirtz et al. (2016: 38); Zott und Amit (2010: 220).

[14] Vgl. Osterwalder und Pigneur (2010: 15).

[15] Vgl. Wirtz et al. (2016: 38).

2.1.2 Definitorische Betrachtung des Geschäftsmodell-Konzepts

Die Entstehung verschiedener „Silos“ in der GM-Literatur hat dazu geführt, dass im Laufe der Jahre bestimmte Sichtweisen auf GM die Definitionsansätze geprägt haben.[16] Tabelle 2.1 listet bekannte Definitionen des Begriffs auf. In den Anfangsjahren der GM-Literatur wurden GM im Kontext des E-Business verwendet, um innovative Unternehmen zu klassifizieren und zu beschreiben, wie sie das Internet zur Umsetzung ihrer Geschäftsidee nutzen. Wirtz et al. (2016) klassifizieren die damalige Forschungssicht auf GM als **technologieorientiert.**[17] Später wurde GM allgemeiner und universeller betrachtet.[18] Dabei wird zwischen strategisch und organisatorisch orientierten Definitionen unterschieden. **Organisationsorientierte** Definitionen verstehen GM als Instrument zur Abstraktion des gesamten Unternehmens. Sie beziehen sich meist auf interne Prozesse, Ressourcen oder die Organisation des Unternehmens im Allgemeinen. **Strategieorientierte** Definitionen beziehen darüber hinaus den Kontext des Unternehmens mit ein. Sie thematisieren Marktpositionierung, Unternehmensgrenzen, Stakeholder, Netzwerke und Wettbewerbsvorteile.[19] Die Entwicklung der GM-Definitionen lässt die Beobachtung zu, dass sich diese gerade in ihrem Abstraktionsniveau unterscheiden.[20] Während sich in technologieorientierten Definitionen GM meist auf einzelne Prozesse oder Teilbereiche eines Unternehmens fokussieren, erweitern organisatorisch orientierte Definitionen diese Sicht auf das gesamte Unternehmen als Wertschöpfungssystem. Strategisch orientierte Definitionen beziehen darüber hinaus ganze Wertschöpfungsnetzwerke mit ein.[21]

---

[16] Vgl. Zott, Amit und Massa (2011: 1034).

[17] Vgl. Wirtz et al. (2016: 37).

[18] Vgl. Peric, Durkin und Vitezic (2017: 3 f.).

[19] Vgl. Wirtz et al. (2016: 37 ff.).

[20] Vgl. Foss und Saebi (2018: 12).

[21] Vgl. Peric, Durkin und Vitezic (2017: 4); Wirtz et al. (2016: 38).

Tabelle 2.1 Ausgewählte Definitionen des Begriffs „Geschäftsmodell“[22]

Autor(en) (Jahr)	Definitionen	Kategorien
Timmers (1998), S. 4	„Definition of a business model: An architecture of the product, service and information flows, including a description of the various business actors and their roles; A description of the potential benefits for the various business actors; A description of the sources of revenues.“	Technologieorientiert
Amit und Zott (2001), S. 493	„A business model depicts the design of transaction content, structure, and governance so as to create value through the exploitation of business opportunities.“	Technologieorientiert
Osterwalder und Pigneur (2010), S. 14	„A business model describes the rationale of how an organization creates, delivers, and captures value.“	Organisationsorientiert
Baden-Fuller und Morgan (2010), S. 167	„[…] business models have a multivalent character as models. They can be found as exemplar role models that might be copied, or presented as nutshell descriptions of a business organisation: simplified, short-hand descriptions equivalent to scale models.	Organisationsorientiert
Richardson (2008), S. 136	„Business model can be seen as the conceptual and architectural implementation of a business strategy and as the foundation for the implementation of business processes. The business model framework is organized around the concept of value.“	Strategieorientiert

(Fortsetzung)

[22] Eigene Darstellung.

Tabelle 2.1 (Fortsetzung)

Autor(en) (Jahr)	Definitionen	Kategorien
Teece (2010), S. 179	„A business model articulates the logic, the data and other evidence that support a value proposition for the customer, and a viable structure of revenues and costs for the enterprise delivering that value."	Strategieorientiert
Casadesus-Masanell und Ricart (2010), S. 196	„Business Model refers to the logic of the firm, the way it operates and how it creates value for its stakeholders."	Strategieorientiert

Neben dem Abstraktionsniveau lassen sich GM-Definitionen auch in die ihnen zugrundeliegenden Konzepte unterteilen.[23] So verwendet ein bedeutender Teil der Forschung in ihrer GM-Definition eine wertorientierte Sicht nach Richardson (2008).[24] Im Zusammenhang mit GM kann Wert als der Nutzen definiert werden, den ein Unternehmen seinen Kunden durch seine Produkte oder Dienstleistungen bietet und für den die Kunden zu zahlen bereit sind.[25] Dies beinhaltet das Design oder die Architektur der Mechanismen zur Schaffung, Bereitstellung und Aneignung von Wert, die ein Unternehmen einsetzt. Das Wesen eines GM liegt in der Art und Weise, wie es den Kunden einen Wert bietet, sie dazu bringt, für diesen Wert zu bezahlen, und diese Zahlungen in Gewinne umwandelt.[26] Wert in GM wird durch die Begriffe Wertangebot, Wertschöpfung, Wertlieferung und Wertaneigung konzeptualisiert. Das **Wertangebot** bezieht sich auf das Versprechen, dem Kunden einen Wert zu liefern, während die **Wertschöpfung** die Prozesse umfasst, die den Wert von Produkten oder Dienstleistungen erhöhen. Die **Wertlieferung** umfasst die Aktivitäten, die die Bereitstellung von Wert für den Kunden erleichtern, und die **Wertaneigung** ist der Prozess, bei dem ein Teil dieses Wertes in Form von Gewinn einbehalten wird.[27]

Andere Teile der Forschung gehen davon aus, dass GM aus zwei Elementen bestehen: den Aktivitäten, die das Unternehmen durchführt, und den Ergebnissen,

---

[23] Vgl. Lambert und Davidson (2013: 669 f.).

[24] Vgl. Geissdoerfer, Vladimirova und Evans (2018: 402).

[25] Vgl. Lindgreen und Wynstra (2005: 736 f.).

[26] Vgl. Teece (2010: 172 ff.).

[27] Vgl. Biloshapka und Osiyevskyy (2018: 166 f.); Richardson (2008: 138 ff.); Yang et al. (2017: 1794).

die aus der Durchführung dieser Aktivitäten resultieren.[28] Sie fokussieren sich dabei weniger stark auf das Ergebnis, das sich vor allem in einer wertorientierten Sichtweise durchgesetzt hat, sondern auf Aktivitäten, die ein Unternehmen durchführt, wann es sie durchführt, wie es sie durchführt, wer sie durchführt und die Ressourcen/Fähigkeiten, die es dazu einsetzt.[29] GM sind dabei Attribute realer Unternehmen und tragen durch wertschöpfende Aktivitäten zur Schaffung und/oder Aneignung von Wert bei. Dies ermöglicht es aus wissenschaftlicher Sicht, Hypothesen über die Rolle von GM bei der Erklärung von Unterschieden in der Unternehmensleistung aufzustellen und empirisch zu testen.[30]

In meiner Arbeit lege ich die Definition von GM nach Teece (2010) zugrunde. Diese Entscheidung wurde aus mehreren Gründen getroffen: Teece' Definition basiert auf einer wertorientierten Perspektive, die sich gerade im Kontext nachhaltiger GM in den letzten Jahren in der Forschung durchgesetzt hat.[31] Zudem vereint sie diese mit strategischen Implikationen und liefert damit einen umfassenden Bezugsrahmen für die Analyse. Teece adressiert sowohl die interne Logik eines GM als auch die empirisch belegbare Struktur von Kosten und Erlösen. Dadurch ist seine Definition sowohl theoretisch fundiert als auch praktisch operationalisierbar. Er hebt insbesondere die Rolle von Daten und Evidenz bei der Validierung des Wertversprechens hervor und betont die ökonomische Tragfähigkeit der Wertschöpfungsstruktur.[32] Teece (2010) definiert GM wie folgt:

> *„A business model articulates the logic, the data and other evidence that support a value proposition for the customer, and a viable structure of revenues and costs for the enterprise delivering that value.“*[33]

[28] Vgl. Lambert und Davidson (2013: 669).

[29] Vgl. Afuah und Tucci (2003: 4); Amit und Zott (2001: 496); Zott und Amit (2010: 217 ff.).

[30] Vgl. Massa, Tucci und Afuah (2017: 78 ff.).

[31] Vgl. Bocken et al. (2014: 42); Geissdoerfer, Vladimirova und Evans (2018: 402); Schaltegger, Hansen und Lüdeke-Freund (2016: 6).

[32] Vgl. Teece (2010: 172 ff.).

[33] Teece (2010: 179).

2.1.3 Komponenten und Muster von Geschäftsmodellen

GM-Muster und GM-Komponenten haben das gemeinsame Ziel, einen strukturierten Weg zum Verständnis und zur Verbesserung von GM zu bieten.[34] Beide Konzepte betonen die Bedeutung von Kernprozessen, Interaktionen und Beziehungen zwischen verschiedenen Komponenten.[35] Muster bieten einen wiederverwendbaren und praktischen Ansatz für das Design und die Innovation von GM, während Komponenten eine detaillierte Aufschlüsselung der Elemente bieten, aus denen ein GM besteht.[36]

Studien legen nahe, dass die **Komponenten eines GM** in verschiedene Aspekte, Elemente und Dimensionen unterteilt werden können.[37] In Tabelle 2.2 findet sich eine Übersicht von unterschiedlichen Perspektiven verschiedener Autoren auf die Komponenten eines GM.

Tabelle 2.2 Übersicht von Perspektiven auf Geschäftsmodellkomponenten[38]

Perspektive	Beispiele von Geschäftsmodellkomponenten	Quellen
Strategisch	Strategische Entscheidungen, Netzwerke, Wertschöpfung, Wertaneigung, Marktpositionierung	z. B. Shafer, Smith und Linder (2005)
Strukturell	Inhalt, Struktur, Steuerung	z. B. Amit und Zott (2010)
Operativ	Lieferanten, Partner, Kunden, Wertangebot, Kundensegmente, Kundenbeziehungen, Vertriebskanäle, Ertragsströme, Schlüsselaktivitäten, Schlüsselressourcen, Kostenstruktur, Partner	z. B. Osterwalder und Pigneur (2010)
Kontextuell	Ressourcendimension, Transaktionsdimension, Wertdimension	z. B. George und Bock (2011)

[34] Vgl. Lüdeke-Freund et al. (2018: 148); Wirtz et al. (2016: 41 f.).

[35] Vgl. Hedman und Kalling (2003: 53 f.); Remané et al. (2017: 20 ff.); Shafer, Smith und Linder (2005: 202).

[36] Vgl. Abdelkafi, Makhotin und Posselt (2013: 14); Demil und Lecocq (2010: 227).

[37] Vgl. Massa, Tucci und Afuah (2017: 87 f.); Shafer, Smith und Linder (2005: 200 ff.); Wirtz et al. (2016: 41 ff.).

[38] Eigene Darstellung.

Strategische Aspekte eines GM umfassen beispielsweise strategische Entscheidungen, Netzwerke, Wertschöpfung und Wertaneignung.[39] GM werden hier als direkte Umsetzung der Strategie verstanden und entscheiden in ihrer Umsetzung über den Erfolg oder Misserfolg von Unternehmen.[40] Sie beinhalten strategische Entscheidungen über die Positionierung in Märkten.[41] Wertschöpfungsnetzwerke, Partnernetzwerke und Interaktionen mit anderen Organisationen sind dabei wesentliche Bestandteile von GM.[42] Autoren wie Hedman und Kalling (2003), Demil und Lecocq (2010) und Zott und Amit (2010) betonen vor allem **strukturelle Elemente** wie Kunden, Wettbewerber, Angebote, Aktivitäten, Organisation, Ressourcen und die Marktinteraktion.[43] Laut Amit und Zott (2001, 2010) kann die Architektur eines GM anhand von Designelementen wie Inhalt, Struktur und Steuerung dargestellt werden. Der Inhalt bezieht sich dabei auf die Auswahl der durchgeführten Aktivitäten im Rahmen der Wertschöpfung. Die Struktur beschreibt, wie die Aktivitäten verknüpft sind und ihre Bedeutung für das GM. Die Steuerung bezieht sich darauf, wer die Aktivitäten ausführt. Diese Elemente sind oft miteinander verflochten und beeinflussen sich gegenseitig.[44] Aus der strukturellen Sicht auf GM-Komponenten ist es entscheidend, ein Verständnis für Kunden und Wettbewerber aufzubauen und zu verstehen, wie die einzelnen Elemente des GM dazu dienen, Produkte und Dienstleistungen zu erstellen und an den Kunden zu bringen.[45] Die Unterteilung von GM in **operative Dimensionen** geht meist mit dem Ziel einher, GM nach außen kommunizierbar zu machen. Dabei werden die wichtigsten Dimensionen von GM herausgearbeitet, um deren Komplexität und Verständlichkeit für Außenstehende zu vereinfachen.[46] Doz und Kosonen (2010) heben vor allem die Bedeutung operativer Beziehungen mit z. B. Lieferanten, Partnern oder Kunden hervor. Osterwalder und Pigneur (2010) stellen in ihrem *Business Model Canvas* insgesamt neun verschiedene

[39] Vgl. Mason und Spring (2011: 1034 ff.); Roome und Louche (2016: 14); Shafer, Smith und Linder (2005: 200 ff.).

[40] Vgl. Casadesus-Masanell und Ricart (2010: 204); Massa, Tucci und Afuah (2017: 79 f.).

[41] Vgl. McGrath (2010: 247 ff.); Shafer, Smith und Linder (2005: 202).

[42] Vgl. Chesbrough und Rosenbloom (2002: 534 f.); Dahan et al. (2010: 328 ff.); Osterwalder, Pigneur und Tucci (2005: 10 f.); Wells (2016: 37 ff.).

[43] Vgl. Demil und Lecocq (2010: 234 f.); Hedman und Kalling (2003: 52 ff.); Zott und Amit (2010: 220 f.).

[44] Vgl. Amit und Zott (2001: 511); Zott und Amit (2010: 220 f.).

[45] Vgl. Afuah und Tucci (2003: 4); Hedman und Kalling (2003: 52 ff.); Zott und Amit (2010: 217 ff.).

[46] Vgl. Chesbrough (2010: 360 ff.); Doz und Kosonen (2010: 370 f.); Massa, Tucci und Afuah (2017: 84).

Dimensionen von GM dar: das Wertangebot, die Kundensegmente, die Kundenbeziehungen, die Vertriebskanäle, die Ertragsströme, die Schlüsselaktivitäten, die Schlüsselressourcen, die Kostenstruktur und die Partner eines Unternehmens.[47]

Einige Autoren berücksichtigen neben den bereits genannten Perspektiven auch den **spezifischen Kontext** oder die **Branche** in ihrer Komponentensicht. So betonen einige Studien die Bedeutung von Informationstechnologien oder Technologien im Allgemeinen, während andere Autoren GM aus der Perspektive eines gesamten Forschungsfeldes betrachten, wie z. B. in der Literatur zu Entrepreneurship und Marketing.[48] Für George und Bock (2011) besteht ein GM im Kontext der Entrepreneurship-Forschung aus einer Ressourcen-, einer Transaktions- und einer Wertdimension, die mit unternehmerischen Eigenschaften wie unternehmerischem Denken, der gemeinsamen Schaffung von Möglichkeiten und organisatorischen Ergebnissen verbunden sind.[49]

Studien zeigen, dass **GM-Muster** erfolgreiche, wiederkehrende Lösungen oder Handlungsabläufe sind, die als Blaupause für neue GM dienen können.[50] Sie werden in verschiedene Kategorien eingeteilt, wie z. B. die Kreislaufwirtschaft, Nachhaltigkeit, die Sharing Economy und branchenspezifische Muster.[51] GM-Muster gewinnen als Mittel zur Strukturierung von Wissen zunehmend an Bedeutung. Sie dienen der Komplexitätsreduktion und erleichtern die Kommunikation in Innovationsprozessen. GM-Muster können ganze GM oder einzelne Komponenten beschreiben und sind auf die gesamte Wertschöpfung, Wertlieferung und Wertaneignung ausgerichtet.[52] Darüber hinaus erklären Abdelkafi, Makhotin und Posselet (2013) und Amshoff et al. (2015), dass Muster kombiniert werden können, um verschiedene Teile eines Problems zu lösen, und dass sie verallgemeinert werden können, um in verschiedenen Kontexten wiederverwendet zu werden.[53]

---

[47] Vgl. Osterwalder und Pigneur (2010: 42).

[48] Vgl. Chesbrough und Rosenbloom (2002: 532 ff.); Ehret, Kashyap und Wirtz (2013: 650 ff.); George und Bock (2011: 83); Mason und Spring (2011: 1034 ff.); Wirtz, Schilke und Ullrich (2010: 274 ff.).

[49] Vgl. George und Bock (2011: 105 ff.).

[50] Vgl. Abdelkafi, Makhotin und Posselt (2013: 34 f.); Remané et al. (2017: 1); Weking et al. (2020: 447).

[51] Vgl. Amshoff et al. (2015: 19); Bocken et al. (2014: 47 f.); Curtis (2021: 1656 f.); Lüdeke-Freund, Gold und Bocken (2019: 53 f.).

[52] Vgl. Abdelkafi, Makhotin und Posselt (2013: 1); Amshoff et al. (2015: 1); Lüdeke-Freund et al. (2018: 148); Remané et al. (2017: 1).

[53] Vgl. Abdelkafi, Makhotin und Posselt (2013: 34 f.); Amshoff et al. (2015: 4).

Gassmann et al. (2014) verwenden einen „Wer-Was-Wie-Warum"-Strukturrahmen, um 55 GM-Muster zu beschreiben. Die Autoren stellen zunächst Fragen bezüglich der Kunden („Wer?"). Hierbei wird analysiert, welche Kunden und Kundensegmente hauptsächlich bedient werden und welche Arten von Beziehungen diese Kunden erwarten. Fragen in der Kategorie „Was?" beziehen sich auf das Wertangebot des Unternehmens. Hierbei wird untersucht, welche Kundenprobleme gelöst und welche Bedürfnisse erfüllt werden. „Wie?"-Fragen beziehen sich auf die Wertschöpfungskette des Unternehmens. Es wird analysiert, welche Schlüsselressourcen, wie physische, finanzielle und intellektuelle Ressourcen, hinter dem Wertangebot stehen und welche Kompetenzen und Aktivitäten dafür notwendig sind. Abschließend wird mit „Warum?"-Fragen der Gewinnmechanismus des Unternehmens untersucht. Es wird erläutert, wie die Einnahmen generiert werden, wofür die Kunden bereit sind zu zahlen und schließlich wird auf die Kosten eingegangen.[54] Remane et al. (2017) verwenden in ihrer Forschung den *Business Model Canvas* nach Osterwalder und Pigneur (2010) und entwickeln insgesamt 182 GM-Muster. Mit ihrer entworfenen Datenbank von GM-Mustern soll die Komplexität von Innovationsprozessen von GM erheblich reduziert werden, da sie hilft, die relevanten Muster für einen bestimmten Zweck in Abhängigkeit von der spezifischen Situation des innovativen Unternehmens zu ermitteln. Ausgangspunkt kann hierbei eine grobe Geschäftsidee oder eine technologische Innovation sein.[55] Weitere Einordnungen für GM-Muster finden sich meist in der Literatur zu nachhaltigen GM. Bocken et al. (2014), Geissdoerfer et al. (2018) und Lüdeke-Freund et al. (2018) klassifizieren nachhaltige GM anhand ihres ökologischen und sozialen Beitrags, ihres zugrundeliegenden Kontexts (z. B. Kreislaufwirtschaft, Produkt-Service-Systeme oder Sozialunternehmen) oder ihres Innovationstyps (z. B. technologische Innovation oder organisatorische Innovation).[56]

2.1.4 Geschäftsmodellinnovationen

GMI sind für Unternehmen von zentraler Bedeutung, um langfristig wettbewerbsfähig zu bleiben, sich flexibel an dynamische Umweltbedingungen anzupassen

[54] Vgl. Gassmann, Frankenberger und Choudury (2014: 28 f.).

[55] Vgl. Remané et al. (2017: 22 f.).

[56] Vgl. Bocken et al. (2014: 47 f.); Geissdoerfer, Vladimirova und Evans (2018: 406 ff.); Lüdeke-Freund et al. (2018: 149 ff.).

und nachhaltiges Wachstum zu ermöglichen. In einer zunehmend volatilen, unsicheren und komplexen Unternehmensumwelt stellen GMI sicher, dass Unternehmen auch unter diesen veränderten Bedingungen relevant und effektiv bleiben.[57] Das zugrunde liegende Konzept des GM fungiert dabei als ganzheitlicher Rahmen, in dem Innovationen nicht nur als technologische Neuerungen, sondern auch als systemische Veränderungen verstanden werden können. Untersuchungen zeigen, dass selbst identische Technologien oder Ideen – je nach GM – zu unterschiedlich erfolgreichen wirtschaftlichen Ergebnissen führen können.[58] Ein schneller und erfolgreicher Übergang zu neuen GM wird daher als zentrale Quelle für Wettbewerbsvorteile betrachtet.[59]

In der GMI-Forschung haben sich im Laufe der Zeit zwei grundlegende Perspektiven herausgebildet: eine ergebnisorientierte und eine prozessorientierte Sichtweise.[60] **Die ergebnisorientierte Perspektive** betrachtet GMI als abgeschlossene Resultate und ist meist deskriptiver Natur.[61] Sie fokussiert sich auf die retrospektive Analyse bestimmter innovativer GM-Muster, die in spezifischen Märkten (z. B. in Ländern mit niedrigem Einkommen[62]) oder Branchen (z. B. Energiewirtschaft[63]) entstehen. Diese Studien liefern wertvolle Einblicke in das „Was" der GMI – also in deren Ausgestaltung und Kontextbedingungen.[64] Demgegenüber nimmt die **prozessorientierte Perspektive** eine dynamische Sichtweise ein. Sie untersucht, „Wie" GMI entstehen und welche internen und externen Einflussfaktoren deren Entstehung begünstigen oder hemmen.[65] Beispiele hierfür sind Artikel, die sich mit den verschiedenen Phasen eines GMI-Prozesses befassen[66] oder verschiedene Kontextfaktoren wie Fähigkeiten oder Prozesse zur Unterstützung von GMI behandeln.[67]

---

[57] Vgl. Schneider und Spieth (2013: 1 ff.).

[58] Vgl. Chesbrough (2010: 354 f.); Teece (2010: 172 ff.).

[59] Vgl. Boons und Lüdeke-Freund (2013: 10 f.); Geissdoerfer, Vladimirova und Evans (2018: 401).

[60] Vgl. Foss und Saebi (2017: 207); Schneider und Spieth (2013: 25).

[61] Vgl. Abdelkafi, Makhotin und Posselt (2013: 1); Bucherer, Eisert und Gassmann (2012: 183); Gambardella und McGahan (2010: 262).

[62] Vgl. Yunus, Moingeon und Lehmann-Ortega (2010: 318 ff.).

[63] Vgl. Richter (2013: 1235 f.).

[64] Vgl. Foss und Saebi (2017: 207).

[65] Vgl. Demil und Lecocq (2010: 227); Doz und Kosonen (2010: 370); Foss und Saebi (2017: 207); Schneider und Spieth (2013: 9).

[66] Vgl. Frankenberger et al. (2013: 249).

[67] Vgl. Achtenhagen, Melin und Naldi (2013: 427).

Neben diesen unterschiedlichen Perspektiven variiert auch die definitorische Abgrenzung von GMI erheblich. Zwei wesentliche Dimensionen lassen sich dabei identifizieren[68]:

(1) **Neuartigkeit:** Während einige Autoren GMI als Neuerungen auf Unternehmensebene verstehen[69], betonen andere, dass Innovationen mindestens für eine gesamte Branche neuartig sein müssen.[70]
(2) **Umfang der Veränderung:** Es existieren unterschiedliche Auffassungen darüber, ob eine Veränderung bereits bei einer einzelnen Komponente ausreicht, um als GMI zu gelten[71], oder ob ein Mindestmaß an Umfang erforderlich ist (z. B. mindestens zwei Komponenten[72] oder die gesamte Architektur[73]).

Angesichts dieser definitorischen Unklarheiten folge ich in meiner Arbeit der Definition von Foss und Saebi (2017). Diese stellt einen ausgewogenen Mittelweg in Bezug auf die Neuartigkeit und den Umfang der GMI dar. Aufbauend auf einer systematischen Literaturanalyse und einem theoretischen Bezugsrahmen, der sowohl auslösende als auch moderierende Einflussfaktoren sowie mögliche Auswirkungen von GMI beschreibt[74], definieren Foss und Saebi (2017) GMI als:

> „*designed, novel, and nontrivial changes to the key elements of a firm's BM and/or the architecture linking these elements*"[75]

Treiber und strategische Relevanz von Geschäftsmodellinnovationen
Treiber für GMI können vielfältiger Natur sein, sowohl extern als auch intern, und auf unterschiedlichen Ebenen verortet werden.[76] Externe Faktoren, die Veränderungen in GM anstoßen, umfassen beispielsweise die sich wandelnden Anforderungen

---

[68] Vgl. Foss und Saebi (2017: 211) Vgl. Foss und Saebi (2018: 15).
[69] Vgl. Osterwalder, Pigneur und Tucci (2005: 16).
[70] Vgl. Santos, Spector und van der Heyden (2009: 14).
[71] Vgl. Amit und Zott (2012: 44); Schneider und Spieth (2013: 4).
[72] Vgl. Lindgart et al. (2009: 1 f.).
[73] Vgl. Yunus, Moingeon und Lehmann-Ortega (2010: 312).
[74] Vgl. Foss und Saebi (2017: 201).
[75] Foss und Saebi (2017: 216).
[76] Vgl. Foss und Saebi (2017: 217).

von Stakeholdern[77], sowie Veränderungen im Wettbewerbsumfeld[78] oder neue technologische Gelegenheiten[79]. Eine zentrale Erkenntnis ist, dass die Bedeutung und Relevanz dieser externen Faktoren je nach Art und Komplexität der GMI variieren können. Während evolutionäre oder adaptive Innovationen eher auf kleinere, schrittweise Anpassungen reagieren, erfordern komplexere Formen von GMI möglicherweise tiefgreifendere Veränderungen, die durch größere externe Schocks oder technologische Durchbrüche ausgelöst werden.[80] Auf der internen Seite bieten die Literatur zu *dynamischen Fähigkeiten*[81] und *Open Innovation*[82] wertvolle Ansätze.[83] Teece (2007) argumentiert, dass sich die dynamischen Fähigkeiten eines Unternehmens in die folgenden drei Bereiche unterteilen lassen: die Fähigkeit, Chancen und Bedrohungen zu erkennen, Chancen zu ergreifen sowie die Wettbewerbsfähigkeit durch Anpassung und Reorganisation von Ressourcen aufrechtzuerhalten. Diese Fähigkeiten können als wesentliche interne Treiber für GMI betrachtet werden.[84] Die Literatur zur Open Innovation unterstreicht zudem die enge Verzahnung zwischen Unternehmensstrategie und GM. Spezifische Formen von Open Innovation erfordern oft spezifische GM, sodass eine strategische Neuausrichtung, wie die Implementierung von Open Innovation, auch eine entsprechende Anpassung des GM notwendig macht.[85]

Erfolgreiche GMI basieren in der Regel auf der gezielten Nutzung interner Kompetenzen und externer Gelegenheiten. Dabei spielt die Integration unterschiedlicher Wissens- und Technologiequellen eine zentrale Rolle, um nachhaltige Wettbewerbsvorteile zu schaffen.[86] Unternehmen stehen jedoch vor der Herausforderung, bestehende Strukturen, GM und kognitive Barrieren zu überwinden, um ihre GM erfolgreich zu erneuern. In diesem Zusammenhang erweisen sich eine

[77] Vgl. Ferreira et al. (2013: 1093); Mason und Spring (2011: 1039 f.).

[78] Vgl. de Reuver et al. (2009: 284 f.).

[79] Vgl. Wirtz, Schilke und Ullrich (2010: 272).

[80] Vgl. Foss und Saebi (2017: 217).

[81] Dynamische Fähigkeiten beschreiben die Kapazitäten eines Unternehmens, interne und externe Kompetenzen zu integrieren, aufzubauen und neu zu konfigurieren, um schnell veränderten Umgebungen erfolgreich zu begegnen (Vgl. Teece, Pisano und Shuen (1997: 516)).

[82] Open Innovation ist ein Konzept der Innovationsforschung, das davon ausgeht, dass Unternehmen sowohl externe als auch interne Ideen sowie interne und externe Wege zum Markt nutzen können und sollten, um ihre Technologie voranzubringen (Vgl. Chesbrough (2006: 1)).

[83] Vgl. Chesbrough und Appleyard (2007: 57 f.); Teece (2007: 1329 ff., 2010: 190 f.).

[84] Vgl. Wirtz, Schilke und Ullrich (2010: 272).

[85] Vgl. Chesbrough und Appleyard (2007: 64 ff.).

[86] Vgl. Souto (2015: 152 f.).

effektive Führung und ein effektives Management des organisatorischen Wandels als entscheidend, um diese Hindernisse zu überwinden und den Innovationsprozess voranzutreiben.[87] Ein entscheidender Schritt für GMI ist die Wahrnehmung und Akzeptanz neuer kontextueller und konzeptioneller Rahmenbedingungen. Amit und Zott (2015) identifizieren in diesem Zusammenhang die Berücksichtigung der Bedürfnisse und Ziele aller Stakeholder, deren Einbindung und den kreativen Umgang mit umweltbedingten Einschränkungen als wichtige Quelle für GMI.[88] Schließlich ist eine unternehmerische Perspektive für GMI von besonderer Bedeutung, insbesondere für neu gegründete und technologiebasierte Unternehmen. Diese Perspektive ermöglicht es, klare Grenzen zu ziehen, Produkte und Dienstleistungen präzise zu definieren und fundierte Entscheidungen zu treffen, was letztlich die Erfolgschancen deutlich erhöht.[89]

GMI werden in der Forschung als bedeutender Faktor für den Unternehmenserfolg und die langfristige Wettbewerbsfähigkeit gesehen.[90] Ein Teilforschungsfeld beschäftigt sich daher mit den **Auswirkungen von GMI auf das Unternehmen**. Verschiedene Studien argumentieren, dass innovative GM entscheidend dazu beitragen können, die Wettbewerbsfähigkeit eines Unternehmens zu steigern, indem sie beispielsweise einen höheren Wert für spezifische Kundensegmente schaffen und effizientere Kostenstrukturen ermöglichen.[91] Darüber hinaus kann ein gut durchdachtes Ertragsmodell dem Unternehmen einen größeren Anteil am geschaffenen Wert sichern, was zu einem nachhaltigen Wettbewerbsvorteil führt.[92] Die Forschung zeigt, dass sich GMI im Hinblick auf den erzielten unternehmerischen Erfolg unterscheiden lassen.[93] Neben den Auswirkungen von GMI, die sich auf die Unternehmen selbst beziehen, werden in der Forschung auch die **Auswirkungen von GMI auf das externe Unternehmensumfeld** thematisiert.[94] Beispielsweise können GMI einen Wandel in Branchen auslösen, indem sie aufstrebende Märkte

[87] Vgl. Chesbrough (2010: 360 ff.); Schneider und Spieth (2013: 5 f.).

[88] Vgl. Amit und Zott (2015: 345 ff.).

[89] Vgl. Schneider und Spieth (2013: 20); Trimi und Berbegal-Mirabent (2012: 449).

[90] Vgl. Zott und Amit (2007: 194 f.).

[91] Vgl. Chesbrough (2007: 23 f.); Chesbrough (2010: 360 ff.); Keiningham et al. (2020: 431).

[92] Vgl. Baden-Fuller und Mangematin (2013: 420 ff.); Visnjic, Wiengarten und Neely (2016: 45 f.).

[93] Vgl. Zott und Amit (2007: 181).

[94] Vgl. Schneider und Spieth (2013: 14).

stärken, Reaktionen von Wettbewerbern hervorrufen oder den Erfolg von Technologien vorantreiben.[95] Erfolgreiche GM werden mit größerer Wahrscheinlichkeit von Wettbewerbern imitiert oder kopiert.[96]

2.2 Inhalte zu nachhaltigen Geschäftsmodellen

Im Folgenden wird zunächst die Entstehung nachhaltiger GM betrachtet (Abschnitt 2.2.1), bevor auf die Definition eingegangen wird (Abschnitt 2.2.2). Anschließend erfolgt eine Betrachtung der Komponenten (Abschnitt 2.2.3) und Muster (Abschnitt 2.2.4) nachhaltiger GM, bevor in Abschnitt 2.2.5 nachhaltige GMI betrachtet werden. Abschließend wird ein Blick auf Forschungsfelder (Abschnitt 2.2.6) und Forschungsbedarf (Abschnitt 2.2.7) in der Literatur zu nachhaltigen GM geworfen.

2.2.1 Entwicklung des nachhaltigen Geschäftsmodell-Konzepts

Forschung im Bereich nachhaltiger GM hat in den letzten Jahren stark an Bedeutung gewonnen, da sowohl Unternehmen als auch Forscher die Notwendigkeit erkannt haben, Nachhaltigkeit in zentrale Geschäftsstrategien zu integrieren.[97] Konventionelle GM, die sich primär auf die Bereitstellung, Schaffung und Erhaltung von Werten konzentrieren, werden zunehmend durch die Forderung nach unternehmerischer Nachhaltigkeit in Frage gestellt.[98] Dieser Wandel wird durch die Erkenntnis vorangetrieben, dass eine nachhaltige Entwicklung radikale und systemische Innovationen erfordert, die durch das Konzept der GM effektiver umgesetzt werden können.[99] Unternehmen, die nachhaltige GM erfolgreich implementieren, tragen nicht nur zur Lösung aktueller ökologischer und

[95] Vgl. Casadesus-Masanell und Zhu (2010: 1484); Gambardella und McGahan (2010: 269 f.); Sabatier, Craig-Kennard und Mangematin (2012: 958).

[96] Vgl. Baden-Fuller und Morgan (2010: 157 ff.); Teece (2010: 179).

[97] Vgl. Geissdoerfer, Vladimirova und Evans (2018: 403).

[98] Vgl. Lozano (2018: 1159).

[99] Vgl. Boons et al. (2013: 1); Boons und Lüdeke-Freund (2013: 16 f.).

sozialer Herausforderungen bei, sondern profitieren auch langfristig von einer nachhaltigeren und stabileren Wertschöpfung.[100]

Die Forschung zeigt, dass die Integration von Nachhaltigkeit in das GM eines Unternehmens ein wirksames Mittel ist, um nachhaltige Entwicklung zu fördern.[101] Nachhaltige GM verfolgen einen **Triple-Bottom-Line-Ansatz,** der die ökonomische, ökologische und soziale Wertschöpfung berücksichtigt. Nachhaltige GMI zielen darauf ab, Nachhaltigkeit in die Unternehmensziele und -prozesse zu integrieren und dienen als wichtiger Faktor für Wettbewerbsvorteile.[102] Der Erfolg nachhaltiger GMI hängt stark von der Fähigkeit der Unternehmen ab, diese neue Wertschöpfungslogik in ihre Geschäftsstrategien zu integrieren und ein Gleichgewicht zwischen ökologischen, sozialen und ökonomischen Anforderungen zu finden.[103] Sie können sowohl in etablierten Unternehmen als auch in Start-ups umgesetzt werden, um durch eine sorgfältige Neugestaltung des Unternehmenszwecks und der Wertschöpfungslogik nachhaltige Ergebnisse zu erzielen.[104] Die Integration von Nachhaltigkeit in GM geht dabei über die bloße Maximierung des Shareholder-Values hinaus und fokussiert darauf, den langfristigen Nutzen für alle Stakeholder zu maximieren.[105] Dies erfordert eine Neuausrichtung des Unternehmenszwecks und ein erweitertes Verständnis von „Wert“, das auch die Bedürfnisse und Interessen aller Stakeholder berücksichtigt.[106] Der Erfolg solcher GM wird an der Berücksichtigung des Wohlergehens der Stakeholder und der Schaffung eines gemeinsamen Wertes für die Gesellschaft gemessen.[107]

In der Literatur lassen sich häufig **Überschneidungen zwischen Konzepten** für *Corporate Sustainability*[108] und der nachhaltigen GM-Forschung beobachten.

---

[100] Vgl. Lüdeke-Freund (2010: 23); Schaltegger, Lüdeke-Freund und Hansen (2012: 111).

[101] Vgl. Stubbs und Cocklin (2008: 104 ff.).

[102] Vgl. Bocken et al. (2014: 42); Lüdeke-Freund (2010: 1).

[103] Vgl. Bocken et al. (2013: 485); Boons et al. (2013: 3); Boons und Lüdeke-Freund (2013: 13).

[104] Vgl. Porter und Kramer (2011: 7); Stubbs und Cocklin (2008: 122 ff.).

[105] Vgl. Geissdoerfer, Vladimirova und Evans (2018: 404); Stubbs und Cocklin (2008: 122).

[106] Vgl. Bocken et al. (2014: 42 f.); Schaltegger, Lüdeke-Freund und Hansen (2012: 96 ff.); Stubbs und Cocklin (2008: 115 f.).

[107] Vgl. Evans et al. (2017: 599 f.); Schaltegger und Wagner (2011: 225).

[108] Corporate Sustainability beschreibt ein vielschichtiges Konzept, das wirtschaftliche, soziale und ökologische Überlegungen in den strategischen Rahmen eines Unternehmens integriert, um dessen langfristige Lebensfähigkeit und Erfolg zu gewährleisten (Vgl. Dyllick und Hockerts (2002: 131 f.)).

Beide Konzepte zielen darauf ab, organisatorische Ansätze, Unternehmenssysteme, Stakeholder und Nachhaltigkeitsdimensionen zu integrieren, um eine ganzheitlichere und systematischere Perspektive auf Nachhaltigkeit zu bieten.[109] Die Stakeholder-Theorie, die die Bedeutung der Berücksichtigung der Interessen aller Stakeholder betont, ist ebenfalls ein wesentlicher Bestandteil der Entwicklung und Umsetzung von nachhaltigen GM. Nachhaltige GM zeichnen sich dadurch aus, dass sie den Schwerpunkt auf die Integration der Stakeholder legen, insbesondere auf die Partizipation der Nutzer an der nachhaltigen Wertschöpfung.[110] Nachhaltige GM sind zudem eng mit dem Konzept der nachhaltigen Innovation verbunden. Radikale und systemische Innovationen sind für eine nachhaltige Entwicklung unerlässlich, und der Rahmen für GM bietet einen strukturierten Ansatz für die Planung und Umsetzung solcher Innovationen. Diese Verbindung ermöglicht es Unternehmen, die Wechselwirkungen zwischen verschiedenen Aspekten ihrer Geschäftstätigkeit und den größeren Produktions- und Konsumsystemen, in denen sie tätig sind, zu bewerten.[111]

Lüdeke-Freund (2010) sieht nachhaltige GM als Ergebnis ökologischer Innovationen und nachhaltiger Unternehmensstrategien.[112] Dieser Ansatz deckt sich mit den Überlegungen von Casadesus-Masanell und Ricart (2010), die GM als Instrument zur Umsetzung strategischer Unternehmensziele und zur Förderung von Innovationen verstehen.[113] Lüdeke-Freund und Dembek (2017) argumentieren, dass die Forschung zu nachhaltigen GM maßgeblich von dem zunehmenden Bestreben nach nachhaltiger Entwicklung geprägt ist. Sie charakterisieren das **Forschungsfeld als integrativ**, das gleichzeitig von etablierten Feldern abhängt und über diese hinausgeht. Die Darstellung in Abbildung 2.1 positioniert das „Sustainable business model field" im Zentrum und umgibt es mit mehreren etablierten Feldern: dem „Traditional business model field", das sich mit klassischen GM-Konzepten befasst, dem „Design field", das Ansätze wie Design Thinking und die Entwicklung nützlicher Werkzeuge für GMI beisteuert, dem „Corporate sustainability field", das sich auf betriebliche Nachhaltigkeitsaspekte und -management konzentriert. Zusätzlich ist das „X field" dargestellt. Es dient als Platzhalter und signalisiert, dass die integrative Rolle des nachhaltigen GM-Feldes nicht auf die explizit genannten Felder beschränkt ist, sondern sich auf

[109] Vgl. Evans et al. (2017: 604); Lozano (2018: 1159 f.).

[110] Vgl. Evans et al. (2017: 599 ff.); Joyce und Paquin (2016: 1477).

[111] Vgl. Boons und Lüdeke-Freund (2013: 16 f.); Geissdoerfer, Vladimirova und Evans (2018: 406 f.).

[112] Vgl. Lüdeke-Freund (2010: 23).

[113] Vgl. Casadesus-Masanell und Ricart (2010: 195).

weitere relevante etablierte Felder und Disziplinen erstreckt. Dies können beispielsweise das strategische Management oder die Organisationstheorie sein, aber auch die Naturwissenschaften, die Soziologie oder die Psychologie, von denen das nachhaltige GM-Feld Wissen und Methoden integriert. Die Verbindungen zwischen dem nachhaltigen GM-Feld und den umgebenden Feldern in Abbildung 2.1 symbolisieren den intensiven Austausch sowie die Integration von Überzeugungen, Konzepten, Werkzeugen und Ressourcen.[114]

Aktuelle Arbeiten zeigen eine zunehmende Vernetzung der Forschung zu nachhaltigen GM mit den Bereichen Entrepreneurship, Innovation, Kreislaufwirtschaft und strategischem Nachhaltigkeitsmanagement. Sie zeigen, dass nachhaltige GM zunehmend als innovative Antworten auf globale Nachhaltigkeitsherausforderungen verstanden werden und in der unternehmerischen Praxis eine wesentliche Rolle spielen.[115]

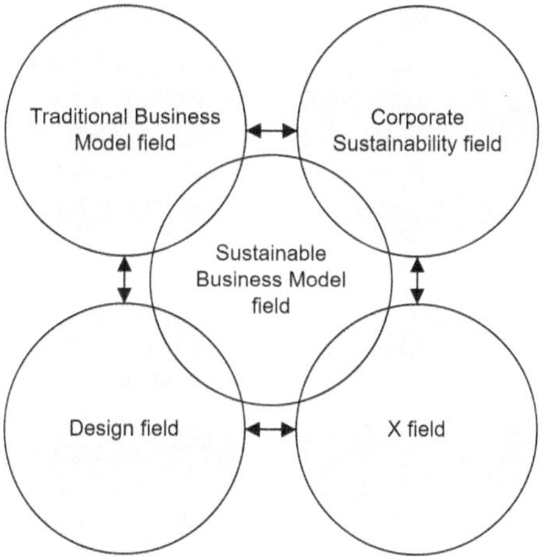

Abbildung 2.1 Nachhaltige Geschäftsmodelle als integratives Forschungsfeld[116]

[114] Vgl. Lüdeke-Freund und Dembek (2017: 1674 ff.).

[115] Vgl. Centobelli et al. (2020: 1746 f.); Lüdeke-Freund (2020: 676 ff.); Rauter, Santa-Maria und Schöggl (2022: 37 ff.).

[116] Lüdeke-Freund und Dembek (2017: 1676).

2.2.2 Definitorische Betrachtung des nachhaltigen Geschäftsmodellkonzepts

Die in Tabelle 2.3 dargestellten verschiedenen Definitionen nachhaltiger GM spiegeln eine Vielzahl von Perspektiven wider. Trotz unterschiedlicher theoretischer Hintergründe und Schwerpunktsetzungen zeigen sie eine deutliche konzeptionelle Übereinstimmung, insbesondere im Hinblick auf die Integration ökologischer, sozialer und ökonomischer Zielsetzungen. Ähnlich wie in der allgemeinen GM-Forschung existiert auch im Bereich nachhaltiger GM bislang keine einheitlich

Tabelle 2.3 Ausgewählte Definitionen des Begriffs „nachhaltiges Geschäftsmodell"[117]

Quelle	Definitionen
Stubbs und Cocklin (2008), S. 103	„[...] a model where sustainability concepts shape the driving force of the firm and its decision making [so that] the dominant neoclassical model of the firm is transformed, rather than supplemented, by social and environmental priorities."
Bocken et al. (2014), S. 42	„Sustainable business models incorporate a triple bottom line approach and consider a wide range of stakeholder interests, including environment and society."
Abdelkafi und Täuscher (2016), S. 75	„[business models for sustainability] incorporate sustainability as an integral part of the company's value proposition and value creation logic. As such, business models for sustainability provide value to the customer and to the natural environment and/or society."
Schaltegger, Hansen und Lüdeke-Freund (2016), S. 6	„A business model for sustainability helps describing, analyzing, managing, and communicating (i) a company's sustainable value proposition to its customers, and all other stakeholders, (ii) how it creates and delivers this value, (iii) and how it captures economic value while maintaining or regenerating natural, social, and economic capital beyond its organizational boundaries."

(Fortsetzung)

[117] Eigene Darstellung.

Tabelle 2.3 (Fortsetzung)

Quelle	Definitionen
Upward und Jones (2016), S. 105 f.	„Thus, the business model is reformulated as a systemic model of necessary and sufficient concepts that both describe and guide the business as a social system within its containing systems of economy, society, and environment. To achieve strongly sustainable or flourishing outcomes, a business model must recognize the functional integration of required critical components with all its containing systems."
Evans et al. (2017), S. 605	[Nachhaltige Geschäftsmodelle erfüllen fünf Annahmen]: „1. Sustainable value incorporates economic, social and environmental benefits conceptualised as value forms. 2. Sustainable business models require a system of sustainable value flows among multiple stakeholders including the natural environment and society as primary stakeholders. 3. Sustainable business models require a value network with a new purpose, design and governance. 4. Sustainable business models require a systemic consideration of stakeholder interests and responsibilities for mutual value creation. 5.Internalizing externalities through product-service systems enables innovation towards sustainable business models."
Geissdoerfer, Vladimirova und Evans (2018), S. 403 f.	„[…] we define sustainable business models as business models that incorporate pro-active multi-stakeholder management, the creation of monetary and non-monetary value for a broad range of stakeholders, and hold a long-term perspective."

anerkannte Definition.[118] Dennoch lassen sich aus der Vielzahl der Vorschläge zentrale gemeinsame Merkmale ableiten, die eine begründete Herleitung einer Arbeitsdefinition ermöglichen.

[118] Vgl. Geissdoerfer, Vladimirova und Evans (2018: 403); Lozano (2018: 1160 f.); Rauter, Santa-Maria und Schöggl (2022: 28); Todeschini et al. (2017: 759).

Ein wesentliches gemeinsames Merkmal aller betrachteten Definitionen ist die Integration von **ökonomischer, ökologischer und sozialer Wertschöpfung.**[119] Autoren wie z. B. Stubbs und Cocklin (2008) und Schaltegger, Hansen und Lüdeke-Freund (2016) betonen, dass Unternehmen nicht nur ökonomische Gewinne erzielen, sondern auch soziale und ökologische Werte schaffen sollen.[120] Dies wird besonders deutlich in der Idee, die Natur als wichtigen Stakeholder zu behandeln oder in der Forderung, einen messbaren ökologischen und sozialen Mehrwert zu schaffen.[121] Diese Gemeinsamkeit spiegelt die Erkenntnis wider, dass Unternehmen ihre Verantwortung nicht nur gegenüber ihren Eigentümern und Aktionären, sondern auch gegenüber der Gesellschaft und der Umwelt wahrnehmen müssen.[122]

Trotz dieser gemeinsamen Basis unterscheiden sich die Modelle hinsichtlich der konkreten Ausgestaltung nachhaltiger GM. Während Stubbs und Cocklin (2008) einen systemischen Ansatz verfolgen, der alle Unternehmensebenen – von der Vision über die Entscheidungsprozesse bis hin zur Berichterstattung – transformieren soll[123], betonen Bocken et al. (2014) vor allem technologische Innovation und Ressourceneffizienz.[124] Dies verweist auf unterschiedliche Verständnisse der Transformationslogik: Während einige Ansätze eher strategisch und kulturell geprägt sind, legen andere den Fokus auf operative und technologische Aspekte. Auch die Integration der sozialen Dimension erfolgt unterschiedlich: Während sie bei Schaltegger et al. (2016) eine gleichberechtigte Rolle spielt, wird sie bei Abdelkafi und Täuscher (2016) eher implizit über die Kundenbeziehung vermittelt.[125]

---

[119] Vgl. van Bommel et al. (2020: 4).

[120] Vgl. Boons und Lüdeke-Freund (2013: 13); Schaltegger, Hansen und Lüdeke-Freund (2016: 5 f.); Stubbs und Cocklin (2008: 121).

[121] Vgl. Boons und Lüdeke-Freund (2013: 17); Stubbs und Cocklin (2008: 122).

[122] Vgl. Geissdoerfer, Vladimirova und Evans (2018: 404).

[123] Vgl. Stubbs und Cocklin (2008: 122 ff.).

[124] Vgl. Bocken et al. (2014: 43 f.).

[125] Vgl. Abdelkafi und Täuscher (2016: 77); Schaltegger, Hansen und Lüdeke-Freund (2016: 5 f.).

Darüber hinaus teilen alle Ansätze die Überzeugung, dass **Stakeholder** eine zentrale Rolle in nachhaltigen GM spielen.[126] Die Definitionen unterscheiden sich jedoch in der Breite und Tiefe der Berücksichtigung von Stakeholdern. Während Stubbs und Cocklin (2008) sowie Schaltegger, Hansen und Lüdeke-Freund (2016) alle relevanten internen und externen Stakeholder in ihre Modelle einbeziehen, fokussieren sich Bocken et al. (2014) stärker auf spezifische externe Stakeholder wie Lieferanten und Kunden.[127] Der Fokus auf externe Stakeholder unterstreicht die Bedeutung von Partnerschaften und Verantwortung entlang der Wertschöpfungskette, insbesondere im Hinblick auf die ökologischen und sozialen Auswirkungen des Unternehmens.[128] Die Ansätze von Evans et al. (2017) sowie Stubbs und Cocklin (2008) betonen, dass nachhaltige GM nicht isoliert betrachtet werden können, sondern als Teil eines Netzwerks interner und externer Stakeholder existieren.[129] Evans et al. (2017) betonen insbesondere die Rolle von Netzwerken und Kooperationen, die durch kontinuierliches Lernen und Anpassung gefördert werden.[130] Hier ergibt sich eine beobachtbare Verbindung zu Abdelkafi und Täuscher (2016), die einen ähnlichen systemischen Ansatz verfolgen, sich jedoch stärker auf die Interaktion zwischen Unternehmen und Umweltressourcen sowie auf die Minimierung von Umweltbelastungen fokussieren.[131] Diese systemische Sichtweise impliziert, dass sich nachhaltige GM nicht nur auf die interne Struktur eines Unternehmens beschränken, sondern auch dessen externe Beziehungen und die Umwelt als wichtige Einflussfaktoren berücksichtigt werden müssen.[132]

[126] Vgl. van Bommel et al. (2020: 4).

[127] Vgl. Bocken et al. (2014: 44); Boons et al. (2013: 3); Schaltegger, Hansen und Lüdeke-Freund (2016: 6); Stubbs und Cocklin (2008: 115 f.).

[128] Vgl. Brehmer, Podoynitsyna und Langerak (2018: 4514).

[129] Vgl. Evans et al. (2017: 605); Stubbs und Cocklin (2008: 122 f.).

[130] Vgl. Evans et al. (2017: 601 f.).

[131] Vgl. Abdelkafi und Täuscher (2016: 79 f.).

[132] Vgl. Roome und Louche (2016: 15).

Zudem wird häufig die Bedeutung einer **langfristigen Perspektive** für den Erfolg nachhaltiger GM betont.[133] Diese Fokussierung muss sowohl auf organisatorischer als auch auf sozio-ökonomischer Ebene erfolgen, da nur so eine nachhaltige Wertschöpfung für alle Stakeholder erreicht werden kann.[134] Laut Stubbs und Cocklin (2008) erfordert dies Geduld seitens der Aktionäre, die Nachhaltigkeit als langfristige Investition betrachten sollten. Shareholder mit einer „geduldigen" Mentalität schaffen eine Struktur und Kultur, die auf langfristigen Erfolg und nicht auf kurzfristige Gewinne ausgerichtet ist.[135] Bocken et al. (2014) argumentieren, dass langfristige Nachhaltigkeit nur durch grundlegende Veränderungen im globalen Industriesystem erreicht werden kann. Dies erfordert einen ganzheitlichen Ansatz, der über reine Effizienzsteigerungen hinausgeht und die Art und Weise, wie Unternehmen operieren, neu definiert.[136] Upward und Jones (2016) fügen hinzu, dass nachhaltige GM nicht nur gegenwärtige Nachhaltigkeitsziele verfolgen, sondern auch zukunftsorientiert sein sollten, um langfristige ökologische und soziale Stabilität zu gewährleisten. Kurzfristige Konzepte sollten vermieden werden, es sei denn, wissenschaftliche Erkenntnisse legen dies nahe. Szenarien globaler Veränderungen über Zeiträume von 30 bis 100 Jahren sind nicht unrealistisch und verdeutlichen die Notwendigkeit langfristiger Planung.[137]

Zusammenfassend lässt sich feststellen, dass nachhaltige GM im Spannungsfeld verschiedener Perspektiven stehen, aber durch drei wiederkehrende Elemente charakterisiert werden: die gleichwertige Integration **ökologischer, ökonomischer und sozialer Ziele**, die aktive Einbindung relevanter **Stakeholder** sowie die Orientierung an einer **langfristigen, systemischen Perspektive**. Diese drei Dimensionen bilden die Grundlage für die in meiner Arbeit verwendete Definition. In Anlehnung an Geissdoerfer, Vladimirova und Evans (2018) wird ein nachhaltiges GM daher wie folgt verstanden[138]:

---

[133] Vgl. Bocken et al. (2014: 42); Boons und Lüdeke-Freund (2013: 15); Stubbs und Cocklin (2008: 115 f.); Upward und Jones (2016: 107 f.).

[134] Vgl. Boons und Lüdeke-Freund (2013: 15).

[135] Vgl. Stubbs und Cocklin (2008: 113).

[136] Vgl. Bocken et al. (2014: 44).

[137] Vgl. Upward und Jones (2016: 107 f.).

[138] Vgl. Geissdoerfer, Vladimirova und Evans (2018: 403 f.).

„Nachhaltige Geschäftsmodelle zeichnen sich durch eine langfristige, systemische Perspektive aus, berücksichtigen aktiv die Interessen vielfältiger interner und externer Stakeholder und zielen darauf ab, finanziellen, gesellschaftlichen und ökologischen Mehrwert zu schaffen.“

2.2.3 Komponenten von nachhaltigen Geschäftsmodellen

In der Literatur zu nachhaltigen GM herrscht weitgehend Einigkeit über die grundlegenden Komponenten nachhaltiger GM. Forscher folgen dabei einer wertorientierten Sichtweise, die auf den Perspektiven von Richardson (2008) und Osterwalder und Pigneur (2010) basiert. GM bestehen dabei aus den Basiskomponenten Wertangebot, Wertschöpfung und -lieferung sowie Wertaneignung, die im Folgenden näher erläutert werden.[139]

Wertangebot (Value Proposition)
Das Konzept des Wertangebots ist ein zentrales Element von GM. Es definiert den Kern der Beziehung zwischen einem Unternehmen und seinen Kunden, indem es den Nutzen definiert, den das Unternehmen seinen Kunden durch Produkte und Dienstleistungen bietet.[140]

Das Wertangebot nachhaltiger GM umfasst die Schaffung von Mehrwert für verschiedene Stakeholder, einschließlich Kunden, Gesellschaft und Umwelt. Es geht darum, Produkte und Dienstleistungen anzubieten, die nicht nur wirtschaftlichen, sondern auch sozialen und ökologischen Nutzen stiften. Die Forschung betont dabei die Bedeutung einer *Blended Value Proposition*, die soziale und ökologische Werte

---

[139] Vgl. Bocken et al. (2014: 43); Geissdoerfer, Vladimirova und Evans (2018: 404); Osterwalder und Pigneur (2010: 14); Osterwalder, Pigneur und Tucci (2005: 10); Richardson (2008: 139 ff.).

[140] Vgl. Bocken et al. (2014: 43); Geissdoerfer, Vladimirova und Evans (2018: 404); Osterwalder und Pigneur (2010: 14, 2010: 22); Osterwalder, Pigneur und Tucci (2005: 10); Richardson (2008: 139 ff., 2008: 139).

integriert.[141] Unternehmen müssen ein möglichst ausgewogenes Verhältnis zwischen ökonomischen, ökologischen und sozialen Zielen anstreben.[142] Im Gegensatz dazu ist das konventionelle GM nach wie vor stärker auf den wirtschaftlichen Nutzen ausgerichtet, obwohl es durchaus Raum für die Integration von Nachhaltigkeitsaspekten bietet.[143] Biloslavo, Bagnoli und David (2018) betonen die Bedeutung unterschiedlicher Wertdimensionen für verschiedene Stakeholdergruppen. Nachhaltige GM sollten sowohl Wert für Kunden (*Customer Value*), für Partner und Lieferanten (*Partner Value*) als auch für gesellschaftliche Akteure einschließlich der Umwelt und zukünftiger Generationen (*Public Value*) schaffen.[144] Auch Joyce und Paquin (2016) zeigen, dass das Wertangebot auf verschiedenen Ebenen betrachtet werden muss. Neben dem Wertangebot an die Kunden eines Unternehmens wird einerseits der funktionale Wert eines Produktes oder einer Dienstleistung hinsichtlich deren Umweltwirkungen bewertet und dient zur Bewertung alternativer GM. Zum anderen ist der gesellschaftliche Nutzen, den ein Unternehmen für seine Stakeholder und die Gesellschaft schafft, zu bewerten und in das Unternehmensleitbild zu integrieren.[145]

Wertschöpfung und -lieferung (*Value Creation and Delivery*)

Die Wertschöpfung und -lieferung beschreibt alle Aktivitäten, die ein Unternehmen durchführt, um das eigene Wertangebot zu schaffen und an die Kunden zu liefern.[146] Osterwalder, Pigneur und Tucci (2005) und Osterwalder und Pigneur (2010) identifizieren Schlüsselressourcen, Schlüsselaktivitäten und Partnerschaften als Haupttreiber der Wertschöpfung und -lieferung. Diese Elemente bilden die operative Grundlage für die Umsetzung des Wertangebots.[147]

Roome und Louche (2016) argumentieren, dass nachhaltige GM als dynamische Systeme betrachtet werden müssen, in denen die verschiedenen Komponenten interagieren und sich gegenseitig beeinflussen. Diese Sichtweise unterstreicht die Bedeutung eines ganzheitlichen Ansatzes, der sowohl interne als auch externe Faktoren berücksichtigt, um die langfristige Nachhaltigkeit eines Unternehmens

[141] Vgl. Gregori und Holzmann (2020: 3 f.).
[142] Vgl. Boons und Lüdeke-Freund (2013: 13).
[143] Vgl. Osterwalder, Pigneur und Tucci (2005: 15 f.).
[144] Vgl. Biloslavo, Bagnoli und Edgar (2018: 755 f.).
[145] Vgl. Joyce und Paquin (2016: 1478 f.).
[146] Vgl. Richardson (2008: 139 f.).
[147] Vgl. Osterwalder und Pigneur (2010: 17); Osterwalder, Pigneur und Tucci (2005: 10).

sicherzustellen.[148] Schaltegger, Lüdeke-Freund und Hansen (2012) betonen beispielsweise die Bedeutung von Infrastruktur und Partnernetzwerken, die notwendig sind, um nicht nur wirtschaftlichen, sondern auch nachhaltigen Wert zu schaffen.[149] Netzwerke und Partnerschaften sind entscheidend für die Entwicklung nachhaltiger GM, insbesondere in technologieintensiven Sektoren. Sie ermöglichen die Integration von unterschiedlichem Wissen und fördern nachhaltige Innovationen.[150] Die Wertschöpfung und -lieferung in nachhaltigen GM erfordern daher einen systemischen und integrativen Ansatz. Dies beinhaltet die Integration digitaler Technologien zur Förderung sozialer und ökologischer Wertschöpfung sowie die Umsetzung von Prinzipien der Kreislaufwirtschaft.[151] Darüber hinaus wird die Bedeutung von Stakeholder-Beziehungen hervorgehoben, bei denen die Stakeholder sowohl Empfänger als auch Mitgestalter von Werten sind.[152] Nachhaltige GM sollten so gestaltet sein, dass sie proaktiv Nachhaltigkeitsprobleme angehen und systemische Veränderungen ermöglichen.[153]

Wertaneigung (*Value Capture*)

Die Wertaneigung beschreibt die Art und Weise, wie das Unternehmen Umsatz im Austausch gegen die übermittelten Werte generiert. Sämtliche Umsatzquellen sowie die gesamte wirtschaftliche Situation des Unternehmens müssen dabei berücksichtigt werden. Da das Generieren von Werten nicht automatisch zu wirtschaftlichem Erfolg führt, sollten diverse Kennzahlen (z. B. Deckungsbeiträge) im Rahmen eines Finanzmodells parallel zur Wertschöpfung etabliert werden.[154] Die klassische Sichtweise von Osterwalder, Pigeur und Tucci (2005) und Osterwalder und Pigneur (2010) fokussiert auf Erlösquellen und Kostenstrukturen als zentrale Elemente der Wertaneigung.[155]

[148] Vgl. Roome und Louche (2016: 15 f.).

[149] Vgl. Schaltegger, Lüdeke-Freund und Hansen (2012: 106 f.).

[150] Vgl. Engwall et al. (2021: 12 f.); Rossignoli und Lionzo (2018: 701 ff.).

[151] Vgl. Gregori und Holzmann (2020: 6); Ranta, Aarikka-Stenroos und Mäkinen (2018: 996 f.).

[152] Vgl. Freudenreich, Lüdeke-Freund und Schaltegger (2020: 15 f.).

[153] Vgl. Morioka et al. (2017: 734 f.).

[154] Vgl. Richardson (2008: 140 f.).

[155] Vgl. Osterwalder und Pigneur (2010: 17); Osterwalder, Pigneur und Tucci (2005: 10).

Mit Blick auf die Nachhaltigkeit können aus der Wertschöpfung heraus Wertaneignungsmechanismen entwickelt werden, die nicht nur ökonomische Kosten und Erträge berücksichtigen, sondern auch nicht-monetäre Aspekte wie ökologische und soziale Werte. Schaltegger, Lüdeke-Freund und Hansen (2012) und Wells (2016) betonen, dass die Wertaneignung in nachhaltigen Modellen nicht nur die finanzielle Rentabilität, sondern auch die ökologische und soziale Nachhaltigkeit sicherstellen muss. Wertaneigung in nachhaltigen GM bedeutet, den geschaffenen Wert so zu erfassen und zu verteilen, dass langfristige Nachhaltigkeit gefördert wird.[156] Darüber hinaus wird die Bedeutung der Anpassung von GM an unterschiedliche institutionelle Logiken (siehe Abschnitt 4.1) betont, um eine heterogene Wertlogik zu schaffen, die sowohl kommerzielle als auch nicht-kommerzielle Ziele verfolgt.[157]

Im Sinne einer nachhaltigen Wertschöpfung ist es sinnvoll, sowohl die positive als auch die negative Wertschöpfungsdimension zu berücksichtigen.[158] Bocken et al. (2013) unterteilen das Ergebnis nachhaltiger GM, wie in Abbildung 2.2 dargestellt, in die Dimensionen *Value Captured*, *Value Destroyed*, *Value Missed* und Value *Opportunities*. Value Captured beschreibt den Nutzen, der durch die Wertschöpfung an die Stakeholder weitergegeben wird. Value Destroyed bezieht sich im Nachhaltigkeitskontext vor allem auf Geschäftsaktivitäten, die der Umwelt oder der Gesellschaft schaden. Value Missed beschreibt ein theoretisch mögliches Wertangebot, das jedoch vom Unternehmen nicht realisiert wird, da vorhandene Ressourcen und Fähigkeiten nicht genutzt werden. Value Opportunities beschreiben das zukünftige Potenzial, mit Produkten und Dienstleistungen in neue Märkte einzutreten und damit den Stakeholdern zusätzlichen Nutzen zu bieten.[159]

---

[156] Vgl. Schaltegger, Lüdeke-Freund und Hansen (2012: 97 f.); Wells (2016: 40 ff.).

[157] Vgl. Laasch (2018: 175).

[158] Vgl. Laukkanen und Tura (2020: 4).

[159] Vgl. Bocken et al. (2013: 488 ff.).

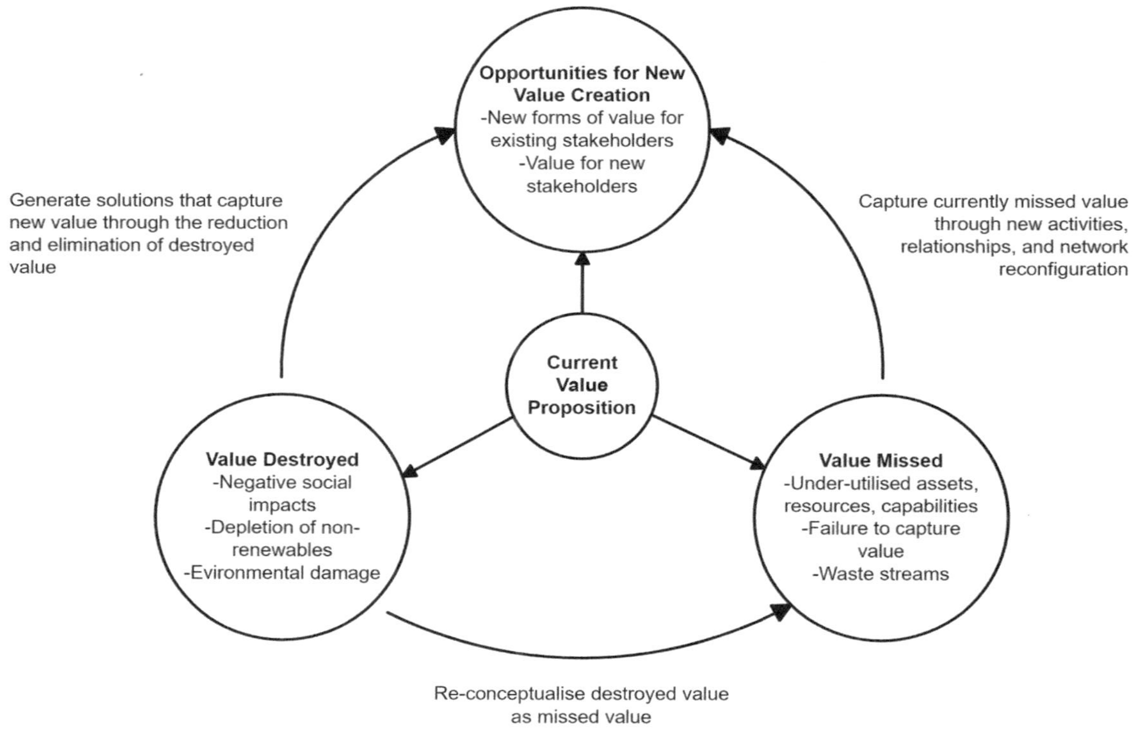

Abbildung 2.2 Wertdimensionen nachhaltiger Geschäftsmodelle[160]

---

[160] Bocken et al. (2013: 488).

2.2.4 Muster von nachhaltigen Geschäftsmodellen

GM-Muster sind ein nützliches Instrument zur Strukturierung von Wissen im Forschungsfeld.[161] Gerade aufgrund der Komplexität nachhaltiger GM und ihrer Innovationsprozesse ist es sinnvoll, diese durch einen definierten Rahmen nach außen kommunizierbar und nachvollziehbar zu machen.[162] Lüdeke-Freund et al. (2018) definieren nachhaltige GM-Muster wie folgt:

> *„A sustainable business model pattern describes an ecological, social, and/ or economic problem that arises when an organization aims to create value, and it describes the core of a solution to this problem that can be repeatedly applied in a multitude of ways, situations, contexts, and domains.“*[163]

Die Forscher entwickeln als Ergebnis ihrer Untersuchungen 45 nachhaltige GM-Typen, die sich in insgesamt 11 verschiedene Gruppen unterteilen lassen.[164] Sie sehen die Schaffung eines allgemeinen Bezugsrahmens als notwendig an, da sich die Klassifizierungen nachhaltiger GM in der Literatur teilweise überschneiden und schwer in Einklang zu bringen sind. Sie wollen einen allgemeinen Bezugsrahmen schaffen, der eine klare Terminologie und ein klares Vorgehen bei der Erstellung von GM-Mustern transparent darstellt.[165] Als Ergebnis ihrer Studie finden sie nachhaltige GM-Muster mit ökonomischem, sozial-ökonomischem, sozialem, ökologischem und integrativem Fokus, die in Tabelle 2.4 zusammengefasst werden.[166]

Nachhaltige GM mit **ökonomischem Fokus** zielen auf die Lösung ökonomischer Herausforderungen im Rahmen der Umsetzung von *Corporate Sustainability*. GM-Muster umfassen dabei neben der Einführung umweltfreundlicher Produkte auch innovative Preismodelle und Erlösstrukturen, die sich z. B. durch differenzierte Preisstrategien auszeichnen.[167] Darüber hinaus betonen sie die funktionale und dienstleistungsorientierte Wertschöpfung durch Modelle,

[161] Vgl. Lüdeke-Freund et al. (2018: 148).

[162] Vgl. Amshoff et al. (2015: 3 f.); Bocken et al. (2014: 45).

[163] Lüdeke-Freund et al. (2018: 148).

[164] Vgl. Lüdeke-Freund et al. (2018: 145).

[165] Vgl. Lüdeke-Freund et al. (2018: 147 f.).

[166] Vgl. Lüdeke-Freund et al. (2018: 157).

[167] Vgl. Lüdeke-Freund et al. (2018: 155).

Tabelle 2.4 Übersicht von nachhaltigen Geschäftsmodellmustern[168]

Fokus	Muster	Beschreibung
Mainly economic	Pricing & Revenue	Muster, die das Erlösmodell betreffen – u. a. die Preisgestaltung und Einnahmen.
	Service & Performance	Muster, die den funktionalen und servicebezogenen Nutzen von Produkten sowie deren Wertangebot definieren und optimieren.
Social-economic	Access Provision	Muster, die neue Märkte für vernachlässigte Zielgruppen schaffen – durch angepasste Wertangebote, Vertriebswege und Preisstrukturen.
	Cooperative	Muster, die Stakeholder als Mitbesitzer und Mitgestalter einbinden und die Unternehmensführung beeinflussen.
	Financing	Muster, die das Finanzierungsmodell betreffen – also die Beschaffung von Eigenkapital, Fremdkapital und Betriebsmitteln.
Social	Giving	Muster, die Spendenmodelle für Produkte oder Dienstleistungen ermöglichen, um soziale Zielgruppen zu erreichen.
	Social Mission	Muster, die benachteiligte Gruppen als Kunden oder produktive Partner in das Geschäftsmodell integrieren.
Mainly ecological	Ecodesign	Muster, die ökologische Aspekte in Geschäftsprozesse und Wertangebote einbinden, um Nachhaltigkeit über den gesamten Lebenszyklus zu verbessern.
	Closing-the-Loop	Muster, die Kreislaufwirtschaft durch Material- und Energieflüsse in Partnerschaften, Prozesse und Vertriebswege integrieren.

(Fortsetzung)

168 Eigene Darstellung in Anlehnung an Lüdeke-Freund et al. (2018: 157).

Tabelle 2.4 (Fortsetzung)

Fokus	Muster	Beschreibung
Integrative	Community-Platform	Muster, die Eigentum durch gemeinschaftlichen Zugang zu Ressourcen und Produkten ersetzen.
	Supply Chain	Muster, die Lieferketten, Partnerstrukturen oder Kundenzugänge verändern, um neue Zielgruppen zu erreichen.

die physische Produkte durch dienstleistungsorientierte Angebote ersetzen, um die ökonomische Effizienz zu steigern.[169] Hierzu zählen **Produkt-Service-Systeme (PSS)** als innovative Form von GM, die sowohl materielle Produkte als auch immaterielle Dienstleistungen in einem integrierten Angebot vereinen und damit spezifische Kundenbedürfnisse umfassend abdecken.[170] Die Entwicklung von PSS muss sowohl Produkt- als auch Dienstleistungsdesignprozesse systematisch integrieren, um die Interaktionen zwischen diesen Elementen frühzeitig zu berücksichtigen und um wirtschaftliche und ökologische Vorteile zu maximieren[171]

Nachhaltige GM-Muster mit **sozial-ökonomischem** Fokus machen Märkte zugänglich, schaffen innovative Finanzierungsmöglichkeiten und kooperative Eigentumsmodelle, die sowohl sozialen als auch wirtschaftlichen Nutzen stiften.[172] Um die Zugänglichkeit von Märkten zu erhöhen, bieten GM, die auf **digitalen Plattformen** basieren, das Potenzial, bisher unverbundenen Akteuren auf der Nachfrage- und Angebotsseite durch innovative Formen der Wertschöpfung, -lieferung und -aneignung die Marktteilnahme zu ermöglichen.[173] Durch die Schaffung von Ökosystemen zur gemeinsamen Wertschöpfung stellen sie einen Gegenentwurf zu konventionellen Wertschöpfungsketten dar.[174] Darüber hinaus stellen GM, die auf **gemeinschaftlichen Eigentumsmodellen** basieren, eine innovative Form der Organisationsstrukturierung dar. Dabei werden die

[169] Vgl. Bocken et al. (2014: 48 f.).

[170] Vgl. Geissdoerfer, Vladimirova und Evans (2018: 408).

[171] Vgl. Aurich, Fuchs und Wagenknecht (2006: 1480); Isaksson, Larsson und Rönnbäck (2009: 329).

[172] Vgl. Lüdeke-Freund et al. (2018: 153).

[173] Vgl. Täuscher und Laudien (2018: 319).

[174] Vgl. Hein et al. (2020: 87).

Eigentums- und Kontrollrechte auf die Mitglieder der Gemeinschaft (eng. *Communities*) verteilt, die aus unterschiedlichen Stakeholdern und Stakeholdergruppen bestehen können.[175] Schließlich gehören GM mit innovativen Finanzierungsmodellen wie *Crowdfunding* oder Mikrofinanzierung zu den sozial-ökonomischen GM-Typen.[176] **Mikrofinanzierung-GM** zielen darauf ab, Menschen, die bisher von Finanzdienstleistungen ausgeschlossen waren, Zugang zu Kapital zu verschaffen.[177] **Crowdfunding-GM** bieten Unternehmern die Möglichkeit, Kapital zu beschaffen und gleichzeitig verschiedene Arten von Gegenleistungen anzubieten. Diese Modelle reichen von Kapitalbeteiligungen über Darlehen bis hin zu nicht-finanziellen Anreizen und Spenden.[178]

GM-Muster mit **sozialem** Fokus zielen darauf ab, soziale Ungleichheiten zu verringern und marginalisierte Gruppen zu unterstützen. Soziale GM unterscheiden sich einerseits in der Frage, ob der soziale Wert für die Begünstigten oder mit den Begünstigten geschaffen wird.[179] Im ersten Fall sind die Begünstigten die einzigen Empfänger eines Produktes oder einer Dienstleistung. Im zweiten Fall sind die Begünstigten im Rahmen eines marktorientierten GM aktiv in den Wertschöpfungsprozess eingebunden, indem sie Produkte und Dienstleistungen entwickeln und an Kunden verkaufen.[180] Zum anderen bestimmt der Grad der Integration von sozialen und wirtschaftlichen Aktivitäten die Ausprägung des GM.[181] Einerseits kann die wirtschaftliche Tätigkeit zur Quersubventionierung des sozialen Auftrags genutzt werden. Dies bedeutet, dass die kommerziellen Gewinne, die durch den Verkauf eines Produkts oder einer Dienstleistung an Kunden erzielt werden, zur Subventionierung der sozialen Mission verwendet werden.[182] Andererseits kann die wirtschaftliche Tätigkeit auch selbst sozialen Wert erzeugen. Beispiele hierfür sind GM, bei denen die Begünstigten die einzigen Empfänger des Produkts sind. Die wirtschaftliche Tätigkeit ist in die soziale Mission integriert, da die Begünstigten die zahlenden Kunden sind. Durch Minimierung der Produktions- und Lieferkosten können die hergestellten Produkte

[175] Vgl. Chaddad und Cook (2004: 349); Lüdeke-Freund et al. (2018: 153).

[176] Vgl. Lüdeke-Freund et al. (2018: 157).

[177] Vgl. Galak, Small und Stephen (2011: 130 f.); Khavul (2010: 58).

[178] Vgl. Beaulieu, Sarker und Sarker (2015: 3); Mollick (2014: 2).

[179] Vgl. Saebi, Foss und Linder (2019: 75 f.).

[180] Vgl. Dohrmann, Raith und Siebold (2015: 133 f.); Santos, Pache und Birkholz (2015: 44 f.).

[181] Vgl. Saebi, Foss und Linder (2019: 75 f.).

[182] Vgl. Dohrmann, Raith und Siebold (2015: 142 f.).

zu günstigen Preisen an einkommensschwache Bevölkerungsgruppen verkauft werden.[183]

Nachhaltige GM-Muster mit **ökologischem** Fokus zielen darauf ab, ökologische Aspekte in die Gestaltung von Prozessen und Angeboten zu integrieren, um deren Umweltleistung über den gesamten Lebenszyklus zu verbessern. Hierzu zählen **zirkuläre GM** im Sinne der Kreislaufwirtschaft, die auf einen möglichst langen Verbleib von Ressourcen im Nutzungskreislauf, die Reduzierung des Einsatzes von Ressourcen sowie die Minimierung von Abfällen und CO2-Emissionen abzielen.[184] Durch Maßnahmen wie Wiederverwendung, Recycling und ressourceneffizientes Design können der Ressourceneinsatz reduziert und Abfälle vermieden werden, wobei der gesamte Wertschöpfungsprozess im Fokus steht.[185] Damit tragen sie zur Reduktion externer Effekte und zur Ressourcenschonung bei, konzentrieren sich auf die Wiederverwendung von Rohstoffen sowie auf die Umwandlung konventioneller Prozesse in Kreisläufe.[186] Durch die Umsetzung zirkulärer GM können Unternehmen nachhaltige Praktiken etablieren und damit zur Reduzierung des ökologischen Fußabdrucks beitragen.[187]

GM-Muster mit **integrativem Fokus** verbinden mehrere Wertschöpfungsdimensionen. Dazu gehören zum einen GM, die auf einem nachhaltigen Lieferkettenmanagement basieren. Diese zielen darauf ab, die ökologischen, sozialen und ökonomischen Auswirkungen von Lieferketten zu minimieren und gleichzeitig die Effizienz und Wettbewerbsfähigkeit zu steigern. Beispielsweise reduzieren Unternehmen die negativen Umweltauswirkungen ihrer Lieferketten, indem sie diese verkürzen oder digitalisieren. Darüber hinaus können Unternehmen ethische Standards und soziale Werte in ihre Lieferketten integrieren, um Arbeitsbedingungen zu verbessern oder Kleinproduzenten die Teilnahme an der Lieferkette zu ermöglichen.[188] Zum anderen gehören zu den integrativen Mustern GM, die auf der **Sharing Economy** basieren. Die Sharing Economy beschreibt ein Wirtschaftsmodell, bei dem sich Individuen gegen Entgelt gegenseitig temporären Zugang zu nicht voll ausgelasteten physischen Ressourcen gewähren.[189] Die

---

183 Vgl. Ebrahim, Battilana und Mair (2014: 83); Fowler (2000: 645 f.).

184 Vgl. Murray, Skene und Haynes (2017: 371).

185 Vgl. Geissdoerfer et al. (2017: 766); Lewandowski (2016: 5 ff.).

186 Vgl. Geissdoerfer et al. (2017: 764 f.); Murray, Skene und Haynes (2017: 373 f.).

187 Vgl. Geissdoerfer et al. (2020: 1).

188 Vgl. Beske und Seuring (2014: 328); Koberg und Longoni (2019: 1085 f.); Lüdeke-Freund et al. (2018: 156 f.); Panigrahi, Bahinipati und Jain (2019: 1006 f.).

189 Vgl. Koen Frenken und Juliet Schor (2019: 123 f.).

Sharing-GM wird meist in Plattform-GM umgesetzt, die das Teilen von Ressourcen zwischen Einzelpersonen und innerhalb von Gemeinschaften möglich machen.[190] Diese bestehen aus der Plattform selbst, die Zugang zu nicht ausgelasteten Ressourcen bietet, den Ressourcenanbietern, die ihre Güter zur Verfügung stellen, und den Ressourcennutzern, die die Güter nach der Nutzung an die Ressourcenanbieter zurückgeben.[191] Diese Modelle tragen zur Nachhaltigkeit bei, indem sie kollaborativen Konsum ermöglichen, Überproduktion reduzieren, den Ressourcenverbrauch senken, die Verteilung von kurzfristigen und neuen Bedürfnissen effizienter gestalten und globale Herausforderungen wie Klimawandel, Armut, Ungleichheit und Konflikte angehen.[192]

2.2.5 Nachhaltige Geschäftsmodellinnovationen

Vor dem Hintergrund der globalen Umweltproblematiken und des steigenden Bewusstseins dafür hat sich in Theorie und Praxis der Bereich der nachhaltigen GMI etabliert. Diese stellen einen direkten Zusammenhang zwischen GMI und der Verantwortung für Gesellschaft und Umwelt her.[193] Sie ermöglichen es, ökonomischen Gewinn zu erzielen und gleichzeitig einen positiven Beitrag zur Umwelt und Gesellschaft zu leisten. Hierbei werden unternehmerische, ökologische und gesellschaftliche Interessen in der Produktionsweise miteinander verbunden.[194] Nachhaltige GMI erweitern das klassische Stakeholder-Modell, indem sie neben Kunden, Aktionären, Lieferanten und Geschäftspartnern auch die Gesellschaft und die Umwelt als relevante Interessengruppen betrachten.[195] Sie zielen darauf ab, positive Umwelteffekte zu erzeugen oder negative Auswirkungen zu minimieren und gleichzeitig den langfristigen Wohlstand der verschiedenen Stakeholder sicherzustellen.[196] Eine langfristige, zukunftsorientierte Perspektive spielt dabei eine zentrale Rolle im Verständnis der Nachhaltigkeit von GM.[197]

---

[190] Vgl. Acquier, Daudigeos und Pinkse (2017: 6 ff.).

[191] Vgl. Curtis und Mont (2020: 4).

[192] Vgl. Heylighen (2017: 74); Joyner Armstrong und Park (2017: 284).

[193] Vgl. Boons et al. (2013: 2).

[194] Vgl. Stubbs und Cocklin (2008: 104 ff.).

[195] Vgl. Bocken et al. (2013: 484); Geissdoerfer, Vladimirova und Evans (2018: 407).

[196] Vgl. Bocken et al. (2014: 52); Geissdoerfer, Vladimirova und Evans (2018: 406).

[197] Vgl. Geissdoerfer, Vladimirova und Evans (2018: 406); Stubbs (2017: 302).

Ähnlich wie bei der allgemeinen Definition von GM gibt es auch bei nachhaltigen GMI keinen einheitlichen Konsens.[198] In meiner Arbeit wird die Definition von Bocken et al. (2014) herangezogen, die im Forschungsfeld nachhaltiger GMI als richtungsweisend gilt.[199] Die Forscher definieren nachhaltige GMI wie folgt:

> *„Innovations that create significant positive and/or significantly reduced negative impacts for the environment and/or society, through changes in the way the organisation and its value-network create, deliver value and capture value (i.e. create economic value) or change their value propositions.“*[200]

Schaltegger, Lüdeke-Freund und Hansen (2012) identifizieren verschiedene **wirtschaftliche Treiber** als Auslöser für nachhaltige GMI. Zu diesen Treibern gehören die Reduktion von Kosten und Risiken, die Steigerung von Verkäufen und Margen, die Verbesserung von Reputation und Markenwert, eine erhöhte Attraktivität für Mitarbeiter sowie der Aufbau innovativer Fähigkeiten.[201] Darauf aufbauend schlagen die Autoren drei Strategien vor, um Nachhaltigkeit in GMI zu integrieren: defensive, anpassungsfähige und proaktive Strategien. Defensive Strategien beinhalten minimale Anpassungen des GM, um es vor veränderten Umweltbedingungen zu schützen. Anpassungsfähige Strategien gehen über die defensiven Ansätze hinaus und beinhalten wahrnehmbare Veränderungen sowie Verbesserungen des aktuellen GM durch Experimente. Proaktive Strategien führen zu einer vollständigen Umgestaltung des GM und resultieren langfristig in umfassenden nachhaltigen GMI. Hierbei wird das gesamte Kerngeschäft, einschließlich aller Geschäftsprozesse und der gesamten Produktpalette, auf Nachhaltigkeit ausgerichtet, ebenso wie die Ertragslogik.[202]

Die Identifikation von unterschiedlichen **Wertschöpfungsgelegenheiten** ist ein wichtiger Bestandteil in nachhaltigen GMI.[203] Dies kann durch die Identifikation und Nutzung von *Value Uncaptured*, d. h. noch nicht erfasstem Wert,

---

[198] Vgl. Evans et al. (2017: 598); Foss und Saebi (2017: 210); Geissdoerfer, Vladimirova und Evans (2018: 407).

[199] Vgl. Barth et al. (2021: 2); Pan, Xu und Skare (2023: 765 f.).

[200] Bocken et al. (2014: 44).

[201] Vgl. Schaltegger, Lüdeke-Freund und Hansen (2012: 100 f.).

[202] Vgl. Schaltegger, Lüdeke-Freund und Hansen (2012: 110 f.).

[203] Vgl. Bocken, Boons und Baldassarre (2019: 1502 ff.); Yang et al. (2017: 1797).

wie z. B. überschüssigem oder vernichtetem Wert, geschehen.[204] Wie in Abbildung 2.3 dargestellt, können auf der Grundlage des bestehenden GM und des Wertangebots neue Lösungen entwickelt werden, die die Umweltbelastungen sowohl aus ökologischer als auch aus sozialer Sicht verringern oder beseitigen. Zudem können bisher fehlende Werte durch neue Aktivitäten, Beziehungen oder Netzwerkkonfigurationen geschaffen werden.[205] Laut Shakeel et al. (2020) können nachhaltige GMI entweder durch die Modifikation eines bestehenden GM oder durch die Schaffung eines neuen GM erfolgen.[206] Modifikationen umfassen Innovationen im Wertangebot, in der Wertschöpfung und -lieferung sowie in der Wertaneignung. Innovationen im Wertangebot eines nachhaltigen GM entstehen durch die Entwicklung neuer Gelegenheiten und langfristiger Beziehungen mit Kunden und der Gesellschaft. Innovationen in der Wertschöpfung und -lieferung entstehen durch die Umstrukturierung von Wertschöpfungsnetzwerken, indem Ressourcen, Fähigkeiten, Aktivitäten und Partnerschaften in Bezug auf Kunden, Wettbewerber und Mitarbeiter in das GM integriert werden. Innovationen in der Wertaneigung beschreiben die Einführung nachhaltiger Ertragsmodelle und Kostenstrukturen, um ökologische, soziale und ökonomische Werte zu erfassen.[207]

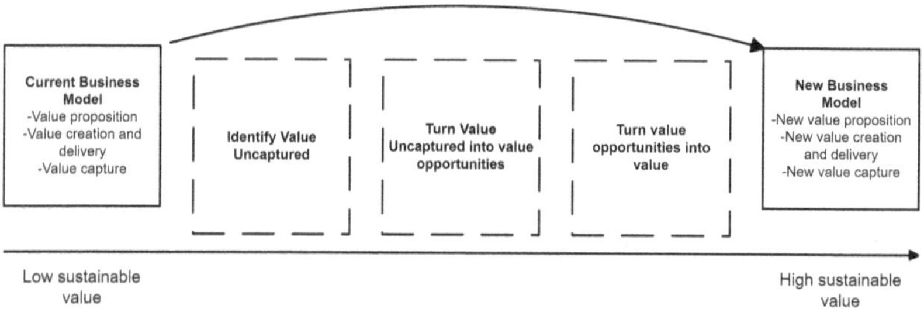

Abbildung 2.3 Nachhaltiger GMI-Prozess[208]

[204] Vgl. Yang et al. (2017: 1796 f.).
[205] Vgl. Bocken et al. (2013: 488).
[206] Vgl. Shakeel et al. (2020: 8).
[207] Vgl. Shakeel et al. (2020: 9 f.).
[208] Yang et al. (2017: 1797).

Geissdoerfer, Vladimirova und Evans (2018) unterscheiden vier Typen nachhaltiger GMI: Transition, Diversifikation, Akquisition und Start-up. Die **Transition** bezieht sich auf die Veränderung eines bestehenden GM, wobei diese, anders als im konventionellen Kontext, zu einem nachhaltigen GM führt. Im Gegensatz dazu erweitert eine nachhaltige **GM-Diversifikation** das bestehende GM um ein zusätzliches, nachhaltiges GM. Eine nachhaltige **GM-Akquisition** umfasst die Identifikation, Übernahme und Integration eines nachhaltigen GM. Schließlich sind nachhaltige GMI, die der Kategorie **Start-up** zugeordnet werden, mit der Schaffung eines nachhaltigen GM im Rahmen einer Unternehmensgründung verbunden.[209]

Verschiedene Ansätze in der Literatur zeigen, dass nachhaltige GMI und nachhaltige Innovationen nach ihrem **Innovationsgrad** unterschieden werden können.[210] Adams et al. (2016) argumentieren, dass *Sustainability-oriented Innovation*[211] anhand ihres Innovationsgrades bewertet werden, indem ihre Gesamtwirkung auf das Unternehmen betrachtet wird. Während sich unabhängige Nachhaltigkeitsinnovationen häufig auf einzelne Produkte, Abteilungen oder Funktionen beschränken, sind integrative Nachhaltigkeitsinnovationen tief in die Unternehmenskultur, -strategie und Managementsysteme eingebettet. Sie grenzen dabei verschiedene nachhaltige Innovationen voneinander ab, wie in Tabelle 2.5 dargestellt.[212] Im Kontext nachhaltiger GMI erfolgt die Differenzierung des Innovationsgrades weniger detailliert, wobei zwischen inkrementellen und radikalen Innovationen unterschieden wird.[213]

---

[209] Vgl. Geissdoerfer, Vladimirova und Evans (2018: 406 ff.).

[210] Vgl. Adams et al. (2016: 182 ff.); Diaz Lopez, Bastein und Tukker (2019: 23); Eco-Innovation Observatory (2012: 37 ff.); OECD (2009: 15 f.); Tukker und Ekins (2019: 39 ff.).

[211] Sustainability-oriented Innovation beschreibt die zielgerichtete Veränderung der Philosophie und Werte eines Unternehmens sowie seiner Produkte, Prozesse oder Praktiken, um soziale und ökologische Werte zu schaffen und gleichzeitig wirtschaftliche Erträge zu erzielen (Vgl. Adams et al. (2016: 180)).

[212] Vgl. Adams et al. (2016: 183).

[213] Vgl. Diaz Lopez, Bastein und Tukker (2019: 23); Tukker und Ekins (2019: 41).

Tabelle 2.5 Übersicht von Ansätzen für Sustainability-oriented Innovation[214]

Approach	Innovation Objective	Innovation Outcome	Innovation's Relationship to the Firm
Operational Optimization: „Eco-Efficiency“	Compliance, efficiency: „Doing the same things better“	Reduces harm	Incremental improvements to business as usual
Organizational Transformation: „New Market Opportunities“	Novel products, services or business models: „Doing good by doing new things“	Creates shared value	Fundamental shift in firm purpose
Systems Building: „Societal Change“	Novel products, services or business models that are impossible to achieve alone: „Doing good by doing new things with others“	Creates net positive impact	Extends beyond the firm to drive institutional change

Inkrementelle Innovationen umfassen kleine, schrittweise Verbesserungen bestehender GM. Diese Form der Innovation ist meist risikoärmer und erfordert weniger Investitionen.[215] Typischerweise sind sie mit der Modifikation spezifischer GM-Komponenten verbunden, wie etwa der Verwendung umweltfreundlicherer Materialien oder Prozesse in bestehenden Produktionslinien.[216] So zielen technologische Innovationen in der Textil- und Bekleidungsindustrie häufig auf spezifische Aspekte wie Kreislaufwirtschaft oder fairen Handel ab, die Teil eines umfassenderen nachhaltigen GM sind.[217] Im Gegensatz dazu beinhalten **radikale Innovationen** grundlegende Veränderungen und die Entwicklung völlig neuer GM. Diese Veränderungen betreffen das gesamte GM, einschließlich

[214] Eigene Darstellung in Anlehnung an Adams et al. (2016: 185).

[215] Vgl. Diaz Lopez, Bastein und Tukker (2019: 21 f.); OECD (2009: 15 f.); Souto (2015: 144 f.); Tukker und Ekins (2019: 39 ff.).

[216] Vgl. Diaz Lopez, Bastein und Tukker (2019: 28 f.).

[217] Vgl. Todeschini et al. (2017: 762 f.).

der Mechanismen zur Wertschöpfung, -lieferung und -aneignung.[218] Ein radikaler Ansatz setzt ein Umdenken des gesamten Geschäftsökosystems voraus und geht mit höheren Risiken einher, bietet jedoch Potenzial für signifikante Nachhaltigkeitsgewinne und Wettbewerbsvorteile.[219] In Entwicklungsländern mit problematischer Infrastruktur und einer Vielzahl von Menschen, die unter unbefriedigten Grundbedürfnissen leiden, müssen Unternehmen radikale GMI entwickeln, die zwangsläufig von den gewohnten Konsummustern abweichen.[220]

Neben dem Innovationsgrad lassen sich nachhaltige GMI auch nach ihrem **Einfluss auf die externe Umwelt** klassifizieren. Hierbei wird differenziert, ob nachhaltige GMI primär unternehmensinterne Effekte haben und lediglich marginale externe Einflüsse (z. B. durch Technologien oder Produkte) bewirken oder ob sie einen systematischen Einfluss auf ganze (Sub-)Systeme wie Branchen oder Wertschöpfungsketten ausüben.[221] GMI mit marginalem Umwelteinfluss sind meist an technologische Innovationen gekoppelt und passen sich an bestehende Rahmenbedingungen an. Sie beinhalten Produkt- oder Prozessinnovationen und umfassen inkrementelle Anpassungen bestehender Methoden zur Schaffung zusätzlichen ökologischen Werts.[222] Hofmann (2019) kritisiert, dass nachhaltige GM im Bereich der Kreislaufwirtschaft sowohl in ihrer Konzeption als auch in ihrer Umsetzung oft ihrem eigenen systemischen Anspruch nicht gerecht werden, da sie zu stark auf technologische Lösungen fokussiert sind.[223] Demgegenüber gehen **systemische nachhaltige GMI** über das einzelne Unternehmen hinaus und umfassen das gesamte Produktions- und Konsumsystem. Nachhaltige GMI, die als systemische Innovationen konzipiert sind, zielen auf eine Veränderung breiterer sozio-ökonomischer Systeme ab und überschreiten die unmittelbaren Grenzen des Unternehmens sowie seiner Interessengruppen. Unternehmen, die sich für solche Innovationen engagieren, arbeiten häufig in Kooperation mit unterschiedlichen Akteuren und bilden strategische Allianzen zur Förderung

[218] Vgl. Diaz Lopez, Bastein und Tukker (2019: 28 f.); OECD (2009: 15 f.); Tukker und Ekins (2019: 39 ff.).

[219] Vgl. Baldassarre et al. (2017: 175).

[220] Vgl. Boons und Lüdeke-Freund (2013: 12); Rosca, Arnold und Bendul (2017: 143 f.).

[221] Vgl. Diaz Lopez, Bastein und Tukker (2019: 23); Tukker und Ekins (2019: 41 f.).

[222] Vgl. Adams et al. (2016: 182 ff.); OECD (2009: 15 f.).

[223] Vgl. Hofmann (2019: 370 ff.).

systemweiter Veränderungen. Durch die Einbindung unterschiedlicher Stakeholder und das Überschreiten rein technischer Dimensionen können transformative Veränderungen innerhalb von Systemen erreicht werden.[224]

2.2.6 Forschungsfelder nachhaltiger Geschäftsmodelle

Verschiedene Literaturübersichten und bibliometrische Analysen haben in den letzten Jahren dazu beigetragen, das Forschungsfeld nachhaltiger GM zu strukturieren.[225] Sie dienen als zentrale Quelle für die folgende Darstellung und gefunden wurden die verwendeten Forschungsartikel primär über den Regensburger Katalog und einschlägige Datenbanken (ISI Web of Science, Google Scholar, Scopus, Science Direct) unter den Suchbegriffen *sustainable business model*, *sustainable business model innovation* und *business model for sustainability*.[226] Die größten Teile der wissenschaftlichen Publikationen zum Forschungsbereich nachhaltiger GM finden sich in den Fachzeitschriften *Journal of Cleaner Production*, *Sustainability*, *Business Strategy and the Environment* und *Organization & Environment*.[227] Im Jahr 2018 erreicht der Forschungsbereich durch eine Sonderausgabe im *Journal of Cleaner Production* eine hohe Anzahl veröffentlichter Artikel innerhalb eines Jahres.[228]

Um die Übersichtlichkeit zu erhöhen, wurden die untersuchten Forschungsartikel nach **thematischen Schwerpunkten**, **angewandten Konzepten und Perspektiven** sowie **branchenspezifischen Kontexten** strukturiert. Als Ergebnis ihrer systematischen Literaturanalyse teilen Nosratabadi et al. (2019) die Forschung zu nachhaltigen GM in insgesamt 14 Kategorien ein. Der größte Teil der Kategorisierung entspricht dabei der Einteilung in branchenspezifische Kontexte (z. B. Energie- oder Bekleidungsindustrie), gefolgt von Konzepten und Perspektiven aus verwandten Forschungsbereichen (z. B. Entrepreneurship oder

224 Vgl. Adams et al. (2016: 183 f.); Diaz Lopez, Bastein und Tukker (2019: 28 f.); Eco-Innovation Observatory (2012: 37 ff.); OECD (2009: 15 f.).

225 Vgl. Comin et al. (2020: 2028); Geissdoerfer, Vladimirova und Evans (2018: 401); Marczewska und Kostrzewski (2020: 1); Najmaei und Sadeghinejad (2023: 957); Nosratabadi et al. (2019: 1); Rauter, Santa-Maria und Schöggl (2022: 26); Silvia und Truzzi (2020: 11); Sinkovics et al. (2021: 1); van Bommel et al. (2020: 1).

226 Vgl. Geissdoerfer, Vladimirova und Evans (2018: 402); van Bommel et al. (2020: 6).

227 Vgl. Ferreira et al. (2022: 8 f.); Marczewska und Kostrzewski (2020: 11); van Bommel et al. (2020: 9).

228 Vgl. Silvia und Truzzi (2020: 18).

Kreislaufwirtschaft).[229] Marczewska und Kostrzewski (2020) zeigen mit Hilfe einer Clusteranalyse, die auf der Analyse von Schlagwörtern im Zusammenhang mit nachhaltigen GM basiert, dass die Literatur in verschiedene thematische Cluster eingeteilt und nach Perspektiven strukturiert werden kann (u. a. Entrepreneurship, Innovation, Kreislaufwirtschaft und Corporate Sustainability).[230] In ihrer Studie unterteilen Siliva und Truzzi (2020) die untersuchten Forschungsartikel einerseits in eine Klassifikation, die auf dem Zweck und Inhalt des Artikels basiert (z. B. Werkzeuge und Bezugsrahmen für die Innovation nachhaltiger GM oder Fallstudien nachhaltiger GM). Andererseits ordnen sie die Artikel Themen zu, die die jeweilige Perspektive des Artikels beschreiben sollen (z. B. Innovation oder gesellschaftlicher Wandel).[231] Rauter, Santa-Maria und Schöggl (2022) strukturieren die Literatur nach thematischen Schwerpunkten der wissenschaftlichen Artikel (z. B. Konzeption und Definition oder theoretische Bezugsrahmen).[232] Darüber hinaus zeigt ihre Analyse verwandte Themen- und Forschungsfelder der nachhaltigen GM-Forschung auf (z. B. Entrepreneurship und Innovation oder Kreislaufwirtschaft).[233]

Thematische Schwerpunkte in der Forschung zu nachhaltigen Geschäftsmodellen

Die in der Literatur am häufigsten genannten thematischen Schwerpunkte sind die **Konzeption und Definition** nachhaltiger GM, **Innovation** im Kontext nachhaltiger GM, Forschung zu nachhaltigen **GM-Mustern** und -**Werkzeugen** zur Umsetzung nachhaltiger GM, Forschung zum **Wertbegriff** und zur **Interaktion mit Stakeholdern** in der Wertschöpfung sowie Forschung zu verwandten Konzepten in Form der **Kreislaufwirtschaft** des **Bottom of the Pyramid (BoP)**-Ansatzes.[234] Tabelle 2.6 gibt einen Überblick über die thematischen Schwerpunkte der nachhaltigen GM-Forschung.

229 Vgl. Nosratabadi et al. (2019: 7 f.).

230 Vgl. Marczewska und Kostrzewski (2020: 23 f.).

231 Vgl. Silvia und Truzzi (2020: 16 ff.).

232 Vgl. Rauter, Santa-Maria und Schöggl (2022: 30 ff.).

233 Vgl. Rauter, Santa-Maria und Schöggl (2022: 33 ff.).

234 Vgl. Ferreira et al. (2022: 803 f.); Nosratabadi et al. (2019: 9 f.); Rauter, Santa-Maria und Schöggl (2022: 33 f.); Silvia und Truzzi (2020: 17 f.).

Tabelle 2.6 Übersicht von thematischen Schwerpunkten in der nachhaltigen GM-Forschung[235]

Schwerpunkt	Forschungsfrage Beispiel	Autoren
Konzeption und Definition	Wie kann ein Referenzmodell für nachhaltige Geschäftsmodelle entwickelt werden, das für verschiedene Disziplinen anwendbar ist?	z. B. Upward und Jones (2016)
Innovationen	Wie kann Design Thinking den Prozess nachhaltiger Geschäftsmodellinnovationen verbessern?	z. B. Geissdoerfer, Bocken und Hultink (2016)
Geschäftsmodellmuster und -werkzeuge	Wie kann eine einheitliche und konsistente Taxonomie für nachhaltige Geschäftsmodelle entwickelt werden?	z. B. Lüdeke-Freund et al. (2018)
Nachhaltiger Wertebegriff und Interaktion mit Stakeholdern	Wie können nachhaltige Geschäftsmodellinnovationen und nutzerorientierte Innovationen kombiniert werden?	z. B. Baldassarre et al. (2017)
Kreislaufwirtschaft	Wie können zirkuläre Geschäftsmodelle und zirkuläre Lieferketten auf organisationaler Ebene integriert werden?	z. B. Geissdoerfer et al. (2018)
Bottom of the Pyramid	Was zeichnet nachhaltige Geschäftsmodelle aus, die speziell auf die Herausforderungen in Entwicklungsländern ausgerichtet sind?	z. B. Méndez-Leon et al. (2023)

Forschung zur **Konzeption und Definition** nachhaltiger GM zielt darauf ab, einen Konsens über die Definition nachhaltiger GM zu finden und deren konzeptionelle Grundlage im Sinne nachhaltiger Wertschöpfung zu definieren.[236] So beschreiben Upward und Jones (2016) Unternehmen mit einem *Strong Sustainable Business Model* als Organisationen, die aus eigenem Antrieb positive

[235] Eigene Darstellung.

[236] Vgl. Rauter, Santa-Maria und Schöggl (2022: 30 f.).

ökologische, soziale und ökonomische Werte im gesamten Wertschöpfungsnetzwerk schaffen, mit dem Ziel, menschliches und anderes Leben innerhalb der planetaren Grenzen langfristig zu ermöglichen.[237] Abdelkafi und Täuscher (2016) erweitern das Verständnis nachhaltiger GM durch eine systemdynamische Perspektive, die die Dynamik zwischen Unternehmen, Umwelt, Entscheidungsträgern und Kunden modelliert.[238] Lozano (2018) untersucht in einer Studie die definitorischen und konzeptionellen Grundlagen nachhaltiger GM und kommt zu dem Schluss, dass Unternehmen Nachhaltigkeit ganzheitlich und systemisch in die Elemente eines GM integrieren müssen, um den Bedürfnissen multipler Stakeholder gerecht zu werden.[239]

Forschung zu **Innovationen** im Kontext nachhaltiger GM beschäftigt sich u. a. mit der Transformation konventioneller GM mit Hilfe von nachhaltigen Ansätzen.[240] Geissdoerfer, Bocken und Hultink (2016) entwickeln auf Basis von *Design Thinking*[241] den Ansatz der *Value Ideation*, der aus Wertschöpfungsideen, der Auswahl von Wertschöpfungsmöglichkeiten und der prototypischen Entwicklung von Wertangeboten besteht und zu nachhaltigen GMI führen soll.[242] Lewandowski (2016) beschäftigt sich mit der Frage, wie ein GM für die Kreislaufwirtschaft aus Unternehmenssicht gestaltet werden kann. Er zeigt auf, wie die Prinzipien der Kreislaufwirtschaft angewendet werden können und ergänzt das GM-Konzept um zusätzliche, für die Kreislaufwirtschaft relevante Komponenten. Das Ergebnis ist ein aus elf Bausteinen bestehender *Circular Business Model Canvas*, der nicht nur konventionelle Komponenten mit geringfügigen Modifikationen, sondern auch Materialkreisläufe und Anpassungsfaktoren umfasst.[243]

---

[237] Vgl. Upward und Jones (2016: 117 f.).

[238] Vgl. Abdelkafi und Täuscher (2016: 90 f.).

[239] Vgl. Lozano (2018: 1164).

[240] Vgl. Nosratabadi et al. (2019: 9 f.).

[241] Design Thinking ist eine menschenzentrierte Methodik zur Förderung von Innovation. Sie basiert auf einem tiefen Verständnis der Nutzerbedürfnisse durch direkte Beobachtung (Vgl. Brown (2008: 1)).

[242] Vgl. Geissdoerfer, Bocken und Hultink (2016: 1218).

[243] Vgl. Lewandowski (2016: 23 f.).

Forschung zu nachhaltigen **GM-Mustern** und **praktischen Werkzeugen** soll Unternehmen dabei unterstützen, Nachhaltigkeitsprinzipien in ihre konventionellen GM zu integrieren.[244] Joyce und Paquin (2016) entwickeln mit dem *Triple Layered Business Model Canvas* ein Werkzeug für nachhaltige GMI, welches das ursprünglich von Osterwalder und Pigneur (2010) vorgeschlagene Business Model Canvas um zwei zusätzliche Ebenen erweitert, die sich auf den ökologischen Lebenszyklus und die soziale Stakeholder-Perspektive konzentrieren. Durch diese Erweiterung ermöglicht das Modell eine umfassendere Betrachtung der ökologischen und sozialen Auswirkungen von GM.[245] Bocken et al. (2014) und Lüdeke-Freund et al. (2018) entwickeln jeweils GM-Muster, die als Grundlage für einheitlichere Untersuchungen nachhaltiger GM und die Entwicklung neuer GM-Werkzeuge dienen, die in verschiedenen Disziplinen und Branchen zur Analyse und Entwicklung nachhaltigkeitsorientierter GM eingesetzt werden können.[246] Bocken, Boons und Baldassarre (2019) entwickeln die *Ecology of Business Models Experimentation Map* zur Auswahl und Bewertung neuer nachhaltiger GM im Experimentier- und Designprozess. Das Modell visualisiert und strukturiert den Experimentierprozess, erläutert unterstützende Praktiken und zeigt wichtige Abhängigkeiten auf.[247]

Forschung zum **nachhaltigen Wertbegriff** und der **Interaktion mit Stakeholdern** in nachhaltigen GM stehen in einer wechselseitigen Beziehung, da die Integration mehrerer Nachhaltigkeitsdimensionen und die strategische Ausrichtung von Geschäftsprozessen an Anforderungen der Stakeholder miteinander einhergehen.[248] Baldassarre et al. (2017) entwickeln in ihrer Studie ein Prozessmodell zur Gestaltung nachhaltiger Wertangebote, das die Prinzipien der nutzerzentrierten Innovation mit denen der Entwicklung nachhaltiger GM verbindet. Das Modell soll Unternehmen motivieren, in einen Dialog mit Stakeholdern

[244] Vgl. Silvia und Truzzi (2020: 16 f.).

[245] Vgl. Joyce und Paquin (2016: 1476 f.).

[246] Vgl. Bocken et al. (2014: 42); Lüdeke-Freund et al. (2018: 145).

[247] Vgl. Bocken, Boons und Baldassarre (2019: 1509 f.).

[248] Vgl. Bocken, Boons und Baldassarre (2019: 1504); Morioka, Bolis und Carvalho (2018: 84 ff.); Rauter, Santa-Maria und Schöggl (2022: 32 f.); Velter et al. (2020: 1).

zu treten, um nachhaltige Innovationen zu fördern und gleichzeitig die Akzeptanz der Stakeholder sicherzustellen.[249] Biloslavo, Bagnoli und Edgar (2018) führen das Konzept des Wertedreiecks ein, das die gemeinsame Wertschöpfung und -lieferung eines Unternehmens mit seinen Stakeholdern veranschaulicht.[250] Brehmer, Podoynitsyna und Langerak (2018) stellen fest, dass nachhaltige Innovationen die Zusammenarbeit über Unternehmensgrenzen hinweg erfordern. Sie nehmen eine ganzheitliche und mehrdimensionale Perspektive ein, die sich auf den Werttransfer zwischen einem Unternehmen und seinen Netzwerkpartnern konzentriert.[251]

Die **Kreislaufwirtschaft** hat sich in den letzten Jahren zu einem wichtigen Konzept im Forschungsfeld nachhaltiger GM entwickelt.[252] Dabei gewinnen die Gestaltung und Umsetzung von zirkulären GM, die speziell auf die Prinzipien der Kreislaufwirtschaft ausgerichtet sind, zunehmend an Bedeutung.[253] Geissdoerfer et al. (2018) untersuchen in ihrer Studie vier Unternehmen mit zirkulären GM und Lieferketten. Sie bestätigen, dass zirkuläre GM einen Beitrag zur Nachhaltigkeit leisten können und entwickeln einen Bezugsrahmen, der die Abhängigkeit zwischen einer einzelnen Organisation, ihrem spezifischen zirkulären GM und ihrem Wertschöpfungsnetzwerk darstellt.[254] Stål und Corvellec (2018) beschreiben die Umsetzung zirkulärer GM in der schwedischen Bekleidungsindustrie vor dem Hintergrund der wachsenden Anforderungen der Kreislaufwirtschaft. Sie stellen fest, dass Unternehmen dazu tendieren, Geschäftsaktivitäten im Sinne der Kreislaufwirtschaft von den regulären Geschäftsaktivitäten zu trennen und außerhalb des Unternehmens zu verlagern.[255] Lüdeke-Freund, Gold und Bocken (2019) analysieren verschiedene zirkuläre GM und generieren sechs Muster zirkulärer GM. Sie betonen die Notwendigkeit, bestehende GM-Muster zu konsolidieren und zeigen Designstrategien für die Entwicklung dieser zirkulären GM auf, die auf der Schaffung langlebiger Produkte, der Verlängerung von Produktlebenszyklen

[249] Vgl. Baldassarre et al. (2017: 184 f.).

[250] Vgl. Biloslavo, Bagnoli und Edgar (2018: 755 f.).

[251] Vgl. Brehmer, Podoynitsyna und Langerak (2018: 4523 f.).

[252] Vgl. Nosratabadi et al. (2019: 16 f.).

[253] Vgl. Centobelli et al. (2020: 1734); Geissdoerfer et al. (2018: 712).

[254] Vgl. Geissdoerfer et al. (2018: 718 f.).

[255] Vgl. Stål und Corvellec (2018: 638).

oder der Trennung von technischen und biologischen Materialien in Produkten basieren.[256]

Die Forschung zu nachhaltigen GM in Entwicklungsländern konzentriert sich vor allem darauf, das **BoP-Konzept** dort anzuwenden, wo die Ressourcen begrenzt sind und die Bevölkerung unter Armut leidet. Bittencourt Marconatto et al. (2016) zeigen, dass nachhaltige GM im BoP-Kontext durch die Nutzung von politischen Maßnahmen und spezifischen lokalen Fähigkeiten gemeinsamen Wert schaffen können, wobei staatliche Regulationen als strategische Gelegenheit gesehen werden können.[257] Goyal, Sergi und Kapoor (2017) schlagen strategische Lösungen für Sozialunternehmen in Indien vor, um nachhaltige GM zu entwickeln, die die unterversorgten Bedürfnisse des BoP-Segments erfüllt. Ihr GM-Ansatz umfasst Kernkompetenzen, ein kollaboratives Ökosystem und einen Skalierbarkeitsansatz.[258] Palomares-Aguirre et al. (2018) untersuchen die GM von drei Unternehmen, die bezahlbaren Wohnraum für die arme Bevölkerung in Mexiko bereitstellen. Die Forscher heben die Bedeutung von öffentlicher Beteiligung und staatlicher Kooperation für die Schaffung und Bereitstellung von nachhaltigem Wert im BoP-Kontext hervor.[259] Méndez-León et al. (2023) argumentieren, dass konventionelle Komponenten von GM nicht ausreichen, um nachhaltigen Wert im BoP-Kontext zu erklären.[260]

Angewandte Perspektiven in der Forschung zu nachhaltigen Geschäftsmodellen

Neben den thematischen Schwerpunkten finden sich in der Einordnung der Forschungsbeiträge zu nachhaltigen GM auch solche, die sich durch die Integration bestimmter **Perspektiven** auszeichnen.[261] Nachhaltige GM werden in der Literatur aus einer **unternehmerischen, strategischen, technologischen** und **systemischen**

---

[256] Vgl. Lüdeke-Freund, Gold und Bocken (2019: 55 f).

[257] Vgl. Bittencourt Marconatto et al. (2016: 746 f.).

[258] Vgl. Goyal, Sergi und Kapoor (2017: 106).

[259] Vgl. Palomares-Aguirre et al. (2018: 4512 f.).

[260] Vgl. Méndez-León et al. (2023: 2363).

[261] Vgl. Marczewska und Kostrzewski (2020: 23 f.); Rauter, Santa-Maria und Schöggl (2022: 33 ff.); Silvia und Truzzi (2020: 16 ff.).

Perspektive betrachtet.[262] Tabelle 2.7 gibt einen Überblick über unterschiedliche Perspektiven der nachhaltigen GM-Forschung.

Tabelle 2.7 Übersicht von Perspektiven in der nachhaltigen GM-Forschung[263]

Schwerpunkt	Forschungsfrage Beispiel	Autoren
Unternehmerisch	Wie beeinflussen nachhaltige Geschäftsmodellmuster die Entstehung sozialer Cluster in unternehmerischen Ökosystemen?	z. B. Neumeyer und Santos (2018)
Strategisch	Wie kann ein Geschäftsmodell strategisch gestaltet werden, um Nachhaltigkeit als zentralen Bestandteil der Unternehmensmission zu integrieren?	z. B. Morioka et al. (2017)
Technologisch	Welche Rolle spielen digitale Technologien bei der Entwicklung und Umsetzung nachhaltiger Geschäftsmodelle?	z. B. Gregori und Holzmann (2020)
Systemisch	Wie tragen nachhaltige Geschäftsmodellinnovationen zum Übergang zu einer nachhaltigeren Gesellschaft bei?	z. B. Sarasini und Linder (2018)

Eine **unternehmerische Perspektive** auf nachhaltige GM beschäftigt sich mit der Frage, wie junge Unternehmen die Nachhaltigkeit in ihre Geschäftspraktiken integrieren können.[264] Franceschelli, Santoro und Candelo (2018) betonen, dass insbesondere in Start-ups der Lebensmittelindustrie Elemente wie der Einsatz digitaler Technologien, strategische Partnerschaften und der Fokus auf nachhaltige Rohstoffe vorteilhaft für nachhaltige GMI sind.[265] In ähnlicher Weise zeigen Gregori und Holzmann (2020), dass digitale Technologien im Kontext von nachhaltigem Entrepreneurship und nachhaltigen GM integriert werden können und zu neuen Konfigurationen führen, die soziale und ökologische Werte fördern.[266] Gasbarro, Rizzi und Frey (2018) zeigen auf, wie nachhaltige Unternehmer durch GMI normative und kulturelle Barrieren überwinden und dadurch ihre Legitimität stärken. Nachhaltige GMI entstehen durch die Einbindung von Kunden

[262] Vgl. Ferreira et al. (2022: 802 f.); Nosratabadi et al. (2019: 10 ff.); Rauter, Santa-Maria und Schöggl (2022: 33 ff.).

[263] Eigene Darstellung.

[264] Vgl. Nosratabadi et al. (2019: 12).

[265] Vgl. Franceschelli, Santoro und Candelo (2018: 2489 ff.).

[266] Vgl. Gregori und Holzmann (2020: 6 f.).

und strategischen Partnerschaften, was zur Schaffung neuer Wertangebote beiträgt.[267] Neumeyer und Santos (2018) betonen, dass nachhaltige GM in einem unterstützenden unternehmerischen Ökosystem entwickelt werden müssen, um zur Schaffung umwelt- und sozialorientierter Wirtschaftssysteme beizutragen.[268] Lüdeke-Freund (2020) führt die Ergebnisse seiner Studie im Konzept *Business Models for Sustainability Innovation* zusammen, das eine Handlungs- und die Systemperspektive integriert und das Verständnis fördert, wie nachhaltige Unternehmer ihre GM mit Nachhaltigkeitsinnovationen in Einklang bringen und Werte für Interessengruppen schaffen.[269]

Aus einer **strategischen Perspektive** werden GM häufig als Instrumente zur Umsetzung von Unternehmensstrategien betrachtet und sind eng mit diesen verknüpft, weshalb ihre Ziele mit den Organisationszielen in Einklang gebracht werden sollten.[270] Stubbs (2017) zeigt, dass die Gestaltung eines nachhaltigen GM voraussetzt, dass die Organisation nachhaltige Werte als zentralen Bestandteil ihrer Mission verankert.[271] Darüber hinaus betonen Morioka et al. (2017), dass die Integration von Nachhaltigkeit in das Wertschöpfungssystem eines nachhaltigen GM eine Verbindung zwischen dem Unternehmenszweck und den Werten der Mitarbeiter voraussetzt. Diese Verbindung wird durch proaktives Handeln und ein klares Bekenntnis zur Lösung von Nachhaltigkeitsproblemen gestärkt.[272] Kurucz et al. (2017) untersuchen die Rolle relationaler Führung bei der Gestaltung nachhaltiger GMI. Ein relationaler Führungsstil legt den Schwerpunkt auf den Aufbau von Beziehungen und kann dabei helfen, Spannungen zu bewältigen, die durch die Integration von Nachhaltigkeit entstehen.[273]

---

[267] Vgl. Gasbarro, Rizzi und Frey (2018: 492 ff.).
[268] Vgl. Neumeyer und Santos (2018: 4574 ff.).
[269] Vgl. Lüdeke-Freund (2020: 676 ff.).
[270] Vgl. Nosratabadi et al. (2019: 10 ff.).
[271] Vgl. Stubbs (2017: 308 ff.).
[272] Vgl. Morioka et al. (2017: 734 ff.).
[273] Vgl. Kurucz et al. (2017: 199 f.).

Aus einer **technologischen Perspektive** spielt die Integration digitaler Technologien eine entscheidende Rolle bei der Entwicklung und Umsetzung nachhaltiger GM.[274] Parida, Sjödin und Reim (2019) weisen auf die wechselseitige Beziehung zwischen Digitalisierung und nachhaltigen GMI hin. Einerseits ist die Umstellung auf serviceorientierte GM ein wichtiger Schritt bei der Einführung neuer Technologien, andererseits trägt die Digitalisierung dazu bei, unternehmerische Nachhaltigkeitsziele zu erreichen.[275] Gregori und Holzmann (2020) zeigen, wie digitale Technologien die Art und Weise, wie Unternehmen operieren und innovieren, verändern, indem sie neue Konfigurationen von GM ermöglichen, die Nachhaltigkeit fördern.[276] Trapp und Kanbach (2021) betonen die Bedeutung umweltfreundlicher Technologien für die ökologische Nachhaltigkeit von Unternehmen und entwickeln darauf aufbauend eine Typologie von GM, die ökologische, technologische und unternehmerische Aktivitäten integriert.[277] Calandra et al. (2022) zeigen, dass Blockchain-Technologie neue nachhaltige GM ermöglicht und den Klimawandel bekämpft, indem sie das intelligente Energiemanagement, das Abfallmanagement und die nachhaltige Produktion unterstützt.[278]

Forschung aus einer **systemischen Perspektive** verbindet nachhaltige GM mit gesellschaftlichen Transitionsprozessen und fokussiert nicht nur auf einzelne Unternehmen oder GM, sondern auch auf deren Rolle im Übergang zu einer nachhaltigeren Gesellschaft.[279] Bolton und Hannon (2016) beleuchten die Rolle von GMI bei der Transition sozio-technischer Systeme, insbesondere im Kontext dezentraler Energietechnologien. Sie untersuchen GMI von Energiedienstleistungsunternehmen in Großbritannien und veranschaulichen, wie lokale Behörden GM entwickeln, um Wert aus Ressourceneffizienz und nachhaltigen Technologien zu generieren.[280] Bidmon und Knab (2018) integrieren in ihrer

[274] Vgl. Gregori und Holzmann (2020: 1).
[275] Vgl. Parida, Sjödin und Reim (2019: 10 f.).
[276] Vgl. Gregori und Holzmann (2020: 6 f.).
[277] Vgl. Trapp und Kanbach (2021: 1).
[278] Vgl. Calandra et al. (2023: 1414).
[279] Vgl. Silvia und Truzzi (2020: 17 f.).
[280] Vgl. Bolton und Hannon (2016: 1739 f.).

Arbeit die Forschung zu GM in sozio-technische Transitionsprozesse und identifizieren drei Rollen von GM in diesen dynamischen Prozessen: bestehende GM, die zur Stabilität des Systems beitragen; GM, die als Intermediäre fungieren und technologische Innovationen aus der Nische in das Regime überführen; und neue GM, die als nicht-technologische Nischeninnovationen neue Regime ohne technologische Innovationen etablieren.[281] Sarasini und Linder (2018) argumentieren, dass GMI zunehmend als Mittel zur Förderung nachhaltiger Produktions- und Konsummuster gesehen werden, insbesondere im Zusammenhang mit technologischen Innovationen wie Elektrofahrzeugen und Kreislaufwirtschaft. Sie kombinieren eine GM-Perspektive mit zentralen Konzepten der gesellschaftlichen Transitionstheorie und beleuchten die Quellen von Transition und Trägheit.[282]

Branchenspezifische Kontexte im Forschungsfeld nachhaltige Geschäftsmodelle

Das Konzept der nachhaltigen GM lässt sich in der Anwendung auf verschiedene Branchen beziehen, die jeweils spezifische Charakteristika aufweisen.[283] So steht beispielsweise in der Bekleidungsindustrie die Reduktion von Umweltbelastungen durch die Einführung von zirkulären GMI im Vordergrund, während in der Mobilitätsbranche vor allem nachhaltige GM untersucht werden, die im Sinne der Sharing Economy private Güter gemeinschaftlich nutzbar machen.[284] Die wichtigsten Branchen, gemessen an der Anzahl veröffentlichter Artikel im Kontext der Anwendung nachhaltiger GM, sind die **Energiebranche**, das **produzierende und verarbeitende Gewerbe** sowie der **Lebensmittel- und Ernährungssektor**.[285] Tabelle 2.8 gibt einen Überblick über nachhaltige GM-Forschung in verschiedenen Branchen.

---

[281] Vgl. Bidmon und Knab (2018: 914).

[282] Vgl. Sarasini und Linder (2018: 25 ff.).

[283] Vgl. Bocken und Short (2021: 11).

[284] Vgl. Bocken und Short (2021: 7); Cohen und Kietzmann (2014: 279 f.); Muñoz und Cohen (2017: 21).

[285] Vgl. Silvia und Truzzi (2020: 15 f.); van Bommel et al. (2020: 10 f.).

Tabelle 2.8 Übersicht von branchenspezifischen Kontexten in der nachhaltigen GM-Forschung[286]

Kontext	Forschungsfrage Beispiel	Autoren
Energiebranche	Wie verändert sich die Unternehmensführung von Energieunternehmen, die Mitglied eines auf Nachhaltigkeit fokussierten Netzwerks sind?	z. B. Rossignoli und Lionzo (2018)
Produzierendes und verarbeitendes Gewerbe	Wie werden nachhaltige Geschäftspraktiken in den Geschäftsmodellen von Produktionsunternehmen operationalisiert?	z. B. Bonfanti et al. (2023)
Lebensmittel- und Ernährungssektor	Was sind die kritischen Erfolgsfaktoren und Barrieren bei der Transformation konventioneller Geschäftsmodelle in nachhaltige Geschäftsmodelle in der Lebensmittel- und Getränkeindustrie?	z. B. Long, Looijen und Blok (2018)
Dienstleistungssektor	Wie können Technologieunternehmen nachhaltige Geschäftsmodellinnovationen im Einklang mit der Kreislaufwirtschaft fördern?	z. B. Heyes et al. (2018)
Bekleidungssektor	Welche Rolle spielt die Kreislaufwirtschaft bei der Entwicklung nachhaltiger Geschäftsmodelle in der Modeindustrie?	z. B. Todeschini et al. (2018)
Finanzsektor	Wie können Banken nachhaltige Geschäftsmodelle entwickeln, die ökologische und soziale Verantwortung mit Rentabilität vereinen?	z. B. Yip und Bocken (2018)
Mobilitätssektor	Wie beeinflussen Sharing-Economy-Geschäftsmodelle die Nachhaltigkeit im urbanen Verkehr?	z. B. Cohen und Kietzmann (2014)

[286] Eigene Darstellung.

Nachhaltige GM in der **Energiebranche** sind entscheidend für die Bewältigung der ökologischen und sozialen Herausforderungen, die sich aus der konventionellen dezentralen Energieerzeugung und dem Energieverbrauch ergeben.[287] Richter (2013) betont die Notwendigkeit weiterer Innovationen und organisatorischer Veränderungen, um das volle Potenzial erneuerbarer Energien auszuschöpfen und erneuerbare Energietechnologien auf der Verbraucherseite zu implementieren.[288] Matos und Silvestre (2013) weisen in ihrer Untersuchung des brasilianischen Energiesektors darauf hin, dass die Einbindung unterschiedlicher Stakeholder zu Herausforderungen bei der Entwicklung nachhaltiger GM führen kann. Strategien, die die Beteiligung verschiedener lokaler Stakeholder fördern, Lernen und Kompetenzaufbau unterstützen und die Werte der Stakeholder von Einzelzielen auf mehrere Ziele verlagern, sind entscheidend, um diesen Herausforderungen zu begegnen.[289] Rossignoli und Lionzo (2018) zeigen, wie Partnerschaften im Energiesektor zur Entwicklung nachhaltiger GM beitragen, indem sie neue Formen der Wertschöpfung ermöglichen[290]

Im **produzierenden und verarbeitenden Gewerbe** spielen nachhaltige GMI eine zentrale Rolle, da sie u. a. zur Maximierung der Materialproduktivität, der Ressourceneffizienz und der Abfallreduzierung beitragen können.[291] Yang et al. (2017) zeigen, dass ihr nachhaltiger GMI-Prozess Unternehmen dabei unterstützt, neue Wertschöpfungspotenziale zu identifizieren und damit nachhaltige GM zu entwickeln. Sie untersuchen sechs Unternehmen des verarbeitenden Gewerbes aus China, den USA und Großbritannien, um die Funktionalität ihres Bezugsrahmens für nachhaltige GMI zu validieren.[292] Gupta, Kumar und Wasan (2021) heben hervor, dass die Kombination von Industrie 4.0, umweltfreundlicher Produktion und Kreislaufwirtschaft die Nachhaltigkeit in der Produktion signifikant verbessert, wobei die Kreislaufwirtschaft als Schlüsselfaktor angesehen wird.[293] Bonfanti et al. (2023) zeigen, dass Unternehmen des verarbeitenden Gewerbes

[287] Vgl. Bolton und Hannon (2016: 1740); Wainstein und Bumpus (2016: 582 f.).
[288] Vgl. Richter (2013: 1235 f.).
[289] Vgl. Matos und Silvestre (2013: 70).
[290] Vgl. Rossignoli und Lionzo (2018: 702 f.).
[291] Vgl. Bocken et al. (2014: 49).
[292] Vgl. Yang et al. (2017: 1802 f.).
[293] Vgl. Gupta, Kumar und Wasan (2021: 11).

nicht nur ökonomische und ökologische, sondern auch soziale Nachhaltigkeit durch vielfältige, meist freiwillige, nachhaltige Praktiken in ihren nachhaltigen GM fördern und damit einen wichtigen Beitrag zur Erreichung der globalen Nachhaltigkeitsziele leisten.[294]

Nachhaltige GM im **Lebensmittel- und Ernährungssektor** sind entscheidend, um die globalen Probleme der erheblichen Umweltauswirkungen der Lebensmittelproduktion, der Lebensmittelsicherheit und des hohen Abfallaufkommens zu bewältigen.[295] Jolink und Niesten (2015) zeigen, dass Unternehmer in der Bio-Lebensmittelindustrie eine Vorreiterrolle einnehmen, indem sie ein nachhaltiges GM entwickeln, das Umweltbelastungen in einen Mehrwert für umweltbewusste Verbraucher umwandelt.[296] Long, Looijen und Blok (2018) identifizieren kritische Erfolgsfaktoren für den Übergang zu nachhaltigen GM in der Lebensmittel- und Getränkeindustrie, darunter Zusammenarbeit, eine klare Vision, kontinuierliche Innovation, eine nachhaltige Unternehmensbasis, Rentabilität und das Auftreten günstiger externer Ereignisse. Die Studie unterstreicht die zentrale Bedeutung von Nachhaltigkeit für kleine und mittlere Unternehmen im niederländischen Lebensmittelsektor.[297] Barth et al. (2021) untersuchen in ihrer Studie verschiedene Optionen für nachhaltige GM, die von schwedischen Unternehmen der Agrar- und Ernährungswirtschaft genutzt werden. Sie identifizieren acht nachhaltige GM-Muster, die in drei Gruppen unterteilt werden und sich auf technologische, soziale und organisatorische Innovationen konzentrieren.[298]

Neben den am häufigsten untersuchten Branchen in der nachhaltigen GM-Forschung sind mit dem **Dienstleistungssektor**, dem **Bekleidungssektor**, dem **Finanzsektor** und dem **Mobilitätssektor** weitere Branchen zu nennen. Im **Dienstleistungssektor** zeigen Heyes et al. (2018), wie dienstleistungsorientierte Technologieunternehmen, insbesondere im Bereich der Informations- und Kommunikationstechnologien (IKT), das Potenzial haben, die Kreislaufwirtschaft voranzutreiben. Durch nachhaltige Praktiken können diese Unternehmen von

---

294 Vgl. Bonfanti et al. (2023: 2504 f.).

295 Vgl. Barth et al. (2021: 1); Barth, Ulvenblad und Ulvenblad (2017: 1 ff.); van Bommel et al. (2020: 11).

296 Vgl. Jolink und Niesten (2015: 400 f.).

297 Vgl. Long, Looijen und Blok (2018: 93).

298 Vgl. Barth et al. (2021: 8 f.).

einem produktorientierten zu einem nutzerorientierten Ökodesign übergehen und nachhaltige GMI im Einklang mit Kundenzufriedenheit und Rentabilitätszielen identifizieren und priorisieren.[299] Für den **Finanzsektor** zeigen Yip und Bocken (2018), dass der Bankensektor aufgrund seiner Mittlerrolle in Finanzsystemen eine einzigartige Position bei der Förderung von Nachhaltigkeit einnimmt. Sie identifizieren acht nachhaltige GM-Muster, die Aufschluss darüber geben, wie Banken Rentabilität mit sozialer und ökologischer Verantwortung in Einklang bringen können.[300] Im **Bekleidungssektor** betonen Todeschini et al. (2018), dass die Kreislaufwirtschaft ein wichtiger Trend in der nachhaltigen Textilwirtschaft ist, der Wiederverwendung, Recycling und Abfallvermeidung umfasst. Innovative GM in der Bekleidungsindustrie konzentrieren sich zunehmend auf die Reduzierung, Förderung und Schließung des Kreislaufs der in Produktion und Vertrieb verwendeten Ressourcen. Dazu gehören Praktiken wie das Recycling von Stoffen, Design für Langlebigkeit und die Förderung effizienter und effektiver Rücknahmesysteme.[301] Im **Mobilitätssektor** hat der Aufstieg der Sharing Economy laut Cohen und Kietzmann (2014) zu neuen GM wie Fahrrad-, Auto- und Mitfahrdiensten geführt. Diese Modelle versprechen, den städtischen Verkehr zu entlasten und die Umweltverschmutzung zu reduzieren.[302]

2.2.7 Forschungsbedarfe nachhaltiger Geschäftsmodelle

Die Forschung zu nachhaltigen GM weist zunehmend auf die Notwendigkeit hin, **verschiedene Disziplinen** zu integrieren. Insbesondere die Zusammenarbeit über Disziplingrenzen hinweg könnte die Forschung vorantreiben, indem Synergien zwischen nachhaltigen GM und der Innovations- und Entrepreneurship-Forschung gefördert werden.[303] Die Integration von Forschungsbereichen wie internationalem Management und Lieferkettenmanagement, insbesondere im Hinblick auf

[299] Vgl. Heyes et al. (2018: 632).
[300] Vgl. Yip und Bocken (2018: 161 ff.).
[301] Vgl. Todeschini et al. (2017: 761).
[302] Vgl. Cohen und Kietzmann (2014: 279).
[303] Vgl. Dentchev et al. (2018: 700 f.).

die Umsetzung von Prinzipien der Kreislaufwirtschaft, stellt ein wichtiges Forschungsfeld dar.[304] Darüber hinaus sollte die Entwicklung neuer Theorien, auch aus Bereichen wie z. B. Verhaltenswissenschaften und Ingenieurwissenschaften, gefördert werden, um die Umsetzung von nachhaltiger GM besser zu verstehen.[305] Vor allem praxisorientierte Ansätze sind entscheidend, um die Umsetzung von nachhaltigen GM voranzutreiben.[306]

Zukünftiger Forschungsbedarf kann in der **Weiterentwicklung und Präzisierung spezifischer Formen nachhaltiger GM** identifiziert werden. Insbesondere im Bereich der Sharing Economy und der Kreislaufwirtschaft wird die Notwendigkeit einer differenzierteren Analyse betont.[307] In beiden Forschungsfeldern werden Lücken in der Adaption, insbesondere im Hinblick auf Widerstände bei der Umsetzung, identifiziert. Im Kontext von Sharing Economy-GM bleibt trotz bisheriger Forschung unklar, wie der ökologische Nutzen der Sharing Economy gemessen werden kann und wie konventionelle Wirtschaftsökosysteme die Prinzipien der Sharing Economy integrieren können.[308] Es besteht Bedarf an vergleichenden Studien, die standortspezifische GM untersuchen, um kulturelle und geografische Unterschiede in der Entwicklung von Sharing Economy-GM zu verstehen.[309] Im Zusammenhang mit zirkulären GM wird empfohlen, die Auswirkungen disruptiver GM auf lineare Modelle zu untersuchen und den Analysegegenstand von Unternehmen auf Ökosysteme zu verlagern.[310] Pieroni, McAloone und Pigosso (2019) betonen die Notwendigkeit einer gemeinsamen Diskurs- und Terminologiebasis, um eine generelle Wissensbasis im Bereich zirkulärer GM zu etablieren.[311]

Fortschritte in der IKT, Industrie 4.0 und Digitalisierung spielen eine wichtige Rolle bei nachhaltigen GMI.[312] So gibt es Forschungsbedarf im Spannungsfeld

---

304 Vgl. Sinkovics et al. (2021: 8 f.).

305 Vgl. Ferreira et al. (2022: 808).

306 Vgl. Baldassarre et al. (2020: 15); Morioka, Bolis und Carvalho (2018: 86).

307 Vgl. Henry et al. (2021: 15).

308 Vgl. Najmaei und Sadeghinejad (2023: 981).

309 Vgl. Duan (2023: 28 ff.).

310 Vgl. Geissdoerfer et al. (2020: 13); Zhang et al. (2024: 120).

311 Vgl. Pieroni, McAloone und Pigosso (2019: 210 f.).

312 Vgl. Najmaei und Sadeghinejad (2023: 981 f.); Sinkovics et al. (2021: 8 f.).

zwischen **Nachhaltigkeit und Digitalisierung**, um nicht nur positive, sondern auch mögliche negative Auswirkungen der Digitalisierung zu verstehen.[313] Beispielsweise könnte untersucht werden, wie die Kombination von digitalen Technologien und zirkulären Ansätzen den Übergang zu einer nachhaltigen Wirtschaft fördert.[314] Blockchain, das Internet of Things (IoT), Cloud Computing und künstliche Intelligenz bieten Potenzial für die Weiterentwicklung nachhaltiger GM, insbesondere durch die Verbindung von technologischen Innovationen mit den Nachhaltigkeitszielen der Vereinten Nationen.[315] Darüber hinaus sollten soziale und inklusive GM im Sinne des BoP-Konzepts stärker in den Fokus der Forschung rücken, wobei ein geographischer Perspektivwechsel vom globalen Norden zum globalen Süden notwendig erscheint.[316] Schließlich sollte der Zusammenhang zwischen Dienstleistungsinnovationen und nachhaltigen GM näher untersucht werden. Weitere Forschung könnte theoretische Konzepte an realen Fällen von PSS-GM testen, um ihre Relevanz und Praxistauglichkeit zu bewerten und zu verbessern.[317]

Ein **umfassenderer und ganzheitlicherer Ansatz zur Untersuchung nachhaltiger GMI** wird zunehmend als notwendig erachtet. Eine breitere Perspektive auf nachhaltige GM könnte nicht nur den Übergang von linearen zu zirkulären GM umfassen, sondern auch die Effizienz dieser Modelle und den Einfluss neuer Technologien bei der Gestaltung nachhaltiger GM untersuchen.[318] Diese holistische Sichtweise sollte die „Black-Box" des Entwicklungsprozesses nachhaltiger GM öffnen, um mehr über die Mechanismen, Strategien und Taktiken zu erfahren, die zur erfolgreichen Implementierung und zum Management solcher Modelle beitragen.[319] Ein tieferes Verständnis der kontextuellen Faktoren, wie Ressourcen und Fähigkeiten, die für den Erfolg von nachhaltigen GMI entscheidend

313 Vgl. Gregori und Holzmann (2020: 8).

314 Vgl. Brenner (2018: 18); Henry et al. (2021: 15); Pieroni, McAloone und Pigosso (2019: 210 f.).

315 Vgl. Di Vaio et al. (2020: 311); Najmaei und Sadeghinejad (2023: 981 f.); Sinkovics et al. (2021: 8 f.).

316 Vgl. Rauter, Santa-Maria und Schöggl (2022: 37 f.); Schoneveld (2020: 10 f.); van Bommel et al. (2020: 11 f.).

317 Vgl. Roman et al. (2023: 14).

318 Vgl. Najmaei und Sadeghinejad (2023: 980 f.).

319 Vgl. Kurek et al. (2023: 14 f.); van Bommel et al. (2020: 17).

sind, ist erforderlich. Dies beinhaltet auch die Entwicklung neuer Werkzeuge, um die Lücke zwischen dem Design und der Implementierung von nachhaltiger GM zu schließen, sowie eine stärkere Verknüpfung von Theorien aus verwandten Bereichen wie strategischer Planung, Projektmanagement und dynamischen Fähigkeiten.[320] Die Kombination von Innovationstypen und die Untersuchung potenzieller Synergien könnten zu einem tieferen Verständnis von nachhaltiger GM führen. Es fehlt jedoch noch an Forschung darüber, wie verschiedene Innovationen miteinander interagieren und wie diese Prozesse auf organisatorischer Ebene umgesetzt werden können.[321] Darüber hinaus sollte zukünftige Forschung untersuchen, wie der kulturelle Wandel in Organisationen und die Rolle der Stakeholder-Interaktion beim Übergang zu kollaborativen und zirkulären GM optimiert werden können.[322]

Es besteht weiterhin **Forschungsbedarf zu hybriden GM,** die mit der gleichzeitigen Umsetzung mehrerer nachhaltiger oder konventioneller und nachhaltiger GM in Unternehmen verbunden sind, insbesondere mit der Kombination von Ansätzen wie Kreislaufwirtschaft, kollaborativem Konsum und sozialen Initiativen.[323] Sowohl theoretische als auch empirische Studien sind notwendig, um die Herausforderungen und Chancen hybrider GM zu verstehen und ihre Gestaltung und operativen Prozesse zu erforschen. Besonders wichtig ist es, die Wechselwirkungen zwischen bestehenden GM und neuen, nachhaltigen Modellen in etablierten Unternehmen zu untersuchen, da Hybridisierung als Übergangsmethode für NT betrachtet werden kann.[324]

Der zukünftige Forschungsbedarf im Bereich nachhaltiger GM konzentriert sich ebenfalls stark auf die Entwicklung von **Metriken und Messmethoden**, um die Leistung und den Einfluss solcher Modelle genau bewerten zu können. Trotz der Betonung der Wertschöpfung, -lieferung und -aneignung in der Literatur fehlt es noch an konkreten Ansätzen zur Messung dieser Werte, insbesondere im Hinblick auf die Integration sozialer und ökologischer Dimensionen neben

---

320 Vgl. Ferreira et al. (2022: 808); Geissdoerfer, Vladimirova und Evans (2018: 408 f.); Pieroni, McAloone und Pigosso (2019: 210 f.).

321 Vgl. Brenner und Drdla (2023: 16 f.).

322 Vgl. Fobbe und Hilletofth (2021: 11); Rentería Núñez und Perez-Castillo (2023: 18 f.).

323 Vgl. Najmaei und Sadeghinejad (2023: 981).

324 Vgl. Dentchev et al. (2018: 700 f.).

den konventionellen finanziellen Aspekten.[325] Es wird gefordert, Methoden zu entwickeln, die über den rein finanziellen Wert hinausgehen und sowohl soziale als auch ökologische Leistungen erfassen, da ansonsten das Nachhaltigkeitskonzept unvollständig bleibt und Unternehmen primär finanziell gesteuert werden.[326] Ferreira et al. (2022) betonen, dass es unklar sei, wie der Unterschied zwischen konventionellen und nachhaltigen Unternehmen gemessen werden kann und ob unterschiedliche Analyseebenen unterschiedliche Methoden erfordern. Sie weisen auch auf den Bedarf an groß angelegten Datenbanken hin, um die Leistung von nachhaltiger GM systematisch messen zu können.[327] Brenner und Drdla (2023) betonen als zukünftigen Forschungsbedarf die Bedeutung branchenspezifischer Metriken zur objektiven Bewertung nachhaltiger Praktiken.[328]

Weiterer Forschungsbedarf besteht im Bereich der **Interaktion nachhaltiger GM mit ihrer Umwelt und Systemen.** Zukünftige Forschung sollte sich verstärkt auf die Analyse der Kausalmechanismen zwischen den internen Elementen nachhaltiger GM und den externen Umweltkräften konzentrieren, um besser zu verstehen, wie und unter welchen Bedingungen nachhaltige GM erfolgreich sind.[329] Es besteht Bedarf an einer ganzheitlichen Perspektive auf den Wandelprozess von Unternehmen, der durch die Implementierung nachhaltiger GM angestoßen wird, insbesondere unter Berücksichtigung interorganisationaler und gesellschaftlicher Grenzen.[330] Dazu gehört auch die Untersuchung von Faktoren, die die Einführung nachhaltiger GM in unterschiedlichen institutionellen Kontexten fördern oder behindern.[331] Es besteht Forschungsbedarf zu der Frage, wie sich nachhaltige GM in verschiedenen Sektoren und Ländern unterscheiden und welche spezifischen Herausforderungen in diesen Kontexten bestehen.[332] Ziel sollte es sein, sowohl die Unterschiede als auch die Gemeinsamkeiten zwischen

---

325 Vgl. Silvia und Truzzi (2020: 18 f.).

326 Vgl. Dentchev et al. (2018: 700 f.); Rauter, Santa-Maria und Schöggl (2022: 39).

327 Vgl. Ferreira et al. (2022: 808).

328 Vgl. Brenner und Drdla (2023: 16 f.).

329 Vgl. Najmaei und Sadeghinejad (2023: 980).

330 Vgl. Pieroni, McAloone und Pigosso (2019: 210 f.).

331 Vgl. Rauter, Santa-Maria und Schöggl (2022: 38 f.).

332 Vgl. Marczewska und Kostrzewski (2020: 26 f.); van Bommel et al. (2020: 14).

den verschiedenen Ansätzen für nachhaltige GM herauszuarbeiten.[333] Weiterer Forschungsbedarf besteht darin, die Rolle institutioneller Logiken und staatlicher Politiken zu untersuchen, die die Entwicklung nachhaltiger GM maßgeblich beeinflussen können, insbesondere politische Maßnahmen und Instrumente.[334] Darüber hinaus sollten Studien den Beitrag von Unternehmen mit nachhaltigen GMI zu sozio-technischen Transitionen untersuchen.[335] Um die Auswirkungen von nachhaltigen GM umfassend zu bewerten, sollten nicht nur finanzielle, sondern auch nicht-finanzielle Aspekte in der Wertschöpfung berücksichtigt werden.[336]

Schließlich sollten sich Forschungsansätze im Bereich nachhaltiger GM stärker auf die Anwendung **vielfältiger Methoden** konzentrieren. Es bedarf innovativer Methodiken, um die Kausalität und Generalisierbarkeit der Wirkungen von nachhaltigen GM zu erfassen.[337] Es könnten explorative Techniken eingesetzt werden, um Konfigurationen und Zusammenhänge bei der Gestaltung und Umsetzung nachhaltiger GM aufzudecken.[338] Auch die Anwendung experimenteller und simulativer Methoden bietet vielversprechende Ansätze, um kausale Zusammenhänge zu untersuchen, während Mixed-Methods-Ansätze, die qualitative und quantitative Methoden kombinieren, die Kontextabhängigkeit von nachhaltigen GM besser erfassen könnten.[339] Darüber hinaus könnten quantitative Bewertungsmethoden und Indikatoren dazu beitragen, die ökologischen, sozialen und ökonomischen Dimensionen von nachhaltigen GM umfassend zu analysieren und den Übergang von der Konzeption zur Umsetzung zu erleichtern. Langfristige Untersuchungen durch Längsschnittstudien und praxisorientierte Forschungsmethoden könnten wertvolle Einblicke in die tatsächliche Umsetzung und den Erfolg von nachhaltigen GM liefern und so zu einem Wertewandel in Organisationen beitragen.[340]

Eine Zusammenfassung des Forschungsbedarfs zu nachhaltigen GM ist in der nachfolgenden Tabelle 2.9 zu finden.

---

[333] Vgl. Ferreira et al. (2022: 808).

[334] Vgl. Comin et al. (2020: 2042 f.); Dentchev et al. (2018: 700 f.).

[335] Vgl. Rauter, Santa-Maria und Schöggl (2022: 38 f.); Zhang et al. (2024: 120).

[336] Vgl. van Bommel et al. (2020: 15 f.).

[337] Vgl. van Bommel et al. (2020: 9 f.).

[338] Vgl. Najmaei und Sadeghinejad (2023: 981).

[339] Vgl. Dentchev et al. (2018: 700 f.); van Bommel et al. (2020: 9 f.).

[340] Vgl. Pieroni, McAloone und Pigosso (2019: 210 f.).

Tabelle 2.9 Übersicht des Forschungsbedarfs der nachhaltigen GM-Forschung[341]

Forschungsbedarf	Beschreibung
Interdisziplinäre Forschung	Integration verschiedener Disziplinen zur Förderung von Synergien zwischen nachhaltigen Geschäftsmodellen, Innovations- und Entrepreneurship-Forschung und anderen Disziplinen wie Ingenieur- und Verhaltenswissenschaften.
Spezifische nachhaltige Geschäftsmodelle	Weiterentwicklung und Präzisierung von Geschäftsmodellen in der Sharing Economy und Kreislaufwirtschaft, insbesondere hinsichtlich Widerständen und Adoption.
Technologische Innovationen und Nachhaltigkeit	Untersuchung der Chancen und Risiken digitaler Technologien (z. B. Blockchain oder Künstliche Intelligenz) für nachhaltige Geschäftsmodelle.
Hybride Geschäftsmodelle	Untersuchung von Geschäftsmodellen, die nachhaltige und konventionelle Elemente kombinieren, um Herausforderungen und Chancen hybrider Ansätze zu verstehen.
Messmethoden und Metriken	Entwicklung von Indikatoren zur Bewertung der ökologischen und sozialen Auswirkungen nachhaltiger Geschäftsmodelle.
Interaktion mit Umwelt und Systemen	Analyse der Kausalmechanismen zwischen internen Komponenten des Geschäftsmodells und externen Umweltkräften, einschließlich politischer Maßnahmen und institutioneller Logiken.
Methodenvielfalt in der Forschung	Einsatz innovativer Forschungsmethoden wie experimentelle Ansätze, Mixed-Methods und Langzeitstudien zur besseren Erfassung der Umsetzung nachhaltiger Geschäftsmodelle.

2.3 Inhalte zu Nachhaltigkeitstransitionen

Im Mittelpunkt meiner Arbeit steht die Untersuchung der Wechselwirkungen zwischen nachhaltigen GM und ihrem institutionellen Umfeld. Um GMI in einen angemessenen Kontext zu stellen, werden sie im Folgenden als Teil eines

[341] Eigene Darstellung.

längerfristigen und umfassenderen institutionellen Wandels hin zu nachhaltigeren Produktions- und Konsummustern betrachtet. Um ein Grundverständnis für den Kontextprozess zu schaffen, wird zunächst in die Thematik von NT eingeleitet (Abschnitt 2.3.1) und anschließend werden Begriffe und Konzepte von NT definiert (Abschnitt 2.3.2). In Abschnitt 2.3.3 werden verschiedene Ansätze zur Darstellung von Transitionsprozessen vorgestellt, bevor abschließend die Rolle von Unternehmen als Akteure in Transitionen näher beleuchtet wird (Abschnitt 2.3.4).

2.3.1 Sozio-technische Systeme und Nachhaltigkeitstransitionen

In den vergangenen beiden Jahrzehnten hat der Forschungsbereich von NT erheblich an Bedeutung gewonnen, was sich in einer wachsenden Zahl wissenschaftlicher Arbeiten zu diesem Thema widerspiegelt.[342] Innerhalb des Forschungsfeldes haben sich neue Schwerpunkte herausgebildet, insbesondere im Bereich der innovations- und technologieorientierten Nachhaltigkeitsforschung.[343] Dies hat zur Entwicklung neuer konzeptioneller Rahmen und zu einer stärkeren Integration mit Disziplinen wie Management, Soziologie, Politikwissenschaft und Wirtschaftsgeographie geführt.[344]

Das zentrale Anliegen der Forschung von NT ist das Verständnis und die Förderung von **Transitionen sozio-technischer Systeme**, die wesentliche Grundbedürfnisse wie Energie, Transport und Ernährung befriedigen.[345] Solche Transitionen werden häufig durch theoretische Rahmen wie die Multi-Level-Perspective (MLP), Strategic Niche Management (SNM), Transition Management (TM) und Technological Innovation Systems (TIS) analysiert.[346] Diese Bezugsrahmen haben wesentlich zum Verständnis und zur Gestaltung sozio-technischer Transitionen beigetragen, insbesondere in Industrieländern. Zunehmend werden diese Ansätze aber auch in Entwicklungsländern angewandt, was zu neuen methodischen und konzeptionellen Erkenntnissen führt, besonders in Bezug auf transnationale Zusammenhänge und den Einfluss von Kontextfaktoren.[347]

---

342 Vgl. Köhler et al. (2019: 2 f.); Markard, Raven und Truffer (2012: 957).

343 Vgl. Smith, Voß und Grin (2010: 437).

344 Vgl. Markard, Raven und Truffer (2012: 965).

345 Vgl. Geels (2004: 900, 2019: 187).

346 Vgl. El Bilali (2020: 1696 f.); Zolfagharian et al. (2019: 8).

347 Vgl. Wieczorek (2018: 204 f.).

Olawumi und Chan (2018) zeigen in ihrer Untersuchung der globalen Nachhaltigkeitsforschung eine bedeutende Entwicklung des Forschungsbereichs von der Definition seiner Konzepte bis zur jüngsten Entwicklung von Modellen und Nachhaltigkeitsindikatoren. Wichtige Beiträge kommen aus Ländern wie den USA, China, Großbritannien und Kanada, wo sich neue Trends in den Bereichen nachhaltige Stadtentwicklung, Umweltbilanzierung und öffentliche Politik abzeichnen.[348] Technologische Veränderungen, insbesondere in der Informationstechnologie bei neuen Energiesystemen, bieten das Potenzial für signifikante Fortschritte in Richtung Nachhaltigkeit. Die Abhängigkeit von Innovationspfaden und bestehenden institutionellen Strukturen behindert jedoch häufig den Übergang zu einer nachhaltigen Entwicklung. Um diese Hindernisse zu überwinden, müssen vielversprechende Innovationen unterstützt und mit Ressourcen verknüpft werden.[349] Unternehmen spielen in diesem Zusammenhang eine zentrale Rolle, da ihre Strategien zunehmend auf die Einführung und Verbreitung nachhaltiger Praktiken und die Anpassung von GM an sich verändernde gesellschaftliche und Marktbedingungen ausgerichtet sind. Sowohl große Unternehmen als auch Start-ups sind wichtige Treiber für Nachhaltigkeit, wenngleich sie mit unterschiedlichen Herausforderungen konfrontiert sind. Eine strikte Bewertung der Beiträge von Unternehmen ist notwendig, um fundierte Strategien und Politiken zur Förderung der Nachhaltigkeit zu entwickeln.[350]

Das Forschungsfeld von NT ist derzeit mit einer Reihe von **Herausforderungen** konfrontiert, die für das Verständnis und die Umsetzung nachhaltiger Praktiken von zentraler Bedeutung sind. Eine der wichtigsten Herausforderungen ist die Notwendigkeit eines umfassenden Verständnisses für NT. Es muss untersucht werden, wie verschiedene Akteure, darunter Regierungen, Unternehmen und die Gesellschaft, Transitionsprozesse beeinflussen und von ihnen beeinflusst werden.[351] Ein weiteres wichtiges Thema ist die Beschleunigung von NT. Angesichts der Dringlichkeit globaler Herausforderungen ist es notwendig, den Umfang und die Geschwindigkeit dieser Übergänge zu erhöhen. Dies bringt jedoch spezifische Herausforderungen mit sich, wie die Steuerung von Systemtransitionen, die Berücksichtigung von Wechselwirkungen zwischen verschiedenen Systemen, die Überwindung von Widerständen und die Förderung von Konsum- und

---

[348] Vgl. Olawumi und Chan (2018: 247 f.).

[349] Vgl. Westley et al. (2011: 762).

[350] Vgl. Delmas, Lyon und Maxwell (2019: 93); Schaltegger, Hörisch und Loorbach (2020: 1617).

[351] Vgl. Köhler et al. (2019: 21 f.).

Lebensstiländerungen.[352] Der **transdisziplinären Forschung** kommt dabei eine besondere Bedeutung zu, da sie Akteure außerhalb der Wissenschaft in den Forschungsprozess einbezieht und so zur Integration unterschiedlichen Wissens beiträgt. Die verstreute Literatur und die Vielfalt empirischer Projekte erschweren es jedoch, zentrale Komponenten und Gestaltungsprinzipien transdisziplinärer Nachhaltigkeitsforschung zu identifizieren.[353] Darüber hinaus muss sich das Forschungsfeld intensiv mit den **operativen Dimensionen von NT** auseinandersetzen. Individuelles Handeln muss mit strukturellem Wandel verbunden sein und die mehrdimensionale Bedeutung des Individuums im Kontext gesellschaftlicher Transitionen muss berücksichtigt werden.[354]

2.3.2 Begrifflichkeiten und Konzepte von Nachhaltigkeitstransitionen

NT sind langfristige, multidimensionale und grundlegende Transitionsprozesse, durch die etablierte sozio-technische Systeme in Richtung nachhaltigerer Produktions- und Konsummuster verändert werden.[355] Sie gehen in der Regel mit erheblichen Veränderungen sozio-technischer Systeme einher, um Nachhaltigkeitsprobleme wirksam anzugehen.[356] **Sozio-technische Systeme** sind komplexe Konstrukte, die sowohl soziale als auch technische Elemente integrieren, um gesellschaftliche Funktionen wie Transport, Kommunikation oder Energieversorgung zu erfüllen. Diese Systeme bestehen aus einem Netzwerk von Akteuren, Institutionen, Wissen und kulturellen Bedeutungen, die miteinander interagieren und voneinander abhängig sind.[357] Geels (2004) betont, dass sozio-technische Systeme nicht autonom funktionieren, sondern das Ergebnis menschlicher Aktivitäten sind, wobei die Akteure in soziale Gruppen eingebettet sind.[358] Die dynamischen Wechselwirkungen zwischen den Elementen sozio-technischer Systeme bestimmen nicht nur deren Stabilität, sondern auch den Transitionsprozess.[359]

---

[352] Vgl. Markard (2018: 630 f.); Markard, Geels und Raven (2020: 1 f.).

[353] Vgl. Lang et al. (2012: 25 ff.).

[354] Vgl. Rauschmayer, Bauler und Schäpke (2015: 211 f.).

[355] Vgl. Markard, Raven und Truffer (2012: 956).

[356] Vgl. Geels (2019: 187 f.).

[357] Vgl. Geels (2005b: 445 f.); Markard, Raven und Truffer (2012: 956).

[358] Vgl. Geels (2004: 900).

[359] Vgl. Rotmans, Kemp und van Asselt (2001: 16 f.).

Sozio-technische Systeme müssen in der Regel Abhängigkeiten zwischen materiellen und sozialen Strukturen wie Politik, Kultur, Technologien oder Märkten herstellen, um gesellschaftliche Funktionen zu erfüllen. Dies führt zu Starrheiten und Pfadabhängigkeiten und zur Herausbildung so genannter Regime.[360]

Das **sozio-technische Regime** stellt die grundlegende Struktur dar, die die Stabilität eines bestehenden sozio-technischen Systems gewährleistet. Es besteht aus Regeln, die die Aktivitäten sozialer Gruppen lenken und koordinieren, wodurch die verschiedenen Elemente des sozio-technischen Systems reproduziert werden.[361] Regime erzeugen Stabilität durch inkrementelle Innovationen, wobei tiefere strukturelle Faktoren langsamer auf Veränderungen reagieren.[362] Die Stabilität von Regimen wird wesentlich durch den Grad der Institutionalisierung bestimmt, der die Verbreitung und Reproduktion bestimmter Praktiken begünstigt oder einschränkt.[363] Regime bestehen aus regulativen, normativen und kognitiven Institutionen. **Regulative Institutionen** wie Gesetze und politische Regulationen spielen eine zentrale Rolle bei der Formalisierung von Verhaltensweisen und Interaktionen. **Normative Institutionen**, die soziale Erwartungen und Rollen definieren, schaffen Werte und Normen, die das Verhalten der Akteure strukturieren. **Kognitive Institutionen** hingegen bestimmen, wie die Akteure die Welt wahrnehmen und wie sie Informationen verarbeiten. Diese verschiedenen Institutionen tragen gemeinsam zur Stabilität von Regimen bei, indem sie Handlungsrahmen bieten, innerhalb derer sich die Akteure bewegen.[364] Sie tragen zur institutionellen Pfadabhängigkeit von Regimen bei. **Pfadabhängigkeiten** entstehen durch die langfristige Etablierung bestimmter Technologien und Praktiken, die durch institutionelle Netzwerke über Zeiträume hinweg gestützt werden. Technologische Regime, die durch bestimmte Markt- und Regulierungsstrukturen gestützt werden, tendieren dazu, inkrementelle Innovationen zu begünstigen, während radikale Veränderungen häufig durch institutionelle Mechanismen blockiert werden. Diese Stabilität kann jedoch durch interne Konflikte oder externen Druck, z. B. durch neue Technologien oder gesellschaftlichen Wandel, in Frage gestellt werden und sozio-technische Transitionsprozesse entstehen lassen.[365]

[360] Vgl. Berkhout (2002: 2); Fuenfschilling und Truffer (2014: 772 f.).

[361] Vgl. Geels (2011: 27); Rip und Kemp (1998: 338).

[362] Vgl. Berkhout (2002: 2 f.); Geels (2002: 1260).

[363] Vgl. Fuenfschilling und Truffer (2014: 786 f.).

[364] Vgl. Geels (2004: 904 f.); Scott (2013: 56 ff.).

[365] Vgl. Berkhout (2002: 2 f.); Rotmans, Kemp und van Asselt (2001: 19 f.).

Sozio-technische Transitionen beschreiben tiefgreifende Veränderungen in sozio-technischen Systemen, die durch das Zusammenwirken sozialer, technologischer, ökonomischer, politischer und institutioneller Faktoren beeinflusst werden. Diese Prozesse vollziehen sich oft über lange Zeiträume (50 Jahre und mehr) und führen zu weitreichenden Veränderungen in der Funktionsweise von Systemen, die zentrale gesellschaftliche Bedürfnisse wie Energieversorgung, Verkehr oder Kommunikation befriedigen.[366] Das konzeptionelle Verständnis dynamischer Veränderungen in technischen oder industriellen Systemen wurde durch frühe Forschungsarbeiten zur Innovationsentwicklung vorangetrieben. Ein Beispiel hierfür sind die wegweisenden Arbeiten von Abernathy und Utterback, die die phasenweise Entwicklung von Produkt- und Prozessinnovationen über die Zeit untersuchten und somit ein Fundament für das Verständnis solcher dynamischer Systemveränderungen legten.[367]

Transitionsprozesse verlaufen weder gleichförmig noch linear, sondern variieren stark in Bezug auf Richtung, Ausmaß und Geschwindigkeit.[368] Abbildung 2.4 veranschaulicht ein Phasenmodell sozio-technischer Transitionen nach Rotmans, Kemp und van Asselt (2001). Es zeigt typische Entwicklungsschritte in einem stilisierten Verlauf. Dabei handelt es sich um eine schematische Momentaufnahme eines hochdynamischen und komplexen Transitionsprozesses. Dieser wird durch fortlaufende Wechselwirkungen zwischen verschiedenen Systemelementen bestimmt und findet über die eigentliche zeitliche Darstellung der Abbildung hinaus statt. Das Modell unterscheidet vier Phasen:

(1) **Predevelopment**: Dynamisches Gleichgewicht, in dem sich der Status quo kaum verändert.
(2) **Take-off**: Die Transition beginnt, da das bestehende System instabil ist.
(3) **Breakthrough**: Sichtbare strukturelle Veränderungen, in denen verschiedene sozio-kulturelle, ökonomische, ökologische und institutionelle Entwicklungen zusammenwirken.
(4) **Stabilization**: Ein neues Gleichgewicht wird erreicht und die Transition verlangsamt sich.[369]

---

[366] Vgl. Kemp (1994: 1024); Markard, Raven und Truffer (2012: 956).

[367] Vgl. Abernathy und Utterback (1978: 1 ff.); Utterback und Abernathy (1975: 645 ff.).

[368] Vgl. Rotmans, Kemp und van Asselt (2001: 16).

[369] Vgl. Rotmans, Kemp und van Asselt (2001: 16 ff.).

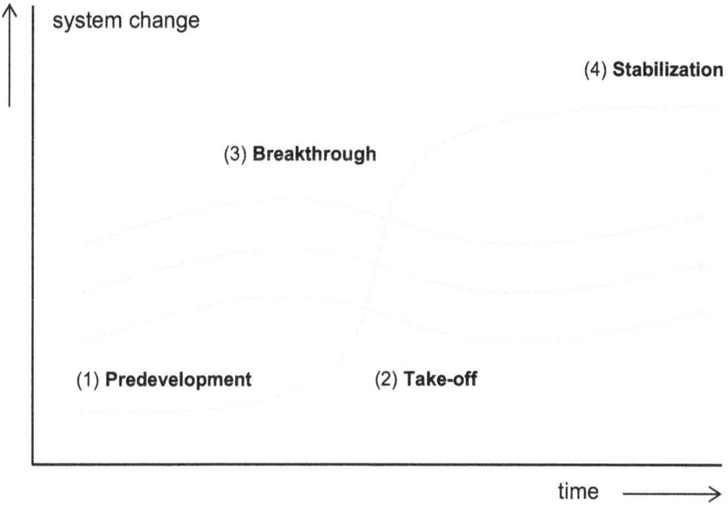

Abbildung 2.4 Phasenmodell von sozio-technischen Transitionen[370]

Geels (2005) beschreibt den sozio-technischen Transitionsprozess als Übergang von einem System zu einem anderen, was als Systeminnovation bezeichnet wird. Diese Innovationen erfordern technologische, aber auch regulatorische und kulturelle Veränderungen. Häufig sind bestehende Systeme jedoch durch verschiedene Dimensionen (z. B. Infrastruktur oder soziale Normen) „blockiert", so dass solche Übergänge nur durch das Zusammenwirken von Entwicklungen auf mehreren Ebenen erfolgen können.[371] Die Verteilung von Macht und Ressourcen ist entscheidend für die Richtung und das Ausmaß von Transitionen. Transitionsprozesse können insbesondere als Anpassung innerhalb bestehender Systeme oder als radikalere Neuorientierung erfolgen, wobei Netzwerke eine zentrale Rolle bei der Umsetzung von Veränderungen spielen.[372] Im Gegensatz zu rein technologischen Übergängen beinhalten sozio-technische Transitionen auch die Anpassung von Nutzungsgewohnheiten und institutionellen Strukturen.[373] Beispiele für sozio-technische Wandlungsprozesse sind der historische Übergang von der Kutsche

[370] Rotmans, Kemp und van Asselt (2001: 17).

[371] Vgl. Geels (2002: 1261 f.); Geels (2005a: 681 f.).

[372] Vgl. Smith, Stirling und Berkhout (2005: 1507 f.).

[373] Vgl. Markard, Raven und Truffer (2012: 956).

zum Automobil oder die jüngste Einführung umweltfreundlicher Technologien in der Energieerzeugung.[374]

Neben den grundlegenden Begrifflichkeiten zeigen Köhler et al. (2019) in ihrer Literaturübersicht, dass NT mehrere **zentrale Charakteristika** aufweisen, die sie in der allgemeinen Nachhaltigkeitsdebatte einzigartig und herausfordernd machen[375]:

- **Multidimensionalität und Koevolution:** NT umfassen zahlreiche miteinander verbundene Elemente, darunter Technologien, Märkte, kulturelle Bedeutungen und Infrastrukturen. Diese Elemente entwickeln sich in einem koevolutionären Prozess, der wechselseitige Anpassungen und komplexe Dynamiken beinhaltet und einem linearen Fortschrittsmodell widerspricht.[376]
- **Multi-Akteur-Prozesse:** Transitionen werden durch eine Vielzahl von Akteuren angestoßen, darunter politische Entscheidungsträger, Unternehmen, zivilgesellschaftliche Gruppen und individuelle Nutzer. Jeder dieser Akteure bringt spezifische Ressourcen, Strategien und Interessen in den Prozess ein, was ihn äußerst komplex und multidisziplinär macht.[377]
- **Stabilität und Veränderung:** Trotz der Einführung vieler nachhaltiger Innovationen, wie z. B. erneuerbare Energien oder alternative Mobilitätslösungen, bleibt das bestehende System aufgrund von Pfadabhängigkeiten und fest verankerten Strukturen (z. B. fossile Brennstoffe, konventionelle Landwirtschaft) stabil. Der Übergang zu einem nachhaltigeren System erfordert daher das Überwinden dieser strukturellen Stabilität durch gezielte Anreize, politische Maßnahmen und Aktionismus.[378]
- **Langfristigkeit von Transitionen:** Veränderungen in sozio-technischen Systemen sind in der Regel langwierige Prozesse, die sich über mehrere Jahrzehnte erstrecken. Dies liegt nicht nur an der langen Entwicklungszeit radikaler Innovationen, sondern auch an der Notwendigkeit, bestehende Strukturen und Verhaltensweisen zu destabilisieren.[379]

---

[374] Vgl. Geels (2005b: 445); Geels et al. (2016: 896 f.).

[375] Vgl. Köhler et al. (2019: 3).

[376] Vgl. Köhler et al. (2019: 3); Rosenbloom (2020: 337 f.); Safarzyńska, Frenken und van den Bergh (2012: 1020 f.).

[377] Vgl. Avelino und Wittmayer (2016: 644 f.); Farla et al. (2012: 995); Köhler et al. (2019: 3).

[378] Vgl. Köhler et al. (2019: 3); Mintrom und Rogers (2022: 3 ff.); Schilling, Wyss und Binder (2018: 6 f.).

[379] Vgl. Köhler et al. (2019: 3); Loorbach, Frantzeskaki und Avelino (2017: 600); Markard, Raven und Truffer (2012: 956).

- **Offenheit und Unsicherheit:** NT sind durch ihre Unvorhersehbarkeit gekennzeichnet. Es gibt zahlreiche vielversprechende Innovationen, doch ist unklar, welche sich letztlich durchsetzen werden. Diese Unsicherheit betrifft technologische Entwicklungen ebenso wie politische Prozesse und gesellschaftliche Normen.[380]
- **Werte, Auseinandersetzungen und Meinungsverschiedenheiten:** Da das Konzept der Nachhaltigkeit in hohem Maße normativ ist, besteht oft Uneinigkeit darüber, welche Innovationen oder Maßnahmen am besten geeignet sind, um eine nachhaltige Zukunft zu erreichen. Insbesondere wirtschaftlich starke Akteure können Transitionen bremsen, wenn ihre GM oder Marktpositionen bedroht sind.[381]
- **Normative Ausrichtung:** Da Nachhaltigkeit ein öffentliches Gut darstellt, fehlt es oft an ausreichenden Anreizen für private Akteure (wie Unternehmen oder Konsumenten), Maßnahmen zu ergreifen, um dieses Ziel zu erreichen. Daher spielt die öffentliche Politik eine zentrale Rolle bei der Steuerung von NT durch Regulierung, Standards, Steuern, Subventionen und Innovationsförderung.[382]

2.3.3 Theoretische Ansätze zur Darstellung von Transitionsprozessen

Multi-Level-Perspective (MLP)

Die MLP ist ein prominentes Konzept in der Transitionsforschung, das dazu dient, langfristige Veränderungen in sozio-technischen Systemen zu erklären.[383] Die MLP baut auf den Arbeiten von Rip und Kemp (1998) sowie Geels (2002) auf und verbindet Ansätze der Evolutionsökonomik, der Soziologie und der Institutionentheorie.[384] Der Ansatz geht, wie in Abbildung 2.5 dargestellt, davon aus, dass sich

[380] Vgl. Frantzeskaki, Loorbach und Meadowcroft (2012: 20 f.); Köhler et al. (2019: 3); Schäpke et al. (2017: 1).

[381] Vgl. Ciplet und Harrison (2020: 9 ff.); Köhler et al. (2019: 3); Madsen, Miörner und Hansen (2022: 247 ff.).

[382] Vgl. Köhler et al. (2019: 3); Robèrt und Broman (2017: 14 f.); Rogge und Reichardt (2016: 1 f.).

[383] Vgl. Geels (2002: 1261 ff.); Rip und Kemp (1998: 339 ff.).

[384] Vgl. Köhler et al. (2019: 4).

Transitionsprozesse durch Wechselwirkungen innerhalb und zwischen drei analytischen Ebenen vollziehen: **Nischen** *(dt. Niches)*, **sozio-technische Regime** *(dt. Regimes)* und **sozio-technische Landschaft** *(dt. Landscape).*[385]

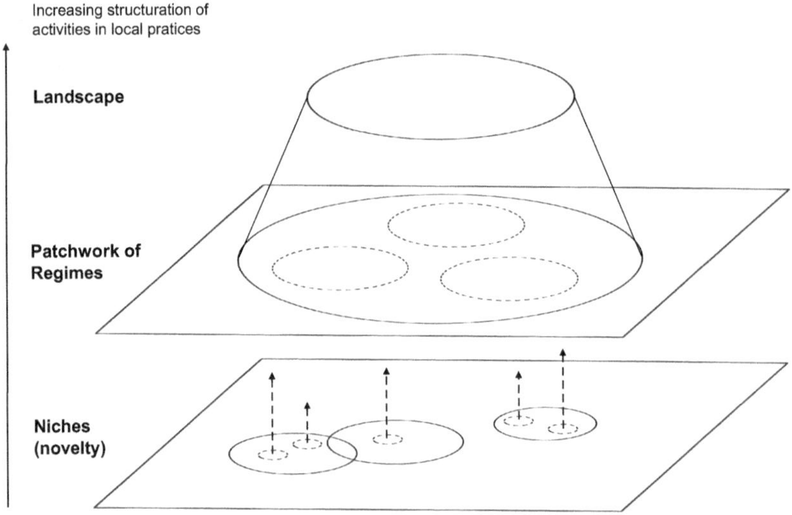

Abbildung 2.5 Ebenen der MLP[386]

Nischen stellen die Mikroebene dar, auf der radikale Innovationen entstehen. Nischen sind geschützte Räume, die Experimentiermöglichkeiten bieten und die Entwicklung neuer Technologien oder Praktiken ohne den unmittelbaren Druck des dominanten Regimes ermöglichen. Sie haben das Potenzial, durch Innovationen, die den Status quo in Frage stellen, das bestehende System zu destabilisieren und sich zu einem potenziellen Regime zu entwickeln.[387] Beispiele für solche Nischen im Kontext von NT im Agrar- und Ernährungssektor sind Agrarökologie, ökologische Landwirtschaft und alternative Ernährungssysteme.[388]

[385] Vgl. Geels (2002: 1259 ff.); Smith, Stirling und Berkhout (2005: 1493 ff.).

[386] Eigene Darstellung in Anlehnung an Geels (2002: 1261).

[387] Vgl. Geels (2005a: 684, 2005b: 450 f.); Schot und Geels (2008: 539).

[388] Vgl. El Bilali (2019: 5 ff.).

Die bereits erläuterten **sozio-technischen Regime** stellen die Mesoebene der MLP dar.[389] Die Stabilität von Regimen erschwert oft den Durchbruch von Innovationen aus Nischen, da viele Faktoren miteinander einhergehen müssen, damit eine Transition stattfinden kann.[390] Dennoch können interne und externe Druckfaktoren eine Transition innerhalb des Regimes bewirken, die zu inkrementellen oder sogar systemischen Veränderungen führen.[391] Mit Bezug auf die Agrar- und Ernährungswirtschaft könnte sich ein Regime beispielsweise auf industrielle und konventionelle landwirtschaftliche Praktiken beziehen.[392]

Die **sozio-technische Landschaft** bildet den Makrokontext und umfasst breitere exogene Faktoren wie kulturelle Normen, wirtschaftliche Trends und politische Entwicklungen. Diese externen Faktoren können Gelegenheitsfenster schaffen, die es Nischen ermöglichen, durch Nischeninnovationen bestehende Regime in Frage zu stellen und strukturelle Veränderungen herbeizuführen.[393]

Abbildung 2.6 zeigt, dass die Wechselwirkungen zwischen diesen Ebenen dynamisch sind. Transitionen verlaufen nicht linear, sondern beinhalten wechselseitige und multidimensionale Interaktionen zwischen Industrie, Technologie, Märkten, Politik, Kultur und Zivilgesellschaft.[394] Beispielsweise können Druckfaktoren auf Landschaftsebene, wie der Klimawandel, bestehende Regime destabilisieren und Möglichkeiten für Nischeninnovationen schaffen. Umgekehrt können Regime auch die Entwicklung von Nischen beeinflussen, indem sie Ressourcen bereitstellen oder Restriktionen auferlegen.[395] Akteure spielen in diesen Wechselwirkungen eine entscheidende Rolle. Sie üben verschiedene Formen der Handlungsfähigkeit in Nischen, Regimen und Landschaften aus, einschließlich institutionellem Entrepreneurship und sozialen Bewegungen, um Transitionen voranzutreiben.[396]

---

[389] Vgl. Geels (2002: 1261 f.).

[390] Vgl. Smith, Voß und Grin (2010: 441).

[391] Vgl. Smith, Stirling und Berkhout (2005: 1494 f.).

[392] Vgl. El Bilali (2019: 8 f.).

[393] Vgl. Geels (2002: 1260 f.); Geels und Schot (2007: 400 f.); Smith, Voß und Grin (2010: 441).

[394] Vgl. Geels (2012: 471 f.).

[395] Vgl. Geels (2018: 225); Smith, Voß und Grin (2010: 440 f.).

[396] Vgl. Fuenfschilling und Truffer (2016: 309 f.).

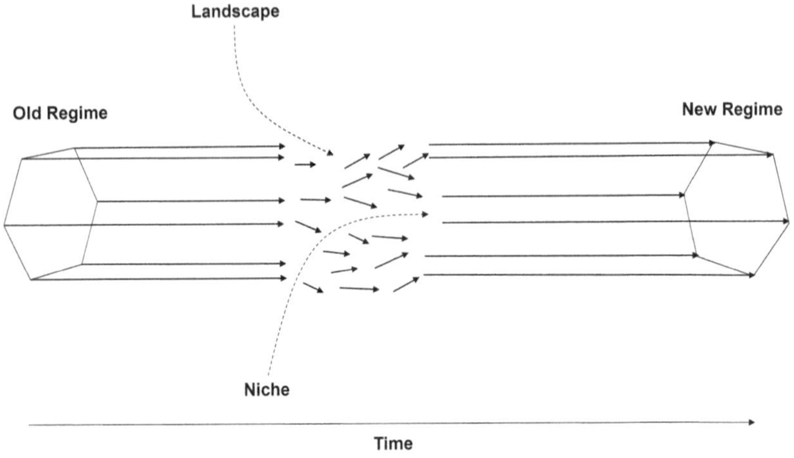

Abbildung 2.6 Transitionsprozess der MLP[397]

Die Stärke der MLP liegt in ihrer breiten Anwendbarkeit und ihrer Fähigkeit, komplexe Realitäten abzubilden. Sie bietet eine Makroperspektive auf Transitionen und dient als Analyseinstrument, um Muster, Ursachen und Auswirkungen von Systemübergängen zu identifizieren.[398] Trotz ihrer Erfolge wurde die MLP auch kritisiert, insbesondere wegen ihrer metaphorischen und teilweise ungenauen Konzepte, die zu Interpretationsspielräumen führen können.[399] Darüber hinaus wird die Komplexität der Interaktionen zwischen den Ebenen und Akteuren als Herausforderung angesehen, die insbesondere die Anwendung der MLP auf große systemische Transitionen erschwert.[400]

Strategic Niche Management (SNM)

Das Konzept des SNM spielt eine zentrale Rolle in der Transitionsforschung und befasst sich mit der gezielten Förderung und Unterstützung von Nischen, in denen radikale Innovationen entstehen können. SNM ist ein Instrument zur Steuerung von Transitionen, indem es gezielt geschützte Räume schafft, in denen innovative Technologien oder soziale Praktiken vor dem selektiven Druck des bestehenden

[397] Eigene Darstellung in Anlehnung an Geels (2002: 1263).

[398] Vgl. Geels (2011: 34 ff.).

[399] Vgl. Smith, Voß und Grin (2010: 443 f.).

[400] Vgl. Lachman (2013: 271).

Regimes geschützt werden.[401] Dieser Ansatz ist entscheidend, um Innovationen zu fördern, die schließlich das vorherrschende sozio-technische Regime herausfordern und ersetzen können, um letztendlich Transitionen voranzutreiben.[402]

Nischen bieten Schutzräume, in denen technologische Innovationen experimentell getestet und entwickelt werden können, ohne dem direkten Wettbewerb oder anderen restriktiven Bedingungen des etablierten Systems ausgesetzt zu sein.[403] Durch Prozesse des sozialen Lernens und der Netzwerkbildung gewinnen Nischeninnovationen an Dynamik und können schließlich mit den bestehenden Technologien konkurrieren.[404] SNM verfolgt das Ziel, diese Nischen durch eine Reihe von Experimenten und Demonstrationsprojekten zu stärken und ihnen so den Durchbruch zu ermöglichen, was letztlich zu einem Regimewechsel führen kann.[405] Ein zentrales Element des SNM ist der Lernprozess, der durch Experimente vorangetrieben wird. *Learning-by-doing*[406] ermöglicht es, Erkenntnisse zu gewinnen, wie Nischen gestärkt werden können, um gegen etablierte Regime zu bestehen.[407] Das SNM-Konzept betont drei wesentliche Funktionen, um Innovationen zu fördern: **Shielding** (Schutz vor Wettbewerbsdruck der Umwelt), **Nurturing** (Förderung der Innovation durch Lernprozesse und Netzwerke) und **Empowerment** (Stärkung der Nischen, um sie wettbewerbsfähig zu machen oder die bestehende selektive Umgebung zu verändern). Diese Prozesse laufen iterativ ab: Zunächst sorgt passiver Schutz dafür, dass Innovationen in der Anfangsphase entstehen können, später ermöglicht eine aktive Schutzstrategie die gezielte Förderung und schlussendlich die Durchsetzung der Innovation auf breiter Ebene.[408]

Die Kritik am SNM verweist darauf, dass es schwierig ist, den Erfolg des Konzepts nachzuweisen und kritisiert den Ansatz aufgrund seiner theoretischen Nähe zur MLP.[409]

---

[401] Vgl. Geels (2020: 10 ff.); Geels und Raven (2006: 377); Kemp, Schot und Hoogma (1998: 185); Schot und Geels (2008: 540).

[402] Vgl. Coenen, Raven und Verbong (2010: 296 f.); Kemp, Schot und Hoogma (1998: 185); Schot und Geels (2008: 538).

[403] Vgl. Köhler et al. (2019: 4 f.); Smith und Raven (2012: 1025).

[404] Vgl. Geels und Raven (2006: 377).

[405] Vgl. Schot und Geels (2008: 540 ff.).

[406] Learning-by-doing beschreibt das Lernen durch Erfahrung, bei dem Lernende Wissen und Fähigkeiten durch eigene praktische Tätigkeiten und deren unmittelbare Ergebnisse erwerben (Vgl. Reese (2011: 1)).

[407] Vgl. Lachman (2013: 272); Raven und Geels (2010: 88).

[408] Vgl. Smith und Raven (2012: 1034).

[409] Vgl. Lachman (2013: 272).

Technological Innovation System (TIS)

Der TIS-Ansatz konzentriert sich auf die Funktionen oder Prozesse, die innerhalb eines Innovationssystems ablaufen müssen, damit es erfolgreich ist.[410] Zu diesen Schlüsselfunktionen gehören Wissensentwicklung und -verbreitung, unternehmerisches Experimentieren, Einflussnahme auf die Forschungsrichtung, Marktbildung, Legitimation, Ressourcensicherung und die Entwicklung positiver Externalitäten.[411] Diese Prozesse müssen reibungslos funktionieren, damit neue Technologien entstehen und sich gegenüber etablierten Systemen durchsetzen können.[412]

In der Entwicklung von TIS lassen sich zwei zentrale Phasen unterscheiden: die formative Phase und die Wachstumsphase, die jeweils unterschiedliche Anforderungen und Bewertungskriterien haben. In der **formativen Phase** bilden sich die grundlegenden Strukturen des Innovationssystems heraus. Es herrscht eine hohe Unsicherheit hinsichtlich Technologien, Märkten und Anwendungen. Nur wenige Unternehmen und Organisationen treten in das System ein, Netzwerke und institutionelle Strukturen beginnen sich zu formieren, und die wirtschaftlichen Aktivitäten sind noch sehr begrenzt. In der **Wachstumsphase** verlagert sich der Fokus auf die Expansion des Systems und die großflächige Verbreitung der Technologie. Die Marktentwicklung schreitet voran, es entstehen Brückenmärkte und schließlich Massenmärkte.[413]

Ein wesentlicher Beitrag des TIS-Ansatzes besteht darin, dass er breitere Systemfehler identifiziert, wie etwa schlecht funktionierende Netzwerke, institutionelle Hindernisse oder Infrastrukturprobleme.[414] Dies macht den TIS-Ansatz besonders attraktiv für politische Entscheidungsträger, da er Bereiche aufzeigt, in denen gezielte politische Interventionen notwendig sind, um Innovationsprozesse zu fördern.[415] Der TIS-Ansatz ist zudem nützlich, um die Dynamik technologischer Veränderungen zu verstehen. Er betont die Bedeutung der Interaktionen zwischen verschiedenen Systemkomponenten, wie Organisationen, Institutionen und politischen Maßnahmen. Diese Interaktionen können Innovationsprozesse entweder fördern oder behindern.[416] Der TIS-Ansatz kann an unterschiedliche Kontexte angepasst werden und wird sowohl in entwickelten als auch in Entwicklungsländern eingesetzt. Durch die Integration von Elementen aus der MLP-Literatur kann der

---

410 Vgl. Hekkert et al. (2007: 427 f.); Hekkert und Negro (2009: 585).

411 Vgl. Bergek et al. (2008: 421 f.).

412 Vgl. Markard, Raven und Truffer (2012: 959).

413 Vgl. Bergek et al. (2008: 419 f.); Smith und Raven (2012: 1029).

414 Vgl. Bergek et al. (2008: 409); Klein Woolthuis, Lankhuizen und Gilsing (2005: 614 f.).

415 Vgl. Jacobsson und Bergek (2011: 42).

416 Vgl. Bergek et al. (2015: 52); Markard, Hekkert und Jacobsson (2015: 76).

TIS-Ansatz an kontextspezifische Bedürfnisse und Herausforderungen angepasst werden.[417]

Allerdings wird der TIS-Ansatz dafür kritisiert, dass er die Interaktion zwischen dem entstehenden Innovationssystem und der bestehenden Auswahlumgebung unzureichend berücksichtigt. Der Schwerpunkt auf internen Dynamiken im System führt dazu, dass die Rolle externer Mechanismen bei der Marktdurchdringung von Innovationen oft unterbewertet wird.[418] Trotz dessen bietet TIS wertvolle Einblicke in die Förderung von Innovationen, insbesondere im Hinblick auf nachhaltige Technologien, die potenziell bestehende sozio-technische Systeme herausfordern.[419]

Transition Management (TM)

TM ist ein modernes **Governance[420]-Konzept**, das darauf abzielt, transformative Veränderungen hin zu nachhaltiger Entwicklung zu steuern. Es kombiniert langfristige Planung mit kurzfristigem Handeln durch eine iterative Prozessstruktur von Suchen, Experimentieren und Lernen.[421] Diese Herangehensweise ist eine Reaktion auf die Entwicklung von Governance-Modellen, die zunehmend Reflexivität, Adaptivität und Selbstorganisation betonen. Historisch gesehen hat sich die Politik- und Verwaltungswissenschaft von stark hierarchischen, zentralisierten Modellen hin zu flexiblen, netzwerkbasierten Ansätzen entwickelt. Während früher staatlich zentralisierte und marktorientierte Mechanismen vorherrschten, liegt der Fokus heute auf diffusen, gesellschaftlich koordinierten Prozessen. TM passt in diesen Trend, indem es sowohl Elemente langfristiger Planung als auch inkrementeller Anpassungen integriert und sich auf Märkte und Netzwerke stützt.[422] TM kombiniert dabei wichtige Elemente von politischen Strategien wie Netzwerke, langfristige kollektive Ziele, Innovation und Lernen. Diese integrative Natur ermöglicht es, die Herausforderungen systematisch und zielgerichtet zu adressieren. TM bietet eine

[417] Vgl. Edsand (2019: 13 ff.); Markard und Truffer (2008: 612 f.).

[418] Vgl. Geels (2011: 25 f.); Lachman (2013: 273); Smith, Voß und Grin (2010: 438).

[419] Vgl. Köhler et al. (2019: 4); Markard, Raven und Truffer (2012: 959).

[420] Governance beschreibt den Wandel von zentralisierten, autoritären Nationalstaaten hin zu marktgesteuerten und dezentralen Ansätzen der Entscheidungsfindung, bei denen verschiedene gesellschaftliche Akteure an der Politikgestaltung beteiligt sind. Es umfasst die Koordinierung und Beeinflussung gesellschaftlicher Veränderungen durch das Zusammenspiel unterschiedlicher Akteure (Vgl. Loorbach (2007: 66 ff.)).

[421] Vgl. Loorbach (2010: 163); Rotmans, Kemp und van Asselt (2001: 22 ff.).

[422] Vgl. Loorbach (2007: 100).

strukturierte Herangehensweise an die Verwaltung komplexer, adaptiver Systeme durch ein Gleichgewicht zwischen *Top-Down-* und *Bottom-Up*[423]-Elementen.[424]

TM verfolgt vier wesentliche Schritte, um politische Transitionen zu gestalten:

(1) **Strategische Aktivitäten** zur Entwicklung von Visionen und Transitionspfaden.
(2) **Taktische Planung** zur Ausarbeitung spezifischer Pläne und Koalitionsbildung.
(3) **Operative Aktivitäten** wie Innovationsprojekte.
(4) **Reflexive Aktivitäten** zur Evaluation und Anpassung der Strategien.[425]

Diese Schritte sind zyklisch und beinhalten kontinuierliche Überwachung und Lernen. Ein zentrales Merkmal von TM ist die Verbindung von Erkenntnissen der Komplexitätstheorie mit Governance-Ansätzen. Der Ansatz betrachtet Sektoren als komplexe, adaptive gesellschaftliche Systeme und sieht Management als einen reflexiven und evolutionären Prozess. Dies umfasst sowohl das Strukturieren von Problemen und das Entwickeln von Visionen als auch die Durchführung von Experimenten und die Entwicklung neuer Koalitionen.[426] Der zyklische Prozess von TM, arbeitet auf verschiedenen Ebenen: von der Förderung der Nischenentwicklung auf Mikroebene bis hin zur Entwicklung neuer Anreize auf Makroebene durch die Schaffung einer Nachhaltigkeitsvision.[427] Der TM-Ansatz wird z. B. in der niederländischen Politik zur Förderung nachhaltiger Transitionsprozesse im Energiebereich angewandt.[428]

Trotz der vielversprechenden Theorie hat TM praktische Herausforderungen aufgeworfen. Kritiker bemängeln, dass TM in der Praxis schwer umsetzbar ist und sich oft zu sehr auf das Management von Nischen-Regime-Dynamiken konzentriert, anstatt eine ganzheitliche Perspektive einzunehmen. Weitere Kritikpunkte sind die unzureichende Berücksichtigung von Einflussfaktoren wie politischen

---

[423] Der Top-Down-Ansatz beschreibt einen politikwissenschaftlichen Prozess, bei dem zentrale Regierungsbehörden Entscheidungen treffen und diese an untergeordnete Ebenen weitergeben, während Bottom-Up-Initiativen von der Gesellschaft ausgehen, um die Politikgestaltung auf höheren Ebenen zu beeinflussen (Vgl. Loorbach (2007: 63 f.)).

[424] Vgl. Loorbach und Rotmans (2006: 195 ff.); Loorbach und Wijsman (2013: 24).

[425] Vgl. Loorbach (2010: 168 ff.).

[426] Vgl. Kemp, Loorbach und Rotmans (2007: 80); Loorbach und Rotmans (2006: 198 f.); Markard, Raven und Truffer (2012: 958 f.).

[427] Vgl. Loorbach (2007: 81 f.).

[428] Vgl. Loorbach (2010: 162 f.).

Interessen und kulturellen Überzeugungen sowie die mangelnde Unterstützung von Nischenakteuren durch bestehende Instrumente des TM.[429]

2.3.4 Unternehmen als Akteure in Nachhaltigkeitstransitionen

Unternehmen kommen im Kontext von NT eine duale Funktion zu: Einerseits werden sie von transformativen Veränderungen in Wirtschaft und Gesellschaft beeinflusst, andererseits können sie eine führende Rolle einnehmen.[430] Laut Köhler et al. (2019) konzentriert sich die Forschung zu Unternehmen in Transitionsprozessen bislang auf drei Hauptthemen: (1) die Rolle wirtschaftlicher Akteure bei der Entwicklung neuer Technologien und Industrien, (2) die Interaktionen und Konflikte zwischen neuen und etablierten Unternehmen sowie (3) ihre Bedeutung bei der Förderung institutionellen Wandels. Ausgehend von dieser Einteilung wird im Folgenden ein Literaturüberblick zu den einzelnen Themenfeldern gegeben.[431]

Unternehmen und die Entwicklung neuer Technologien und Industrien

Unternehmen nehmen eine zentrale Rolle bei der **Entstehung und Förderung von Nischen** in sozio-technischen Systemen ein, die für NT von großer Bedeutung sind. Nischen bieten geschützte Räume, in denen Unternehmen innovative Technologien und GM entwickeln, die später in dominante Systeme überführt werden können.[432] Durch ihre Innovationskraft und ihre Fähigkeit, Netzwerke aufzubauen, tragen Unternehmen entscheidend zur Stabilisierung und Weiterentwicklung dieser Nischen bei.[433] Besonders die regionale Verankerung von Unternehmen erweist sich als Schlüsselfaktor für den Erfolg von Nischen, da lokale Netzwerke und der Zugang zu regionalen Ressourcen die Entwicklung innovativer Lösungen unterstützen.[434] Andererseits merken Bakker, Leguijt und van Lente (2015) an, dass lokale Interessen und spezifische Kontexte die Entwicklung globaler technischer Standards

[429] Vgl. Kern und Smith (2008: 4101 f.); Lachman (2013: 272); Shove und Walker (2007: 767).

[430] Vgl. Schaltegger, Loorbach und Hörisch (2023: 891).

[431] Vgl. Köhler et al. (2019: 12).

[432] Vgl. Schot und Geels (2008: 539).

[433] Vgl. Caniëls und Romijn (2008: 626).

[434] Vgl. Coenen, Raven und Verbong (2010: 297 f.).

behindern, was zu regionalen Abhängigkeiten führt und die globale Standardisierung erschwert.[435] Interessanterweise müssen Unternehmen nicht zwangsläufig Teil der Nische sein, um deren Entstehung zu fördern. Mächtige Organisationen können durch finanzielle Unterstützung und legislative Maßnahmen die Zusammensetzung von Netzwerken beeinflussen und so maßgeblich zur Etablierung von Nischen beitragen.[436] Gleichzeitig erfordert die Entwicklung neuer, nachhaltiger Technologien sowohl Schutzmechanismen als auch Wettbewerb, um den Übergang von der Prototypenphase zur kommerziellen Produktion zu erleichtern. Hierbei kann die Einbindung mehrerer Hersteller in groß angelegte Testaktivitäten helfen, das Dilemma zwischen Schutz und Wettbewerb zu lösen.[437] Jenseits einer rein profitorientierten Ausrichtung haben sozial orientierte Unternehmen das Potenzial, soziale, ökologische und ökonomische Ziele zu erreichen und gleichzeitig durch ihre enge Verbindung zu lokalen Gemeinschaften positive externe Effekte zu generieren. Sie stoßen jedoch an Grenzen, wenn es darum geht, etablierte sozio-technische Regime zu ersetzen.[438] Zudem spielt die öffentliche Politik eine wichtige Rolle, indem sie die technische Entwicklung und Marktentstehung durch die Förderung von Innovationssystemen unterstützt, wie es etwa bei der Entwicklung von Elektroautos der Fall war.[439]

Unternehmen tragen nicht nur durch technologische Innovationen, sondern auch durch den Aufbau von Netzwerken, die Koordination von Akteuren und die Schaffung von Innovationssystemen maßgeblich zur Transition von sozio-technischen Systemen bei. Sie sind entscheidende Akteure, die wichtige Systemfunktionen wie unternehmerische Aktivitäten, Wissensverbreitung und die Bildung neuer Märkte erfüllen.[440] Durch Investitionen in Forschung und Entwicklung (F&E) sowie durch die Beeinflussung des institutionellen Umfelds sind Unternehmen in der Lage, Marktbarrieren zu überwinden und Unsicherheiten in Bezug auf neue Technologien zu verringern.[441] In formellen Netzwerken kooperieren Unternehmen nicht nur, um neues Wissen zu erzeugen, sondern auch, um strategisch wichtige Systemressourcen wie technologiespezifische Forschungs- und Entwicklungsprogramme zu entwickeln und zu gestalten.[442] Bohnsack, Pinkse und Waelpoel (2016) weisen

---

435 Vgl. Bakker, Leguijt und van Lente (2015: 163 f.).

436 Vgl. Hermans et al. (2013: 622).

437 Vgl. Sushandoyo und Magnusson (2014: 25).

438 Vgl. Hillman, Axon und Morrissey (2018: 454).

439 Vgl. Jin und McKelvey (2019: 6 ff.).

440 Vgl. Hekkert et al. (2007: 421 ff.).

441 Vgl. Bergek et al. (2008: 418 f.).

442 Vgl. Musiolik, Markard und Hekkert (2012: 1044 ff.).

darauf hin, dass Unternehmen dominante Akteure im Prozess des institutionellen Wandels sind. Unternehmen sind für technologische Durchbrüche verantwortlich, die die institutionelle Basis der Industrie verändern und GMI ermöglichen.[443] Darüber hinaus spielen Unternehmen eine zentrale Rolle bei der **Neuausrichtung von Industrien** innerhalb sozio-technischer Systeme. Transitionsprozesse sind durch komplexe Interaktionen zwischen Akteuren, institutionellen Strukturen und Technologien geprägt, wobei Unternehmen sowohl als Innovatoren als auch als Vermittler von Veränderungen agieren. Garud und Karnøe (2003) beschreiben, wie technologisches Entrepreneurship in Transitionsprozessen nicht nur durch die Entdeckung von Gelegenheiten, sondern auch durch die kollektive Schaffung neuer Gelegenheiten geprägt ist. Am Beispiel der Entwicklung von Windturbinen wird gezeigt, wie die Interaktion zwischen Nutzern und Produzenten zu innovativen Designs führte.[444] Gleichzeitig sind viele Unternehmen in bestehenden Industrien stark an etablierte Regime gebunden und setzen politische Strategien ein, um ihre wirtschaftlichen Rahmenbedingungen zu sichern und Veränderungen zu ihren Gunsten zu beeinflussen.[445] Dennoch kann die Wahl innovativer Technologien, Produkte und GM zu einer Fragmentierung bestehender Regime und damit zu einer Veränderung ganzer Industrien führen.[446] Interessanterweise verfolgen Unternehmen in ähnlichen institutionellen Kontexten oft unterschiedliche Strategien, abhängig von ihren Erwartungen und Interessen im Transitionsprozess.[447]

Die Interaktion zwischen neuen und etablierten Unternehmen in Transitionsprozessen

In der wissenschaftlichen Literatur zur Rolle von Unternehmen in NT wird besonders die Interaktion zwischen etablierten und neuen Unternehmen in soziotechnischen Systemen hervorgehoben. Die Perspektive **etablierter Unternehmen** ist dabei von zentraler Bedeutung, da diese über signifikante Ressourcen und Marktmacht verfügen, gleichzeitig jedoch durch gewachsene Strukturen oft in ihrer Innovationsfähigkeit gehemmt sind. Kooperationen zwischen etablierten und neuen Akteuren ermöglichen es etablierten Unternehmen, sich besser an radikale technologische Veränderungen anzupassen und ihre Innovations- und Leistungsfähigkeit zu steigern.[448] Die Fähigkeit etablierter Unternehmen zur *Creative Accumulation*,

[443] Vgl. Bohnsack, Pinkse und Waelpoel (2016: 30 f.).
[444] Vgl. Garud und Karnøe (2003: 294 ff.).
[445] Vgl. Turnheim und Geels (2012: 47 ff.).
[446] Vgl. Karltorp und Sandén (2012: 78 f.).
[447] Vgl. Budde, Alkemade und Weber (2012: 1080 f.).
[448] Vgl. Rothaermel (2001: 1245 ff.).

d. h. zur Weiterentwicklung bestehender und zur Integration neuer Technologien, ist zudem ein entscheidender Faktor, der erklärt, warum einige Unternehmen trotz technologischer Umbrüche erfolgreich bleiben, während andere scheitern. Zudem wechseln viele etablierte Unternehmen im Laufe der Zeit von defensiven zu proaktiven Strategien, um Transitionen aktiv zu gestalten und ihre Wettbewerbsvorteile zu sichern.[449]

Die Vorstellung, dass Akteure strikt in Regime- oder Nischenakteure eingeteilt werden können, wird zunehmend als zu statisch angesehen. Etablierte Unternehmen agieren sowohl auf Regime- als auch auf Nischenebene und tragen durch strategische Handlungen zur Weiterentwicklung von Nischen bei.[450] Entgegen der traditionellen Auffassung, dass etablierte Akteure Innovationen hemmen, wird anerkannt, dass sie aktiv an der Entwicklung von Nischen und der Neugestaltung von Regimen beteiligt sind. Dies erfordert ein Umdenken, das die Rolle etablierter Akteure als Vermittler in Transitionen berücksichtigt.[451] Es bedarf daher dynamischer Darstellungen, um die komplexen Rollen dieser Akteure angemessen zu erfassen. Eine wichtige Rolle spielen dabei Strategien, die Nischen und Regime durchbrechen und so neue Technologien in breitere Märkte einführen und deren Entwicklung beschleunigen können.[452] Insbesondere die Interaktion zwischen etablierten Unternehmen und anderen Akteuren im Markt führt dazu, dass bestehende Marktpositionen neu definiert und verhandelt werden müssen.[453] Magnusson und Werner (2023) argumentieren, dass im Falle etablierter Unternehmen unterschiedliche Kategorisierungen erforderlich sind und dass Reflexivität wichtig ist. Es wird auch auf die Grenzen des Akteursbegriffs hingewiesen, der Unternehmen oft als homogene Einheiten darstellt, während sie in Wirklichkeit komplexer sind.[454]

Aus der Perspektive **neuer Unternehmen**, die in sozio-technische Systeme eintreten, zeigt sich ein anderes, dynamischeres Bild. Diese Unternehmen zeichnen sich durch ihre Flexibilität und Innovationskraft aus, stehen jedoch vor erheblichen Herausforderungen im Wettbewerb mit etablierten Akteuren. Nachhaltige Unternehmer können Marktversagen überwinden, indem sie Gelegenheiten nutzen, um eine effizientere und ökologisch nachhaltigere Wirtschaft zu fördern. Neue, umweltorientierte Unternehmen identifizieren und nutzen Gelegenheiten, die sich aus Marktversagen ergeben, und tragen somit zur Reduzierung von Umweltbelastungen und zur

[449] Vgl. Wesseling et al. (2014: 207).
[450] Vgl. Berggren, Magnusson und Sushandoyo (2015: 1026 f.).
[451] Vgl. Sovacool et al. (2020: 15).
[452] Vgl. Späth, Rohracher und Radecki (2016: 12 ff.).
[453] Vgl. Werner et al. (2022: 22 f.).
[454] Vgl. Magnusson und Werner (2023: 911 f.).

Verbesserung der Markteffizienz bei.[455] Kleine Unternehmen fungieren häufig als Pioniere für nachhaltige Innovationen, während große, etablierte Unternehmen diese Innovationen übernehmen und in ihre bereits vorhandenen unternehmerischen Aktivitäten integrieren. Dies unterstreicht die Bedeutung sowohl von Kooperation als auch von Wettbewerb zwischen den Akteuren.[456] Nachhaltige Unternehmer wirken nicht nur durch die Bereitstellung ökologischer Produkte und Dienstleistungen, sondern auch durch die Beeinflussung anderer wichtiger Akteure im System. Vor allem große Unternehmen auf der Mesoebene spielen eine Schlüsselrolle in NT, da sie häufig die dominierende Struktur in diesen Prozessen darstellen. Nachhaltige Start-ups, die auf der Mikroebene agieren, können den Wettbewerb erhöhen und damit Druck auf etablierte Unternehmen ausüben, die eigenen Produkte und GM nachhaltiger zu gestalten.[457] Allerdings sind ihrem Einfluss auch Grenzen gesetzt: Bergek et al. (2013) betonen, dass neue Marktteilnehmer oft scheitern, weil sie nicht mit dem Wissen und der Erfahrung der etablierten Unternehmen mithalten können. Etablierte Unternehmen können schneller und effizienter auf technologische Veränderungen reagieren.[458] Auf der anderen Seite entstehen neue Dynamiken gerade in branchenübergreifenden Wechselwirkungen. So geraten beispielsweise etablierte Unternehmen aus dem Energiesektor zunehmend unter Druck durch neue Unternehmen aus der IKT-Branche und müssen ihre eigene Rolle überdenken und anpassen.[459]

Die Bedeutung von Unternehmen bei der Förderung von institutionellem Wandel

Unternehmen spielen eine zentrale Rolle im institutionellen Wandel, insbesondere im Kontext von NT. Sie beeinflussen aktiv ihr institutionelles Umfeld, indem sie bestehende Strukturen, Normen und Institutionen verändern und anpassen. Dieser institutionelle Wandel, der für eine nachhaltige Entwicklung notwendig ist, erfordert tiefgreifende Anpassungen in Bereichen wie Technologie, Märkten, Regulierung und gesellschaftlichen Erwartungen. Die Prozesse, die zu diesen Veränderungen führen, sind komplex und entstehen durch das Zusammenspiel von Akteuren und institutionellen Strukturen. Unternehmen tragen wesentlich zur Systembildung bei, indem sie Legitimität für neue Technologien schaffen, die Forschungsrichtung

[455] Vgl. Dean und McMullen (2007: 70 f.).

[456] Vgl. Hockerts und Wüstenhagen (2010: 488 ff.).

[457] Vgl. Hörisch (2015: 295 ff.).

[458] Vgl. Bergek et al. (2013: 1221 f.).

[459] Vgl. Erlinghagen und Markard (2012: 904).

anderer Akteure beeinflussen, Institutionen formen und Märkte gestalten.[460] Innovative Unternehmen schaffen oder verändern bewusst institutionelle Strukturen, um ein unterstützendes Umfeld für aufkommende Technologien zu etablieren. Dabei bündeln sie ihre organisatorischen Ressourcen in formellen Netzwerken, die teilweise spezifische Netzwerkressourcen kontrollieren und diese gezielt für institutionelle Veränderungen einsetzen.[461] Unternehmerische Innovation wird auch durch die Schaffung von Narrativen geprägt, die Innovationen kontextualisieren, ihnen Bedeutung verleihen und unterschiedliche Perspektiven miteinander verknüpfen.[462]

Etablierte Unternehmen reagieren unterschiedlich auf nachhaltige Innovationen, die ihre Interessen bedrohen könnten. Sie nutzen verschiedene institutionelle Strategien, um ihre Position zu sichern, indem sie Informations- und Argumentationsstrategien gegenüber politischen Entscheidungsträgern und der Öffentlichkeit anwenden sowie technische Standards setzen, um neue Technologien zu beeinflussen oder zu verzögern.[463] Sühlsen und Hisschemöller (2014) zeigen, dass etablierte Unternehmen im Energiesektor eine entscheidende Rolle bei der Umsetzung umweltfreundlicher und erneuerbarer Energien spielen: Durch Lobbyarbeit in Verbänden, regelmäßige persönliche Kontakte zu Politikern und die Entwicklung von Wissen beeinflussen sie das institutionelle Umfeld im Energiesektor.[464]

Unternehmen sind auch maßgeblich an technologischen Disruptionen beteiligt, die die institutionelle Basis einer Industrie verändern und neue GM ermöglichen. Die Diffusion von Wissen spielt dabei eine entscheidende Rolle, da sie bestehende Strukturen aufbricht und innovative Entwicklungen fördert.[465] In diesem Zusammenhang gewinnt auch das Konzept des *Corporate Activism* an Bedeutung. Es beschreibt die Bereitschaft von Unternehmen, aktiv zu sozialen, politischen, wirtschaftlichen und ökologischen Themen Stellung zu beziehen, um Einstellungen und Verhaltensweisen in ihrem institutionellen Umfeld zu beeinflussen und Wandel voranzutreiben.[466]

Nachhaltige Unternehmer spielen eine besondere Rolle bei der Durchsetzung von institutionellen Veränderungen. Sie nutzen Innovationen, um Veränderungen in regulatorischen, normativen und kulturell-kognitiven Institutionen herbeizuführen, und agieren so als Treiber des institutionellen Wandels. Dabei überwinden

[460] Vgl. Bergek, Jacobsson und Sandén (2008: 13 f.).

[461] Vgl. Musiolik et al. (2020: 10 ff.).

[462] Vgl. Garud, Gehman und Giuliani (2014: 1184 f.).

[463] Vgl. Smink, Hekkert und Negro (2015: 98 f.).

[464] Vgl. Sühlsen und Hisschemöller (2014: 324).

[465] Vgl. Bohnsack, Pinkse und Waelpoel (2016: 30 f.).

[466] Vgl. Eilert und Nappier Cherup (2020: 469).

sie institutionelle Barrieren und schaffen Legitimität für nachhaltige Technologien, was zunächst normative und kulturelle, anschließend regulatorische Veränderungen anstößt.[467] Nachhaltige Unternehmer passen sich an ihr institutionelles Umfeld an und treiben gleichzeitig Veränderungen voran. Sie integrieren ihre Innovationen in bestehende GM, um institutionellen Wandel zu unterstützen. Zudem arbeiten sie mit sozialen Bewegungen und Aktivisten zusammen, um normative Veränderungen zu bewirken.[468] Nachhaltige Entrepreneure tragen durch die Schaffung neuer Symbole, die Theoretisierung von Problemen und Lösungen sowie die Entwicklung neuer Maßnahmen und Kooperationen zur institutionellen Veränderung bei.[469]

[467] Vgl. Gasbarro, Rizzi und Frey (2018: 494 f.).

[468] Vgl. Arenas, Strumińska-Kutra und Landoni (2020: 3067 f.).

[469] Vgl. Thompson, Herrmann und Hekkert (2015: 616).

3 Forschungsstand zu Geschäftsmodellen in Nachhaltigkeitstransitionen

In der Literatur zu GM wird zunehmend eine systemische Perspektive eingenommen, die den Einfluss von Makrokontexten und größeren sozialen, ökologischen und technologischen Systemen betont. Dies liegt an der zunehmenden Komplexität der Wertschöpfung, bei der finanzielle, entwicklungspolitische, soziale und ökologische Ziele verfolgt werden, die sich aus der Interaktion zwischen verschiedenen Akteuren über verschiedene geographische Räume, Zeiten und Systeme hinweg ergeben.[1] In der Vergangenheit wurde kritisiert, dass GMI nicht radikal genug sind, um signifikante systemische Wirkungen zu erzielen. Inkrementelle Ansätze vernachlässigen oft systemweite Effekte wie z. B. soziale Ungleichheiten, was zu einer eher geringen Nachhaltigkeit führt.[2] Um den Herausforderungen im Kontext der Nachhaltigkeit zu begegnen, ist es notwendig, institutionelle Logiken und systemische Perspektiven in die GM-Literatur zu integrieren. Ein ganzheitlicher Ansatz, der die kollektive und kooperative Wertschöpfung in den Mittelpunkt stellt, kann zur Entwicklung von GMI beitragen.[3]

Die Bedeutung von Netzwerken für die Entwicklung nachhaltiger GM wird in der Literatur hervorgehoben, da GM häufig über die Grenzen einzelner Unternehmen hinauswirken. Eine systemische Vernetzung von Akteuren und Ressourcen ist dabei zentral, um nachhaltige Werte zu schaffen.[4] Netzwerke schaffen jedoch

---

[1] Vgl. Hall und Roelich (2016: 295 f.).

[2] Vgl. Hofmann (2019: 370 ff.).

[3] Vgl. Fehrer und Wieland (2021: 617 f.).

[4] Vgl. Brehmer, Podoynitsyna und Langerak (2018: 4523 f.); Rossignoli und Lionzo (2018: 702 f.); Speich und Ulli-Beer (2023: 1).

F. Stokom, *Nachhaltige Geschäftsmodellinnovationen in sozio-technischen Transitionen*, https://doi.org/10.1007/978-3-658-50053-5_3

neue Abhängigkeiten, die ein spezifisches Management der Beziehungen zwischen den beteiligten Akteuren erfordern.[5] Bei der Vernetzung der Akteure geht es vor allem darum, kooperative und partnerschaftliche GM zu schaffen, die eine nachhaltige Wertschöpfung in ökologischer, sozialer und ökonomischer Hinsicht fördern.[6] Die Entwicklung kollaborativer GM hängt stark von der kollektiven Ausrichtung auf gemeinsame Werttreiber ab. Kollaborative Mechanismen sind entscheidend, um Elemente zu verbinden, die zuvor nicht Teil bestehender GM waren und so systemische Veränderungen zu fördern.[7] Experimentelle Netzwerke, in denen Unternehmen gemeinsam GM testen, fördern die branchenübergreifende Zusammenarbeit und stärken die Innovationsfähigkeit. Durch die gemeinsame Nutzung von Ressourcen und das Teilen von Risiken können Unternehmen ihre Fähigkeiten erweitern und sich auf technologische Veränderungen vorbereiten.[8]

GM werden nicht nur als interne Strukturen betrachtet, sondern auch als Instrumente zur Förderung systemischer Veränderungen im Rahmen nachhaltiger Innovationen.[9] Veranschaulicht wird dies beispielsweise im Konzept des *System Transition Value*, das den Fokus von GM auf institutionelle und soziologische Elemente erweitert. Neben technologischen Innovationen wird die Förderung gesellschaftlicher Akzeptanz als entscheidend für eine erfolgreiche nachhaltige Wertschöpfung gesehen.[10] Die Abstimmung zwischen GMI, Unternehmensstrategien und Umweltfaktoren spielt eine entscheidende Rolle bei der Umsetzung nachhaltiger Innovationen.[11] Insbesondere komplexe, systemisch integrierte GM benötigen regulatorische Unterstützung, um soziale und ökologische Werte umfassend zu fördern.[12]

In den folgenden Kapiteln wird zunächst die Forschung an der Schnittstelle von GM-Literatur und sozio-technischer Systemforschung aus einer allgemeinen Perspektive (Abschnitt 3.1) und im Kontext sozio-technischer Transitionsprozesse (Abschnitt 3.2) betrachtet. In Abschnitt 3.2 wird zudem die bisherige Forschung

---

[5] Vgl. Rossignoli und Lionzo (2018: 702 f.).

[6] Vgl. Gallo, Antolin-Lopez und Montiel (2018: 912 ff.).

[7] Vgl. Hellström et al. (2015: 234 f.).

[8] Vgl. Engwall et al. (2021: 12 f.).

[9] Vgl. Boons et al. (2013: 4).

[10] Vgl. Plewnia und Guenther (2021: 496).

[11] Vgl. Altunay, Bergek und Palm (2021: 517).

[12] Vgl. Hiteva und Foxon (2021: 12).

zur Wechselwirkung von GM und ihrem institutionellen Umfeld näher beleuchtet, um dann in Abschnitt 3.3 den Forschungsbedarf an der Schnittstelle von NT- und GM-Literatur zu identifizieren.

3.1 Forschung zu Geschäftsmodellen und sozio-technischen Systemen

GM interagieren mit ihrer Umwelt, insbesondere im Kontext **sozio-technischer Systeme**. Hannon, Foxon und Gale (2013) zeigen, dass die Entwicklung, der Wettbewerb und der Erfolg von GM nicht isoliert betrachtet werden können. Vielmehr resultieren sie aus einer dynamischen, wechselseitigen Interaktion mit einem komplexen System externer Einflussfaktoren. Abbildung 3.1 veranschaulicht diese Wechselwirkung in der Beziehung zwischen GM und ihrer Umwelt: Externe Faktoren beeinflussen die Ausgestaltung und Weiterentwicklung von GM maßgeblich, während diese gleichzeitig Rückwirkungen auf ihr Umfeld ausüben. Im Zentrum stehen GM als Analyseeinheit. Innerhalb dieser lassen sich verschiedene Typen differenzieren, etwa neuartige („Novel") und etablierte („Incumbent") GM. Diese interagieren mit einem erweiterten sozio-technischen System, das sich aus vier zentralen Subsystemen zusammensetzt: Ökosysteme, Institutionen, Technologien und Nutzerpraktiken. Diese Subsysteme repräsentieren unterschiedliche Wirkebenen:

- **Ökosysteme (Ecosystems)** umfassen die natürliche Umwelt sowie die Verfügbarkeit von Ressourcen,
- **Institutionen (Institutions)** beziehen sich auf rechtliche, politische und normative Strukturen,
- **Technologien (Technology)** betreffen technische Systeme und Infrastrukturen,
- **Nutzerpraktiken (User Practices)** spiegeln das Verhalten, die Erwartungen und die Interaktionen von Endnutzern wider.[13]

[13] Vgl. Hannon, Foxon und Gale (2013: 1038 ff.).

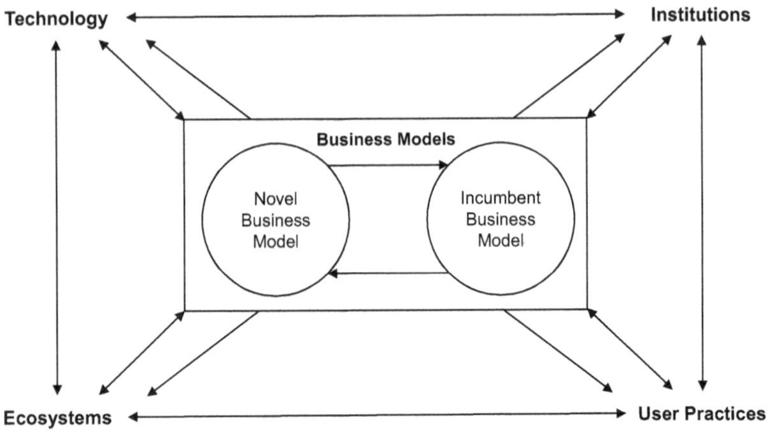

Abbildung 3.1 Interaktion von Geschäftsmodellen und sozio-technischen Systemen[14]

Technologische Entwicklungen spielen eine zentrale Rolle bei der Entstehung und Entwicklung von GM. Neue, komplementäre Technologien können die Entstehung völlig neuer GM ermöglichen, während technische Barrieren deren Verbreitung blockieren können.[15] Sharing Economy-GM profitieren von digitalen Technologien, die Transaktionskosten senken und Skalierung ermöglichen.[16] Auch GMI im Bereich flexibler Energietechnologien oder Elektromobilität benötigen Zugang zu neuen Technologien, um wettbewerbsfähig zu bleiben.[17] Huijben, Verbong und Podoynitsyna (2016) entwickeln das Konzept des *Business Model Design Space*, das die räumlichen Wechselwirkungen zwischen den Regeln eines Systems und den möglichen GM-Mustern abbildet.[18] GM können innerhalb bestehender institutioneller Rahmenbedingungen, d. h. eines Regimes, operieren, diese anpassen oder sogar erweitern. Erfolgreiche GM schaffen es, sich in geschützten Nischen zu entwickeln und nutzen diese Position, um das bestehende Regime zu beeinflussen und möglicherweise zu transformieren.[19]

[14] Hannon, Foxon und Gale (2013: 1034).

[15] Vgl. Hannon, Foxon und Gale (2013: 1039 f.).

[16] Vgl. Meijer, Schipper und Huijben (2019: 226); van Waes et al. (2018: 1309).

[17] Vgl. Wesseling, Bidmon und Bohnsack (2020: 7); Zapata Riveros et al. (2021: 25 f.).

[18] Vgl. Huijben, Verbong und Podoynitsyna (2016: 4).

[19] Vgl. Meijer, Schipper und Huijben (2019: 223 ff.).

In der Literatur werden GM zunehmend in das Konzept der **Nischen** integriert. Nachhaltige Unternehmer spielen eine entscheidende Rolle bei der Entwicklung von GMI, die oft zunächst nur in Nischen Anwendung finden.[20] Ruggiero et al. (2021) verdeutlichen beispielsweise in einer qualitativen Studie im finnischen Energiemarkt, dass gerade Technologie-Start-ups, die als typische Nischenakteure gelten, neue, radikale GM geschaffen haben.[21] Jolink und Niesten (2015) zeigen in Fallstudien mit Unternehmen im Bereich biologische Lebensmittel in den Niederlanden zudem, dass diese mit ihren GMI dem Massenmarkt zu Beginn voraus sind.[22] Petzer, Wieczorek und Verbong (2020) schlussfolgern, dass verschiedene GM, die entweder konform („*fit*") oder herausfordernd („*stretch*") zu bestehenden Regimen sind, unterschiedliche Erfolgsprofile aufweisen. Während konforme Modelle oft schneller akzeptiert werden, können disruptive Modelle langfristig zu tiefgreifenden Veränderungen führen, auch wenn sie zunächst auf Widerstand stoßen.[23]

Die Integration von Nischen-GM in bestehende Regime sowie die Skalierung von Nischeninnovationen erfordern häufig die Zusammenarbeit verschiedener Akteursgruppen und die Unterstützung durch ein breites Netzwerk. Dies liegt daran, dass sie häufig mit institutionellen Herausforderungen konfrontiert sind.[24] Dabei wird deutlich, dass technologische Innovationen oft mit sozialen Innovationen einhergehen müssen, um die notwendige Akzeptanz und Beteiligung der Nutzer zu gewährleisten.[25] Die Entwicklung eines unterstützenden Ökosystems aus regulatorischen Rahmenbedingungen, finanzieller Infrastruktur und kultureller Akzeptanz ist entscheidend, um GM über Nischen hinaus zu verbreiten und größere soziale und institutionelle Veränderungen zu bewirken.[26]

Darüber hinaus finden sich Studien, die sich mit der **Interaktion zwischen etablierten und neuen Unternehmen** im Rahmen der GM-Forschung beschäftigen. Im Mittelpunkt dieser Forschung steht die Frage, wie etablierte Unternehmen mit neuen Akteuren bei der Entwicklung und Anpassung ihrer GM interagieren. Midttun und Piccini (2017) zeigen, dass im Energiesektor neue Akteure,

---

[20] Vgl. Schaltegger, Lüdeke-Freund und Hansen (2016: 278 ff.).

[21] Vgl. Ruggiero et al. (2021: 7 f.).

[22] Vgl. Jolink und Niesten (2015: 396).

[23] Vgl. Petzer, Wieczorek und Verbong (2020: 266 f.).

[24] Vgl. Jolly, Raven und Romijn (2012: 202 f.); Proka, Hisschemöller und Loorbach (2020: 10 f.); van Waes et al. (2018: 1307).

[25] Vgl. Proka, Hisschemöller und Loorbach (2020: 9 f.); Schaltegger, Lüdeke-Freund und Hansen (2016: 279).

[26] Vgl. Jolly, Raven und Romijn (2012: 208); Schaltegger, Lüdeke-Freund und Hansen (2016: 279).

getrieben durch Nachhaltigkeitsziele und Digitalisierung, etablierte Unternehmen herausfordern. Nachhaltige und digitale Unternehmer haben durch Subventionen und GMI signifikante Erfolge erzielt. Etablierte Unternehmen sind durch den Markteintritt neuer Akteure gezwungen, ihre GM anzupassen, um langfristig wettbewerbsfähig zu bleiben.[27] Die Ansätze zur Bewältigung nachhaltiger Herausforderungen unterscheiden sich zwischen etablierten und neuen Unternehmen. Während etablierte Unternehmen nachhaltige GM meist als risikoärmere Optionen wahrnehmen und diese experimentell in bestehende Strukturen integrieren, verfolgen Start-ups häufig radikalere Ansätze.[28] Ruggiero et al. (2021) betonen jedoch gleichzeitig, dass die strikte Unterscheidung zwischen Nischen- und Regimeakteuren nicht immer zutreffend ist. Etablierte Unternehmen kooperieren zunehmend mit Start-ups und tragen so zur Transition der jeweiligen Industrie bei.[29] Auch Xia-Bauer et al. (2022) zeigen, dass sich einige etablierte Unternehmen aktiv an GMI beteiligen, was zeigt, dass nicht nur Nischenakteure radikale Innovationen vorantreiben.[30] Schließlich zeigen Proka, Hisschemöller und Loorbach (2018), dass junge Unternehmen mit gegenteiligen Problemen zu kämpfen haben: Sie versuchen sich zu sehr dem bestehenden Regime und damit etablierten Unternehmen im Rahmen von GMI anzupassen.[31]

Die **Multi-Level-Perspective (MLP)** hat sich als wertvolles Instrument zum Verständnis der Rolle von GM in sozio-technischen Systemen erwiesen. Erkenntnisse aus der Anwendung der MLP in der GM-Literatur zeigen, dass GM als Schlüsselmechanismen fungieren können, die entweder das bestehende System stabilisieren oder neue Wege für innovative Lösungen eröffnen, die das bestehende Regime herausfordern.[32] Bidmon und Knab (2018) leiten aus ihrer Analyse zur Rolle von GM in sozio-technischen Systemen mit Hilfe der MLP drei Funktionalitäten ab: (1) als Teil des sozio-technischen Regimes behindern bestehende GM Transitionen, indem sie die Stabilität des gegenwärtigen Regimes verstärken; (2) als Vermittler zwischen der technologischen Nische und dem sozio-technischen Regime treiben GM Transitionen voran, indem sie den Stabilisierungsprozess technologischer Innovation erleichtern und ihren Durchbruch unterstützen; und (3) als nicht-technologische Nischeninnovation treiben neuartige GM Transitionen voran, indem sie den Aufbau neuer Regime ermöglichen,

---

[27] Vgl. Midttun und Piccini (2017: 340 f.).

[28] Vgl. Rovanto und Bask (2021: 1168 ff.).

[29] Vgl. Ruggiero et al. (2021: 10 f.).

[30] Vgl. Xia-Bauer et al. (2022: 14).

[31] Vgl. Proka, Hisschemöller und Loorbach (2018: 14).

[32] Vgl. Bidmon und Knab (2018: 914); Wainstein und Bumpus (2016: 575 f.).

ohne auf technologische Innovation zurückgreifen zu müssen.[33] Die MLP kann als nützliches Instrument zur Strukturierung externer Einflussfaktoren auf GM im Zeitablauf betrachtet werden.[34] Zudem bietet sie einen theoretischen Rahmen, um zu verstehen, wie GM in der Nischenphase funktionieren und Regime in der Zukunft ersetzen können.[35] Crowdfunding ist beispielsweise nicht nur eine Finanzierungsquelle, sondern trägt auch zur Legitimität und Unterstützung nachhaltiger Projekte bei. Crowdfunding-GM helfen dabei, Netzwerke von Unterstützern und Kunden zu erweitern, was die Marktdurchdringung erleichtert und langfristig zu einer nachhaltigen Transition beitragen kann.[36] Darüber hinaus zeigt die Kombination von GM und MLP, dass GM als Systembausteine wirken können, die durch Partnerschaften und die Integration von politischen, wirtschaftlichen und sozialen Faktoren gestaltet werden müssen. Um langfristig erfolgreich zu sein, müssen GM an das sich verändernde sozio-technische Umfeld angepasst werden.[37]

GMI spielen eine wesentliche Rolle im **Transition Management (TM)-Prozess**, indem sie zur Analyse des Status quo und zur Definition von Zielzuständen beitragen. GM werden genutzt, um systemisches Denken zu fördern, indem eine holistische Perspektive und die Dynamiken auf Regime-Ebene berücksichtigt werden.[38] Sarasini und Linder (2018) analysieren GM auf verschiedenen Ebenen innerhalb des TM-Modells. Auf strategischer Ebene können GM Technologien vorantreiben und komplementäre Technologien fördern, was zur Nachhaltigkeit beiträgt. Auf operativer Ebene dienen GM als Experimente in Nischen, während sie auf taktischer Ebene institutionelle Barrieren beeinflussen können.[39] GMI dienen als Experimente innerhalb dieser Nischen, wobei **Strategic Niche Management (SNM)** zusätzlich Einblicke in breitere Netzwerke und Regimebarrieren bietet, die für die Skalierung neuer Technologien entscheidend sind. Der Ansatz betont die Bedeutung von sozialem Lernen, Netzwerkbildung und der Überwindung von Regimebarrieren, um die Skalierung und Umsetzung neuer GM zu fördern.[40] Während die Einführung von

[33] Vgl. Bidmon und Knab (2018: 907).

[34] Vgl. Wagner et al. (2020: 15).

[35] Vgl. Lopes et al. (2019: 13 f.).

[36] Vgl. Vasileiadou, Huijben und Raven (2016: 144 f.).

[37] Vgl. Bolton und Hannon (2016: 1740).

[38] Vgl. Derks, Berkers und Tukker (2022: 17); Gorissen, Vrancken und Manshoven (2016: 19 f.).

[39] Vgl. Sarasini und Linder (2018: 20 ff.).

[40] Vgl. Huijben und Verbong (2013: 369 f.); Liedtke et al. (2015: 115); Susur und Engwall (2023: 28 f.).

GMI in einem geschützten Rahmen erfolgreich sein kann, gibt es Herausforderungen bei der Skalierung auf dem offenen Markt.[41] Ceschin (2013) zeigt, wie Unternehmen durch SNM und TM die Einführung und Verbreitung von PSS-GM fördern können. Unternehmen müssen aktiv den Kontext beeinflussen, indem sie relevante Akteure einbinden, Experimente durchführen, Lernprozesse fördern und eine klare, flexible Vision entwickeln. Experimente dienen auch als Kommunikationsmittel, um Interesse zu wecken und neue Akteure einzubinden.[42] Schließlich beleuchten Studien zu **Technological Innovation System (TIS)** und GM Barrieren und Unterstützungsmechanismen für die Verbreitung nachhaltiger GM. Regulierungssysteme wie Emissionsvorschriften und Steuern sind für die Kommerzialisierung neuer Innovationen entscheidend. Es ist notwendig, dass Regulationen langfristige gesellschaftliche Ziele unterstützen, um nachhaltige Innovationen zu fördern.[43]

3.2 Forschung zu Geschäftsmodellen und sozio-technischen Transitionsprozessen

Ein **erster Teil** der Forschung zu GM in sozio-technischen Transitionsprozessen untersucht, wie unterschiedliche GM-Muster durch ihr Umfeld und das Gesamtsystem beeinflusst werden.[44] Ohne das Eingreifen von Akteuren auf der Makroebene, die Barrieren abbauen, können nachhaltige GMI nicht langfristig erfolgreich sein.[45] Gerade der Einfluss von Regimeakteuren kann GMI in vielerlei Hinsicht einschränken, indem die Wahl des GM und der Technologie durch den Einsatz politischer und institutioneller Macht beeinflusst wird.[46] Bauwens, Hekkert und Kirchherr (2020) beschreiben vier Zukunftsszenarien für die Kreislaufwirtschaft, in denen nachhaltige GMI maßgeblich durch technologische und politische Entwicklungen bestimmt werden.[47] Tongur und Engwall (2014) zeigen, dass der technologische Fortschritt Unternehmen vor ein Dilemma stellt. Neue technologische Lösungen und Technologien erfordern eine stärkere Integration mit bestehenden Subsystemen. Unternehmen stehen vor der strategischen

[41] Vgl. Catulli et al. (2021: 8).

[42] Vgl. Ceschin (2013: 85 f.).

[43] Vgl. Laukkanen und Patala (2014: 17); Planko et al. (2017: 622).

[44] Vgl. Hall et al. (2022: 2).

[45] Vgl. Tschiedel, Feiter und Kock (2024: 18).

[46] Vgl. Proka, Hisschemöller und Loorbach (2018: 14).

[47] Vgl. Bauwens, Hekkert und Kirchherr (2020: 4 ff.).

Entscheidung, ihre GM anzupassen und damit neue Risiken einzugehen oder an bestehenden Strukturen festzuhalten.[48]

Staatliche Regulierung und Politik spielen eine entscheidende Rolle bei der Innovation von GM. Jüngste Studienergebnisse zeigen, dass politische Maßnahmen die Fähigkeit von Unternehmen beeinflussen, ihre GM zu verändern.[49] Unternehmen müssen politische Maßnahmen als Gelegenheit wahrnehmen und über die notwendigen Ressourcen verfügen, um ihr GM zur Förderung von NT schneller anpassen zu können. Der Staat spielt hier eine zentrale Rolle, indem er Unternehmen ermutigt, kollaborative Innovationen zu entwickeln, die sektorübergreifende Ziele verfolgen.[50] Trotter und Brophy (2022) betonen die Bedeutung eines ausgewogenen politischen Rahmens, der sowohl sektorspezifische Unterstützung als auch gesellschaftlichen Druck in Einklang bringt. Diese „produktiven Spannungen" können Unternehmen motivieren, GMI voranzutreiben, die nicht nur sektorspezifische Anforderungen erfüllen, sondern auch gesellschaftliche Ziele unterstützen.[51] Verschiedene Politikinstrumente können neue GM fördern, indem sie Anreize für eine nachhaltige Entwicklung setzen.[52] Arranz und Arroyabe (2023) zeigen, dass verbraucherorientierte Regulationen zunächst positive Effekte auf zirkuläre GMI haben, übermäßige Regulationen aber auch die Innovationskraft von Unternehmen hemmen können.[53] Leisen, Steffen und Weber (2019) analysieren die Risiken für nachhaltige GM, insbesondere im Bereich der Energiewende. Das größte Risiko liegt in der Abhängigkeit von Nischenmärkten, deren regulatorische Anpassung oder Schließung zu erheblichen Unsicherheiten führt.[54]

Leipold und Petit-Boix (2018) zeigen, dass politische Strategien zur Kreislaufwirtschaft oft vage bleiben, was die Wahrnehmung und Akzeptanz durch Unternehmen beeinträchtigt. Die unklare Definition neuer zirkulärer GM behindert deren effektive Umsetzung, da sich Stakeholder primär auf bestehende

---

[48] Vgl. Tongur und Engwall (2014: 532 f.).

[49] Vgl. Rezaeian, Pinkse und Rigby (2024a: 10, 2024b: 14).

[50] Vgl. Rezaeian, Pinkse und Rigby (2024a: 10).

[51] Vgl. Trotter und Brophy (2022: 17 ff.).

[52] Vgl. Al-Saleh und Mahroum (2015: 268 f.); Rivas-Hermann, Köhler und Scheepens (2015: 452 f.).

[53] Vgl. Arranz und Arroyabe (2023: 7 f.).

[54] Vgl. Leisen, Steffen und Weber (2019: 876).

Technologien und GM konzentrieren.[55] Richter (2013) zeigt in diesem Zusammenhang am Beispiel des deutschen Energiemarktes, dass etablierte Unternehmen häufig Schwierigkeiten haben, GMI zu adaptieren, obwohl diese notwendig sind, um auf die steigende Nachfrage nach erneuerbaren Energien zu reagieren.[56] Bestehende GM in verschiedenen Sektoren können NT erschweren, indem sie das bestehende System durch sektorübergreifende Abhängigkeiten und Verknüpfungen verfestigen.[57]

GM sind an das bestehende institutionelle Umfeld gebunden. In meiner Arbeit bezeichne ich mit dem Begriff **institutionelles Umfeld** – im Sinne der neo-institutionalistischen Theorie – die Gesamtheit der regulativen, normativen sowie kulturell-kognitiven Rahmenbedingungen, die das Verhalten von Organisationen prägen und steuern.[58] Der Erfolg von GMI hängt stark davon ab, ob Unternehmer in der Lage sind, die Barrieren im institutionellen Umfeld zu überwinden.[59] Nachhaltige GM stehen vor der Herausforderung, traditionelle Konsummuster und institutionelle Routinen zu überwinden. Die Wertangebote nachhaltiger GM müssen so gestaltet werden, dass sie für Konsumenten nicht nur rational, sondern auch emotional und verhaltensbezogen attraktiv sind. Tief verwurzelte Konsumgewohnheiten, wie der Besitz von Gütern im Gegensatz zur Nutzung von Dienstleistungen, stellen dabei eine große Herausforderung dar.[60] Dreyer et al. (2017) untersuchen den Einfluss des lokalen Kontexts auf GM, insbesondere im Mobilitäts- und Reinigungssektor in Südafrika. Die Anpassung an lokale Gegebenheiten kann sich positiv auf die Wertschöpfung der beteiligten Stakeholder auswirken, birgt aber auch Risiken wie Unsicherheiten bei der Technologieanwendung oder Marktungleichgewichte.[61]

---

[55] Vgl. Leipold und Petit-Boix (2018: 1133).

[56] Vgl. Richter (2013: 1229 ff.).

[57] Vgl. Bocken und Short (2021: 11 f.).

[58] Vgl. Scott (2013: 56); Wooten und Hoffman (2017: 69 f.); Zucker (1977: 727).

[59] Vgl. Diaz Lopez, Bastein und Tukker (2019: 33).

[60] Vgl. Planing (2018: 80).

[61] Vgl. Dreyer et al. (2017: 96 f.).

Ein **zweiter Teil** der Forschung zu GM in sozio-technischen Transitionsprozessen untersucht, wie Unternehmen mit Hilfe von GM ihr Umfeld beeinflussen und Druck auf den Rest des Systems ausüben können.[62] Johnson und Suskewicz (2009) betonen die zentrale Rolle von GMI im Kontext systemischer Transitionen.[63] GM sind ein integraler Bestandteil solcher Transitionen, da sie die wirtschaftliche Umsetzung von Technologien und nachhaltigen Lösungen ermöglichen, indem sie Unsicherheiten reduzieren.[64] Ein Beispiel ist der Bereich der Elektromobilität: Elektroautos erfordern eine andere Wartungsinfrastruktur und neue GM-Ansätze, wie z. B. Leasingmodelle für Batterien, um die Zugänglichkeit und Attraktivität der Technologie zu erhöhen.[65] In diesem Zusammenhang fungieren GM als Bindeglied, das verschiedene Akteure und Technologien innerhalb eines Systems verbindet und so eine effektivere Wertschöpfung ermöglicht. GMI können darüber hinaus dazu beitragen, politische Ziele und übergeordnete Nachhaltigkeitsziele zu erreichen.[66] Ein konkretes Beispiel ist die Förderung einer fairen und gerechten Verteilung von Energie durch GMI. Hierbei können GMI beispielsweise den Zugang zum Energiemarkt für einkommensschwache Gruppen ermöglichen.[67]

Hoffman, Badiane und Haigh (2012) betonen, dass die Kombination konventioneller und nachhaltigkeitsorientierter GM neue Märkte schaffen, den Wettbewerb fördern und Institutionen beeinflussen kann. Intensiver Wettbewerb beschleunigt den Übergang zu nachhaltigeren Produkten und zwingt Unternehmen, die diese GM nicht adaptieren, Barrieren zu überwinden, um auf dem Markt bestehen zu können. In diesem Sinne wirken solche GM als Katalysatoren für gesellschaftlichen Wandel, indem sie als Vorbilder und Referenzpunkte für regulatorische oder marktbasierte Anpassungen dienen.[68] Neben ihrer wirtschaftlichen Relevanz spielen GMI auch eine zentrale Rolle bei der Förderung von sozialem und ökologischem Wandel.[69] Forschungsergebnisse zeigen, GM als

[62] Vgl. Hall et al. (2022: 2 f.).

[63] Vgl. Johnson und Suskewicz (2009: 3).

[64] Vgl. Abadzhiev, Sukhov und Johnson (2024: 12); Johnson und Suskewicz (2009: 4 f.).

[65] Vgl. Budde Christensen, Wells und Cipcigan (2012: 502 f.).

[66] Vgl. Sułek und Borowski (2024: 14 f.); Verleye et al. (2023: 12 f.).

[67] Vgl. Hiteva und Sovacool (2017: 635).

[68] Vgl. Hoffman, Badiane und Haigh (2012: 141 f.).

[69] Vgl. Koistinen et al. (2018: 121).

Instrumente für soziale Innovationen dienen können. Sie tragen zur Verbreitung nachhaltiger Lösungen bei, indem sie Mehrwert für mehrere Stakeholder, einschließlich Bürgern und Gemeinschaften, schaffen. Sie fördern die Legitimität sozialer Innovationen und erleichtern ihre Replizierbarkeit, was zu einer breiteren gesellschaftlichen Akzeptanz und Anwendung führt.[70]

Sarasini und Langeland (2021) zeigen, dass GMI einen direkten Einfluss auf das Nutzerverhalten haben können. Plattformbasierte Sharing Economy-GM (z. B. Uber und Airbnb) haben bestehende Praktiken verändert und neue Konsumgewohnheiten geschaffen. Sie haben nicht nur zur Kommerzialisierung neuer Technologien beigetragen, sondern auch die Art und Weise verändert, wie Nutzer mit diesen Technologien interagieren. Ein Beispiel hierfür ist die Verbreitung von Smartphones, die zahlreiche Nutzerpraktiken wie Kommunikation, Navigation und Unterhaltung miteinander verschmolzen haben. GMI können daher wesentlich zur Veränderung von Märkten und Gesellschaften beitragen, indem sie neue Bedeutungssysteme schaffen und neue Kompetenzen erfordern.[71] In ähnlicher Weise zeigen Bocken et al. (2018), dass *Pay-per-Use*-GM, bei denen Verbraucher für die Nutzung einer Dienstleistung zahlen, ohne das Produkt zu besitzen, das Verbraucherverhalten beeinflussen können. Die Autoren weisen nach, dass sich das Verbraucherverhalten nach Einführung der GMI effektiv verändert hat und sich daraus positivere Umweltwirkungen ergeben können als bei konventionellen produktorientierten GM.[72] Vernay, Sebi und Arroyo (2023) untersuchen verschiedene kollaborative GM zur Energieerzeugung in Frankreich. Diese GM zielen darauf ab, den Einsatz erneuerbarer Energien zu optimieren, privates Kapital zu mobilisieren und Verbraucher als Marktakteure zu stärken.[73] Van Opstal und Smeets (2023) zeigen in ihrer Analyse von PSS-GM, wie diese zur Überwindung von Barrieren bei der Verbreitung nachhaltiger Technologien beitragen können. Im Bereich der Solarenergie wird deutlich, dass GMI, bei denen das Eigentum an den Photovoltaikanlagen beim Anbieter verbleibt, dazu führen, dass die Nutzer keine Vorabinvestitionen tätigen müssen und ihnen die Verantwortung für die Reparatur und Wartung der Anlagen abgenommen wird.[74]

[70] Vgl. Mehrabi, Perez-Mesa und Giagnocavo (2022: 13); Mihailova (2023: 11).

[71] Vgl. Sarasini und Langeland (2021: 232 f.).

[72] Vgl. Bocken et al. (2018: 506 f.).

[73] Vgl. Vernay, Sebi und Arroyo (2023: 17).

[74] Vgl. van Opstal und Smeets (2023: 47).

3.2.1 Forschung zu Geschäftsmodellen und Institutionen

Sowohl **formelle** als auch **informelle Institutionen** üben einen signifikanten Einfluss auf GMI aus. Während formelle Institutionen in Form von Regulationen direkt auf Unternehmen einwirken, spielen informelle Institutionen wie kulturelle Normen und Werte eine entscheidende Rolle bei der Gestaltung von GMI.[75] Stål und Corvellec (2018) argumentieren, dass Unternehmen nicht isoliert agieren, sondern von institutionellen Prozessen beeinflusst werden. Sie zeigen, dass kognitive, normative und regulative Prozesse Unternehmen dazu zwingen, sich mit Nachhaltigkeitsthemen auseinanderzusetzen. Insbesondere die Klarheit und Konsistenz der institutionellen Anforderungen bestimmen, inwieweit Unternehmen ihre Nachhaltigkeitsbemühungen entkoppeln und weiterhin nicht nachhaltige Wertschöpfung betreiben.[76] Brinker und Satchwell (2020) zeigen, dass institutionelle Kontexte direkten Einfluss darauf haben, ob und wie GM zur Dezentralisierung der Energieerzeugung beitragen. Insbesondere in Ländern wie Deutschland und Großbritannien zeigt sich, dass ein bereits dezentralisiertes institutionelles Umfeld die Etablierung von GM begünstigt, die ebenfalls dezentrale Strukturen aufweisen.[77] Ähnlich argumentieren Provance, Donnelly und Carayannis (2011), die betonen, dass GMI je nach politisch-institutionellen Rahmenbedingungen stark variieren können. Unterschiede sehen die Forscher vor allem in Ländern, die durch soziales und kollektives Handeln geprägt sind und in Ländern, in denen freiere Marktumgebungen GM begünstigen, die auf Wettbewerb um geistiges Eigentum setzen.[78] In einem breiteren institutionellen Kontext betonen Hu und Huang (2006) die Rolle von Isomorphismus, d. h. die Tendenz von Unternehmen, ähnliche GM zu übernehmen, die durch institutionelle Kräfte wie politische Einflüsse, Unsicherheit und Normen geformt werden. Diese Mechanismen zeigen, wie sich Unternehmen in einem unsicheren Marktumfeld an bestehenden Modellen orientieren, um Legitimität zu erlangen.[79] Ritala, Albareda und Bocken (2021) zeigen in ihrer Studie, dass das bestehende Wirtschaftssystem häufig zu institutionellen Asymmetrien führt, die das Gleichgewicht zwischen ökonomischen, sozialen und ökologischen Werten stören. Die

---

[75] Vgl. Cao, Fang und Sun (2022: 11); Markoff-Legrand, Bocquet und Gandia (2024: 10).

[76] Vgl. Stål und Corvellec (2018: 638).

[77] Vgl. Brinker und Satchwell (2020: 10).

[78] Vgl. Provance, Donnelly und Carayannis (2011: 5636).

[79] Vgl. Hu und Huang (2006: 234 f.).

Entwicklung eines integrativen Rahmens, der diese Werte miteinander verbindet, stellt eine zentrale Herausforderung für zukünftige GM dar.[80]

Unternehmen müssen ihre GM kontinuierlich an institutionelle Veränderungen anpassen, da keine institutionelle Struktur perfekt ist. Institutionen können dabei sowohl als Treiber als auch als Barrieren für die GM-Entwicklung wirken.[81] Insbesondere GMI stoßen häufig auf institutionelle Barrieren, u. a. in Form von politischem Widerstand, etablierten Branchenakteuren und gesellschaftlichen Normen. Sie haben mit institutionellem Druck zu kämpfen, der oft verhindert, dass sich GMI erfolgreich etablieren können.[82]

Um das Verständnis von Institutionen und GM zu verbessern, haben sich einige Forscher darauf spezialisiert, die Auswirkungen von so genannten **institutionellen Logiken** auf GM zu untersuchen. Institutionelle Logiken sind nach Thornton und Ocasio (1999) „*socially constructed, historical patterns of material practices, assumptions, values, beliefs, and rules by which individuals produce and reproduce their material subsistence, organize time and space, and provide meaning to their social reality*".[83] Institutionelle Logiken bilden ein Grundgerüst, innerhalb dessen Organisationen agieren und beeinflussen maßgeblich, wie sie ihre GM gestalten und entwickeln.[84] Nachhaltigkeitsorientierte GM stehen häufig im Spannungsfeld zwischen verschiedenen Logiken, wie der kommerziellen, der sozialen oder der ökologischen Logik. Beispielsweise können Unternehmen sowohl kommerzielle als auch nachhaltige Ziele verfolgen, was zu komplexen Herausforderungen bei der Gestaltung des GM führt.[85] Um mit den daraus resultierenden Spannungen umzugehen, sind Unternehmer gefordert, kreative Lösungen zu entwickeln, wie z. B. die Nutzung bestehender Ressourcen und Netzwerke, um neue Praktiken erfolgreich umzusetzen.[86] Laasch und Pinkse (2020) untersuchen, wie externer institutioneller Druck, wie z. B. Stakeholderanforderungen, kommerzielle und soziale Logiken in GM beeinflussen. Sie zeigen, dass Unternehmen in unterschiedlichen institutionellen Räumen agieren, die durch institutionelle Komplexität gekennzeichnet sind. Dies führt dazu, dass

---

[80] Vgl. Ritala, Albareda und Bocken (2021: 12).

[81] Vgl. Kühl et al. (2023: 643 ff.); Levänen, Lyytinen und Gatica (2018: 379).

[82] Vgl. Marano, Tallman und Teegen (2020: 197 ff.); Mouakhar und Tellier (2017: 550 f.).

[83] Thornton und Ocasio (1999: 804).

[84] Vgl. Adiloğlu-Yalçınkaya und Besler (2021: 10); Laasch (2018: 164 ff.).

[85] Vgl. Gregori et al. (2019: 21 f.); Laasch (2018: 171 ff.).

[86] Vgl. Gregori et al. (2019: 22).

Unternehmen mit ähnlichen GM unterschiedlich auf diese Komplexität reagieren, was wiederum heterogene GM begünstigt.[87] Gregori und Holzmann (2020) untersuchen, wie digitale Technologien die Integration von Umwelt-, Sozial- und Geschäftslogiken in nachhaltigen GM unterstützen. Ihre Forschung zeigt, dass digitale Praktiken zwar Synergien zwischen diesen Logiken fördern können, aber auch wiederum neue Spannungen erzeugen. Diese Spannungen ergeben sich aus der Notwendigkeit, digitale Technologien in konventionelle GM zu integrieren, was wiederum das Gleichgewicht zwischen sozio-ökologischen und finanziellen Werten beeinflusst.[88] Neben kommerziellen, sozialen, ökologischen institutionellen Logiken untersuchen Olesson, Nenonen und Newth (2023) in ihrer Studie auch spezifische Logiken wie z. B. professionelle Logiken, die sich in ihrem Fallbeispiel auf Normen und Erwartungen beziehen, die in professionellen Dienstleistungsunternehmen vorherrschen sollten. Sie zeigen, dass unterschiedliche Logiken innerhalb eines GM nicht nur spezifische GM-Elemente dominieren, sondern auch als Barrieren oder Treiber für Nachhaltigkeitsbemühungen wirken können.[89] In ähnlicher Weise betont Hausdorf (2024) die Rolle des Menschenbildes als zentrale Komponente bei der Entwicklung von GMI, insbesondere im Hinblick auf radikale Nachhaltigkeitsinnovationen.[90]

Ramos-Mejía und Balanzo (2018) zeigen in ihrer Studie, dass die **Beziehung zwischen Institutionen und GM wechselseitig** ist und GM nicht nur in einem einfachen Abhängigkeitsverhältnis zu Institutionen stehen. Sie veranschaulichen anhand von nachhaltigen Unternehmern und ihren GMI, wie diese durch ihre unternehmerischen Entscheidungen Institutionen verändern können. Sie identifizieren 11 Aktivitäten, die Unternehmer als Hebel für diesen Wandel nutzen, darunter u. a. Lobbyarbeit und/oder neue Partnerschaften mit Organisationen und Verbänden.[91] Kallio et al. (2020) zeigen, dass GMI im finnischen Energiemarkt Erwartungen prägen und bestehende Regime herausfordern können. GMI stellen nicht nur das bisherige Ziel einer möglichst kostengünstigen Stromerzeugung in Frage, sondern verändern bestehende Institutionen und Normen, indem sie alternative Wege der Energieerzeugung und -nutzung fördern.[92] Sarma und Sun (2017) analysieren, wie institutionell umstrittene GM durch Entrepreneure legitimiert und verankert werden. Sie zeigen, dass GM,

[87] Vgl. Laasch und Pinkse (2020: 13 f.).

[88] Vgl. Gregori und Holzmann (2020: 6 f.).

[89] Vgl. Olesson, Nenonen und Newth (2023: 244 ff.).

[90] Vgl. Hausdorf (2024: 11 f.).

[91] Vgl. Ramos-Mejía und Balanzo (2018: 12 f.).

[92] Vgl. Kallio et al. (2020: 6 f.).

die neuen Wertschöpfungsansätzen folgen, auf institutionellen Widerstand stoßen, aber durch Kooperation, Lernprozesse und den Aufbau sozialer Netzwerke über die Zeit Akzeptanz gewinnen.[93] Vernay, Cartel und Pinkse (2022) zeigen in ihrer Untersuchung des dänischen Energiemarkts, dass nachhaltige GM eine Bedrohung für bestehende Regimes darstellen können. Nachhaltige GMI greifen das dominante GM an, indem sie alternative institutionelle Logiken einführen. Durch ihren Erfolg verändern sie nicht nur Institutionen innerhalb der Nische, sondern tragen auch zur langfristigen Veränderung der gesamten Branche bei, indem sie alternative Wege der Wertschöpfung und Ressourcennutzung etablieren.[94] Nachhaltige GMI mit systemischer Wirkung zeichnen sich dadurch aus, dass sie ihren Kontext gestalten und alternative Institutionen aufbauen, eine multidimensionale Wertorientierung haben und ein breites Netzwerk von Stakeholdern einbeziehen.[95]

Studien verdeutlichen den besonderen Druck, dem Unternehmen in **institutionell schwächeren Kontexten** ausgesetzt sind. Sie zeigen, dass Unternehmen ihre GM häufig an erfolgreichere Vorbilder anpassen müssen, um institutionelle Legitimität zu erlangen.[96] Die Forschung zu GM in Entwicklungs- und Schwellenländern beschäftigt sich in diesem Zusammenhang intensiv mit dem Konzept der *Institutional Voids*, die ein effizientes Funktionieren des Marktes, die Marktentwicklung und die Marktteilnahme behindern.[97] Unternehmen überwinden Institutional Voids, indem sie in einem experimentellen Ansatz GMI implementieren und mögliche Barrieren bei der Umsetzung evaluieren. Die Weiterentwicklung von GM auf Basis der gewonnenen Erkenntnisse kann dazu beitragen, dass Märkte wieder an Funktionalität gewinnen, sich weiterentwickeln und für bisher ausgeschlossene Gruppen zugänglich werden.[98]

---

[93] Vgl. Sarma und Sun (2017: 611 ff.).

[94] Vgl. Vernay, Cartel und Pinkse (2022: 437 ff.).

[95] Vgl. Proka, Beers und Loorbach (2018: 36 f.).

[96] Vgl. Bandi et al. (2022: 13); Peprah et al. (2022: 455 ff.).

[97] Vgl. Mair und Marti (2009: 430 f.); Meyer et al. (2009: 74 f.).

[98] Vgl. Colovic und Schruoffeneger (2021: 338 ff.); Daou, Salamoun und Abdallah (2024: 12 f.); Faruque Aly, Mason und Onyas (2021: 52 ff.); Peprah et al. (2022: 455 ff.).

3.3 Synthese des Forschungsstandes und Forschungsbedarf zu Geschäftsmodellen in Nachhaltigkeitstransitionen

3.3.1 Zusammenfassung des Forschungsstands

Die Forschung zeigt, dass GM in einem engen Zusammenspiel mit soziotechnischen Systemen stehen und maßgeblich durch externe Faktoren wie technologische Entwicklungen, institutionelle Rahmenbedingungen, Nutzerpraktiken und ökologische Kontexte geprägt sind.[99] Insbesondere in Nischen können innovative GM entstehen, die bestehende Regime herausfordern.[100] Über Mechanismen wie Kooperation, soziale und technologische Innovation sowie Netzwerkbildung kann ihre Etablierung im Mainstream gelingen.[101] Theoretische Konzepte wie die MLP und das TM bieten wertvolle Erklärungsansätze, indem sie GM als Vermittler zwischen Mikroebene (Nischeninnovationen), Mesoebene (Regime) und Makroebene (Landschaft) einordnen.[102]

GMI spielen eine zentrale Rolle in NT, da sie systemische Veränderungen aktiv anstoßen können.[103] Sie verknüpfen technologische Lösungen mit Nutzerbedürfnissen, fördern neue Konsummuster und tragen zur Institutionenbildung bei.[104] Ihr Erfolg hängt jedoch maßgeblich von unterstützenden politischen, technologischen und institutionellen Rahmenbedingungen ab.[105] Ohne gezielte Förderung durch Regulierung oder Anreize auf Makroebene bleiben viele GMI in ihrer Wirkung begrenzt.[106] Gleichzeitig sehen sie sich verschiedenen Herausforderungen gegenüber, etwa tief verankerten Konsumgewohnheiten, institutionellen Routinen und der Notwendigkeit zur lokalen Kontextanpassung.[107]

---

[99] Vgl. Hannon, Foxon und Gale (2013: 1038 ff.); Huijben, Verbong und Podoynitsyna (2016: 4); Meijer, Schipper und Huijben (2019: 223 ff.).

[100] Vgl. Ruggiero et al. (2021: 7 f.); Schaltegger, Lüdeke-Freund und Hansen (2016: 278 ff.).

[101] Vgl. Jolly, Raven und Romijn (2012: 202 f.); Proka, Hisschemöller und Loorbach (2020: 9 ff.); Schaltegger, Lüdeke-Freund und Hansen (2016: 279).

[102] Vgl. Bidmon und Knab (2018: 906 ff.); Sarasini und Linder (2018: 20 ff.).

[103] Vgl. Abadzhiev, Sukhov und Johnson (2024: 12); Johnson und Suskewicz (2009: 3); Verleye et al. (2023: 12 f.).

[104] Vgl. Bocken et al. (2018: 506 f.); Sarasini und Langeland (2021: 232 f.); van Opstal und Smeets (2023: 47).

[105] Vgl. Diaz Lopez, Bastein und Tukker (2019: 33); Tschiedel, Feiter und Kock (2024: 18).

[106] Vgl. Rezaeian, Pinkse und Rigby (2024a: 10); Trotter und Brophy (2022: 17 ff.).

[107] Vgl. Dreyer et al. (2017: 96 f.); Planing (2018: 80).

Dabei wirken Institutionen – sowohl formelle als auch informelle – als zentrale Einflussfaktoren.[108] Unternehmen müssen ihre GM kontinuierlich an ein dynamisches institutionelles Umfeld anpassen und dabei konkurrierende institutionelle Logiken (z. B. ökonomisch vs. ökologisch) ausbalancieren.[109] GMI besitzen jedoch auch transformatives Potenzial: Sie können institutionelle Veränderungen selbst anstoßen, etwa durch neue Praktiken, Netzwerke oder politische Einflussnahme.[110] Besonders in institutionell schwachen Kontexten dienen sie als Hebel zur Überwindung struktureller Defizite und zur Förderung nachhaltiger Entwicklung.[111]

Diese Erkenntnisse bilden die konzeptionelle Grundlage für die in Abschnitt 3.3.2 abgeleiteten Forschungsbedarfe. Die bisherige Forschung an der Schnittstelle von GM und NT hat aus systemischer Perspektive wertvolle Einblicke geliefert. Sie hat jedoch auch gezeigt, dass weiterer Forschungsbedarf besteht, insbesondere im Hinblick auf die Wechselwirkungen zwischen internen Elementen nachhaltiger GM und externen Kräften.[112] Eine stärkere Fokussierung auf Unternehmer als Analyseeinheit könnte das Verständnis von GMI erweitern und die Entscheidungen von Unternehmern in direkten Bezug zu ihrem institutionellen Umfeld setzen.[113]

3.3.2 Forschungsbedarf zu Geschäftsmodellen in Nachhaltigkeitstransitionen

Aufbauend auf dem dargestellten Forschungsstand zu GM in NT werden im Folgenden zentrale Forschungsbedarfe abgeleitet. Einen Überblick über diese Bedarfe bietet Tabelle 3.1. Anschließend werden sie im Detail erläutert.

---

[108] Vgl. Cao, Fang und Sun (2022: 11); Markoff-Legrand, Bocquet und Gandia (2024: 10).

[109] Vgl. Kühl et al. (2023: 643 ff.); Laasch (2018: 171 ff.); Levänen, Lyytinen und Gatica (2018: 379).

[110] Vgl. Ramos-Mejía und Balanzo (2018: 12 f.); Sarma und Sun (2017: 611 ff.); Vernay, Cartel und Pinkse (2022: 437 ff.).

[111] Vgl. Colovic und Schruoffeneger (2021: 338 ff.); Faruque Aly, Mason und Onyas (2021: 52 ff.); Peprah et al. (2022: 455 ff.).

[112] Vgl. Najmaei und Sadeghinejad (2023: 980); Rauter, Santa-Maria und Schöggl (2022: 38 f.).

[113] Vgl. Koistinen et al. (2018: 120); Trotter und Brophy (2022: 20).

Tabelle 3.1 Übersicht des Forschungsbedarfs zu GM in NT[114]

Forschungsbedarf	Beschreibung
Systemische Geschäftsmodelle	Analyse der Interaktionen zwischen Unternehmen, Branchen und gesellschaftlichen Akteuren sowie der Mechanismen, durch die Geschäftsmodelle das externe Umfeld beeinflussen.
Dynamik von Geschäftsmodellen in sozio-technischen Transitionen	Weiterentwicklung und Präzisierung von Geschäftsmodellen in der Sharing Economy und Kreislaufwirtschaft, insbesondere hinsichtlich Widerständen und Adoption.
Integration zusätzlicher theoretischer Ansätze	Erweiterung der Forschung durch Theorien wie Transaktionskostenökonomie, Institutionentheorie und Stakeholder-Theorie zur Analyse von Geschäftsmodellen.
Methodische Weiterentwicklung	Verbesserung der empirischen Validierung durch systematische und reproduzierbare Methoden, einschließlich Cross-Case-Studien und Experteninterviews.
Sektor- und länderspezifische Forschung	Analyse von Geschäftsmodellen in unterschiedlichen Branchen und Regionen, um Herausforderungen und Erfolgsfaktoren für Nachhaltigkeitstransitionen zu identifizieren.
Wechselwirkungen zwischen Stakeholdern und Geschäftsmodellen	Untersuchung der gesellschaftlichen Einbindung, Stakeholder-Perspektiven und Nutzerakzeptanz nachhaltiger Geschäftsmodelle.
Netzwerke und Ökosysteme als Treiber für Geschäftsmodelle	Erforschung der strukturellen Dynamik, Gestaltung und Entwicklung von Netzwerken sowie ihrer Rolle bei der Implementierung nachhaltiger Geschäftsmodellinnovationen.
Institutionelle Mechanismen und politische Einflussfaktoren	Analyse des Zusammenspiels von Geschäftsmodellen und institutionellen Rahmenbedingungen, einschließlich regulatorischer und politischer Maßnahmen.
Auswirkungen nachhaltiger Geschäftsmodelle auf Nachhaltigkeitstransitionen	Untersuchung der Rolle von Geschäftsmodellen in Wertschöpfungsnetzwerken, institutionellen Veränderungen und der Integration multipler institutioneller Logiken.

[114] Eigene Darstellung.

Forschungsbedarf besteht weiterhin in der **Integration der systemischen und unternehmerischen Ebene** in GM und dem damit verbundenen Verständnis, wie Unternehmen nachhaltige GM erfolgreich umsetzen können.[115] Während nachhaltige GM hauptsächlich auf Unternehmensebene untersucht werden, sind Analysen auf Branchen- und Systemebene sowie die Berücksichtigung von Interaktionen zwischen verschiedenen gesellschaftlichen Akteuren bisher nur selten zu finden.[116] Eine Reihe von Studien betont die Notwendigkeit, systemische GM zu erforschen, die auf verschiedenen Ebenen (mikro- und makroökonomisch) wirken und zur Lösung komplexer Nachhaltigkeitsprobleme beitragen können.[117] Solche Überlegungen sind notwendig, um nachhaltige GM als Bausteine von NT greifbar zu machen.[118] Um die systemischen Auswirkungen von GM besser zu verstehen, sind detaillierte Einblicke in die Mechanismen erforderlich, durch die GM ihr externes Umfeld beeinflussen und systemischen Wandel vorantreiben können.[119] Beispielsweise ist im Kontext der Kreislaufwirtschaft eine systemische Perspektive nötig, die über lineare Kausalitäten hinausgeht. Es bedarf einer Neuorientierung hin zu einem Ökosystemansatz, der soziale, ökologische und ökonomische Aspekte gleichwertig berücksichtigt.[120]

Eine wesentliche Schwäche der bestehenden Forschung liegt in ihrer **statischen Perspektive** auf GM und sozio-technische Transitionsprozesse.[121] Zukünftige Studien sollten untersuchen, wie Unternehmen ein Gleichgewicht zwischen der Schwächung konventioneller GM und der Förderung nachhaltiger Alternativen finden können.[122] Insbesondere im Prozess von GMI besteht Forschungsbedarf, um den Einfluss von Unterstützung für Unternehmen in unterschiedlichen nationalen und regionalen Kontexten zu verstehen.[123] Auch die Interaktion zwischen etablierten Unternehmen und Start-ups im Kontext von NT stellt

[115] Vgl. Koistinen et al. (2018: 122 f.).

[116] Vgl. Susur und Engwall (2023: 28).

[117] Vgl. Hausdorf und Timm (2023: 3411); Rauter, Santa-Maria und Schöggl (2022: 38); Roome und Louche (2016: 13); Susur und Engwall (2023: 28); Upward und Jones (2016: 105 f.).

[118] Vgl. Rauter, Santa-Maria und Schöggl (2022: 39).

[119] Vgl. Bidmon und Knab (2018: 913 f.).

[120] Vgl. Fehrer und Wieland (2021: 617).

[121] Vgl. van Waes et al. (2018: 1309).

[122] Vgl. Vernay, Cartel und Pinkse (2022: 441).

[123] Vgl. Cao, Fang und Sun (2022: 14 f.); Schaltegger, Hansen und Lüdeke-Freund (2016: 7 f.).

ein vielversprechendes Forschungsfeld dar. Zukünftige Studien sollten untersuchen, wie unterschiedliche Akteure ihre GM anpassen und welche Faktoren die Entscheidung zwischen Anpassung und Innovation beeinflussen.[124]

Eine Erweiterung der bisherigen Forschung kann u. a. durch **die Integration zusätzlicher theoretischer Ansätze** erfolgen. So wird vorgeschlagen, Theorien wie die Transaktionskostenökonomie und die ressourcenbasierte Sichtweise stärker zu integrieren, da diese wichtige ökonomische Erklärungen für die Entstehung interorganisationaler Beziehungen liefern.[125] Ergänzend könnten andere theoretische Rahmen wie die Institutionentheorie oder die Stakeholder-Theorie zusätzliche Perspektiven eröffnen.[126] Diese Theorien ermöglichen es, verschiedene Aspekte eines GM zu untersuchen, indem unterschiedliche disziplinäre Ansätze wie verhaltenswissenschaftliche oder systemische Ansätze verwendet werden.[127]

Darüber hinaus besteht Forschungsbedarf in der **Weiterentwicklung methodischer Ansätze**, um die Untersuchung von GM in sozio-technischen Systemen systematischer und reproduzierbarer zu gestalten. Trotz existierender Ansätze, die den Zusammenhang zwischen GM und institutionellen sowie technologischen Faktoren analysieren, mangelt es an der empirischen Validierung dieser Konzepte in unterschiedlichen Kontexten.[128] Häufig beschränken sich Studien auf einzelne Fallbeispiele, was die Verallgemeinerbarkeit der Ergebnisse einschränkt. Es wird empfohlen, Cross-Case-Studien durchzuführen, um spezifische Charakteristika verschiedener GM zu identifizieren.[129] Dies könnte durch Experteninterviews ergänzt werden, um zu verstehen, wie Unternehmen potenzielle GM bewerten.[130]

Ein weiterer zentraler Forschungsbedarf betrifft **länder- und branchenspezifische Kontexte**. So sollten Studien verstärkt spezifische Branchen untersuchen, um deren Herausforderungen besser zu verstehen.[131] Zukünftige GM müssen stärker sektorübergreifend gedacht werden, um gesellschaftliche Transitionen erfolgreich zu unterstützen. Ein solcher Ansatz könnte beispielsweise die Sektoren Energie, Transport, Bau und Handel in einem neuen, einheitlichen GM

---

[124] Vgl. Wesseling, Bidmon und Bohnsack (2020: 8).

[125] Vgl. Rossignoli und Lionzo (2018: 703).

[126] Vgl. Comin et al. (2020: 2042); Rovanto und Bask (2021: 1170).

[127] Vgl. Fehrer und Wieland (2021: 617).

[128] Vgl. Hall et al. (2022: 8 f.).

[129] Vgl. Abadzhiev, Sukhov und Johnson (2024: 14); Markoff-Legrand, Bocquet und Gandia (2024: 10 f.); Tschiedel, Feiter und Kock (2024: 21 f.).

[130] Vgl. Wagner et al. (2020: 15).

[131] Vgl. Mihailova (2023: 11); Tschiedel, Feiter und Kock (2024: 21 f.).

vereinen.[132] Weiterer Forschungsbedarf besteht bei der Untersuchung von GMI durch unterschiedliche Unternehmensformen, insbesondere im Hinblick auf die Eigentümerstruktur. Beispielsweise könnten Familienunternehmen anders auf Nachhaltigkeitsziele reagieren als börsennotierte Unternehmen, was zu signifikanten Unterschieden in der Umsetzung führt.[133] Auch die Rolle von Unternehmern in unterschiedlichen nationalen Kontexten ist ein zu wenig erforschtes Gebiet, insbesondere in Bezug auf ihre Fähigkeit, GM an lokale Gegebenheiten anzupassen.[134] Vergleichende Studien könnten helfen, die Unterschiede bei der Skalierung nachhaltiger GM besser zu verstehen und Faktoren zu identifizieren, die den Erfolg in verschiedenen Regionen beeinflussen.[135] Besondere Herausforderungen ergeben sich in Entwicklungsländern, wo Unternehmen häufig skalierbare GMI implementieren müssen, um lokale Herausforderungen zu bewältigen und institutionelle Defizite zu überwinden.[136] Sozialunternehmerische GM in Schwellenländern bieten ebenfalls Raum für weitere Forschung, insbesondere durch die Untersuchung spontaner unternehmerischer Aktivitäten, um eine vergleichende Perspektive auf verschiedene sozialunternehmerische Praktiken zu gewinnen.[137] In diesem Zusammenhang könnte eine breitere geografische Perspektive helfen, Erkenntnisse aus unterschiedlichen sozialen und wirtschaftlichen Kontexten zu generieren.[138] Eine länderübergreifende Analyse von GM könnte auch dazu beitragen, ein tieferes Verständnis dafür zu entwickeln, wie unterschiedliche kulturelle, politische und infrastrukturelle Kontexte die Umsetzung von GMI beeinflussen.[139]

Forschungsbedarf besteht weiterhin bei der Untersuchung von **GM und deren Wechselwirkungen mit Stakeholdern**. Zukünftige Forschung sollte sich beispielsweise mit der Frage beschäftigen, wie die Gesellschaft stärker in die Gestaltung und Umsetzung von GM eingebunden werden kann und welche Mechanismen Unternehmen motivieren könnten, diese Perspektiven zu integrieren.[140] Eine vertiefte Analyse der Stakeholder-Perspektiven ist notwendig, um die Auswirkungen nachhaltiger GM auf die Lebensumstände der Stakeholder

[132] Vgl. Bocken und Short (2021: 12); Sarasini und Linder (2018: 26 f.).

[133] Vgl. Bonfanti et al. (2023: 2504).

[134] Vgl. Trotter und Brophy (2022: 20).

[135] Vgl. Meijer, Schipper und Huijben (2019: 226).

[136] Vgl. Bandi et al. (2022: 13); Peprah et al. (2022: 458 f.).

[137] Vgl. Colovic und Schruoffeneger (2021: 340).

[138] Vgl. Dreyer et al. (2017: 99); Hiteva und Sovacool (2017: 638).

[139] Vgl. Elmustapha und Hoppe (2020: 16).

[140] Vgl. Tschiedel, Feiter und Kock (2024: 21 f.).

besser zu verstehen und so den Weg zu einer nachhaltigeren Wirtschaftsweise zu ebnen.[141] Darüber hinaus wird kritisiert, dass die Perspektive der Nutzer, insbesondere deren Verhalten und Akzeptanz, in der Forschung zu wenig berücksichtigt wird, obwohl diese Faktoren entscheidend für den Erfolg nachhaltiger GM sind.[142] Ein zentraler Aspekt in diesem Zusammenhang ist die **Berücksichtigung von Netzwerken und Ökosystemen**, die als wichtige Treiber für die Innovationsfähigkeit von Unternehmen gelten. Netzwerke ermöglichen die Entwicklung und Anpassung neuer GM, wobei ihre strukturelle Dynamik und die Einbindung von Stakeholdern noch unzureichend erforscht sind.[143] Insbesondere die Dynamik solcher Netzwerke im Zeitverlauf, ihre Gestaltung und ihr kollektives Handeln sollten näher untersucht werden.[144] Darüber hinaus sollte die Interaktion von Unternehmen aus unterschiedlichen Branchen bei der Umsetzung von GMI weiter untersucht werden. Unternehmen aus angrenzenden Branchen können sowohl Treiber als auch Hemmnisse für NT sein, wobei insbesondere die Gründe, warum sich einige Unternehmen diesen Entwicklungen widersetzen, näher untersucht werden sollten.[145]

Darüber hinaus ist weitere Forschung zur Untersuchung des **Zusammenspiels von GM und institutionellen Mechanismen** von zentraler Bedeutung, da diese zur Unterstützung neuer Nachhaltigkeitsansätze beitragen können.[146] Wie Levänen, Lyytinen und Gatica (2018) betonen: *„we need an approach that simultaneously addresses the details of business model activities, institutional features and their interplay"*.[147] Empirische Forschung ist notwendig, um zu verstehen, wie GM in verschiedenen Phasen von Veränderungsprozessen dominieren und wie sie von anderen Akteuren beeinflusst werden.[148] Zukünftige Studien sollten daher den Einfluss unterschiedlicher nationaler und institutioneller Kontexte auf die Entwicklung von GM untersuchen, um ein breiteres Verständnis der Mechanismen zu erlangen.[149]

---

[141] Vgl. Bonfanti et al. (2023: 2504); Planing (2018: 80).

[142] Vgl. Sarasini und Linder (2018: 26 f.).

[143] Vgl. Kühl et al. (2023: 646); Mehrabi, Perez-Mesa und Giagnocavo (2022: 15).

[144] Vgl. Engwall et al. (2021: 14 f.); Fehrer und Wieland (2021: 617).

[145] Vgl. Ruggiero et al. (2021: 11).

[146] Vgl. Proka, Beers und Loorbach (2018: 37); Proka, Hisschemöller und Loorbach (2018: 15); Stål und Corvellec (2018: 638).

[147] Levänen, Lyytinen und Gatica (2018: 379).

[148] Vgl. Bidmon und Knab (2018: 913).

[149] Vgl. Brown, Hall und Davis (2020: 10 f.).

GMI bieten das Potenzial, umweltfreundliche Technologien mit institutionellen Praktiken zu verbinden. Es ist jedoch unklar, wie regulatorische Rahmenbedingungen die Einführung solcher Innovationen beeinflussen. Zukünftige Forschung sollte sich daher mit der Frage befassen, inwieweit formale institutionelle Anpassungen notwendig sind und wie bestehende sozio-technische Regime diese Innovationen beeinflussen.[150] Insbesondere die Analyse von Politikinstrumenten, die NT unterstützen, bedarf weiterer Forschung. Strukturelle politische Faktoren wie Systemstabilität und institutionelle Stabilität spielen eine entscheidende Rolle für die Innovationsfähigkeit von Unternehmen und müssen weiter untersucht werden.[151] Die Untersuchung erfolgreicher und unterschiedlicher politischer Instrumente in verschiedenen Ländern könnte wertvolle Erkenntnisse liefern, die für zukünftige Transitionsprozesse nützlich sein könnten.[152] Gleichzeitig bedarf es einer genaueren **Analyse der wechselseitigen Beziehungen zwischen Politik und Unternehmen**, insbesondere im Hinblick auf den politischen Einfluss von Unternehmen auf Transitionen.[153] Die Auswirkungen von Politikmaßnahmen auf nachhaltige GM und das Zusammenspiel verschiedener Regierungsebenen müssen vor allem im internationalen Vergleich besser erforscht werden. Darüber hinaus sind Längsschnittanalysen notwendig, um die langfristigen Effekte dieser Politiken zu erfassen.[154]

Um NT zu fördern, ist weitere Forschung erforderlich, um die **Auswirkungen nachhaltiger GM auf NT** zu beleuchten.[155] Strategische Aktivitäten von Unternehmern, insbesondere ihre Rolle bei der Veränderung institutioneller Rahmenbedingungen, sollten dabei stärker in den Fokus der Forschung rücken.[156] Zukünftige Studien sollten sich stärker auf Unternehmer als Analyseeinheit konzentrieren, um das Verständnis der Bedingungen von GMI um eine handlungsorientierte Perspektive zu ergänzen.[157] In diesem Zusammenhang könnte die Untersuchung des Einflusses nachhaltiger GM auf Wertschöpfungsnetzwerke und

---

[150] Vgl. Sarasini und Langeland (2021: 243).

[151] Vgl. Trotter und Brophy (2022: 17 ff.).

[152] Vgl. Marano, Tallman und Teegen (2020: 204); Rezaeian, Pinkse und Rigby (2024b: 14 f.); van Opstal und Smeets (2023: 51).

[153] Vgl. Bocken und Short (2021: 12); Kühl et al. (2023: 646); Markoff-Legrand, Bocquet und Gandia (2024: 10 f.); Rezaeian, Pinkse und Rigby (2024a: 10).

[154] Vgl. Arranz und Arroyabe (2023: 10).

[155] Vgl. Dentchev et al. (2016: 3); van Bommel et al. (2020: 17).

[156] Vgl. van Opstal und Smeets (2023: 51); van Waes et al. (2018: 1309); Verleye et al. (2023: 15).

[157] Vgl. Bolton und Hannon (2016: 1740); Koistinen et al. (2018: 120); Trotter und Brophy (2022: 20).

die damit einhergehenden Veränderungen auf Ökosystemebene wichtige Erkenntnisse für die Weiterentwicklung des Forschungsfeldes liefern. Insbesondere die Dynamik des Übergangs und die Rolle von Wertschöpfungsnetzwerken in diesem Prozess bedürfen einer vertieften Untersuchung.[158] Bei der Weiterentwicklung nachhaltiger GM sollte der institutionelle Einfluss von Unternehmen im Rahmen des kollektiven Handels berücksichtigt werden. Da kein einzelner Akteur allein in der Lage ist, Institutionen zu verändern und GMI zu schaffen, ist es wichtig, einen umfassenden Blick auf das Zusammenspiel dieser Akteure zu werfen.[159]

Die **Interaktion von sozialen, ökologischen, kommerziellen und anderen Logiken in GM** ist ebenfalls ein vielversprechendes, aber weitgehend unerforschtes Gebiet. Es ist notwendig, die Herausforderungen und Spannungen besser zu verstehen, die durch die Integration dieser Logiken entstehen.[160] Empirische Studien sind notwendig, um zu verstehen, wie Unternehmer multiple institutionelle Logiken in verschiedenen Phasen der Unternehmensentwicklung integrieren und welche Auswirkungen dies auf die langfristige Wertschöpfung und das Engagement für Nachhaltigkeitsprinzipien hat.[161]

---

[158] Vgl. Derks, Berkers und Tukker (2022: 16).

[159] Vgl. Fehrer und Wieland (2021: 617); Olesson, Nenonen und Newth (2023: 248 f.).

[160] Vgl. Adiloğlu-Yalçınkaya und Besler (2021: 11); Gregori und Holzmann (2020: 8); Laasch (2018: 175 f.).

[161] Vgl. Gregori et al. (2019: 23 f.).

Neo-institutionalistische Theorie als theoretischer Erklärungsansatz

4

Die neo-institutionalistische Theorie hat sich als **zentraler Ansatz in der Organisationsforschung** etabliert, um zu erklären, wie Organisationen durch soziale und kulturelle Rahmenbedingungen beeinflusst werden. Das Wiederaufleben institutionellen Denkens in den 1970er Jahren markierte einen bedeutenden Wandel in der Organisationsforschung, indem der Fokus verstärkt auf die Einbettung von Organisationen in breitere soziale und kulturelle Kontexte gerichtet wurde – ein Aspekt, der in den vorhergehenden Jahrzehnten weitgehend vernachlässigt worden war.[1] Der Neo-Institutionalismus unterscheidet sich vom klassischen Institutionalismus dadurch, dass er ein differenzierteres Verständnis der symbolischen und kognitiven Aspekte von Institutionen bietet, anstatt sich ausschließlich auf formale Strukturen und Regeln zu konzentrieren.[2]

Nach der Institutionentheorie gestalten Organisationen ihre Strukturen entsprechend den Anforderungen und Erwartungen ihrer institutionellen Umwelt. Dabei streben sie in erster Linie nach **Legitimität** und passen ihre Aktivitäten den Anforderungen und Erwartungen relevanter Interessengruppen an.[3] Suchman (1995) definiert Legitimität als „*generalized perception or assumption that the actions of an entity are desirable, proper, or appropriate within some socially constructed system of norms, values, beliefs, and definitions*".[4] Legitimität im Kontext von Organisationen beschreibt die Wahrnehmung, dass die Handlungen und Werte einer Organisation den sozialen Normen und Erwartungen entsprechen und somit als angemessen gelten.[5] Organisationen, die institutionalisierte Elemente in ihre

[1] Vgl. Meyer (2017: 831 f.).

[2] Vgl. DiMaggio und Powell (1991: 11 ff.).

[3] Vgl. Meyer und Rowan (1977: 341 ff.); Walgenbach (2006: 354).

[4] Suchman (1995: 574).

[5] Vgl. Durand und McGuire (2005: 166); Suchman (1995: 574).

F. Stokom, *Nachhaltige Geschäftsmodellinnovationen in sozio-technischen Transitionen*, https://doi.org/10.1007/978-3-658-50053-5_4

Strukturen integrieren, erhöhen ihre Legitimität.[6] Organisationen, die Konformität mit institutionalisierten Regeln zeigen, erlangen Legitimität und verbessern dadurch potenziell ihre Leistungsfähigkeit.[7] Die Sicherstellung von Legitimität ist entscheidend für die Überlebensfähigkeit von Organisationen und deren Fähigkeit, Ressourcen zu mobilisieren, für die Verringerung von institutionellem Druck und für den Erhalt von Unterstützung.[8] Das Streben nach Legitimität treibt Organisationen dazu, sich dem institutionellen Druck anzupassen und führt dazu, dass sich Organisationen innerhalb derselben Branche mit der Zeit immer ähnlicher werden.[9]

Im Zentrum der Theorie steht der Begriff der **Institution**, der laut Scott (2013) wie folgt definiert wird: *„Institutions comprise regulative, normative, and cultural-cognitive elements that, together with associated activities and resources, provide stability and meaning to social life*".[10] Der Institutionenbegriff ist breit gefächert und schließt sowohl formelle Regeln wie Gesetze und Vorschriften als auch informelle Normen und Konventionen ein.[11] Institutionen sind nicht nur als äußere Zwänge zu betrachten, sondern auch als tief in das soziale Gefüge eingebettete Strukturen, die sowohl das Verhalten von Individuen beeinflussen als auch durch deren Handlungen geformt werden. Dieser Ansatz verdeutlicht, dass Institutionen dynamisch sind und sich durch soziale Einbettung und Innovation im Laufe der Zeit verändern können.[12] Institutionen lassen sich in drei Dimensionen unterteilen: regulative, normative und kognitive.[13] **Regulative Institutionen** umfassen formale Regeln und Vorschriften, die das Verhalten durch formale Mechanismen wie Gesetze und deren Durchsetzung steuern. Dabei wird das Verhalten der Akteure durch Regelsetzung, Überwachung und Sanktionierung reguliert. Diese Prozesse können informell (z. B. durch Scham) oder formell (z. B. durch Polizei und Gerichte) sein. Regulative Institutionen beinhalten sowohl Zwang als auch Anreize und sind oft mit der Rolle des Staates als Regelsetzer und -durchsetzer

---

[6] Vgl. Meyer und Rowan (1977: 344 f.); Zucker (1987: 443).

[7] Vgl. Heugens und Lander (2009: 77).

[8] Vgl. Durand und McGuire (2005: 167); Oliver (1991: 149 f., 1997a: 700); Suchman (1995: 574 f.).

[9] Vgl. DiMaggio und Powell (1983: 148).

[10] Scott (2013: 56).

[11] Vgl. Jepperson (1991: 144 f.); North (1991: 97).

[12] Vgl. Aoki (2007: 26 f.).

[13] Vgl. Scott (2013: 59).

verbunden.[14] Im Unternehmenskontext beeinflusst beispielsweise die regulatorische Distanz zwischen Heimat- und Gastländern die Investitionsentscheidungen multinationaler Unternehmen.[15] **Normative Institutionen** führen eine vorschreibende, bewertende und verpflichtende Dimension in das soziale Leben ein. Normative Systeme umfassen Werte und Normen, die nicht nur allgemeine Ziele festlegen, sondern auch angemessene Wege, diese zu verfolgen. Werte und Normen können für alle Mitglieder einer Gemeinschaft gelten oder spezifische Rollen und Erwartungen für bestimmte Akteure definieren. Normative Systeme schränken das Verhalten ein, ermöglichen aber auch soziale Handlungen, indem sie Rechte und Pflichten verteilen.[16] In Organisationen spielen normative Institutionen eine wichtige Rolle bei der Förderung von organisationalem Engagement und der Reduzierung von Fluktuation.[17] Im Bereich des sozialen Entrepreneurships spielen sozial unterstützende Normen eine wichtige Rolle bei der Erleichterung unternehmerischer Aktivitäten durch die Schaffung eines unterstützenden Umfelds.[18] **Kognitive Institutionen** umfassen geteilte Überzeugungen und Denkweisen, die die Wahrnehmung und Interpretation der Welt beeinflussen. Hierbei spielen Symbole und Bedeutungen eine zentrale Rolle. Kulturelle Systeme operieren auf verschiedenen Ebenen und beeinflussen individuelle Überzeugungen und Handlungen. Kulturelle Vorstellungen variieren und werden oft in Zeiten sozialer Veränderungen angefochten.[19] So können beispielsweise die kognitiven Dimensionen von Institutionen das unternehmerische Umfeld beeinflussen, indem sie sowohl die von den Unternehmern wahrgenommenen Gelegenheiten als auch die darauffolgenden Maßnahmen zur Nutzung dieser Gelegenheiten prägen.[20]

Innerhalb der neo-institutionalistischen Literatur wird neben dem Begriff der Institutionen auch der Begriff der **Institutionalisierung** verwendet. Institutionalisierung kann sowohl als Zustand als auch als Prozess definiert werden. **Als Zustand** bezeichnet sie Situationen, in denen die in einer Gesellschaft vorherrschenden Vorstellungen bestimmen, was Bedeutung hat und welche Handlungen möglich sind.[21] Institutionen besitzen hierbei eine gewisse Verbindlichkeit und

---

[14] Vgl. Scott (2013: 59 ff.).

[15] Vgl. Xu und Shenkar (2002: 614 f.).

[16] Vgl. Scott (2013: 64 ff.).

[17] Vgl. Meyer et al. (2002: 37 ff.).

[18] Vgl. Stephan, Uhlaner und Stride (2015: 317 f.).

[19] Vgl. Scott (2013: 67 ff.).

[20] Vgl. Carolis und Saparito (2006: 50 ff.).

[21] Vgl. DiMaggio und Powell (1991: 9); Walgenbach (2006: 355); Zucker (1977: 726).

werden als zweckmäßig und sinnvoll erachtet.[22] **Als Prozess** umfasst die Institutionalisierung die Entwicklung von sozialen Beziehungen und Handlungen, die zur Selbstverständlichkeit werden und nicht mehr hinterfragt werden.[23] Der Prozess der **Deinstitutionalisierung** hingegen beschreibt das Schwächen oder die Auflösung von etablierten Praktiken und Normen, oft als Reaktion auf technologische oder regulatorische Veränderungen.[24] Auch Akteure und deren Interessen innerhalb von Organisationen unterliegen dem Einfluss institutionalisierter Regeln und Erwartungen.[25] In organisatorischen Zusammenhängen wird der Begriff der Institutionalisierung als eine geteilte Überzeugung definiert, dass spezifische Elemente mit bestimmten Organisationen verbunden sind. Institutionalisierung impliziert auch, dass diese Elemente nicht in Frage gestellt, sondern als gegeben und richtig angesehen werden.[26] Institutionalisierungsprozesse tragen zur Stabilität von Organisationen bei, indem institutionalisierte Strukturen über die Zeit hinweg verankert werden.[27]

Die neo-institutionalistische Theorie bietet einen umfassenden analytischen Rahmen, der die Wechselwirkungen zwischen Organisationen und ihrer sozialen, kulturellen und regulativen Umwelt beleuchtet. Dabei wird deutlich, dass Organisationen einerseits Empfänger von Institutionen und den damit verbundenen institutionellen Logiken sind (siehe Abschnitt 4.1), andererseits aber auch aktiv ihr Umfeld mitgestalten können, insbesondere im Rahmen des institutionellen Entrepreneurships (siehe Abschnitt 4.2).[28] Abbildung 4.1 zeigt ein Modell von Barley und Tolbert (1997), in dem die Forscher eine **rekursive Beziehung** zwischen Institutionen und Akteuren in einem institutionellen Umfeld herstellen. Sie zeigen die Interaktion zwischen der Mikro- und Makroebene eines institutionellen Umfelds in insgesamt vier Teilprozessen auf:

(1) **Structural conditioning:** Bestehende Institutionen beeinflussen und begrenzen das Handeln der Akteure durch kognitive, normative und regulative Regeln.

---

[22] Vgl. Jepperson (1991: 147); Meyer und Rowan (1977: 341).

[23] Vgl. Walgenbach (2006: 355).

[24] Vgl. Oliver (1992: 563).

[25] Vgl. Zucker (1977: 727).

[26] Vgl. DiMaggio und Powell (1991: 9); Walgenbach (2006: 355).

[27] Vgl. Greenwood und Hinings (1996: 1027 f.).

[28] Vgl. Battilana (2006: 668); DiMaggio und Powell (1983: 150); Seo und Creed (2002: 239 f.); Wooten und Hoffman (2017: 69 f.).

(2) **Social interaction:** Akteure agieren innerhalb dieser Institutionen, treffen Entscheidungen und nutzen Handlungsspielräume.
(3) **Structural elaboration:** Die Ergebnisse der Interaktionen führen entweder zur Stabilisierung oder Veränderung von Institutionen.
(4) **Externalization and institutionalization:** Veränderungen eines institutionellen Umfeldes werden von der Gemeinschaft übernommen und dauerhaft verankert.[29]

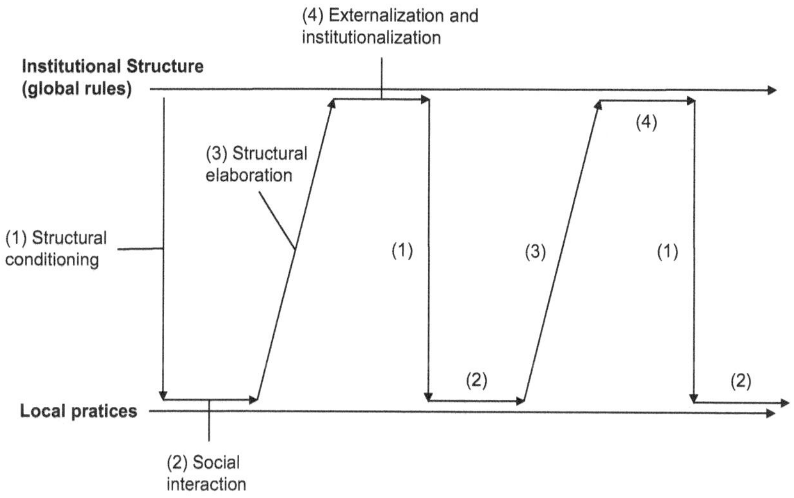

Abbildung 4.1 Rekursives Modell der Institutionalisierung[30]

[29] Vgl. Barley und Tolbert (1997: 100 ff.); Grin, Rotmans und Schot (2010: 49 ff.).

[30] Eigene Darstellung in Anlehnung an Barley und Tolbert (1997: 101) und Grin, Rotmans und Schot (2010: 49).

4.1 Institutionelle Logiken

Der Begriff der **institutionellen Logiken** wurde von Alford und Friedland (1991) eingeführt, um die unterschiedlichen Praktiken und Überzeugungen in modernen westlichen Gesellschaften zu erklären. Diese Logiken basieren auf verschiedenen institutionellen Ordnungen wie Kapitalismus, Religion und politischer Demokratie, die jeweils eigene Regeln und Erwartungen für soziale Beziehungen und menschliches Verhalten haben.[31] Institutionen sind Muster von Aktivitäten, die in praktischen Handlungen und symbolischen Systemen verwurzelt sind. Sie geben den Menschen Motive und Identitäten und helfen ihnen, ihre Ziele zu verfolgen.[32] Obwohl Institutionen das Handeln einschränken, bieten sie auch Möglichkeiten für Veränderungen und Handlungsspielräume.[33] Thornton und Ocasio (1999) beschreiben institutionelle Logiken als historisch gewachsene Muster von Praktiken und Regeln, die das Verhalten von Einzelpersonen und Organisationen im sozialen und institutionellen Kontext beeinflussen.[34] Institutionelle Logiken betonen, wie individuelle Handlungsfähigkeit und institutionelle Strukturen zusammenwirken. Die Interessen, Identitäten, Werte und Annahmen von Menschen und Organisationen sind mit diesen Logiken verbunden.[35] Diese Logiken bestimmen, welche Mittel und Ziele für das Handeln zur Verfügung stehen und welche nicht.[36]

[31] Vgl. Friedland und Alford (1991: 232).

[32] Vgl. Friedland und Alford (1991: 248 f.).

[33] Vgl. Friedland und Alford (1991: 255 f.).

[34] Vgl. Thornton und Ocasio (1999: 804).

[35] Vgl. Friedland und Alford (1991: 244 f.); Thornton und Ocasio (1999: 806 f., 2017: 103).

[36] Vgl. Sewell (1992: 19).

Beispielsweise beeinflussen institutionelle Logiken Menschen und Organisationen, wenn sie sich mit den kollektiven Identitäten ihrer sozialen Gruppen identifizieren.[37] Eine kollektive Identität entsteht durch gemeinsame Normen, Werte und Emotionen innerhalb einer Gruppe.[38] Menschen, die sich mit ihrer Gruppe identifizieren, neigen dazu, mit ihr zu kooperieren, ihre Normen zu befolgen und ihre Interessen zu schützen.[39] Diese Identitäten können in verschiedenen sozialen Gruppen wie Berufen, sozialen Bewegungen und Organisationen entstehen.[40] Institutionelle Logiken beeinflussen zudem Macht- und Statuskämpfe in Organisationen.[41] Institutionen bestimmen hierbei die Regeln, wie Macht und Status erlangt, erhalten und verloren werden.[42] Weiterhin sind institutionelle Logiken ausschlaggebend dafür, wie Entscheidungsträger in Organisationen auf wirtschaftliche und soziale Faktoren reagieren, indem sie deren Aufmerksamkeit lenken.[43] Diese Logiken bestimmen, welche Probleme und Lösungen beachtet werden.[44] Studien zeigen, dass diese Logiken die Aufmerksamkeit auf bestimmte Themen lenken, je nachdem, welche Logik vorherrscht. Dies beeinflusst, wie Organisationen auf Veränderungen und Herausforderungen reagieren.[45] Daneben beeinflussen institutionelle Logiken, wie Menschen denken, indem sie soziale Kategorien und Klassifikationen vorgeben.[46] Diese Kategorien sind nicht natürlich, sondern sozial konstruiert. Beispiele sind Begriffe wie CEO oder Unternehmensführung.[47] Änderungen in den institutionellen Logiken führen zu neuen Kategorien oder verändern die Bedeutung bestehender Kategorien.[48]

---

[37] Vgl. Tajfel und Turner (1979: 59).

[38] Vgl. Polletta und Jasper (2001: 285).

[39] Vgl. Brickson (2000: 95 f.); Kelman (2006: 11 f.); Tajfel und Turner (1979: 60 f.).

[40] Vgl. Dutton und Dukerich (1991: 549 ff.); Glynn (2000: 295 f.); Rao, Monin und Durand (2003: 797).

[41] Vgl. Fligstein (1996: 664); Lounsbury und Ventresca (2003: 465 f.); Ocasio und Kim (1999: 555 f.).

[42] Vgl. Ocasio (1999: 411 ff.).

[43] Vgl. Ocasio (1997: 192 ff.).

[44] Vgl. Ocasio (1997: 198 ff.).

[45] Vgl. Glynn und Lounsbury (2005: 1050); Lounsbury (2007: 302 f.); Thornton und Ocasio (1999: 834 ff.).

[46] Vgl. DiMaggio (1997: 276 f.).

[47] Vgl. Berger und Luckmann (1991: 13); Thornton und Ocasio (2017: 113).

[48] Vgl. Ocasio und Joseph (2005: 172); Rao, Monin und Durand (2003: 813 f.).

Die Forschung zu institutionellem Wandel untersucht, wie **verschiedene institutionelle Logiken** miteinander konkurrieren. Diese konkurrierenden Logiken allein verursachen jedoch keinen Wandel, sie können ihn entweder fördern oder behindern.[49] Im Kontext von Organisationen haben D'Aunno, Sutton und Price (1991) früh betont, dass Organisationen den multiplen Anforderungen gerecht werden wollen, hybride Strukturen aufweisen und Druck aus verschiedenen Richtungen erfahren.[50] Studien zeigen, dass Unternehmen aufgrund der steigenden Anzahl von Stakeholdern und deren Interessen unterschiedliche Ansprüche in Einklang bringen müssen, um nachhaltig erfolgreich zu sein.[51] Die Komplexität unternehmerischen Handelns steigt mit der Anzahl unterschiedlicher institutioneller Logiken, denen Unternehmer ausgesetzt sind.[52] Organisationen sind immer dann mit institutioneller Komplexität konfrontiert, wenn sie inkompatiblen institutionellen Logiken ausgesetzt sind.[53] Da Organisationen ihre Legitimität aus der Integration institutioneller Logiken beziehen, stehen sie vor der Herausforderung, verschiedene institutionelle Logiken zu kombinieren, was wiederum zu Spannungen führt.[54] Diese Spannungen bieten Raum für strategische Antworten, die sich im GM einer Organisation widerspiegeln können, wie in Abbildung 4.2 dargestellt.[55] Zum Beispiel kann eine Organisation von einer rein wirtschaftlichen zu einer hybriden Logik wechseln, die sowohl kommerzielle, soziale als auch ökologische Elemente kombiniert.[56] Laasch (2018) untersucht, wie nachhaltige und kommerzielle Logiken in den GM von Unternehmen zusammenwirken. Es gibt Unterschiede und Gemeinsamkeiten: Beide Logiken zielen darauf ab, den Wert und Nutzen für verschiedene Interessengruppen zu identifizieren. Während die kommerzielle Logik den Kundenwert betont, integriert die Nachhaltigkeitslogik soziale, ökologische und ökonomische Werte. Der größte Unterschied liegt in der Wertaneignung: Die kommerzielle Logik konzentriert sich auf Gewinn und Wachstum, während die nachhaltige Logik einen multidimensionalen Wert für verschiedene Interessengruppen anstrebt.[57]

---

[49] Vgl. Marquis und Lounsbury (2007: 813); Thornton und Ocasio (2017: 117 f.).

[50] Vgl. D'Aunno, Sutton und Price (1991: 640 f.).

[51] Vgl. Battilana und Dorado (2010: 1435 f.); Pache und Santos (2010: 471 f.).

[52] Vgl. Goodrick und Reay (2011: 404 f.); Raynard (2016: 312).

[53] Vgl. Greenwood et al. (2011: 318).

[54] Vgl. Deephouse et al. (2017: 32 ff.); Jay (2013: 155); Mair, Mayer und Lutz (2015: 730 ff.).

[55] Vgl. Ocasio und Radoynovska (2016: 298); Raynard (2016: 327 f.).

[56] Vgl. Jay (2013: 153 f.); Laasch und Pinkse (2020: 3 f.).

[57] Vgl. Laasch (2018: 171 f.).

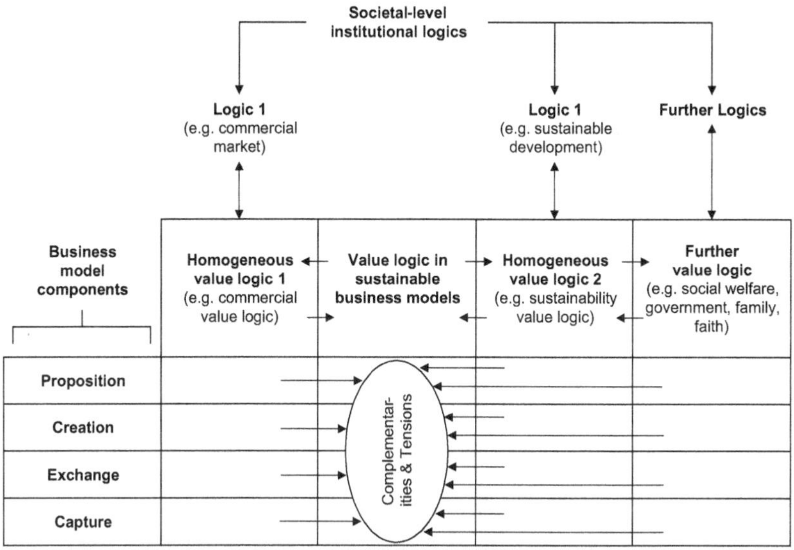

Abbildung 4.2 Institutionelle Logiken in nachhaltigen GM[58]

Die Literatur zu institutionellen Logiken zeigt zwar, dass das Verhalten von Individuen und Organisationen begrenzt, aber nicht vorbestimmt ist. Das Forschungsfeld lässt somit verschiedenen Akteuren die Möglichkeit, Veränderungen herbeizuführen und institutionellen Wandel zu bewirken.[59] Die Entwicklung, Transition oder Modifikation bestehender institutioneller Logiken hängt u. a. vom Grad der Institutionalisierung der jeweiligen Logik, von besonderen Ereignissen, von der Machtverteilung zwischen den Akteuren und ihren Bestrebungen, den Wandel voranzutreiben, ab.[60] Einschneidende Ereignisse wie internationale Konflikte oder Wirtschaftskrisen geben Individuen und Organisationen die Gelegenheit, aktuelle institutionelle Logiken zu reflektieren und zuvor undenkbare Möglichkeiten in Betracht zu ziehen.[61] Laut Thornton und Ocasio (2017) wird ein institutioneller Wandel durch die drei Mechanismen *Structural Overlap*, *Event*

[58] Laasch (2018: 7).

[59] Vgl. Friedland und Alford (1991: 255 f.); Fuenfschilling und Truffer (2014: 776); Seo und Creed (2002: 231).

[60] Vgl. Fuenfschilling und Truffer (2014: 776).

[61] Vgl. Geels (2018: 225); Smets, Morris und Greenwood (2012: 878).

Sequencing und *Institutional Entrepreneurship* ausgelöst. **Structural Overlap** tritt auf, wenn zuvor getrennte Rollen und Strukturen in einer Organisation zusammengeführt werden. Ein Beispiel dafür sind Fusionen und Übernahmen, bei denen unterschiedliche Unternehmenskulturen aufeinandertreffen und neue Regeln und Logiken entstehen. Diese Überlappung kann zu Widersprüchen führen, bietet aber auch Chancen für Veränderungen.[62] **Event Sequencing** beschreibt, wie zeitlich aufeinanderfolgende Ereignisse die Bedeutung kultureller Symbole und sozialer Strukturen verändern. Solche Ereignisse können beispielsweise kulturelle Elemente ändern, Ressourcen verschieben und neue Machtquellen schaffen.[63] Ein Beispiel ist die Französische Revolution, die neue Begriffe wie „Bastille“, „Revolution“ und „Freiheit“ hervorbrachte, die mit starken Emotionen und neuen Bedeutungen aufgeladen wurden und die Politik veränderten. Diese kulturellen Veränderungen wurden unterstützt und gefestigt durch eine gleichzeitige Verschiebung von Ressourcen (z. B. die Bewaffnung der Pariser Miliz) und Machtstrukturen (z. B. die Bildung der neuen Pariser Miliz).[64] Als dritten Mechanismus nennen Thornton und Ocasio (2017) **Institutional Entrepreneurship**, das die Rolle individuellen und kollektiven Handelns bei der Förderung institutionellen Wandels betont. Es verdeutlicht, dass organisatorische Prozesse durch institutionelle Kräfte geformt werden und gleichzeitig durch unternehmerisches Handeln beeinflusst werden können.[65] Im folgenden Unterkapitel wird das Konzept näher erläutert.

4.2 Institutionelles Entrepreneurship

Während die neo-institutionalistische Theorie in ihren Ursprüngen häufig die stabilisierende Kraft von Institutionen und die tendenziell reaktive oder konforme Rolle von Organisationen betonte[66], hat sich das Forschungsfeld weiterentwickelt und anerkannt, dass Akteure nicht nur Empfänger, sondern auch aktive

[62] Vgl. Greenwood und Suddaby (2006: 27); Thornton, Jones und Kury (2005: 157 ff.); Thornton und Ocasio (2017: 116).

[63] Vgl. Sewell (1996: 844); Thornton, Jones und Kury (2005: 130); Thornton und Ocasio (2017: 116 f.).

[64] Vgl. Sewell (1996: 861 f.); Thornton, Jones und Kury (2005: 130).

[65] Vgl. Garud, Hardy und Maguire (2007: 960 ff.); Thornton und Ocasio (2017: 115 f.).

[66] Vgl. Greenwood und Suddaby (2006: 30).

Gestalter ihres institutionellen Umfelds sein können.[67] Das Konzept des institutionellen Entrepreneurships, das in den 1990er Jahren an Bedeutung gewann, fokussiert genau auf diese handlungsorientierte Perspektive und die Rolle von Akteuren bei der Initiierung und Umsetzung institutionellen Wandels.[68] DiMaggio (1988) führte den Begriff des institutionellen Entrepreneurs ein, um Akteure zu beschreiben, die durch die Mobilisierung von Ressourcen bestehende Institutionen verändern oder neue schaffen.[69] Diese Akteure, bei denen es sich sowohl um Einzelpersonen als auch um Organisationen handeln kann, spielen eine Schlüsselrolle bei der Gestaltung des institutionellen Wandels.[70]

In meiner Arbeit untersuche ich die Wechselwirkung zwischen nachhaltigen GMI und ihrem institutionellen Umfeld aus einer Mikroperspektive, d. h. aus der Sichtweise und den Aktivitäten von Unternehmern. Dabei bietet das Konzept des institutionellen Entrepreneurships einen zentralen Erklärungsansatz. Es ermöglicht, die traditionelle Makroperspektive auf NT, in der Unternehmen oft als Teil größerer Systemveränderungen betrachtet werden, um eine entscheidende handlungsorientierte Dimension zu ergänzen.[71] Das Konzept des institutionellen Entrepreneurship liefert den theoretischen Rahmen hierfür, indem es die Mechanismen und Strategien analysiert, durch die Akteure – in meiner Arbeit sind dies Unternehmer mit nachhaltigen GMI – institutionelle Barrieren überwinden, Legitimität für neue Ansätze schaffen und ihr Umfeld aktiv mitgestalten.[72] Es wird beleuchtet, wie Unternehmer durch Aktivitäten wie die Gestaltung und Verbreitung von Visionen, die Mobilisierung von Ressourcen und Unterstützern sowie den Aufbau und die Erweiterung von Netzwerken den institutionellen Wandel im Sinne der Nachhaltigkeit vorantreiben können.[73]

[67] Vgl. Battilana (2006: 668); DiMaggio und Powell (1983: 150); Seo und Creed (2002: 239 f.); Wooten und Hoffman (2017: 69 f.).

[68] Vgl. Hirsch und Lounsbury (1997: 85 f.); Micelotta, Lounsbury und Greenwood (2017: 1892); Wooten und Hoffman (2017: 59).

[69] Vgl. Battilana, Leca und Boxenbaum (2009: 66); DiMaggio (1988: 14).

[70] Vgl. Battilana, Leca und Boxenbaum (2009: 68); Fligstein (1997: 397 f.).

[71] Vgl. Levänen, Lyytinen und Gatica (2018); Trotter und Brophy (2022: 20); van Opstal und Smeets (2023: 51); Verleye et al. (2023: 15).

[72] Vgl. Battilana, Leca und Boxenbaum (2009: 71); Garud und Karnøe (2001: 6 ff.); Maguire, Hardy und Lawrence (2004: 658).

[73] Vgl. Battilana, Leca und Boxenbaum (2009: 78); Duygan, Stauffacher und Meylan (2019: 18 ff.); Hardy und Maguire (2017: 268 ff.); Hung und Whittington (2011: 528 f.).

Die Integration des Konzepts des institutionellen Entrepreneurship ermöglicht somit die Beantwortung der Kernfragen meiner Arbeit, indem es die unternehmerischen Aktivitäten als Treiber des institutionellen Wandels operationalisierbar macht und die wechselseitige Beziehung zwischen nachhaltigen GMI und ihrem institutionellen Umfeld aus einer handlungsorientierten Perspektive erklärt.

4.2.1 Voraussetzungen und Handlungsstrategien institutioneller Entrepreneure

Eine zentrale Herausforderung von institutionellem Entrepreneurship ist die Überwindung des *Paradox of Embedded Agency*. Dieses Paradox beschreibt die Schwierigkeit, zu erklären, wie Akteure, deren Denken und Handeln stark von bestehenden Institutionen geprägt ist, dennoch in der Lage sein sollen, diese Institutionen zu verändern. Dominante Akteure, die von den bestehenden Institutionen profitieren, verfügen in der Regel über die nötige Macht, um Veränderungen herbeizuführen, es fehlt ihnen aber oft an Motivation, während weniger dominante Akteure zwar den Anreiz haben, sich zu verändern, aber oft nicht über die nötigen Ressourcen oder den nötigen Einfluss verfügen, um Veränderungen herbeizuführen.[74] Um dieses Paradoxon zu überwinden, bedarf es einer Kombination aus Gelegenheiten, Motivation, Fähigkeiten und geeigneten institutionellen Rahmenbedingungen, die es den Akteuren ermöglicht, trotz ihrer Gebundenheit an bestehende Strukturen Veränderungen herbeizuführen.[75]

Um als institutionelle Entrepreneure zu gelten, müssen Akteure laut Battilana, Leca und Boxenbaum (2009) zwei Bedingungen erfüllen: (1) Veränderungen initiieren, die vom Status quo abweichen und (2) aktiv an der Umsetzung dieser Veränderungen teilnehmen.[76] Nur wenn Akteure Innovationen schaffen, die mit alternativen Institutionen einhergehen und sich vom bestehenden institutionellen Umfeld unterscheiden, werden sie als institutionelle Entrepreneure bezeichnet.[77]

---

[74] Vgl. Battilana, Leca und Boxenbaum (2009: 67); Garud, Hardy und Maguire (2007: 961); Hardy und Maguire (2017: 261 ff.); Holm (1995: 398).

[75] Vgl. Greenwood und Suddaby (2006: 29 f.); Seo und Creed (2002: 225 f.).

[76] Vgl. Battilana, Leca und Boxenbaum (2009: 68).

[77] Vgl. Battilana (2006: 657).

Darüber hinaus sollte der Fokus nicht nur auf der Konzeption von Veränderungsstrategien liegen, sondern auch auf der tatsächlichen Durchführung und Umsetzung des institutionellen Wandels. Interessanterweise ist dabei die Intention kein zwingendes Kriterium. Obwohl viele institutionelle Entrepreneure bewusst darauf abzielen, ihr institutionelles Umfeld zu transformieren, können solche Veränderungen auch unbeabsichtigt sein. Auch der Erfolg ist für die Definition institutionellen Entrepreneurships nicht unbedingt erforderlich.[78]

Institutionelles Entrepreneurship wird von verschiedenen Faktoren beeinflusst, die sowohl mit den Akteuren selbst als auch mit den Strukturen des organisatorischen Feldes zusammenhängen. Ein **organisatorisches Feld** beschreibt ein Netzwerk sozialer Akteure, die durch gemeinsame Normen, Werte und Praktiken miteinander verbunden sind.[79] Innerhalb dieser dynamischen Felder kämpfen diese Akteure um Ressourcen und Einfluss, während sie ihre Positionen festigen oder verändern und sich dadurch Machtverhältnisse verschieben.[80] Während in stark institutionalisierten und reifen Feldern Stabilität herrscht, bieten weniger etablierte Felder Raum für Innovation und institutionelles Entrepreneurship.[81] Daraus lässt sich schlussfolgern, dass die **Charakteristika von organisationalen Feldern** eine wichtige Rolle im Entstehungsprozess von institutionellem Entrepreneurship spielen. Insbesondere Krisen oder Schocks, wie technologische Disruptionen oder gesellschaftliche Umbrüche, können den Status quo destabilisieren und die Legitimität bestehender Institutionen in Frage stellen. Solche Krisen erzeugen häufig Handlungsdruck und eröffnen Raum für neue Praktiken und institutionellen Wandel.[82] Daneben ist der Grad der Institutionalisierung eines organisatorischen Feldes ein wichtiger Faktor für institutionelle Entrepreneure. In weniger institutionalisierten und entstehenden organisatorischen Feldern, die durch Unsicherheit und das Fehlen klarer Normen und Strukturen gekennzeichnet sind, haben die Akteure mehr Spielraum, um abweichendes

[78] Vgl. Battilana, Leca und Boxenbaum (2009: 69 ff.).

[79] Vgl. Fligstein und McAdam (2012: 9); Scott (1991: 173 f.).

[80] Vgl. Fligstein und McAdam (2012: 13 f.); Wooten und Hoffman (2017: 60).

[81] Vgl. Greenwood und Suddaby (2006: 28 f.).

[82] Vgl. Battilana, Leca und Boxenbaum (2009: 74); Hardy und Maguire (2017: 266).

Verhalten zu zeigen und alternative Praktiken zu etablieren.[83] Ein weiterer Einflussfaktor ist die soziale Position eines institutionellen Entrepreneurs innerhalb des organisatorischen Feldes. Akteure, die sich an den Rändern eines Feldes befinden, sind oft weniger in die etablierten Strukturen eingebunden und deshalb offener für neue Ideen und Veränderungen. Diese Akteure haben einen größeren Anreiz, neue Praktiken einzuführen, da sie durch die bestehenden Netzwerke möglicherweise benachteiligt werden. Im Gegensatz dazu sind Akteure im Zentrum eines Feldes oft eng mit den bestehenden Strukturen verbunden und weniger geneigt, Veränderungen voranzutreiben, da sie vom Status quo profitieren.[84] Zudem sind die Eigenschaften des institutionellen Entrepreneurs selbst von großer Bedeutung.[85] Besonders hervorzuheben ist die Fähigkeit institutioneller Entrepreneure, alternative Möglichkeiten zu imaginieren und dabei sowohl vergangene Gewohnheiten als auch zukünftige Projekte in der Gegenwart zu kombinieren.[86] Dies erfordert nicht nur Kreativität, sondern auch die Fähigkeit zur Reflexivität und der strategischen Nutzung kultureller und sprachlicher Ressourcen, um den Wandel zu fördern.[87] Reflexivität bedeutet, dass institutionelle Entrepreneure in der Lage sind, die bestehenden institutionellen Grenzen zu erkennen und darüber hinaus neue Möglichkeiten zu denken.[88] Wie Battilana, Leca und Boxenbaum (2009) in ihrem in Abbildung 4.3 dargestellten Prozessmodell zeigen, müssen bestimmte Kontextbedingungen erfüllt sein, damit institutionelles Entrepreneurship entstehen kann. Sie ermöglichen die Umsetzung von Strategien zur Förderung des institutionellen Wandels, wie sie im Folgenden beschrieben werden.[89]

---

[83] Vgl. Battilana, Leca und Boxenbaum (2009: 75); Hardy und Maguire (2017: 266); Maguire, Hardy und Lawrence (2004: 660); Pacheco et al. (2010: 986).

[84] Vgl. Battilana (2006: 656); Battilana, Leca und Boxenbaum (2009: 76 ff.); Greenwood und Suddaby (2006: 42 f.).

[85] Vgl. Pacheco et al. (2010: 987).

[86] Vgl. Emirbayer und Mische (1998: 963); Garud, Hardy und Maguire (2007: 962).

[87] Vgl. Garud, Hardy und Maguire (2007: 962); Hardy und Maguire (2017: 272).

[88] Vgl. Beckert (1999: 786); Mutch (2007: 1129).

[89] Vgl. Battilana, Leca und Boxenbaum (2009: 86 f.).

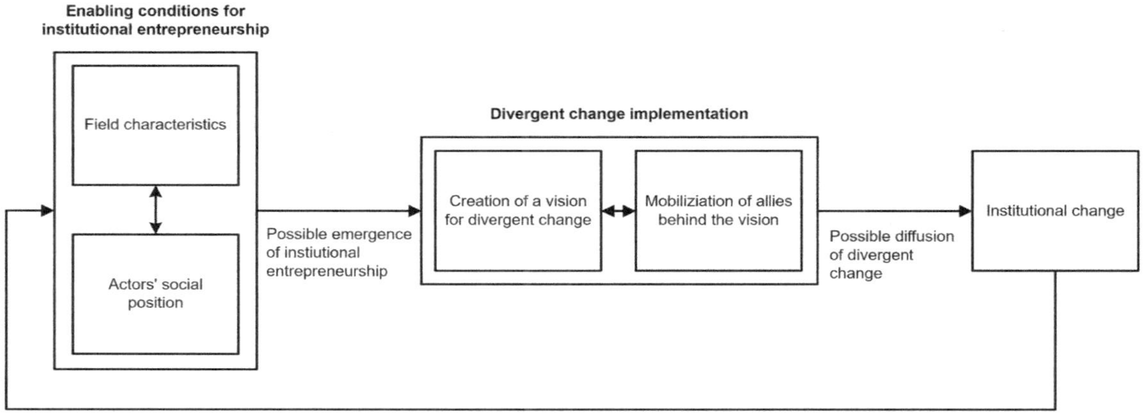

Abbildung 4.3 Prozessmodell von institutionellem Entrepreneurship[90]

[90] Battilana, Leca und Boxenbaum (2009: 87).

Institutionelle Entrepreneure sind in der Lage, Ressourcen zu mobilisieren und andere Akteure von ihren Visionen zu überzeugen und Koalitionen einzugehen, was sie in die Lage versetzt, den institutionellen Wandel voranzutreiben.[91] Hierzu nutzen sie verschiedene **Strategien**, um Veränderungen in ihrem Tätigkeitsbereich zu bewirken. Statt sich auf die bloße Verbreitung von Ideen zu verlassen, betont die Literatur die Bedeutung strategischer Interventionen in Form der Entwicklung und Verbreitung von Visionen, der Mobilisierung von Ressourcen und des Aufbaus und der Erweiterung von Netzwerken.[92]

Eine zentrale Strategie institutioneller Entrepreneurs zur Gestaltung von Veränderungen ist die **Entwicklung und Verbreitung von Visionen**. Institutionelle Entrepreneure nutzen Visionen, um ihre Projekte und Vorhaben zu legitimieren und kollektive Unterstützung zu mobilisieren.[93] Dies geschieht durch die Konstruktion und Kommunikation von Visionen, die sowohl die Probleme bestehender Praktiken als auch die Notwendigkeit und den Nutzen neuer Lösungen aufzeigen.[94] Indem sie die Vision als wünschenswert und notwendig darstellen, schaffen sie legitime Erklärungen für den Wandel und binden verschiedene Stakeholder in den Prozess ein.[95] In diesem Zusammenhang spielt das Konzept des *Framings* eine zentrale Rolle. **Framing** beschreibt die Art und Weise, wie institutionelle Akteure ihre Projekte strukturieren und kommunizieren, um Unterstützung für ihre Vorhaben zu gewinnen.[96] Dies geschieht, indem sie Missstände aufzeigen, Lösungen anbieten, durch rhetorische Strategien kollektives Handeln fördern und neue Praktiken und Ideen als legitim und notwendig positioniert werden.[97] Narrative und diskursive Mittel spielen dabei eine entscheidende Rolle, überzeugende Erklärungen zu liefern, Aufmerksamkeit zu erzeugen und Unterstützung zu mobilisieren.[98] Institutionelle Entrepreneure entwickeln unterschiedliche Argumente für verschiedene Zielgruppen und passen ihre Visionen

---

[91] Vgl. Battilana, Leca und Boxenbaum (2009: 78); Fligstein (2001: 266).

[92] Vgl. Battilana, Leca und Boxenbaum (2009: 78); Duygan, Stauffacher und Meylan (2019: 18 ff.); Hardy und Maguire (2017: 268 ff.); Hung und Whittington (2011: 528 f.).

[93] Vgl. Battilana, Leca und Boxenbaum (2009: 78 ff.); Fligstein (1997: 399); Hardy und Maguire (2017: 269 f.).

[94] Vgl. Duygan, Stauffacher und Meylan (2019: 19); Greenwood, Hinings und Suddaby (2002: 75 f.); Maguire, Hardy und Lawrence (2004: 661).

[95] Vgl. Colomy (1998: 271); Creed, Scully und Austin (2002: 492 ff.); Fligstein (1997: 400).

[96] Vgl. Benford und Snow (2000: 614 f.); Creed, Scully und Austin (2002: 480); Fligstein (1997: 399); Lounsbury, Ventresca und Hirsch (2003: 76 f.).

[97] Vgl. Benford und Snow (2000: 618 ff.); Rao (1998: 916 f.).

[98] Vgl. Hardy und Maguire (2010: 1382 f.); Zilber (2007: 1047 ff.).

gezielt an deren Interessen an.[99] Die erfolgreiche Verknüpfung neuer Lösungen mit bestehenden sozialen und kognitiven Institutionen erhöht dabei die Akzeptanz der vorgeschlagenen Veränderungen.[100] Die Visionsbildung umfasst mit dem diagnostischen, dem prognostischen und dem motivationalen Framing mehrere strategische Schritte.[101] Im **diagnostischen Framing**-Prozess werden die Unzulänglichkeiten bestehender institutioneller Praktiken explizit herausgearbeitet und kommuniziert. Daran schließt sich das **prognostische Framing** an, das die Überlegenheit neuer Praktiken gegenüber alten betont. Schließlich liefert das **motivationale Framing** überzeugende Gründe, die eine breite Unterstützung der neuen Vision ermöglichen sollen.[102]

Die **Mobilisierung von Ressourcen** ist ein integraler Bestandteil des institutionellen Wandels, da sie es Entrepreneuren ermöglicht, sowohl materielle als auch immaterielle Ressourcen strategisch einzusetzen, um Unterstützung zu gewinnen und neue Institutionen zu etablieren.[103] Es zeigt sich, dass institutioneller Wandel weniger durch individuelles Handeln allein, sondern vielmehr durch die geschickte Kombination und Nutzung von Ressourcen sowie die Unterstützung relevanter Akteure erreicht wird.[104] DiMaggio (1988) betont, dass institutionelle Entrepreneure ihre Projekte durch den strategischen Einsatz verschiedener Ressourcen vorantreiben.[105] Der **Begriff „Ressourcen"** umfasst dabei nicht nur finanzielle, sondern auch politische, organisatorische, soziale und kulturelle Ressourcen. Diese Ressourcen ermöglichen es, Unterstützung zu gewinnen, Allianzen zu bilden und notwendige institutionelle Veränderungen zu legitimieren.[106] Während mächtige Akteure mit ausreichender Kontrolle über finanzielle oder organisatorische Ressourcen Veränderungen allein durchsetzen können, sind institutionelle Entrepreneure oft auf die Ressourcen anderer Akteure angewiesen, was Verhandlungen erfordert. Solche Verhandlungen basieren häufig auf der Fähigkeit des Entrepreneurs, den Nutzen der Veränderung für andere Akteure sichtbar zu

---

[99] Vgl. Fligstein (1997: 399 f.); Maguire, Hardy und Lawrence (2004: 660).

[100] Vgl. Hargadon und Douglas (2001: 478 f.).

[101] Vgl. Battilana, Leca und Boxenbaum (2009: 79).

[102] Vgl. Benford und Snow (2000: 615 ff.); Misangyi, Weaver und Elms (2008: 758 ff.).

[103] Vgl. Battilana, Leca und Boxenbaum (2009: 83); Dorado (2005: 389 ff.); Hardy und Maguire (2017: 269).

[104] Vgl. Hardy und Maguire (2017: 269); Maguire, Hardy und Lawrence (2004: 658).

[105] Vgl. DiMaggio (1988: 14).

[106] Vgl. Battilana, Leca und Boxenbaum (2009: 83 ff.); Duygan, Stauffacher und Meylan (2019: 18 f.); Hardy und Maguire (2017: 269); Oliver (1997a: 709).

machen.[107] Abgesehen von materiellen Ressourcen spielt das soziale Kapital des institutionellen Entrepreneurs eine wichtige Rolle. Soziales Kapital bedeutet, dass ein Akteur durch seine Position in einem Netzwerk von Beziehungen Zugang zu Informationen und Unterstützung hat. Institutionelle Entrepreneure nutzen dieses Kapital, um andere zu beeinflussen, indem sie Verbindungen zwischen bestimmten Gruppen lösen und neue Allianzen bilden. Auf diese Weise können sie gemeinsames Handeln zwischen verschiedenen Interessengruppen fördern und steuern.[108]

Der **Aufbau und die Erweiterung von Netzwerken** gelten in der Literatur als weitere zentrale Strategie, um institutionelle Veränderungen herbeizuführen. Indem institutionelle Entrepreneure neue Beziehungen zwischen Akteuren herstellen, können sie bestehende Machtstrukturen verändern. Dies ist besonders wichtig, da institutionelle Entrepreneure oft tief verwurzelte Normen, Werte und Praktiken verändern wollen, was selten von einer einzelnen Organisation oder Person allein bewältigt werden kann.[109] Netzwerke bieten die notwendige Unterstützung, um Ressourcen zu mobilisieren, Veränderungen zu kommunizieren und so kollektives Handeln zu initiieren.[110] Durch die **Bildung von Allianzen, Kooperationen und Koalitionen** mit unterschiedlichen Akteuren und Interessengruppen erhöhen institutionelle Entrepreneure ihre Reichweite und Einflussmöglichkeiten. Dabei setzen sie auf politische und soziale Kompetenzen, um Kooperationen anzuregen und Widerstände zu überwinden.[111] Durch den gezielten Einsatz von Netzwerken können sich institutionelle Entrepreneure die notwendige Unterstützung für ihre Vorhaben sichern und oppositionelle Akteure umgehen oder einbinden.[112] Der Ausbau von Netzwerken dient nicht nur der Mobilisierung von Ressourcen, sondern auch der Generierung neuer Ideen und Legitimität. Durch den Kontakt mit externen Akteuren, oft über die lokalen Grenzen hinaus, gewinnen sie neue Perspektiven und Innovationsmöglichkeiten.[113] Ein wichtiges

---

[107] Vgl. Colomy (1998: 278 ff.); Dorado (2005: 389).

[108] Vgl. Battilana, Leca und Boxenbaum (2009: 84 f.); Fligstein (1997: 399 f.); Maguire, Hardy und Lawrence (2004: 659 f.).

[109] Vgl. Battilana, Leca und Boxenbaum (2009: 81); Fligstein (2001: 270); Hardy und Maguire (2017: 270); Lawrence, Hardy und Phillips (2002: 288 f.).

[110] Vgl. Buhr (2012: 1581 f.); Hardy und Maguire (2017: 270).

[111] Vgl. Fligstein (2001: 266); Maguire, Hardy und Lawrence (2004: 669 ff.); Pacheco et al. (2010: 990).

[112] Vgl. Colomy (1998: 278).

[113] Vgl. Colomy (1998: 278); Duygan, Stauffacher und Meylan (2019: 20); Fligstein (1997: 399 f.); Hung und Whittington (2011: 529).

Element der Netzwerkstrategie institutioneller Entrepreneure ist die **kommunikative Überzeugungsarbeit**. Sie müssen ihre Vision klar und überzeugend kommunizieren, um Unterstützung für notwendige Veränderungen zu gewinnen.[114] Dabei nutzen institutionelle Entrepreneure Narrative und Analogien, um ihre Ziele zu legitimieren, Unterstützer zu gewinnen und langfristige Koalitionen zu bilden.[115]

[114] Vgl. Battilana, Leca und Boxenbaum (2009: 81 f.).

[115] Vgl. Battilana, Leca und Boxenbaum (2009: 82); Hargadon und Douglas (2001: 489 f.); Suddaby und Greenwood (2005: 61); Zilber (2007: 1049).

5 Evaluation des Forschungsstandes zur Bildung der Propositionen und Bezugsrahmen der Untersuchung

Im Folgenden werden die Forschungsergebnisse und Befunde zu den Themenfeldern „Nachhaltige Geschäftsmodelle“ (Abschnitt 2.2) und „Nachhaltigkeitstransitionen“ (Abschnitt 2.3) aus den vorangegangenen Kapiteln sowie deren Verknüpfung durch die neo-institutionalistische Theorie miteinander in Beziehung gesetzt und kritisch analysiert (Abbildung 5.1). Ziel dieses Kapitels ist es, auf Basis der in Abschnitt 5.1 formulierten Propositionen und des in Abschnitt 5.2 dargestellten Bezugsrahmens Antworten auf die Forschungsfragen abzuleiten.

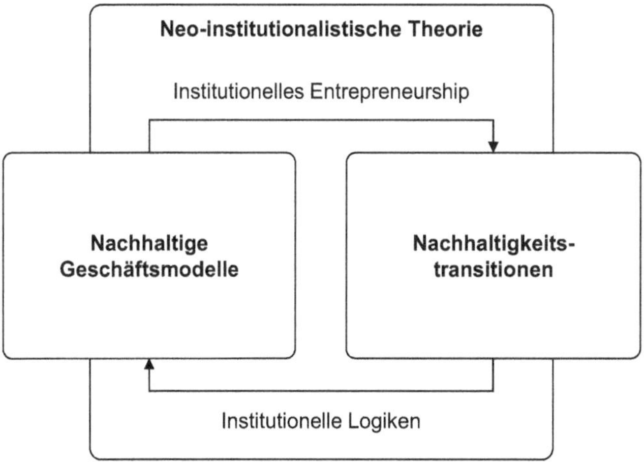

Abbildung 5.1 Theoriefelder des theoretischen Bezugsrahmens[1]

[1] Eigene Darstellung.

F. Stokom, *Nachhaltige Geschäftsmodellinnovationen in sozio-technischen Transitionen*, https://doi.org/10.1007/978-3-658-50053-5_5

5.1 Propositionen und Grundzusammenhänge der Arbeit

Zur Beantwortung der zentralen Forschungsfrage **„Welche Wechselwirkungen zeigen sich zwischen unternehmerischen Entscheidungen zur Gestaltung und Umsetzung nachhaltiger GMI und dem institutionellen Umfeld?“** werden im Folgenden auf Basis der theoretischen Erkenntnisse neun Propositionen formuliert. Die Propositionen lassen sich in Bezug auf die Forschungsfragen in zwei Propositionsräume unterteilen. Der erste Propositionsraum beinhaltet Zusammenhänge zwischen nachhaltigen GMI und Aktivitäten im Sinne des institutionellen Entrepreneurships. Im zweiten Propositionsraum werden Zusammenhänge zwischen der Entscheidung von Unternehmen, nachhaltige institutionelle Logiken in GM zu integrieren, und den Einflüssen des institutionellen Umfelds in Form von Stakeholdern und institutionellen Einflussfaktoren hergestellt.

5.1.1 Propositionsraum 1: „Institutionelles Entrepreneurship“

Die Entwicklung einer **klaren, langfristigen und überzeugenden Vision** ist ein zentrales Element institutionellen Entrepreneurships und ein entscheidender Erfolgsfaktor für Unternehmen, insbesondere im Bereich nachhaltiger GM.[2] Visionen dienen dabei nicht nur als Orientierungshilfe für strategische Entscheidungen, sondern auch als Kommunikationsinstrument, um gemeinsame Ziele zu formulieren und Erwartungen innerhalb und außerhalb des Unternehmens zu steuern.[3] Gerade in komplexen und dynamischen Märkten ist die Fähigkeit, eine langfristige und klare Vision zu kommunizieren, entscheidend dafür, ob Unternehmen die notwendige Unterstützung von Stakeholdern erhalten und ihre Nachhaltigkeitsziele erfolgreich verfolgen können.[4] GM spielen eine wichtige Rolle bei der Formulierung von Visionen und Erwartungen im Zusammenhang mit neuen Technologien. Sie dienen als Bezugspunkt für die Kommunikation zwischen Stakeholdern und ermöglichen die Artikulation der Wertschöpfungsmechanismen einer Technologie.[5] Jolink und Niesten (2015) argumentieren, dass

[2] Vgl. Battilana, Leca und Boxenbaum (2009: 78).

[3] Vgl. Susur und Engwall (2023: 22).

[4] Vgl. Ceschin (2013: 84); Loorbach (2010: 163); Loorbach und Wijsman (2013: 24); Sarasini und Linder (2018: 25 ff.).

[5] Vgl. Bidmon und Knab (2018: 909).

nicht alle nachhaltigen GMI zu gleichermaßen klaren und präzisen Visionen führen. Ihre Forschung zeigt, dass Unternehmen mit innovativen und weitreichenden nachhaltigen Wertangeboten dazu tendieren, eine klarere und langfristigere Vision zu formulieren. Aus ihren Ergebnissen schließen sie, dass Unternehmer mit klaren und langfristigen Visionen in Bezug auf die gesamte nachhaltige Wertschöpfung potenziell erfolgreicher sind.[6]

Die Literatur weist auf einen Zusammenhang zwischen dem Grad der Nachhaltigkeit eines Wertangebots und der Integration von ökologischen und sozialen Stakeholderinteressen hin.[7] Je innovativer das Wertangebot, desto häufiger stehen umfassendere Nachhaltigkeitsziele im Vordergrund.[8] Ein konkretes Beispiel für diese Dynamik beobachten Rovanto und Bask (2021) in ihrer Studie im Kontext der Bekleidungs- und Textilindustrie. Unternehmen, die innovative nachhaltige Wertangebote entwickeln, wie z. B. die Einführung nachhaltiger Produktionsprozesse oder die Verwendung umweltfreundlicher Materialien, tun dies oft auf der Grundlage einer systematischeren und langfristigeren Vision. Sie verstehen Nachhaltigkeit als strategisches Investment in die Zukunft und kommunizieren ihre langfristigen Erwartungen sowohl intern als auch extern klar und zielgerichtet. Im Gegensatz dazu fokussieren sich Unternehmen mit weniger innovativen nachhaltigen Wertangeboten häufig auf die wirtschaftliche Nachhaltigkeit, ohne dabei eine ganzheitliche, langfristige Vision zu verfolgen, die verschiedene Stakeholderinteressen explizit integriert.[9] Ähnliche Muster lassen sich im Mobilitätssektor erkennen. Car-Sharing-Anbieter[10] mit innovativen Wertangeboten grenzen sich von etablierten Verkehrsmitteln ab, indem sie ihr Wertangebot mit positiven Erwartungen wie z. B. erhöhter Flexibilität, Bequemlichkeit, Erreichbarkeit und Erschwinglichkeit verbinden.[11] Zudem versuchen sie, die Interessen verschiedener Akteure mit ihren eigenen Zielen zu verbinden: So zeigen Meijer, Schipper und Huijben (2019), wie Car-Sharing-Anbieter mit Stadtverwaltungen

[6] Vgl. Jolink und Niesten (2015: 395 f.).

[7] Vgl. Adams et al. (2016: 183 f.); Diaz Lopez, Bastein und Tukker (2019: 28 f.); Eco-Innovation Observatory (2012: 37 ff.); OECD (2009: 15 f.).

[8] Vgl. Baldassarre et al. (2017: 175).

[9] Vgl. Rovanto und Bask (2021: 1168 ff.).

[10] Car-Sharing ist ein urbanes Mobilitätskonzept, bei dem Fahrzeuge über einen geographischen Raum verteilt sind und von registrierten Mitgliedern gemeinschaftlich genutzt werden können (Vgl. Jorge und Correia (2013: 201)).

[11] Vgl. Sarasini und Langeland (2021: 238).

zusammenarbeiten, um mehr Parkmöglichkeiten zu schaffen, oder mit Versicherungsunternehmen, um eine passende Versicherung für Car-Sharing-Angebote zu konzipieren.[12]

Im Energiesektor zeigt sich der Zusammenhang zwischen innovativen Wertangeboten und der Klarheit der Vision besonders deutlich. Unternehmen mit innovativen Wertangeboten, wie z. B. dezentralen Energieerzeugungslösungen auf Basis erneuerbarer Energien, verfolgen häufig eine visionäre und langfristige Perspektive, die technologische Entwicklungen und GMI einbezieht.[13] Beispielsweise zeigt sich im Vergleich von konventionellen Energieversorgern und neuen Energiedienstleistungsunternehmen, dass innovativere GM eng mit langfristigeren, spezifischeren und differenzierteren Visionen verbunden sind.[14] Während die konventionelle Energieversorgung auf kurzfristigen, standardisierten Energielieferverträgen basiert, erfordern Energiedienstleistungsmodelle eine engere, langfristige Zusammenarbeit zwischen Dienstleister und Kunde, um energieeffiziente Lösungen zu entwickeln. Dies verdeutlicht, dass Unternehmen mit innovativeren Wertangeboten häufig gezwungen sind, ihre Stakeholder stärker einzubeziehen und ihre Visionen detaillierter und langfristiger zu gestalten.[15]

Innovative nachhaltige Wertangebote erfordern von Unternehmen nicht nur eine entsprechende technologische oder organisatorische Anpassung, sondern auch eine stärkere **Integration verschiedener Stakeholderinteressen** in die Unternehmensziele.[16] Visionen sollten so strukturiert sein, dass sie klar und deutlich zeigen, wie GM funktionieren würden und welche (wirtschaftlichen, ökologischen und sozialen) Vorteile die Umsetzung für die verschiedenen Interessengruppen hätte. Dies erhöht die Wahrscheinlichkeit, Investoren zu überzeugen, finanzielle Mittel bereitzustellen und eine gemeinsame strategische Richtung zu finden, um Unterstützer zu mobilisieren.[17] Aus diesen theoretischen Überlegungen ergibt sich die erste Proposition:

---

[12] Vgl. Meijer, Schipper und Huijben (2019: 223 f.).

[13] Vgl. Hiteva und Sovacool (2017: 636); Ruggiero et al. (2021: 7 f.).

[14] Vgl. Hannon, Foxon und Gale (2013: 1032); Sorrell (2007: 507 f.).

[15] Vgl. Ceschin (2013: 81); Hall und Roelich (2016: 287); Hannon, Foxon und Gale (2013: 1035 ff.).

[16] Vgl. Adams et al. (2016: 192 ff.).

[17] Vgl. Ceschin (2013: 84).

P1: Je stärker Unternehmen eine holistisch nachhaltige Wertschöpfung in GMI in den Vordergrund stellen, desto wahrscheinlicher wird es, dass Unternehmen unterschiedliche Stakeholderinteressen in langfristige Ziele übersetzen und desto wahrscheinlicher verfolgen sie eine konkrete nachhaltige Vision.

Die Mobilisierung von Ressourcen ist ein wichtiger Erfolgsfaktor für institutionelle Entrepreneure.[18] In der Literatur herrscht Uneinigkeit darüber, welche Typen von Ressourcen im Zusammenhang mit institutionellem Entrepreneurship besonders relevant sind.[19] Einige wichtige Publikationen in diesem Forschungsfeld weisen darauf hin, dass institutionelle Entrepreneure zum einen **materielle Ressourcen** mobilisieren, wobei vor allem die Bedeutung finanzieller Ressourcen hervorgehoben wird, und zum anderen **immaterielle Ressourcen**, die z. B. mit der Organisation selbst verbunden sind (kognitive und Humanressourcen) oder sich auf die soziale Position eines Akteurs innerhalb von Netzwerken beziehen.[20] Aus Letzterem ergeben sich sogenannte Sozialkapitalressourcen, die den Zugang zu Informationen und politischer Unterstützung ermöglichen.[21] Sie sind auch notwendig, um beispielsweise andere Unternehmen oder politische Akteure von der eigenen Position zu überzeugen und weitere Unterstützer zu gewinnen.[22] Die GM-Forschung zeigt, dass GM als Kommunikationsinstrument und damit zur Mobilisierung von Ressourcen eingesetzt werden können. Sie schaffen ein gemeinsames Verständnis über das Wertangebot eines Unternehmens und ermöglichen die Mobilisierung von materiellen und immateriellen Ressourcen. Somit können GM als Kommunikationsinstrument dazu beitragen, Unternehmen zu legitimieren, Netzwerke zu koordinieren, das Verhalten in Netzwerken zu steuern und die Öffentlichkeit zu überzeugen.[23]

Laut der neo-institutionalistischen Literatur ist die Fähigkeit eines Unternehmens, Unterstützer zu gewinnen und wertvolle Ressourcen zu mobilisieren,

[18] Vgl. Battilana, Leca und Boxenbaum (2009: 69).

[19] Vgl. Hardy und Maguire (2017: 269).

[20] Vgl. Battilana, Leca und Boxenbaum (2009: 83 ff.); Colomy (1998: 280); Dorado (2005: 389 ff.); Hardy und Maguire (2017: 269); Oliver (1997a: 709); Seo und Creed (2002: 231).

[21] Vgl. Battilana, Leca und Boxenbaum (2009: 84).

[22] Vgl. Seo und Creed (2002: 231).

[23] Vgl. Doganova und Eyquem-Renault (2009: 1565 f.); Massa, Tucci und Afuah (2017: 83 f.); Perkmann und Spicer (2010: 270 ff.); Schaltegger, Hansen und Lüdeke-Freund (2016: 6).

abhängig von dessen Außenwirkung.[24] Das Verhalten und die vertretenen Werte eines Unternehmens werden von Interessengruppen (z. B. anderen Organisationen, Konsumenten oder staatlichen Behörden) beurteilt und dabei in Bezug auf ihre Legitimität bewertet. Ein Unternehmen ist legitim, wenn dessen Werte und Verhalten mit den Werten und Erwartungen des Umfelds übereinstimmen.[25] Als Grundlage für die Beurteilung dieser Legitimität dienen GM hinsichtlich ihres Wertangebots (z. B. Produkte oder Dienstleistungen), ihrer Wertschöpfungsmethodik (z. B. Ressourcen, Aktivitäten oder Partner) und ihrer Ertragsmechanismen.[26] Besonders wünschenswert und angemessen sind dabei vor allem GMI, die den Erwartungen der Partner oder Konsumenten entsprechen und möglichst kompatibel mit bereits vorhandenen Wertschöpfungsketten anderer Unternehmen sind.[27] Entscheidend sind vor allem mögliche Wechselkosten, die beispielsweise bei der Einführung neuer Technologien durch GMI entstehen. Diese sind geringer, wenn es Unternehmen mit einer GMI gelingt, Technologien zu ersetzen, ohne dass sich die Infrastruktur oder die Gewohnheiten der Verbraucher ändern.[28]

Nachhaltige GMI sind in vielen Fällen mit höheren Wechselkosten verbunden, da sie mehr Eigenleistung der Konsumenten erfordern.[29] Im Energiesektor sind beispielsweise technische Risiken und Unsicherheiten auf Verbraucherseite sowie Schwierigkeiten bei der Beschaffung von Finanzmitteln Hindernisse für die eigenständige Erzeugung erneuerbarer Energien durch Privatpersonen.[30] Im Mobilitätssektor erfordern Sharing Economy-GM, die auf der temporären Vermietung von Fahrzeugen basieren, neue Ansätze für die Organisation und Planung von Reisen, da die Fahrzeuge vor der eigentlichen Reise gebucht werden müssen.[31] Schaffen es Unternehmen mit nachhaltigen GMI, diese Wechselkosten zu senken, können notwendige Ressourcen mobilisiert werden. Zwei Strategien hierzu sind (1) die Imitation bestehender GM und (2) die Kompatibilität mit bestehenden GM.[32]

---

[24] Vgl. Oliver (1991: 149 f., 1997a: 700); Suchman (1995: 574 f.).

[25] Vgl. Durand und McGuire (2005: 166); Suchman (1995: 571).

[26] Vgl. Cao, Fang und Sun (2022: 5); Zimmerman und Zeitz (2002: 416).

[27] Vgl. Sabatier, Craig-Kennard und Mangematin (2012: 957).

[28] Vgl. van Waes et al. (2018: 1302).

[29] Vgl. Tunn et al. (2019: 330 ff.).

[30] Vgl. van Opstal und Smeets (2023: 44); Xia-Bauer et al. (2022: 12 ff.).

[31] Vgl. Sarasini und Langeland (2021: 237 f.).

[32] Vgl. Amit und Zott (2001: 504 f.); Vernay, Cartel und Pinkse (2022: 425); Zhao et al. (2017: 100 ff.).

Die **Imitation bestehender GM** ist eine effektive Strategie, um Ressourcen zu mobilisieren. Beispiele aus dem Energiesektor verdeutlichen dies: Energieversorger kombinieren bekannte GM der dezentralen Energieerzeugung mit neuen Technologien wie Photovoltaik oder Windkraft. Diese Ähnlichkeit zu bestehenden GM verringert die Unsicherheit auf Kundenseite und erleichtert die Akzeptanz.[33] Die Imitation eines GM erfolgt nicht nur innerhalb einer Branche, sondern auch branchenübergreifend. So basieren digitale *Peer-2-Peer-(P2P)*-Stromhandelsplattformen[34] auf erfolgreichen Sharing Economy-GM, die von Unternehmen wie Airbnb im Hotelsektor und Uber im Bereich der städtischen Mobilität geprägt wurden.[35] Ebenso nutzen P2P-Car-Sharing-Dienstleister soziale Plattformen zur temporären Vermietung von Personenkraftwagen zwischen Privatpersonen untereinander. Durch die Möglichkeit, eigene Profile mit Beschreibungen und Bildern zu erstellen, schaffen sie Gelegenheit zur sozialen Interaktion und erhöhen das Vertrauen zwischen Vermietern und Mietern.[36] Im Mobilitätssektor zeigt sich zudem, dass Unternehmen mit Bikesharing-GM[37] am erfolgreichsten sind, wenn sie bereits bekannte GM imitieren.[38]

Neben der Imitation spielt die **Kompatibilität von GM** eine zentrale Rolle bei der Mobilisierung von Ressourcen. Durch die fortschreitende Digitalisierung haben sich im Energiesektor *Demand-Response-Management*-GM[39] entwickelt, die eine bestehende Energieversorgung durch digitale Technologien optimieren und das Wertangebot erweitern.[40] Sie sind kompatibel mit konventionellen GM der dezentralen Energieversorgung.[41] Auch im Mobilitätsektor finden sich nachhaltige GMI, deren Kompatibilität ein wichtiger Erfolgsbestandteil ist. Kompatibel sind sie dabei vor allem mit anderen Mobilitätslösungen. Erfolgreiche

---

[33] Vgl. Midttun und Piccini (2017: 333 f.); Richter (2013: 1229 f.).

[34] P2P-Stromhandelsplattformen ermöglichen es den Kunden, selbst zu entscheiden, wer ihren Ökostrom produziert. Diese Plattformen bringen Verkäufer (private oder unabhängige Stromerzeuger) und Käufer von Ökostrom zusammen (Vgl. Vernay, Cartel und Pinkse (2022: 429)).

[35] Vgl. Vernay, Cartel und Pinkse (2022: 430).

[36] Vgl. Sarasini und Langeland (2021: 240).

[37] Bikesharing-GM basieren darauf, dass Nutzer zeitweise Zugang zu Fahrrädern erhalten und für die Nutzung entsprechend der Mietdauer bezahlen (Vgl. van Waes et al. (2018: 1301)).

[38] Vgl. Petzer, Wieczorek und Verbong (2020: 266).

[39] Demand-Response-Management-Dienstleister bieten technologische Lösungen an, die es Kunden ermöglichen, ihren Energieverbrauch dynamisch an Preisschwankungen und Netzbelastungen anzupassen (Vgl. Ruggiero et al. (2021: 2)).

[40] Vgl. Loock (2020: 6).

[41] Vgl. Geels et al. (2017: 467).

Car-Sharing-GM werden häufig mit der Nutzung anderer Mobilitätslösungen kombiniert (z. B. dem öffentlichen Nahverkehr) und auf einer gemeinsamen digitalen Plattform integriert.[42] Gleiches geschieht im Kontext von Bikesharing-GM, wobei beispielsweise der Bikesharing-Anbieter regelmäßigen Bahnnutzern die Möglichkeit gibt, Fahrräder direkt an Bahnhöfen zu mieten.[43] Die Anpassung von Sharing-GM an den lokalen Kontext kann die Wertschöpfung für die teilnehmenden Kunden vereinfachen und damit verbessern.[44]

Zusammenfassend lässt sich feststellen, dass Unternehmen Legitimität für innovative GM erlangen, indem sie diese kompatibel oder ähnlich zu GM anderer Unternehmen gestalten.[45] Diese Legitimität erleichtert die Mobilisierung sowohl materieller als auch immaterieller Ressourcen.[46] Hieraus ergibt sich die zweite Proposition:

P2: Wenn Unternehmen nachhaltige GMI entwickeln und umsetzen, die mit GM anderer Organisationen kompatibel sind, auf einer bestehenden Infrastruktur oder bestehenden Gewohnheiten von Konsumenten basieren, beeinflusst dies positiv die Mobilisierung von Ressourcen.

Die Literatur zeigt, dass der Erfolg nachhaltiger Innovationen maßgeblich von der **Zusammenarbeit mit unterschiedlichen Stakeholdern** abhängt.[47] Nachhaltige GMI schaffen gleichzeitig finanziellen, ökologischen und sozialen Nutzen für verschiedene Interessengruppen.[48] Ihre Komplexität in der Umsetzung ist daher deutlich höher. Beispiele hierfür sind GMI, die auf Gemeinschaftslogiken, digitale Plattformen oder PSS setzen.[49] In der Literatur und in empirischen Fallstudien ist zu beobachten, dass erfolgreiche nachhaltige GMI mit komplexen Wertangeboten häufig mit zunächst kleinen Unternehmen oder Start-ups verbunden sind. Trotz ihrer geringen Ressourcenbasis zeigen Fallbeispiele, dass es erfolgreichen Start-ups durch die Interaktion mit einer Vielzahl unterschiedlicher Stakeholder gelingt,

[42] Vgl. Meijer, Schipper und Huijben (2019: 223); Sarasini und Langeland (2021: 240).

[43] Vgl. Petzer, Wieczorek und Verbong (2020: 262).

[44] Vgl. Dreyer et al. (2017: 96 f.).

[45] Vgl. Zhao et al. (2017: 100 f.).

[46] Vgl. Zhao et al. (2017: 97).

[47] Vgl. Adams et al. (2016: 183 ff.); Brown, Bocken und Balkenende (2019: 3 f.); Ceschin und Gaziulusoy (2016: 143 ff.); Diaz Lopez, Bastein und Tukker (2019: 28 f.).

[48] Vgl. Upward und Jones (2016: 115).

[49] Vgl. Loock (2020: 4 ff.); Pelli und Lähtinen (2020: 4 f.).

komplementäre Ressourcen zu mobilisieren.[50] Ein anschauliches Beispiel liefert der Energiesektor: Unternehmen, die auf *Third-Party-Ownership*-GM erfolgreich sind, vermieten Solaranlagen an Kunden, ohne von diesen eine Vorabinvestition zu verlangen. Ihre Kunden zahlen entweder einen festen Preis für den verbrauchten Strom oder feste Leasingraten. Das notwendige Kapital mobilisieren sie bei externen Investoren (meist Industrieunternehmen), denen sie Renditen und Steuervorteile zusichern.[51] Weitere Fallbeispiele zeigen, dass Unternehmen, die Gebäudeenergiedienstleistungen anbieten, die Sanierungskosten durch die Zusammenarbeit mit externen Kapitalgebern decken.[52] Kapitalgeber können hierbei beispielsweise staatliche Behörden sein, welche durch die steigende Energieeffizienz von Gebäuden politische Ziele verfolgen.[53]

Neben Einzelinvestoren finden sich in der Literatur weitere Beispiele für die Mobilisierung von **finanziellen Ressourcen** durch eine breite Masse von Kapitalgebern. So können soziale Elemente der nachhaltigen GMI, wie die Einbindung einer Mitgliederstruktur oder die Möglichkeit, als Privatperson in das GM zu investieren, die finanzielle Ressourcenbasis erhöhen. Im Rahmen von Crowdfunding wird es z. B. Privatpersonen ermöglicht, in nachhaltige GMI im Energiesektor zu investieren. Dabei erhalten die Investoren Anteile an Anlagen zur Erzeugung erneuerbarer Energien oder am erzeugten Strom selbst.[54] Ebenso können Mitgliederstrukturen im Rahmen von Energiegemeinschaften[55] zu einer aktiveren Rolle der Verbraucher bei der Energieerzeugung führen. Auf dem niederländischen Energiemarkt gibt es Beispiele für erfolgreiche Energiegemeinschaften, die mit den Beiträgen ihrer Mitglieder Energie aus Windparks und Solaranlagen erzeugen.[56] Verbraucher können Mitglied werden, indem sie Geld in das Kollektiv investieren und dafür Zinsen erhalten.[57] Außerhalb ihrer Mitgliedsstruktur arbeiten Energiegemeinschaften mit etablierten Energieversorgern zusammen, die ihnen größtenteils finanzielle Ressourcen zur Verfügung stellen.[58]

---

[50] Vgl. Rovanto und Bask (2021: 1168); Ruggiero et al. (2021: 8); Wagner et al. (2020: 15 f.).

[51] Vgl. Drury et al. (2012: 689); Wainstein und Bumpus (2016: 578 ff.).

[52] Vgl. Lazarevic et al. (2019: 4 f.).

[53] Vgl. Mihailova (2023: 8).

[54] Vgl. Pizzi, Corbo und Caputo (2021: 4 f.); Vasileiadou, Huijben und Raven (2016: 146 f.).

[55] Energiegemeinschaften sind Gruppen von Individuen, die freiwillig bestimmte Regeln akzeptieren, um gemeinsame Ziele im Energiebereich zu verfolgen, d. h. (1) den gemeinsamen Einkauf von Energie (2) und/oder das Management von Energienachfrage und -angebot (3) und/oder die Erzeugung von Energie (Vgl. Moroni et al. (2019: 46)).

[56] Vgl. Proka, Hisschemöller und Loorbach (2018: 5).

[57] Vgl. Proka, Beers und Loorbach (2018: 31).

[58] Vgl. Vernay, Cartel und Pinkse (2022: 437).

Neben finanziellen Ressourcen sind auch **infrastrukturelle Ressourcen** ein Schlüsselfaktor für den Erfolg nachhaltiger GMI. Energiegemeinschaften arbeiten beispielsweise mit den Betreibern digitaler Plattformen zusammen, um diese als Verkaufskanäle nutzen zu können.[59] Ein Fallbeispiel aus den Niederlanden zeigt, dass die Produktion von grünem Wasserstoff aus Offshore-Windenergie eine Netzwerkinteraktion zwischen Windparkbetreibern und anderen Akteuren erfordert. Der Wasserstoff wird an der Küste produziert, in Bohrlöchern gespeichert und über Pipelines zum Festland transportiert. Alle am Netzwerk beteiligten Organisationen (Windparkbetreiber, Stromnetzbetreiber, Energieversorger, Zulieferer, Eigentümer von Bohrlöchern, Pipelines und Plattformen, Finanzierer und Industriekunden) profitieren von den infrastrukturellen Ressourcen ihrer Partner.[60] Im Mobilitätssektor nutzen Sharing-Unternehmen die vorhandene Infrastruktur an Rad- und Fußwegen sowie Straßen.[61] Ein besonders sensibler und kritischer Faktor ist die Lagerung der nicht genutzten Fahrzeuge.[62] Aus diesem Grund arbeiten Sharing-Unternehmen verstärkt mit Privatpersonen, Garagenbesitzern und anderen Organisationen zusammen, um möglichst viele Abstellmöglichkeiten für Fahrzeuge zu schaffen.[63]

Die genannten Beispiele legen nahe, dass die Mobilisierung nicht nur finanzieller, sondern auch technologischer und infrastruktureller Ressourcen mit der Beteiligung unterschiedlicher Akteure zusammenhängt. Hieraus ergibt sich die dritte Proposition:

P3: Wenn Unternehmen nachhaltige GMI entwickeln und umsetzen, die auf der Zusammenarbeit mit einem breiten Netzwerk an Organisationen und Interessengruppen basieren, dann wirkt sich dies positiv auf die Mobilisierung von Ressourcen aus.

Institutionelle Entrepreneure müssen Netzwerke für einen institutionellen Wandel auf- und ausbauen und hierfür neue Unterstützer und Befürworter gewinnen, die von der geschaffenen Vision überzeugt werden sollen.[64] Sie können hier durch ihre Aktivitäten Überzeugungsarbeit leisten, damit sich Akteure einem Netzwerk

[59] Vgl. Proka, Beers und Loorbach (2018: 29).

[60] Vgl. Derks, Berkers und Tukker (2022: 11 ff.).

[61] Vgl. Meijer, Schipper und Huijben (2019: 223).

[62] Vgl. van Waes et al. (2018: 1307).

[63] Vgl. Meijer, Schipper und Huijben (2019: 224 f.); van Waes et al. (2018: 1306).

[64] Vgl. Battilana, Leca und Boxenbaum (2009: 81 ff.).

und dessen Ziel anschließen.[65] Im Nachhaltigkeitskontext bedeutet dies beispielsweise, dass Unternehmen durch ihre GMI wichtige Interessengruppen wie ihre Kunden zu einem nachhaltigeren Verhalten motivieren.[66] Ebenso können sie Barrieren für eine aktive Marktteilnahme abbauen und bisher ungebundene Akteure miteinander vernetzen.[67]

Die Literatur zu nachhaltigen GM deutet auf einen Zusammenhang zwischen sozialen Innovationen[68] in GM und der Erweiterung von Netzwerken durch gewonnene Unterstützer und Befürworter hin. Bocken et al. (2014) betrachten in ihrer GM-Typologie u. a. GM-Muster mit einer dominanten sozialen Innovationskomponente. Diese zielen auf (1) soziale Innovationen im Wertangebot (z. B. Dienstleistungen statt Produkte anbieten) und (2) Verhaltensänderungen der Interessengruppen (z. B. Förderung des Umweltbewusstseins der Kunden) ab.[69]

Im Energiesektor finden sich Beispiele für GM mit **sozialen Innovationen im Wertangebot**, die es schaffen, eine Vielzahl von Unterstützern von der eigenen Vision zu überzeugen. Dabei handelt es sich meist um GM, die auf Gemeinschafts-Logiken, Sharing-Konzepten und digitalen Plattformen basieren.[70] Unternehmen, deren GM auf einer P2P-Stromhandelsplattform basiert, ermöglichen es privaten und unabhängigen Stromerzeugern, aktiv am Energiemarkt teilzunehmen.[71] Strom als Produkt wird hier sozialisiert, indem eine emotionale Bindung zwischen Käufern und Verkäufern geschaffen wird. Die emotionale Bindung verändert das Verhalten der Stromabnehmer: Verbraucher bleiben entgegen dem aktuellen Trend im Energiemarkt länger bei einem Anbieter und beziehen Strom von diesem.[72] Zudem erhalten Konsumenten erhöhte Transparenz über den eigenen Energieverbrauch und verhalten sich dadurch nachweislich nachhaltiger, indem sie ihren Stromverbrauch und die Verbrauchszeitpunkte optimieren.[73] Gemeinschafts-GM wie Energiegemeinschaften basieren auf der lokalen und

---

[65] Vgl. Seo und Creed (2002: 233 f.).

[66] Vgl. Planing (2018: 80); Tunn et al. (2019: 332 f.).

[67] Vgl. Proka, Hisschemöller und Loorbach (2020: 12); Sarasini und Langeland (2021: 240 f.); van Opstal und Smeets (2023: 50); Wesseling, Bidmon und Bohnsack (2020: 4).

[68] Soziale Innovationen sind z. B. Produkt- oder Prozessinnovationen, die mit einer sozialen Zielsetzung entwickelt werden oder sie können auch im Rahmen von Unternehmensgründungen und -optimierungen entstehen (Vgl. Hockerts und Wüstenhagen (2010: 484)).

[69] Vgl. Bocken et al. (2014: 47 f.).

[70] Vgl. Loock (2020: 2 ff.).

[71] Vgl. Hall und Roelich (2016: 294); Wainstein und Bumpus (2016: 580 f.).

[72] Vgl. Vernay, Cartel und Pinkse (2022: 435 ff.).

[73] Vgl. Ableitner et al. (2020: 13); Plewnia und Guenther (2021: 496 ff.).

gemeinsamen Energieerzeugung ihrer Mitglieder.[74] Sie fördern damit die Umsetzung des Gleichheits- und Gerechtigkeitsgedankens der Sharing Economy in GM. Gemeinschafts-GM gewinnen Unterstützer durch ihr soziales Engagement in der Gesellschaft, ihre Eigenschaften, einzelne Personen zu einer Organisation zu vereinen und ihre Fähigkeit, eine gemeinsame Vision zu gestalten (z. B. soziale Gerechtigkeit im Energiemarkt).[75] Darüber hinaus bieten sie ihren Mitgliedern die Möglichkeit, ihre Position im Energiesektor zu verbessern: Sie sind nicht nur Energieverbraucher, sondern auch Energieerzeuger, indem sie das Eigentum an Anlagen zur Erzeugung erneuerbarer Energien teilen.[76]

Um **Verhaltensänderungen bei den Interessengruppen** zu bewirken, fördern Unternehmen mit nachhaltigen GMI die Bewusstseinsbildung und Bildung zu Nachhaltigkeitsthemen.[77] So engagieren sich Unternehmen mit nachhaltigen GM im Energiesektor für die Aufklärung der Verbraucher über nachhaltige und dezentrale Formen der Energieerzeugung. Dadurch soll deren Bewusstsein, Akzeptanz und Engagement für und in Energieprojekten gestärkt werden.[78] Auch Barrieren wie beispielsweise fehlendes technisches Wissen können damit überwunden werden.[79] Im Textil- und Bekleidungssektor dient die Weitergabe von Wissen dazu, den Umgang mit Kleidung zu verändern und Konsumentscheidungen zu überdenken. Kunden werden über Methoden zur Reinigung und Pflege ihrer Kleidung aufgeklärt. Konsumenten müssen außerdem beim Kauf der Kleidung für nachhaltige Produkte sensibilisiert werden. Dabei steht meist der Vergleich zwischen nachhaltiger und nicht nachhaltiger Kleidung im Vordergrund.[80] Im Lebensmittelsektor ist die Vermittlung von Wissen über faire Handelsbedingungen, nachhaltige Ernährung und Produkte notwendig, um die Verbraucher für ein nachhaltiges Wertangebot zu sensibilisieren. Darüber hinaus können GM, die Verbrauchern die Möglichkeit geben, sich aktiv an der Lebensmittelproduktion und Landwirtschaft zu beteiligen, das Nachhaltigkeitsbewusstsein erhöhen.[81] Ebenso

---

[74] Vgl. Moroni et al. (2019: 46).

[75] Vgl. Proka, Beers und Loorbach (2018: 34 ff.); van der Schoor und Scholtens (2015: 673 f.); Vernay, Cartel und Pinkse (2022: 435 ff.).

[76] Vgl. Proka, Hisschemöller und Loorbach (2020: 11); Wainstein und Bumpus (2016: 580 f.).

[77] Vgl. Wagner et al. (2020: 12 f.).

[78] Vgl. Gregori und Holzmann (2020: 5 f.); Hannon, Foxon und Gale (2013: 1040); Mihailova (2023: 8 ff.); Plewnia und Guenther (2021: 490 f.); Wagner et al. (2020: 12 f.).

[79] Vgl. Proka, Hisschemöller und Loorbach (2020: 8).

[80] Vgl. Rovanto und Bask (2021: 1166 ff.); Todeschini et al. (2017: 767 f.).

[81] Vgl. Bocken, Morales und Lehner (2020: 11 f.); Jolink und Niesten (2015: 397); Mehrabi, Perez-Mesa und Giagnocavo (2022: 14 f.).

werden Lieferanten durch Wissenstransfer in die Lage versetzt, an der nachhaltigen Wertschöpfungskette teilzuhaben.[82] Im Mobilitätsektor fördern Unternehmen mit Car-Sharing-GM neue Kompetenzen im Zusammenhang mit der Informationsverarbeitung, der persönlichen Organisation und Zeitplanung auf Seiten der Nutzer.[83] Sharing-GM und digitale Plattformen befassen sich in der Regel mit der Entwicklung von Fähigkeiten auf Nutzerseite zur Nutzung dieser Plattformen.[84] Bekannte Beispiele sind Airbnb oder Uber, die ihren Nutzern dabei helfen, neue Kompetenzen zu entwickeln (z. B. Vermietung und Instandhaltung von Eigentum) oder bestehende Kompetenzen zu verändern (z. B. digitale Buchung anstelle von telefonischer Buchung).[85]

Betonen nachhaltige GMI die soziale Wertschöpfung, wirken sie sich positiv auf die Vernetzung von Akteuren aus.[86] Gerade in Entwicklungsländern zeigen Studien, dass soziale GMI für bestimmte Bevölkerungsgruppen und Individuen die einzige Möglichkeit sind, aktiv an Märkten teilzunehmen.[87] Aus diesen theoretischen Überlegungen ergibt sich die vierte Proposition:

P4: Je stärker Unternehmen die soziale Wertschöpfung nachhaltiger GMI in den Vordergrund stellen, desto wahrscheinlicher ist es, dass sie ihr Netzwerk an Unterstützern und Befürwortern erweitern.

5.1.2 Propositionsraum 2: „Institutionelle Logiken und institutioneller Druck"

Institutionelle Logiken bilden den Rahmen für die Bewertung dessen, was in einem bestimmten Kontext als sinnvoll und wünschenswert angesehen wird.[88] Dabei können verschiedene institutionelle Logiken nebeneinander existieren und

[82] Vgl. Gallo, Antolin-Lopez und Montiel (2018: 910 ff.).

[83] Vgl. Sarasini und Langeland (2021: 237 f.).

[84] Vgl. Dreyer et al. (2017: 96 f.).

[85] Vgl. Sarasini und Langeland (2021: 234).

[86] Vgl. Plewnia und Guenther (2021: 496 f.).

[87] Vgl. Colovic und Schruoffeneger (2021: 338 ff.); Elmustapha und Hoppe (2020: 9 f.); Faruque Aly, Mason und Onyas (2021: 53 f.).

[88] Vgl. Friedland (2018: 516).

miteinander in Konflikt geraten.[89] Nachhaltige institutionelle Logiken, wie die Logik des Umweltschutzes oder der sozialen Gerechtigkeit, fordern Unternehmen heraus, über rein kommerzielle Interessen hinaus Verantwortung für Umwelt und Gesellschaft zu übernehmen.[90]

Die Umsetzung von nachhaltigen Aktivitäten in Unternehmen geht in der Literatur mit dem institutionellen Druck auf Unternehmen einher. Wissenschaftler zeigen zum Beispiel, dass Nachhaltigkeitsberichterstattung vor allem in Ländern mit einem starken Rechtssystem und einer starken Kultur zu finden ist. Sie zeigen auch, dass die Wahrscheinlichkeit einer nachhaltigen Berichterstattung mit der allgemeinen Nachhaltigkeit der Industrie zusammenhängt.[91] Auch die nachhaltigen Aktivitäten von Unternehmen im Allgemeinen werden durch die Bedingungen im jeweiligen Land beeinflusst, wobei der Kultur eine besondere Bedeutung zukommt.[92] Acquah et al. (2021) zeigen in ihrer Studie, dass institutioneller Druck positiv mit nachhaltigen Produkt- und Prozessinnovationen korreliert. Gleichzeitig weisen die Autoren einen positiven Zusammenhang zwischen organisatorischer Legitimität und nachhaltigen Innovationen nach.[93] Legitimität ist besonders wichtig für kleine Unternehmen und Start-ups, denen es oft an Ressourcen und Reputation mangelt, um einen Wettbewerbsvorteil zu entwickeln. Die Notwendigkeit von Legitimität führt dazu, dass sich Unternehmen ähnlich verhalten, um die Wahrscheinlichkeit des Zugangs zu Ressourcen zu erhöhen.[94]

Institutioneller Druck kann zu Anpassungen von GM hin zu nachhaltigen GMI führen.[95] Unternehmen müssen ihre Wertangebote, Wertschöpfungsprozesse und Erlösmodelle überdenken und den neuen Anforderungen anpassen.[96] Ein Beispiel für nachhaltige GMI als Reaktion auf institutionellen Druck wäre die Entwicklung neuer Produkte und Dienstleistungen, die ökologischen und sozialen Standards entsprechen.[97] Levänen, Lyytinen und Gatica (2018) beschreiben

---

[89] Vgl. Greenwood et al. (2011: 318).

[90] Vgl. Gregori et al. (2019: 2); Gregori und Holzmann (2020: 6); Laasch (2018: 159).

[91] Vgl. Amoako et al. (2021: 11212); Martínez-Ferrero und García-Sánchez (2017: 113 f.).

[92] Vgl. Horak, Arya und Ismail (2018: 539 ff.).

[93] Vgl. Acquah et al. (2021: 1410 ff.).

[94] Vgl. DiMaggio und Powell (1983: 154 ff.); Rutherford und Buller (2007: 79); Zimmerman und Zeitz (2002: 414).

[95] Vgl. DiVito, Leitheiser und Piller (2023: 371 f.); Mouakhar und Tellier (2017: 550); Olesson, Nenonen und Newth (2023: 247 f.); Vernay, Cartel und Pinkse (2022: 439 f.).

[96] Vgl. Gregori et al. (2019: 4 f.); Gregori und Holzmann (2020: 2).

[97] Vgl. Gregori und Holzmann (2020: 6); Olesson, Nenonen und Newth (2023: 245).

GM in diesem Zusammenhang als „Spielplan“, der an veränderte „Spielregeln“ (Erwartungen des institutionellen Umfelds) angepasst werden muss.[98] Ihre Studie sowie weitere Untersuchungen zeigen, dass sowohl regulative, normative als auch kognitive Institutionen in Industrien und Ländern nachhaltige GMI fördern oder behindern.[99] Darüber hinaus beleuchten ergänzende Studien einzelne Aspekte von Institutionen, wie z. B. die Wirkung von Regulierung auf den Erfolg nachhaltiger GMI[100] oder die Wirkung von normativen und kognitiven Institutionen auf die Gestaltung und Entstehung nachhaltiger GMI.[101] Institutionelle nachhaltige Logiken manifestieren sich auf unterschiedliche Weise und üben Druck auf Unternehmen aus, nachhaltiger zu werden. Dieser Druck kann von verschiedenen Stakeholdern ausgehen, wie z. B. Kunden, die vermehrt nachhaltige Produkte und Dienstleistungen nachfragen[102] oder Regierungen, die Gesetze und Regulationen erlassen, um nachhaltiges Wirtschaften zu fördern.[103]

Es hat sich gezeigt, dass der institutionelle Druck durch **politische Entscheidungsträger** eine positive Wirkung auf die nachhaltige Entwicklung von Unternehmen hat. Politische Maßnahmen, Gesetze und Vorschriften spielen eine immer wichtigere Rolle bei der Verbreitung nachhaltiger Aktivitäten in Unternehmen, wie z. B. die jüngsten rechtlichen Entwicklungen in der Europäischen Union zeigen (z. B. grüne Taxonomie, Richtlinie zur Sozialberichterstattung von Unternehmen).[104] Gesetze und Verordnungen können Sanktionen und Steuern (z. B. CO2-Steuer) beinhalten, die mangelnde Nachhaltigkeit in die Kostenrechnung der Unternehmen einfließen lassen. Dies schafft Anreize für Unternehmen, neue und sauberere Technologien zu entwickeln.[105] Regulationen, die unternehmerische Nachhaltigkeit fördern, können laut Literatur auch zu proaktivem nachhaltigen Verhalten[106], erhöhter nachhaltiger Motivation von Führungskräften[107],

98 Vgl. Levänen, Lyytinen und Gatica (2018: 374 f.).

99 Vgl. Levänen, Lyytinen und Gatica (2018: 376 ff.); Provance, Donnelly und Carayannis (2011: 5635 f.); Stål und Corvellec (2018: 635 ff.).

100 Vgl. Brinker und Satchwell (2020: 7 ff.); van Waes et al. (2018: 1305 f.).

101 Vgl. Cao, Fang und Sun (2022: 12 ff.); Mouakhar und Tellier (2017: 543 ff.).

102 Vgl. Olesson, Nenonen und Newth (2023: 245).

103 Vgl. Orji (2019: 109); Trotter und Brophy (2022: 17 ff.).

104 Vgl. Broccardo et al. (2023: 6); Masocha und Fatoki (2018: 9 f.).

105 Vgl. Govindan und Hasanagic (2018: 303 f.).

106 Vgl. Menguc, Auh und Ozanne (2010: 291).

107 Vgl. Babiak und Trendafilova (2011: 20).

nachhaltiger Berichterstattung[108], nachhaltigen Lieferketten[109] und ökologischen Innovationen führen.[110] Nachhaltigkeitsziele und -strategien, die von Regierungen in Regulationen kommuniziert werden, können zusätzlich indirekte Effekte auf Unternehmen haben. So fördern sie die Akzeptanz und Attraktivität nachhaltiger Produkte und Dienstleistungen aus Sicht der Konsumenten oder können weitere nachhaltige Initiativen (z. B. Forschung oder Lehre) anstoßen.[111]

Aus ihren Fallstudien schlussfolgern Rauter, Jonker und Baumgartner (2017), dass Regulationen einer der bedeutendsten Treiber für nachhaltige GMI sind.[112] Die Forschung zu nachhaltigen GMI zeigt, dass Regierungen durch die Verbesserung der institutionellen Rahmenbedingungen auf die Entstehung von nachhaltigen GMI einwirken. Sie regulieren beispielsweise Umweltrisiken und unterstützen die Einführung nachhaltiger Technologien.[113] Besondere politische Aufmerksamkeit hat die Umsetzung der Kreislaufwirtschaft in Unternehmen erfahren. Die Europäische Kommission hat die Umsetzung der Kreislaufwirtschaft seit 2015 in den politischen Fokus gerückt und möchte regulatorische Hürden für die Umsetzung abbauen.[114] Die praktische Umsetzung kann z. B. in der Recycling-, Verwertungs- und Verpackungsgesetzgebung erfolgen.[115] Andere politische Maßnahmen bestehen in der finanziellen Unterstützung oder Besserstellung von Unternehmen, um die hohen Anfangsinvestitionskosten eines nachhaltigen GM zu reduzieren. Staatliche Maßnahmen können hier beispielsweise in der Förderung von F&E nachhaltiger Technologien, in steuerlichen Vorteilen oder Subventionen bestehen.[116] Darüber hinaus haben konkrete politische Ziele und Strategien die Kreislaufwirtschaft umfassend definiert und die Verantwortung der Unternehmen für die Reduzierung der negativen Auswirkungen ihrer Wertschöpfungskette betont.[117] Sie fördern das Bewusstsein und die Akzeptanz für nachhaltige GMI auf Verbraucherseite und bieten Unternehmen

108 Vgl. Pedersen et al. (2013: 369).

109 Vgl. Giunipero, Hooker und Denslow (2012: 266 f.).

110 Vgl. Bossle et al. (2016: 866 f.).

111 Vgl. Govindan und Hasanagic (2018: 303); Jia et al. (2020: 6).

112 Vgl. Rauter, Jonker und Baumgartner (2017: 149 ff.).

113 Vgl. Jabbour et al. (2020: 3).

114 Vgl. Kirchherr et al. (2018: 269).

115 Vgl. Jia et al. (2020: 6); Levänen, Lyytinen und Gatica (2018: 375); Milios (2018: 868 ff.).

116 Vgl. Fei et al. (2016: 84); Hodge, Hauck und Bonn (2015: 997); Ruggiero et al. (2021: 7 f.); Stahel (2013: 14 ff.).

117 Vgl. Barford und Ahmad (2023: 1211).

eine Grundlage für die Vermarktung ihrer Produkte und Dienstleistungen.[118] Arranz und Arroyabe (2023) kommen zu dem Ergebnis, dass verschiedene konsumpolitische Maßnahmen in der Europäischen Union einen positiven Einfluss auf nachhaltige GMI haben.[119]

Die Forschung zeigt einen Zusammenhang zwischen der Wahl nachhaltiger GMI und der Art der staatlichen Intervention.[120] Dabei sind vor allem der Grad der politischen Aktivitäten und die Art der politischen Maßnahme selbst ausschlaggebend. In der Regel führt eine stringentere Klima- und Sozialpolitik zu einer stärkeren Umsetzung nachhaltiger Initiativen in den Unternehmen.[121] Trotter und Brophy (2022) weisen darauf hin, dass vor allem die Kombination verschiedener Politikinstrumente entscheidend ist. Dabei ist es notwendig, Unternehmen gleichermaßen zu unterstützen und zu verpflichten, gesellschaftliche Ziele zu erreichen.[122] Weitere Studien zeigen und bestätigen, dass die Wahl der politischen Instrumente und Maßnahmen in der Verbreitung nachhaltiger GMI entscheidend ist.[123] Aus diesen theoretischen Überlegungen ergibt sich die fünfte Proposition:

P5: Je umfassender politische Entscheidungsträger förderliche Rahmenbedingungen für nachhaltige GMI schaffen, beispielsweise durch eine erhöhte Nachfrage mittels Gesetzen, die Verpflichtung zu nachhaltigen Aktivitäten oder materielle bzw. immaterielle Förderungen, desto wahrscheinlicher ist ihre Umsetzung durch Unternehmen.

Neben den politischen Vorgaben des Gesetzgebers fördert auch das Nachhaltigkeitsbewusstsein anderer Stakeholder die Umsetzung von Nachhaltigkeitsinitiativen in Unternehmen. So wird in Studien das **steigende Umweltbewusstsein der Kunden** als einer der wichtigsten Gründe für die Umsetzung von Nachhaltigkeitsaktivitäten in Unternehmen genannt.[124] Verbraucher machen sich zunehmend

---

[118] Vgl. Kühl et al. (2023: 635 f.).

[119] Vgl. Arranz und Arroyabe (2023: 7 ff.).

[120] Vgl. Bauwens, Hekkert und Kirchherr (2020: 4 ff.); Brown, Hall und Davis (2020: 10).

[121] Vgl. Amoako et al. (2021: 11212); Martínez-Ferrero und García-Sánchez (2017: 113); Zapata Riveros et al. (2021: 25 f.).

[122] Vgl. Trotter und Brophy (2022: 20).

[123] Vgl. Al-Saleh und Mahroum (2015: 268 f.); Leisen, Steffen und Weber (2019: 876 f.).

[124] Vgl. Barford und Ahmad (2023: 1212); Gregurec, Tomičić Furjan und Tomičić-Pupek (2021: 12 ff.); Jia et al. (2020: 6); Lozano (2015: 40 ff.); Tura et al. (2019: 94).

Gedanken darüber, wie mit Produkten am Ende ihres Lebenszyklus umgegangen wird und wollen Gewissheit haben, dass Produkte ordnungsgemäß entsorgt und verwertet werden.[125] Ein höheres Nachhaltigkeitsbewusstsein der Kunden führt zu einer höheren Nachfrage nach nachhaltigen Lösungen und gleichzeitig zu einer höheren Akzeptanz von nachhaltigen GMI.[126] Eine veränderte Kundennachfrage kann dazu führen, dass Unternehmen nachhaltige GMI umsetzen, um die Kundenbindung zu erhalten.[127] So ist das steigende Umweltbewusstsein der Kunden im Bekleidungs- und Textilsektor eine wichtige Grundlage für den Wandel von günstiger und qualitativ schlechter Kleidung hin zu einem nachhaltigen Wertangebot.[128] In der Abfallwirtschaft führt die allgemeine Wahrnehmung der Kunden, dass Recyclingdienstleistungen ein wesentlicher Bestandteil der GM von Entsorgungsunternehmen sein sollten, zur Verbreitung von Recyclingangeboten und nachhaltigen GMI.[129] Der Druck der Kunden kann dazu führen, dass sich das Management stärker für die Umsetzung nachhaltiger Initiativen einsetzt.[130] Andererseits hängt der Erfolg von Unternehmen mit nachhaltigen GM von ihrer Fähigkeit ab, das Nachhaltigkeitsbewusstsein ihrer Kunden zu erhöhen. Dabei sollten die Vorteile nachhaltiger Produkte, Dienstleistungen und Konsumentscheidungen hervorgehoben werden.[131]

Die Reputation und Außenwirkung von Unternehmen können eine wichtige Motivation für die Einführung nachhaltiger GM sein.[132] Unternehmen verbessern ihre Außenwirkung, indem sie z. B. umweltbezogene gesellschaftliche Trends, Fragen der Minimierung negativer Umweltauswirkungen in Unternehmen und der Kreislaufwirtschaft aufgreifen. Veränderte gesellschaftliche Erwartungen führen dazu, dass Unternehmen nachhaltige GMI umsetzen.[133] Darüber hinaus können

[125] Vgl. Kühl et al. (2023: 634 f.).

[126] Vgl. Geissdoerfer et al. (2023: 3824).

[127] Vgl. Govindan, Diabat und Madan Shankar (2015: 188); Ruggiero et al. (2021: 9 f.).

[128] Vgl. Todeschini et al. (2017: 761).

[129] Vgl. Ranta et al. (2018: 76).

[130] Vgl. Neri et al. (2018: 464); Sajjad, Eweje und Tappin (2020: 598 f.).

[131] Vgl. Orji (2019: 109 ff.).

[132] Vgl. Babiak und Trendafilova (2011: 17); Broccardo et al. (2023: 6 f.); Lozano (2015: 40 ff.).

[133] Vgl. Govindan und Hasanagic (2018: 287 ff.); Gregurec, Tomičić Furjan und Tomičić-Pupek (2021: 12 ff.); Ranta et al. (2018: 77 ff.); Tura et al. (2019: 94).

auch gesellschaftliche Gruppen durch ihr politisches Engagement direkt oder indirekt Druck auf Unternehmen ausüben.[134] Aus diesen theoretischen Überlegungen ergibt sich die sechste Proposition:

P6: Je stärker das Nachhaltigkeitsbewusstsein der Kunden ausgeprägt ist, desto wahrscheinlicher ist es, dass Unternehmen nachhaltige GMI umsetzen, um den veränderten Nachfragepräferenzen gerecht zu werden.

Innovative und digitale Technologien gehören laut der Literatur zu wichtigen Auslösern für nachhaltige Veränderungen und NT.[135] Sie eröffnen die Möglichkeit, neue oder modifizierte Prozesse, Verfahren, Systeme und Produkte zur Vermeidung und Verringerung von Umweltschäden zu nutzen.[136] Sie tragen dabei beispielsweise zu einer gerechten und erschwinglichen Energieversorgung bei oder zu einer Substitution von Technologien, die weniger schädliche Auswirkungen auf die Umwelt haben.[137] Dabei ist das technologische Umfeld ein wichtiger Faktor für nachhaltige Innovationen.[138] Die bloße Existenz verschiedener technologischer und nicht-technologischer Innovationen erhöht die Wahrscheinlichkeit weiterer nachhaltiger Innovationen.[139] Der Zugang zu fortschrittlichen nachhaltigen Technologien motiviert Unternehmen zu nachhaltigen Aktivitäten und ist eine treibende Kraft für ihre nachhaltigen Aktivitäten. Erneuerbare Energien und nachhaltige Technologien für Produktion, Abfallmanagement und Recycling bieten Unternehmen die Möglichkeit, auf nachhaltigere GM umzustellen.[140] Beispielsweise haben in der Bekleidungsindustrie technologische Innovationen dazu geführt, dass Unternehmen nachhaltige GMI verfolgen, indem sie nachhaltigere Rohstoffe verwenden, die Haltbarkeit der Kleidung verlängern, Abfall reduzieren und innovative Produktionsverfahren einführen.[141]

Verschiedene Studien zeigen, dass sich die Entwicklung digitaler und nachhaltiger Technologien positiv auf die Entstehung und Umsetzung nachhaltiger GMI

[134] Vgl. Broccardo et al. (2023: 6 f.); Campbell (2007: 956 ff.); Jia et al. (2020: 6).

[135] Vgl. Bidmon und Knab (2018: 911 f.); Del Río González (2009: 861 f.); Geels (2010: 498 f.).

[136] Vgl. Beise und Rennings (2005: 6); Fernando und Wah (2017: 39 f.).

[137] Vgl. Lorek und Spangenberg (2014: 35).

[138] Vgl. Bossle et al. (2016: 866 f.).

[139] Vgl. Cai und Li (2018: 114 f.); Kluza, Ziolo und Spoz (2021: 8 ff.).

[140] Vgl. Jabbour et al. (2020: 3); Orji (2019: 106 f.).

[141] Vgl. Todeschini et al. (2017: 762).

auswirkt.[142] Technologische Chancen für nachhaltige GMI ergeben sich aus der Möglichkeit, neuere technologische Entwicklungen und Digitalisierungstrends in GM zu nutzen.[143] Sie bieten Unternehmen die Möglichkeit, ihr GM zu hinterfragen und zu optimieren.[144] Technologische Entwicklungen treiben somit GMI voran, da Unternehmen für innovative Technologien das passende GM suchen, um diese erfolgreich zu vermarkten.[145] Der Einsatz von Technologien kann dabei sehr vielfältig sein und reicht von innovativen technischen Anlagen und Prozessen (z. B. zur Erzeugung erneuerbarer Energien) über Informationssysteme (z. B. die Nutzung von Blockchain zur Nachverfolgung von Materialien und Produkten) bis hin zu digitalen Plattformen (z. B. zur Interaktion mit Kunden und Partnern).[146] Die Entwicklungen im Bereich der IKT geben Unternehmen z. B. Gelegenheit dazu, Kunden über neue Kanäle zu erreichen und innovative Wege zur Durchführung von Transaktionen zu nutzen.[147]

Laut Tura et al. (2019) unterstützen innovative Technologien nachhaltige Aktivitäten von Unternehmen, wenn sie einen gewissen Reifegrad erreicht haben. Beispiele hierfür sind IoT, Plattformen und Analytik, die es ermöglichen, Wissen aus einer Vielzahl von Quellen zu sammeln, zu analysieren und zu nutzen.[148] Die Nutzung bereits etablierter und fortgeschrittener Technologien ist für Unternehmen vorteilhaft, da sich ihre Eigenschaften und ihre Anwendung bewährt haben.[149] Außerdem sind sie meist nutzerfreundlich und gehen mit einer kurzen Implementierungszeit einher.[150] Aus diesen theoretischen Überlegungen ergibt sich die siebte Proposition:

P7: Technologischer Fortschritt und digitale Innovationen machen es wahrscheinlicher, dass Unternehmen nachhaltige GMI umsetzen.

---

[142] Vgl. Barford und Ahmad (2023: 1212 f.); Biloslavo et al. (2020: 1654); Comberg et al. (2014: 15); Ruggiero et al. (2021: 9 f.).

[143] Vgl. Geissdoerfer et al. (2023: 3824).

[144] Vgl. Wirtz, Schilke und Ullrich (2010: 286 f.).

[145] Vgl. Bidmon und Knab (2018: 912).

[146] Vgl. Russell, Gianoli und Grafakos (2020: 14 f.).

[147] Vgl. Sorescu et al. (2011: 13 f.).

[148] Vgl. Tura et al. (2019: 95).

[149] Vgl. Russell, Gianoli und Grafakos (2020: 14 f.).

[150] Vgl. Gregurec, Tomičić Furjan und Tomičić-Pupek (2021: 14 f.).

Studien von McDonald und Eisenhardt (2020) sowie Zhao et al. (2018) zeigen, dass sich erfolgreiche Unternehmen häufig an den GM und Praktiken ihrer **Wettbewerber** orientieren. Dabei spielt die Unsicherheit über die Marktakzeptanz innovativer Produkte und Dienstleistungen und damit über den Erfolg des GM eine wichtige Rolle.[151] Institutioneller Druck hierbei führt dazu, dass Unternehmen bestehende GM imitieren, um wettbewerbsfähig zu bleiben. Der Innovationsanreiz kommt von außen und basiert auf dem Versuch, den Erfolg und die Legitimität von Konkurrenten durch Nachahmung zu reproduzieren.[152] Die Nachahmung erfolgreicher GM erleichtert deren Umsetzung und reduziert Kosten und Risiken. Unternehmen profitieren zudem von Lerneffekten durch Beobachtung und der Möglichkeit, bisher ungenutzte Gelegenheiten zur Wertschöpfung zu erkennen.[153] Institutioneller Wettbewerbsdruck hängt unter anderem mit kulturellen und länderspezifischen Faktoren zusammen.[154] Je sensibler dabei Industrien und Märkte auf Veränderungen reagieren, desto erfolgsversprechender ist die Nachahmung der Konkurrenten.[155]

Wettbewerbsdruck bringt Unternehmen dazu, innovativer zu werden und ihr GM zu überdenken.[156] Insbesondere im Bereich der Nachhaltigkeit und des Umweltschutzes spielt Wettbewerbsdruck eine wichtige Rolle. Unternehmen reagieren auf den Druck von Konkurrenten, um umweltfreundliche GM und Produkte zu entwickeln und somit ihre Marktlegitimität und Wettbewerbsfähigkeit zu stärken.[157] Dies zeigt sich z. B. in Studien zu nachhaltiger Berichterstattung, nachhaltigem Lieferkettenmanagement oder Corporate Sustainability. Wenn Unternehmen unerfahren sind und sich ihres Wettbewerbsvorteils oder Erfolgs nicht sicher sind, orientieren sie sich an Unternehmen, die bereits in der Vergangenheit mit nachhaltigen Innovationen erfolgreich waren.[158] Stål und Corvellec (2018) zeigen, dass Unternehmen zwar nicht immer den direkten Vergleich mit

---

[151] Vgl. McDonald und Eisenhardt (2020: 511 ff.); Zhao et al. (2018: 605 ff.).

[152] Vgl. Neri et al. (2018: 462 ff.); Teece (2010: 179); Tseng et al. (2013: 78 ff.); van Hemel und Cramer (2002: 442).

[153] Vgl. Comberg et al. (2014: 14); Lui et al. (2021: 4); Ritchie und Melnyk (2012: 866 f.); Teo, Wei und Benbasat (2003: 35 ff.).

[154] Vgl. Huo et al. (2013: 85).

[155] Vgl. Amran und Haniffa (2011: 147 f.).

[156] Vgl. Deif (2011: 1554); Tseng et al. (2013: 80).

[157] Vgl. Giunipero, Hooker und Denslow (2012: 261); Terlaak (2007: 979 ff.).

[158] Vgl. Babiak und Trendafilova (2011: 18); Colwell und Joshi (2013: 82); Fernando und Wah (2017: 40 f.); Pedersen et al. (2013: 366); Walker, Di Sisto und McBain (2008: 72); Zhu und Geng (2013: 11); Zhu, Sarkis und Lai (2013: 113).

ihren Konkurrenten suchen, sich aber darüber im Klaren sind, dass ihre Kunden dies tun und sie daher die Maßnahmen ihrer Konkurrenten nicht ignorieren können.[159] Die Kundennachfrage kann den Nachahmungsdruck auf Unternehmen erhöhen, nachhaltige und umweltfreundliche Produkte der Konkurrenz zu imitieren.[160]

Institutioneller Druck durch Wettbewerber veranlasst Unternehmen, nachhaltige Innovationen oder GMI zu entwickeln und umzusetzen, um z. B. umweltfreundlicher zu werden.[161] Ziel ist es, vom Markt anerkannt zu werden und Kunden zu gewinnen.[162] Wenn es Unternehmen gelingt, ihre Legitimität und ihren Wettbewerbsvorteil durch nachhaltige GMI zu stärken, wird dies institutionellen Druck auf ihre Wettbewerber ausüben.[163] Aus diesen theoretischen Überlegungen ergibt sich die achte Proposition:

P8: Der Markterfolg von Wettbewerbern mit nachhaltigen GM macht es wahrscheinlicher, dass auch andere Unternehmen nachhaltige GMI umsetzen.

Industriecluster und Nachhaltigkeitsnetzwerke sind eine wichtige Plattform für die Verbreitung nachhaltiger Aktivitäten in den beteiligten Unternehmen.[164] Nach Campbell (2007) ist es wahrscheinlicher, dass Unternehmen gesellschaftliche Verantwortung übernehmen, wenn ihr Netzwerk dieses Verhalten befürwortet und unterstützt.[165] So haben beispielsweise nachhaltige Trends in der Textil-, Zellstoff- und Papierindustrie zu Verbesserungen der Umweltleistung einzelner Unternehmen geführt.[166] Interaktion und Kooperation in Netzwerken erleichtern den Informationsfluss, den Zugang zu umweltfreundlicheren Technologien und verringern damit die mit ihrer Einführung verbundenen Risiken.[167] Die Kommunikation mit verschiedenen Stakeholdern spielt dabei eine wichtige Rolle.[168]

---

[159] Vgl. Stål und Corvellec (2018: 636).

[160] Vgl. Marchi (2012: 620 f.).

[161] Vgl. Cai und Li (2018: 112); Dai, Cantor und Montabon (2015: 252 f.); Jia et al. (2020: 6); Lui et al. (2021: 8 ff.); Zhu und Geng (2013: 11).

[162] Vgl. Huang et al. (2022: 5).

[163] Vgl. Bansal und Roth (2000: 728); Huang et al. (2022: 5); Ruggiero et al. (2021: 9 f.).

[164] Vgl. Stål und Corvellec (2018: 636); Thollander et al. (2013: 641 f.).

[165] Vgl. Campbell (2007: 958 ff.).

[166] Vgl. Bergquist und Söderholm (2011: 696 ff.); Todeschini et al. (2017: 761 f.).

[167] Vgl. Del Río González (2005: 25 f.); Trianni et al. (2017: 206).

[168] Vgl. Campbell (2007: 960 ff.).

Die Diskussion von Nachhaltigkeitszielen und -strategien in Netzwerken ist ein wichtiger Bestandteil der Frage, wie die beteiligten Unternehmen zu einer nachhaltigen Entwicklung der Gesellschaft beitragen können.[169]

Die Komplexität von Nachhaltigkeitsthemen kann Unternehmen dazu veranlassen, sich auf Partner zu verlassen, die wissensintensive Kompetenzen einbringen können. Forschungs- und Entwicklungskooperationen sind bei Umweltinnovationen intensiver als bei anderen Innovationen.[170] Insbesondere Zulieferer erweisen sich als sehr wichtige Partner. Ein hohes Umweltengagement der Zulieferer gilt als wichtiger Treiber für nachhaltige Innovationen.[171] Die Zusammenarbeit und Kooperation von Unternehmen mit ihren Zulieferern im Bereich nachhaltiger Innovationen wird als Mittel zur Reduzierung von Unsicherheit gesehen.[172] Eine stärkere Integration der Lieferkette kann deren nachhaltigem Management zugutekommen.[173] Auch wissenschaftliche Akteure – darunter Universitäten, Berater und Forschungseinrichtungen – sind als Kooperationspartner bei nachhaltigen Innovationen noch wichtiger als bei anderen Innovationen.[174] Da sich Hochschulen zunehmend auf die Entwicklung von Technologien konzentrieren, die zur Lösung von Nachhaltigkeitsproblemen beitragen, bieten sie Unternehmen ein enormes Potenzial für den Zugang zu diesen Technologien.[175] Eine besondere Bedeutung für die Entstehung von Normen und Standards kommt Industrieverbänden zu. Im Kontext der Nachhaltigkeit ermutigen Handels- oder Berufsverbände Organisationen innerhalb des Sektors, mehr Verantwortung für die Umwelt zu übernehmen.[176] Sie fördern die Nachhaltigkeit in Unternehmen, indem sie die Entwicklung von gemeinsamem Wissen, Ressourcen oder gemeinsamen Initiativen unterstützen.[177] Neben Industrieverbänden, Lieferanten und Universitäten spielen Kooperationsnetzwerke zwischen Unternehmen und Investoren, Versicherungen, Kunden, Wettbewerbern, Non-Governmental Organisations (NGO), politischen Parteien, der Gesellschaft und Banken eine wichtige Rolle bei der Entwicklung und Einführung nachhaltiger Innovationen.[178]

---

[169] Vgl. Velter et al. (2020: 3 f.).

[170] Vgl. Cainelli, Mazzanti und Montresor (2012: 22 f.); Marchi (2012: 620 f.).

[171] Vgl. Jia et al. (2020: 6); Russell, Gianoli und Grafakos (2020: 12 f.).

[172] Vgl. Varadarajan (2017: 29 f.).

[173] Vgl. Walker, Di Sisto und McBain (2008: 73).

[174] Vgl. Marchi (2012: 620 f.).

[175] Vgl. Cainelli, Mazzanti und Montresor (2012: 22 f.); Dhir et al. (2023: 4).

[176] Vgl. Colwell und Joshi (2013: 75).

[177] Vgl. Neri et al. (2018: 459).

[178] Vgl. Cai und Li (2018: 115 f.); Del Río González (2005: 25 f., 2009: 863).

Die Bewältigung komplexer Nachhaltigkeitsherausforderungen erfordert multidisziplinäre und sektorübergreifende Zusammenarbeit, um innovative Lösungen zu fördern.[179] Studien zeigen, dass die Zusammenarbeit mit externen Partnern die Nachhaltigkeit in Unternehmen fördern kann.[180] Die Zusammenarbeit mit Partnern in der Lieferkette kann Unternehmen helfen, nachhaltige GMI zu entwickeln.[181] Dabei ist es wichtig, langfristige Beziehungen aufzubauen, die den Informationsaustausch und die Transparenz fördern. Wenn Informationen zwischen Unternehmen standardisiert und harmonisiert ausgetauscht werden, fördert dies die Transparenz in der Lieferkette und schafft Möglichkeiten für nachhaltige Innovationen.[182] Bei der Entwicklung von GMI im Sinne der Kreislaufwirtschaft hat sich das Vorhandensein eines frühzeitigen und engagierten externen Partners als treibender Faktor erwiesen.[183] Aus diesen theoretischen Überlegungen ergibt sich die neunte Proposition:

P9: Je stärker Unternehmen mit Netzwerken interagieren, in denen eine ökologische und soziale Wertschöpfung im Vordergrund steht, desto wahrscheinlicher setzen sie nachhaltige GMI um.

5.2 Bezugsrahmen der Untersuchung

Mit Blick auf die gebildeten theoretischen Propositionen (Tabelle 5.1) wird nun ein theoretischer Bezugsrahmen der Untersuchung erstellt. Der Bezugsrahmen dient dazu, den Untersuchungsgegenstand zu strukturieren, Propositionen abzuleiten und die Ergebnisse der Studie zu interpretieren (Abbildung 5.2).[184]

[179] Vgl. Bocken und Geradts (2020: 12).

[180] Vgl. Hojnik und Ruzzier (2016: 37 f.); Horbach (2008: 170); Lozano (2015: 40 ff.); Vermunt et al. (2019: 899).

[181] Vgl. Babiak und Trendafilova (2011: 17 f.).

[182] Vgl. Barford und Ahmad (2023: 1210 f.); Tura et al. (2019: 95 f.).

[183] Vgl. Russell, Gianoli und Grafakos (2020: 12 f.).

[184] Vgl. Döring (2023: 24 f.).

Tabelle 5.1 Zusammenfassung der Propositionen[185]

Propositionsraum 1: „Institutionelles Entrepreneurship“
P1: Je stärker Unternehmen eine holistisch nachhaltige Wertschöpfung in GMI in den Vordergrund stellen, desto wahrscheinlicher wird es, dass Unternehmen unterschiedliche Stakeholderinteressen in langfristige Ziele übersetzen und desto wahrscheinlicher verfolgen sie eine konkrete nachhaltige Vision.
P2: Wenn Unternehmen nachhaltige GMI entwickeln und umsetzen, die mit GM anderer Organisationen kompatibel sind, auf einer bestehenden Infrastruktur oder bestehenden Gewohnheiten von Konsumenten basieren, beeinflusst dies positiv die Mobilisierung von Ressourcen.
P3: Wenn Unternehmen nachhaltige GMI entwickeln und umsetzen, die auf der Zusammenarbeit mit einem breiten Netzwerk an Organisationen und Interessengruppen basieren, dann wirkt sich dies positiv auf die Mobilisierung von Ressourcen aus.
P4: Je stärker Unternehmen die soziale Wertschöpfung nachhaltiger GMI in den Vordergrund stellen, desto wahrscheinlicher ist es, dass sie ihr Netzwerk an Unterstützern und Befürwortern erweitern.
Propositionsraum 2: „Institutionelle Logiken und institutioneller Druck“
P5: Je umfassender politische Entscheidungsträger förderliche Rahmenbedingungen für nachhaltige GMI schaffen, beispielsweise durch eine erhöhte Nachfrage mittels Gesetzen, die Verpflichtung zu nachhaltigen Aktivitäten oder materielle bzw. immaterielle Förderungen, desto wahrscheinlicher ist ihre Umsetzung durch Unternehmen.
P6: Je stärker das Nachhaltigkeitsbewusstsein der Kunden ausgeprägt ist, desto wahrscheinlicher ist es, dass Unternehmen nachhaltige GMI umsetzen, um den veränderten Nachfragepräferenzen gerecht zu werden.
P7: Technologischer Fortschritt und digitale Innovationen machen es wahrscheinlicher, dass Unternehmen nachhaltige GMI umsetzen.
P8: Der Markterfolg von Wettbewerbern mit nachhaltigen GM macht es wahrscheinlicher, dass auch andere Unternehmen nachhaltige GMI umsetzen.
P9: Je stärker Unternehmen mit Netzwerken interagieren, in denen eine ökologische und soziale Wertschöpfung im Vordergrund steht, desto wahrscheinlicher setzen sie nachhaltige GMI um.

[185] Eigene Darstellung.

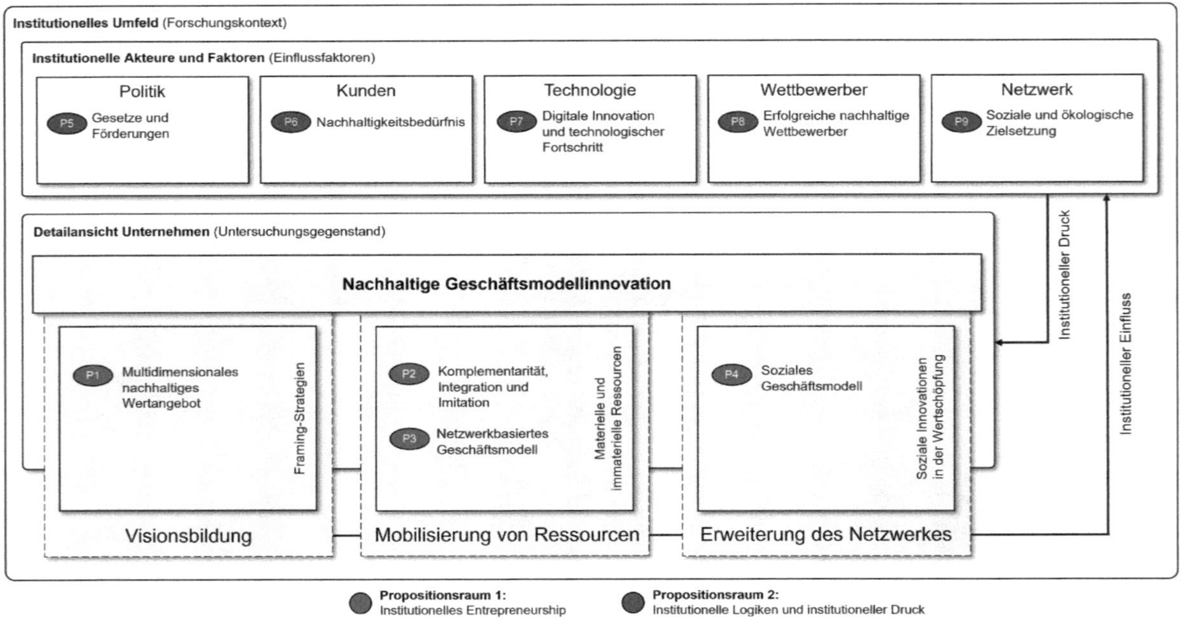

Abbildung 5.2 Vorläufiger theoretischer Bezugsrahmen der Arbeit[186]

[186] Eigene Darstellung.

Die Grundidee des Bezugsrahmens entstammt der Schnittstelle zwischen Neo-Institutionalismus und Organisationstheorie, die darauf abzielt, eine Unternehmensperspektive mit institutionellen Kontextfaktoren abzubilden.[187] Dabei wurde darauf geachtet, kein Ebenenmodell (z. B. die MLP) zu verwenden, das sich aus systematischer Sicht dadurch auszeichnet, sowohl die Makroebene in Form von Institutionen als auch die Mikroebene in Form von Unternehmen und deren Aktivitäten abzubilden.[188] Stattdessen soll die **Unternehmensperspektive im Mittelpunkt** der Darstellung stehen. Im vorläufigen Bezugsrahmen meiner Arbeit wird der wechselseitige Einfluss von institutionellem Umfeld und nachhaltigen GMI durch Prozesse dargestellt. Diese zeigen den Einfluss des Unternehmens auf sein institutionelles Umfeld (Propositionsraum 1 mit den Propositionen 1–4) sowie den Einfluss des institutionellen Umfelds auf das Unternehmen (Propositionsraum 2 mit den Propositionen 5–9). **Propositionsraum 1** zeigt, wie Unternehmen durch ihre nachhaltigen GMI in Übereinstimmung mit den Aktivitäten institutioneller Entrepreneure den externen Wandel vorantreiben. **Propositionsraum 2** zeigt eine gemeinsame Richtung auf, in der alle Stakeholder und institutionellen Faktoren die Integration nachhaltiger institutioneller Logiken in GMI fördern. Die unternehmensinterne Perspektive zeigt sich im Bezugsrahmen, eingebettet in ihr institutionelles Umfeld, was insbesondere mit Blick auf die Literatur zu GMI einer häufig verwendeten Darstellungsform entspricht, um die Wechselwirkung von GM und ihrem Umfeld darzustellen.[189]

Zur Evaluierung und Modifizierung des Bezugsrahmens einschließlich der formulierten theoretischen Propositionen folgt nun der methodische Ansatz meiner Arbeit in Form einer Fallstudienanalyse.

---

[187] Vgl. Greenwood und Hinings (1996: 1034); Ocasio (1997: 192).

[188] Vgl. Barley und Tolbert (1997: 101); Beckert (1999: 788); Grin, Rotmans und Schot (2010: 51 f.).

[189] Vgl. Abdelkafi und Täuscher (2016: 85); Bocken, Boons und Baldassarre (2019: 1503); Lüdeke-Freund (2020: 671); Sinkovics et al. (2021: 4).

6 Empirische Untersuchung

Empirische Sozialforschung zielt darauf ab, soziale Sachverhalte wissenschaftlich zu untersuchen, um gesicherte Erkenntnisse zu gewinnen. Sie basiert auf der systematischen Sammlung, Aufbereitung und Analyse von empirischen Daten, die unsere Erfahrungswirklichkeit widerspiegeln. Diese Daten werden gezielt und dokumentiert im Hinblick auf das Forschungsproblem erhoben, unter Nutzung verschiedener wissenschaftlicher Methoden wie Beobachtung, Interviews oder Fragebögen.[1]

In der empirischen Sozialforschung lassen sich drei Paradigmen unterscheiden. Das **quantitative Paradigma** folgt einem klaren und geordneten Forschungsprozess.[2] Es beginnt mit der Entwicklung von Theorien und Hypothesen. Anschließend werden numerische Daten mit standardisierten Methoden an repräsentativen Stichproben erhoben und statistisch ausgewertet, um die Hypothesen zu überprüfen.[3] Die Forschenden streben dabei nach Objektivität im Begründungszusammenhang, d. h. die Bewertung des untersuchten Problems durch die Forschenden soll nicht ausschlaggebend für das Ergebnis sein.[4] Forschung nach dem **qualitativen Paradigma** versucht, Phänomene durch die Sammlung und Interpretation nicht-numerischer Daten zu verstehen. Sie zeichnet sich dadurch

[1] Vgl. Döring (2023: 5 ff.).

[2] Vgl. Döring (2023: 23).

[3] Vgl. André Queirós, Daniel Faria und Fernando Almeida (2017: 369 f.); Döring (2023: 32).

[4] Vgl. Döring (2023: 46 f.).

Ergänzende Information Die elektronische Version dieses Kapitels enthält Zusatzmaterial, auf das über folgenden Link zugegriffen werden kann https://doi.org/10.1007/978-3-658-50053-5_6.

F. Stokom, *Nachhaltige Geschäftsmodellinnovationen in sozio-technischen Transitionen*, https://doi.org/10.1007/978-3-658-50053-5_6

aus, dass sie sich auf die Bedeutungen, Erfahrungen und Sichtweisen der Beteiligten konzentriert und häufig Methoden wie Interviews, Beobachtungen und Dokumentenanalysen einsetzt.[5] Im Kern ist qualitative Forschung ein iterativer und interpretativer Prozess, der darauf abzielt, ein tieferes Verständnis des untersuchten Phänomens zu erlangen.[6] Im Gegensatz zum quantitativen Paradigma ist der Forschungsprozess im qualitativen Paradigma zirkulär, flexibel und wenig strukturiert.[7] Das dritte Paradigma ist das **Mixed-Methods-Paradigma**. Dieses Paradigma kombiniert und integriert quantitative und qualitative Forschungsstrategien innerhalb einer Studie. Ziel ist es, den Erkenntnisgewinn durch die Integration verschiedener Forschungsstrategien und Datenquellen zu erhöhen.[8]

Qualitative Forschung wird in den Wirtschaftswissenschaften bzw. in der Managementforschung eingesetzt, um Komplexität zu bewältigen, Theorien zu entwickeln und vertiefte, kontextbezogene Einsichten zu gewinnen.[9] Qualitative Forschung ist geeignet, um komplexe und nichtlineare Forschungskontexte anzugehen, und ermöglicht eine schrittweise Fokussierung und iterative Verfeinerung der Forschungsfragen und -methoden. Sie ist besonders wertvoll für die Theoriebildung, da sie tiefgreifende Erkenntnisse liefert, die zur Entwicklung neuer oder zur Verfeinerung bestehender Theorien beitragen können, insbesondere in Bereichen, in denen quantitative Daten rar oder unzureichend sind.[10] Qualitative Forschung trägt zum Verständnis von Managementprozessen bei und bietet kritische und reflektierte Einblicke in organisatorische Phänomene.[11] Sie geht auf die Bedürfnisse von Praktikern und politischen Entscheidungsträgern ein, indem sie detaillierte, kontextbezogene Erkenntnisse liefert, die direkt auf reale Managementherausforderungen anwendbar sind.[12]

In der GM-Forschung sind qualitative Forschungsmethoden häufiger vertreten als quantitative und Mixed-Methods-Ansätze.[13] Insbesondere in der Literatur zu nachhaltigen GM zeigen van Bommel et al. (2020) als Ergebnis ihrer systematischen Literaturanalyse, dass ein Großteil der analysierten Forschungsartikel

---

[5] Vgl. Döring (2023: 15 f.); Grossoehme (2014: 109 f.); Kitto, Chesters und Grbich (2008: 243); Morgan und Smircich (1980: 497).

[6] Vgl. Aspers und Corte (2019: 155).

[7] Vgl. Döring (2023: 67).

[8] Vgl. Döring (2023: 17); Johnson und Onwuegbuzie (2004: 14 f.).

[9] Vgl. Gummesson (2006: 167).

[10] Vgl. Doz (2011: 583 f.); Parker (2012: 67 f.); Sinkovics und Alfoldi (2012: 818 f.).

[11] Vgl. Massaro, Dumay und Bagnoli (2019: 65); Parker (2012: 65).

[12] Vgl. Parker (2012: 65).

[13] Vgl. Wirtz et al. (2016: 44).

qualitative Forschungsmethoden mit einem starken Fokus auf Fallstudien verwendet.[14] Qualitative Forschung wird für die Untersuchung nachhaltiger GM bevorzugt, da sie ein umfassendes Verständnis der Stakeholderbedürfnisse ermöglicht, einen iterativen und adaptiven Entwicklungsprozess unterstützt und tiefe Einblicke in die Motivationen und Treiber von Nachhaltigkeit bietet.[15] Ein ähnliches Bild zeichnet sich in der Forschung zu NT ab: Hier dominiert nach wie vor die Fallstudienmethodik. Das liegt daran, dass die Theoriebildung in diesem Bereich eher prozessorientiert ist. NT werden als komplexe Veränderungsprozesse mit vielen Akteuren und dynamischen Rahmenbedingungen verstanden, die prozessorientierte Forschungsmethoden erfordern.[16]

6.1 Fallstudienmethodik

Eine Grundvoraussetzung für die Anwendung der Fallstudienmethode ist das Vorhandensein einer Forschungsfrage, die sich auf das „Wie" oder „Warum" eines zeitgenössischen Phänomens konzentriert. Diese Art von Fragestellung erfordert oft die eingehende Untersuchung eines bestimmten Falles oder einer Reihe von Fällen, um komplexe, mehrdeutige oder sich entwickelnde Themen aufzudecken. Fallstudien eignen sich besonders für Situationen, in denen die Grenzen zwischen dem zu untersuchenden Phänomen und seinem Kontext fließend sind.[17]

In meiner Forschungsarbeit beschäftige ich mich mit der Frage, **welche** Wechselwirkungen sich zwischen unternehmerischen Entscheidungen zur Gestaltung und Umsetzung nachhaltiger GMI und dem institutionellen Umfeld zeigen.[18] Die Person in der Rolle des Forschers hat keinen Einfluss auf die untersuchten Unternehmen, deren GMI und deren Interaktion mit der Umwelt.[19] Darüber hinaus sind die Grenzen zwischen nachhaltigen GM und ihrem Kontext fließend.[20] Die Beobachtung nachhaltiger GMI ist ein zeitgenössisches Ereignis,

---

[14] Vgl. van Bommel et al. (2020: 9 f.).

[15] Vgl. Goyal, Sergi und Kapoor (2017: 101); Gregori und Holzmann (2020: 3); Long, Looijen und Blok (2018: 88).

[16] Vgl. Grin, Rotmans und Schot (2010: 99 f.); Köhler et al. (2019: 18).

[17] Vgl. Baxter und Jack (2008: 544 f.); Rashid et al. (2019: 2 f.); Yin (2018: 9 ff.).

[18] Der Begriff „Welche" lässt sich in der vorliegenden Fragestellung mit „How" ins Englische übersetzen und entspricht somit den Anforderungen einer Fallstudienuntersuchung nach Yin (2018).

[19] Vgl. Yin (2018: 12).

[20] Vgl. Brehmer, Podoynitsyna und Langerak (2018: 4524); Todeschini et al. (2017: 759); Velter et al. (2020: 8 f.).

das in einem ganzheitlichen, realen und undurchsichtigen Kontext in Form eines institutionellen Umfelds und von NT stattfindet.[21]

Die Forschungsmethodik meiner Arbeit umfasst sowohl explorative als auch explanative Elemente. Explorativ deshalb, weil die Wechselwirkung von nachhaltigen GMI mit ihrem institutionellen Umfeld noch ein relativ unerforschtes Forschungsfeld ist (siehe Abschnitt 3.2) und sich die Forschung zu nachhaltigen GM in NT unterschiedlichster Ansätze bedient (siehe Abschnitt 3.1).[22] Zum anderen enthält die Forschungsmethodik insofern explanative Elemente, als die Forschungsfragen zusammen mit der theoretischen Fundierung zur Formulierung von Propositionen führen, die wiederum in einem multiplen Fallstudiendesign überprüft und gegebenenfalls modifiziert werden.[23] Die einzelnen Fälle werden miteinander verglichen, was zu einer Verfeinerung der Propositionen im Laufe des Forschungsprozesses führt. Propositionen sind relevant, um die Ergebnisse der Fallstudienanalyse verallgemeinern zu können. Sie stellen kausale Zusammenhänge her und helfen, Muster aus den erhobenen Daten abzuleiten, um die Forschungsfragen der Arbeit schrittweise zu beantworten.[24]

6.1.1 Fallstudienmethodik und Forschungsdesign nach Yin (2018)

Fallstudien sind ein wertvolles Instrument zur Untersuchung komplexer sozialer Phänomene. Sie ermöglichen eine detaillierte Analyse einzelner Fälle, ohne dabei die umfassende und realitätsnahe Perspektive zu verlieren.[25] Eine Fallstudie wird als eine empirische Methode definiert, die ein zeitgenössisches Phänomen (den „Fall") in seiner Tiefe und innerhalb seines realen Kontexts untersucht, insbesondere wenn die Grenzen zwischen Phänomen und Kontext nicht klar erkennbar sind. Es gibt drei Hauptzwecke von Fallstudien: Sie können zur Erforschung von

---

[21] Vgl. Abdelkafi und Täuscher (2016: 80); Bocken, Boons und Baldassarre (2019: 1509 f.); Hall und Roelich (2016: 295 f.).

[22] Vgl. Eisenhardt und Graebner (2007: 26 f.).

[23] Vgl. Döring (2023: 149 f., 2023: 152); Yin (2018: 27 ff.).

[24] Vgl. Yin (2018: 179 ff., 2018: 37 f.).

[25] Vgl. Rashid et al. (2019: 2); Yin (2018: 5).

Fragen und Propositionen (explorativ), zur Erklärung von Phänomenen (explanativ) oder zur Beschreibung von Ereignissen (deskriptiv) eingesetzt werden.[26] Yin (2018) beschreibt einen sechsstufigen, linearen, aber iterativen Prozess für die Durchführung von Fallstudien. Diese Phasen umfassen: (1) Planung, (2) Design, (3) Vorbereitung, (4) Datensammlung, (5) Datenanalyse und (6) Veröffentlichung der Ergebnisse.

Laut Yin (2018) beschäftigt sich der Forscher in der **Planungsphase** intensiv mit verschiedenen Instrumenten, die zur Erreichung des Forschungsziels beitragen. Hierbei wird eine geeignete Methodik ausgewählt, um die Forschungsfrage bestmöglich zu beantworten.[27] Da Fallstudien für die Untersuchung innovationsbezogener Themen geeignet sind, können sie für die Untersuchung nachhaltiger GMI effizient eingesetzt werden.[28] Ein wesentlicher Schritt in der Planungsphase ist zudem die Formulierung einer klaren und prägnanten Forschungsfrage. Dieser Schritt ist von entscheidender Bedeutung, da er die Richtung der gesamten Forschungsarbeit vorgibt.[29] Die Entwicklung der Forschungsfrage ist oft ein iterativer Prozess. Es ist nicht ungewöhnlich, dass die ursprüngliche Fragestellung im Laufe der Forschung angepasst oder verfeinert wird, wenn neue Erkenntnisse gewonnen werden.[30] Dies war auch in meiner Arbeit der Fall: Als deutlich wurde, dass theoretische Erklärungsansätze in Form der Institutionentheorie notwendig sind, um nachhaltige GMI und ihre Interaktion mit der Umwelt genauer zu untersuchen, wurde die ursprüngliche Hauptforschungsfrage „Wie können Unternehmen nachhaltige GM einsetzen, um die Transition von sozio-technischen Systemen zu beeinflussen?" zu „Welche Wechselwirkungen zeigen sich zwischen unternehmerischen Entscheidungen zur Gestaltung und Umsetzung nachhaltiger GMI und dem institutionellen Umfeld?" umformuliert.

Im zweiten Schritt der **Designphase** werden die Untersuchungseinheit und das Fallstudiendesign festgelegt. Die Definition der Untersuchungseinheit legt fest, auf welcher Ebene die Analyse durchgeführt wird. Dies kann u. a. auf der

[26] Vgl. Yin (2018: 6 ff.).

[27] Vgl. Yin (2018: 2 ff.).

[28] Vgl. Ebneyamini und Sadeghi Moghadam (2018: 1); Yin, Bateman und Moore (1985: 250 ff.).

[29] Vgl. Döring (2023: 149).

[30] Vgl. Agee (2009: 445 f.); Döring (2023: 69).

Ebene von Individuen, Gruppen, Organisationen oder Prozessen erfolgen.[31] In meiner Arbeit wird die Organisation mit ihrem jeweiligen bzw. mehreren GM als Analyseeinheit festgelegt, um eine Vergleichbarkeit in der Fallstudienanalyse zu gewährleisten. Im Rahmen des Fallstudiendesigns wurde ein *Multiple-Case-Study*-Design gewählt, d. h. es wurden mehrere Fälle in Form unterschiedlicher Unternehmen untersucht, um Muster und Unterschiede zu identifizieren und die Verallgemeinerbarkeit der Ergebnisse zu erhöhen. Jeder Fall stellt dabei ein eigenes „Experiment" dar. Durch die Untersuchung mehrerer Fälle, die die Theorie entweder bestätigen oder widerlegen, wird die Aussagekraft der Ergebnisse erhöht. Die Untersuchung mehrerer Fälle ermöglicht es zudem, komplexe Phänomene aus verschiedenen Perspektiven zu betrachten und so zu einem tieferen Verständnis zu gelangen.[32]

In der **Vorbereitungsphase** der Datenerhebung werden mögliche Fälle identifiziert und es werden ethische Überlegungen in die Untersuchung einbezogen. Um mögliche Fälle zu identifizieren, wurden gezielt Teilnehmer und Unternehmen ausgewählt, deren Erfahrungen und Perspektiven einen positiven Beitrag zur Theorieentwicklung leisten können.[33] Dabei kann es sich u. a. um möglichst identische Fälle mit gleichen Ausprägungen in bestimmten Variablen handeln oder, wie in meiner Studie, um Fälle, die innerhalb eines definierten Rahmens eine gewisse Diversität aufweisen (siehe Abschnitt 6.2).[34] Abschließend werden bei der Vorbereitung zur Datensammlung ethische Überlegungen einbezogen. Bereits zu Beginn der Planung müssen Maßnahmen getroffen werden, um die Anonymität der Teilnehmer und die Einhaltung der Datenschutzrichtlinien zu gewährleisten. Auf Wunsch der Teilnehmer und der teilnehmenden Unternehmen werden beide Seiten anonym untersucht. Dabei erhält jeder befragte Teilnehmer und jedes befragte Unternehmen ein Pseudonym und personenbezogene Daten werden so verändert, dass die betroffene Person ohne zusätzliche Informationen nicht mehr identifiziert werden kann. Die Teilnehmer wurden umfassend über die Studie, ihre Ziele und Methoden informiert. Die Kontaktdaten der Forschenden sowie Hinweise zur Anonymität und zum Datenschutz wurden weitergegeben.[35]

---

[31] Vgl. Yin (2018: 28 ff.).

[32] Vgl. Eisenhardt und Graebner (2007: 27); Yin (2018: 54 ff.).

[33] Vgl. Robinson (2014: 32).

[34] Vgl. Levy (2008: 12 ff.); Seawright und Gerring (2008: 297).

[35] Vgl. Döring (2023: 576, 2023: 121 ff.); Yin (2018: 86 ff.).

In der **Datensammlungsphase** werden im Sinne der Datentriangulation unterschiedliche Datenquellen verwendet. Diese helfen dabei, die Fälle aus differenzierten Perspektiven zu betrachten und sollen die Validität und Reliabilität der Forschung sicherstellen.[36] Neben der Prüfung von Gütekriterien dient die stetige Analyse von Daten aus unterschiedlichen Quellen dazu, die Masse an Daten besser bewältigen und strukturieren zu können.[37] Nach Yin (2018) gibt es sechs verschiedene Arten von Datenquellen: Dokumente, Archivmaterial, Interviews, direkte Beobachtungen, teilnehmende Beobachtungen und Artefakte. Jede dieser Quellen liefert eine Vielzahl von Daten oder Beweisen.[38] Auf dieser Grundlage werden in meiner Arbeit die folgenden Datenquellen verwendet: Informationen aus semistrukturierten Interviews, öffentlich verfügbare Interviews und Podcasts, Internetauftritte/-berichte, Geschäfts- und Nachhaltigkeitsberichte und Pressemitteilungen. Damit werden drei (Dokumente, Archivmaterial und Interviews) der sechs Datenquellen im Rahmen der Datenerhebung genutzt. Der Fokus meiner Arbeit lag auf der Datenerhebung mittels semi-strukturierter Interviews, jedoch wurden auch einige Sekundärdatenquellen herangezogen. Sekundärdaten dienen im Rahmen einer qualitativen Untersuchung dazu, die aus anderen Datenquellen gewonnenen Erkenntnisse zu validieren bzw. durch zusätzliche Erkenntnisse zu ergänzen.[39] Da institutionelles Entrepreneurship in der Regel mit einem hohen Maß an Öffentlichkeitsarbeit, externer Kommunikation und gesellschaftlichem Diskurs einhergeht, stellten Sekundärdaten eine wertvolle Datenquelle im Rahmen der Untersuchung dar.[40]

Es folgt die **Phase der Datenanalyse**, in der die erhobenen Daten mit Hilfe von Analysetechniken interpretiert und mit theoretischen Aussagen verknüpft werden. Yin (2018) schlägt hierfür fünf Analysetechniken vor. In meiner Arbeit wurden drei der fünf Analysetechniken eingesetzt. Im Rahmen des *Pattern Matching* und *des Explanation Building* wurden die aus der Theorie abgeleiteten Propositionen mit den empirischen Daten verglichen und die Propositionen anschließend bestätigt oder revidiert und auf Basis alternativer

---

[36] Vgl. Döring (2023: 590 f.); Thurmond (2001: 253).

[37] Vgl. Thurmond (2001: 255 f.).

[38] Vgl. Yin (2018: 113 ff.).

[39] Vgl. Heaton (2008: 35); Meyer (2001: 339).

[40] Vgl. Gasbarro, Rizzi und Frey (2018: 483); Thompson, Herrmann und Hekkert (2015: 612 ff.); Wallin und Fuglsang (2017: 975 ff.).

Erklärungen angepasst. Die *Cross-Case-Synthesis* diente dazu, die Erkenntnisse aus den Einzelfallstudien zusammenzuführen und vor dem Hintergrund der entwickelten Propositionen zu interpretieren. Da durch die Datenerhebung aus unterschiedlichen Datenquellen die Datenmenge schnell an Umfang und Komplexität zunimmt, wird neben den Analysetechniken nach Yin (2018) auf die qualitative Inhaltsanalyse nach Kuckartz und Rädiker (2022) zurückgegriffen (siehe Abschnitt 6.1.3).[41].

In der abschließenden **Phase der Ergebnispräsentation** erfolgt die Aufbereitung und Darstellung der Ergebnisse in einem für die Zielgruppe des späteren Textes geeigneten Rahmen. Yin (2018) schlägt hierbei verschiedene Varianten der Ergebnispräsentation für unterschiedliche Arten von Fallstudienuntersuchungen vor. Meine Arbeit orientiert sich dabei an der klassischen Ergebnisdarstellung im Rahmen einer Multiple-Case-Study. Hierbei werden die Einzelfälle zunächst getrennt voneinander in Unterkapiteln betrachtet, bevor im Rahmen der Cross-Case-Synthesis die Ergebnisse in einem eigenen Kapitel zusammengefasst und darauf aufbauend die theoretischen Propositionen evaluiert werden.[42]

6.1.2 Experteninterviews zur Datenerhebung

Yin (2018) hebt die Bedeutung halbstrukturierter Interviews in der Fallstudienforschung hervor.[43] Bei Experteninterviews werden die Befragten nicht als Laien, sondern aufgrund ihrer spezifischen Fachkenntnisse zu einem bestimmten Thema befragt.[44] **Ziel dieser Interviews** ist es, detaillierte Einblicke in das jeweilige Themengebiet aus der Perspektive von Personen zu gewinnen, die über fundiertes Wissen und langjährige Erfahrung verfügen. Einerseits geht es darum, strukturelles Fachwissen zu erlangen, das leicht zugänglich und gut verbalisierbar ist. Dies umfasst unter anderem Fakten, Definitionen und Modelle zu einem bestimmten Themengebiet. Andererseits soll Praxis- und Handlungswissen extrahiert werden, das oft implizit und tief in der Erfahrung der Experten verankert ist. Dieses

---

[41] Vgl. Thurmond (2001: 256).

[42] Vgl. Yin (2018: 219 ff.).

[43] Vgl. Yin (2018: 118).

[44] Vgl. Bogner (2014: 11 f.).

Wissen umfasst Handlungsroutinen, Problemlösungsstrategien und intuitive Entscheidungen, die in der Praxis erlernt wurden.[45] Experteninterviews werden meist als **leitfadengestützte Interviews** durchgeführt. Leitfäden ermöglichen innerhalb von halbstrukturierten Interviews, das Interview anhand vorausgewählter Aspekte zu strukturieren, bleiben jedoch offen für die Ausführungen der Befragten und lassen neue Aspekte zu.[46] In Anlehnung an den vierstufigen Prozess des *Interview Protocol Refinement* nach Castillo-Montoya (2016) wurde der Interviewleitfaden optimiert und angepasst.[47] Als Orientierung für die Leitfadenentwicklung dienten einige Forschungsbeiträge, die GMI ebenfalls aus systemischer und institutioneller Perspektive betrachten, wie z. B. van Waes et al. (2018), die die Interaktion von GMI mit ihrem sozio-technischen Kontext untersuchen und dazu ihren Leitfaden in Fragen zum GM und Fragen zur Interaktion von GM mit Institutionen unterteilen.[48] Der Leitfaden besteht aus den Frageblöcken (1) Einleitung, in der grundlegende Informationen zwischen Forscher und Interviewpartner ausgetauscht werden, (2) GM, in dem die nachhaltige GMI des Unternehmens ergründet werden soll, (3) institutionelles Entrepreneurship, in dem die Aktivitäten des Unternehmens im Sinne der Strategien institutioneller Entrepreneure betrachtet werden sollen, (4) institutionelle Logiken und institutioneller Druck, in dem der Einfluss des institutionellen Umfelds auf die GMI erfragt werden soll und schließlich (5) Abschluss, in dem Informationen zum weiteren Verlauf der Studie weitergegeben werden und weitere Interviewplanungen stattfinden (siehe Anhang 1 im elektronischen Zusatzmaterial). Der Interviewleitfaden wurde an den jeweiligen Teilnehmer und sein Themengebiet angepasst und zudem im Zeitverlauf modifiziert, um neue Erkenntnisse einfließen zu lassen.[49]

Die Kontaktaufnahme zu den Interviewpartnern und Unternehmen erfolgte per E-Mail. Die Interviews selbst wurden über die Videokonferenzplattformen Zoom und Microsoft Teams sowie in einem Fall über Google Meet durchgeführt. Die Interviews wurden entweder über die Aufnahmefunktion von Zoom oder über die frei verfügbare Software OBS Studio aufgezeichnet. Bei der Aufzeichnung

---

[45] Vgl. Döring (2023: 371 ff.).

[46] Vgl. Bogner (2014: 25 ff.).

[47] Vgl. Castillo-Montoya (2016: 827 f.).

[48] Vgl. Dreyer et al. (2017: 100 f.); Proka, Hisschemöller und Loorbach (2018: 15 f.); van Waes et al. (2018: 1309).

[49] Vgl. Eisenhardt (1989: 539).

der Interviews wurde auf die Einhaltung gängiger Datenschutzrichtlinien geachtet (siehe insbesondere Art. 6 DSGVO).[50] Im Interview selbst wurde zunächst durch eine Einleitung und Vorstellung der Person des Forschers und des Forschungsprojektes eine vertrauensvolle Atmosphäre geschaffen. Es wurde darauf geachtet, möglichst offene Fragen zu stellen, die hauptsächlich aus „Wie"-, „Warum"- und „Was"-Fragen bestanden, um detaillierte Antworten zu erhalten.[51] Verständnisfragen, Nachfragen und Paraphrasieren sollten dabei nicht nur Themen vertiefen, sondern auch sicherstellen, dass das Gesagte richtig verstanden wurde. Außerdem wurde darauf geachtet, keine wertende Position einzunehmen.[52]

6.1.3 Datenanalyse nach Yin (2018) und Kuckartz und Rädiker (2022)

Die Datenanalyse innerhalb der Fallstudienforschung stellt hohe Anforderungen an die Fähigkeiten der Forschenden, ist aber ein in der Literatur meist vernachlässigtes und unterentwickeltes Thema.[53] Sowohl Yin (2018) als auch Kuckartz und Rädiker (2022) schlagen daher computergestützte Methoden zur Analyse großer qualitativer Datenmengen vor. Vor der Auswertung der Daten mittels qualitativer Inhaltsanalyse nach Kuckartz und Rädiker (2022) wurden die Interviews zunächst transkribiert.[54] Dafür wurde zuerst die automatische Transkriptionsfunktion der Software Adobe Premiere Pro verwendet, um aus den Audiodateien der Interviews einen ersten Rohtext zu erstellen. Dieser Text wurde anschließend gemäß festgelegter Transkriptionsregeln überarbeitet und angepasst. Diese Regeln bestimmen, *„wie die gesprochene Sprache in schriftliche Form übertragen wird"*.[55] Kuckartz und Rädiker (2022) weisen darauf hin, dass für die meisten Forschungsprojekte einfache Transkriptionsregeln ausreichen.[56] Daher wurde in meiner Arbeit das semantisch-inhaltliche Regelsystem nach Dresing und

---

[50] Vgl. Europäisches Parlament (2016).

[51] Vgl. Leech (2002: 665 ff.); Strauss und Corbin (1998: 90 f.).

[52] Vgl. Leech (2002: 666).

[53] Vgl. Eisenhardt (1989: 539); Yin (2018: 165).

[54] Vgl. Kuckartz und Rädiker (2022: 196 f.); Yin (2018: 166 f.).

[55] Kuckartz und Rädiker (2022: 199).

[56] Vgl. Kuckartz und Rädiker (2022: 199).

Pehl (2018) verwendet, bei dem unter anderem wörtlich transkribiert, Dialekte ins Hochdeutsche übersetzt und abgebrochene Wörter ignoriert werden.[57]

Nach erfolgreicher Transkription wurden die unterschiedlichen Schritte zur **qualitativen Inhaltsanalyse** nach Kuckartz und Rädiker (2022) angewendet. Kuckartz und Rädiker (2022) beschreiben die erste Phase als initiierende Textarbeit, die das sorgfältige Lesen der Transkripte, das Markieren relevanter Textstellen und das Festhalten erster Auswertungsideen umfasst. Im zweiten Schritt wurde das initiale Kategoriensystem erstellt, das auf Basis des theoretischen Bezugsrahmens und der gebildeten Propositionen abgeleitet wurde. Im dritten Schritt, dem ersten Kodierprozess, wurden die Interviews sequenziell durchgearbeitet und die Aussagen den entsprechenden Subkategorien zugeordnet.[58] Relevante Textabschnitte, die keiner bestehenden Subkategorie zugeordnet werden konnten, wurden zunächst unter „Sonstiges" gesammelt, einer Subkategorie, die für jede Hauptkategorie existierte.[59] Im vierten Schritt wurden diese Textstellen erneut betrachtet und darauf basierend induktiv die neue Subkategorie erstellt.[60] Im fünften Schritt wurden in einem zweiten Kodierprozess alle Interviews erneut durchlaufen, um sicherzustellen, dass alle relevanten Textpassagen den erstellten Subkategorien zugeordnet wurden (siehe Anhang 2 im elektronischen Zusatzmaterial).[61]

Zur Durchführung der qualitativen Inhaltsanalyse wurde die **Softwarelösung MAXQDA** verwendet. Kuckartz und Rädiker (2024) selbst ergänzen ihre qualitative Inhaltsanalyse mit einem kürzlich erschienenen Buch, das eine Schritt-für-Schritt-Anleitung zur Analyse von Interviewdaten in MAXQDA bietet. In meiner Forschungsarbeit wird diese in Kombination mit der qualitativen Inhaltsanalyse angewendet. Bei der Aufbereitung und Organisation der Daten wurden zunächst die Interviewtranskripte in MAXQDA importiert und relevante Dokumentengruppen zur Organisation der Interviews, z. B. in einzelne Fälle, angelegt. Grundlegende Informationen zu den Interviews wurden als Dokumentvariablen hinzugefügt. Die Forschungsfragen und eigenen Vorannahmen wurden in einem Projekt-Memo festgehalten. Zentrale Begrifflichkeiten und Überlegungen wurden während der Analyse der Interviews in Memos festgehalten und wichtige Passagen paraphrasiert.[62] Im Kodierprozess selbst ermöglicht MAXQDA die erneute

---

[57] Vgl. Dresing und Pehl (2018: 21 ff.).

[58] Vgl. Kuckartz und Rädiker (2022: 132 ff.).

[59] Vgl. Kuckartz und Rädiker (2024: 35 f.).

[60] Vgl. Kuckartz und Rädiker (2022: 138, 2022: 82).

[61] Vgl. Kuckartz und Rädiker (2022: 142).

[62] Vgl. Kuckartz und Rädiker (2024: 4 ff.).

Betrachtung der bereits kodierten Textpassagen zu den jeweiligen Kategorien und fördert so die Übersichtlichkeit und den Überblick über die Daten. So konnte auch das Kategoriensystem im Laufe des Forschungsprozesses verfeinert werden, indem Kategoriendefinitionen angepasst und durch Textbeispiele erweitert oder reduziert wurden.[63] Während der Datenanalyse wurden die von MAXQDA zur Verfügung gestellten visuellen Werkzeuge genutzt, die u. a. einen schnellen Überblick über die Daten ermöglichen, helfen, Muster zu erkennen, einen interaktiven Zugang zu den zugrundeliegenden Daten ermöglichen und sowohl bei der Entwicklung als auch bei der Überprüfung von Propositionen eingesetzt werden können.[64] Bei der Erstellung des Fallstudienberichts konnte MAXQDA helfen, Zitate aus den Interviews direkt aufzurufen und die erhobenen Daten bzw. die durchgeführte Datenanalyse zu archivieren.[65]

Im Anschluss an die qualitative Inhaltsanalyse wurden die Fälle zunächst einzeln analysiert und anschließend im Rahmen einer Cross-Case-Synthesis zusammengeführt (siehe Kapitel 7). Bei der Einzelfallanalyse geht es zunächst darum, sich mit dem jeweiligen Fall und seinen spezifischen Gegebenheiten vertraut zu machen und unterschiedliche Erkenntnisse und Muster innerhalb des Falles zu identifizieren. Die Einzelfallanalyse orientiert sich strukturell an den gebildeten Propositionsblöcken. Ausgehend von der Einzelfallanalyse war es im Rahmen der Cross-Case-Synthesis möglich, die Erkenntnisse aus den Fällen strukturiert zu vergleichen und schließlich die gebildeten Propositionen zu evaluieren.[66]

6.1.4 Gütekriterien der Arbeit

Zur Bewertung der Forschungsqualität meiner Arbeit werden die Gütekriterien von Yin (2018) herangezogen. Yin definiert vier zentrale Gütekriterien: **Konstruktvalidität**, **interne Validität**, **externe Validität** und **Reliabilität**.

[63] Vgl. Kuckartz und Rädiker (2024: 51 ff.).

[64] Vgl. Kuckartz und Rädiker (2024: 78 f.).

[65] Vgl. Kuckartz und Rädiker (2024: 112 ff.).

[66] Vgl. Yin (2018: 194 ff., 2018: 168 f.).

Die **Konstruktvalidität** zielt darauf ab, die subjektive Verzerrung durch den Forscher zu vermeiden, was durch die Einbeziehung mehrerer Beweisquellen und die Überprüfung der Daten durch Schlüsselpersonen sichergestellt werden soll.[67] Dabei soll die Subjektivität des Forschenden nicht völlig neutralisiert, sondern gezielt zur Erkenntnisgewinnung eingesetzt werden. Wichtig ist dabei die transparente Dokumentation und kritische Reflexion der eigenen Subjektivität und deren Einfluss auf den Forschungsprozess.[68] Im Rahmen der Studie wurden verschiedene Datenquellen nach dem Triangulationsprinzip genutzt und der Forschungsprozess u. a. durch die Softwarelösung MAXQDA und eine Fallstudiendatenbank dokumentiert.[69]

Die **interne Validität** bezieht sich auf die Vermeidung fehlerhafter kausaler Schlussfolgerungen und unzulässiger Verallgemeinerungen. Diese ist insbesondere bei explanativen Fallstudien relevant.[70] Um eine hohe interne Validität zu gewährleisten, wurde mit dem Explanation Building eine Analysetechnik eingesetzt, die logische Zusammenhänge und Erklärungen für die Interaktion von Unternehmen und ihrem institutionellen Umfeld ermöglicht.[71] Zur Validierung der Dateninterpretation wurden Rückmeldungen zum Vorgehen und zu den Ergebnissen eingeholt, u. a. auch von den beteiligten Unternehmen selbst.[72] Es wurde somit möglich, rivalisierende Erklärungen für die beobachteten Phänomene auszuschließen und eindeutige Verbindungen zwischen unterschiedlichen Ereignissen zu schaffen.[73]

Die **externe Validität** behandelt die Frage, ob die Ergebnisse über den unmittelbaren Kontext der Studie hinaus verallgemeinerbar sind. Yin (2018) schlägt dafür eine Replikationslogik bei multiplen Fallstudien vor, bei der die Fälle so ausgewählt werden, dass sie entweder übereinstimmende oder vorhersehbar abweichende Erkenntnisse liefern.[74] Um diese externe Validität sicherzustellen, wurden die Untersuchungsobjekte nach definierten Kriterien ausgewählt (siehe

---

[67] Vgl. Yin (2018: 43 f.).

[68] Vgl. Döring (2023: 113).

[69] Vgl. Yin (2018: 126 ff.).

[70] Vgl. Yin (2018: 44 f.).

[71] Vgl. Lincoln und Guba (1985: 290 f.); Yin (2018: 186 ff., 2018: 179 ff.).

[72] Vgl. Kuckartz (2018: 218).

[73] Vgl. Shadish, Cook und Campbell (2003: 53 ff.); Yin (2018: 172 ff.).

[74] Vgl. Yin (2018: 45 f.).

Abschnitt 6.2).[75] Diese Auswahlmethode ermöglicht die analytische Generalisierbarkeit und damit die Weiterentwicklung theoretischer Ansätze.[76]

Die **Reliabilität** bezieht sich auf die Reproduzierbarkeit der Fallstudie und stellt sicher, dass das in der Arbeit angewandte Verfahren auch von anderen Forschern wiederholt werden kann. Um dies zu gewährleisten, empfiehlt Yin (2018) eine lückenlose Dokumentation.[77] In meiner Arbeit wurden alle Daten vollständig dokumentiert, insbesondere schnell veränderliche Daten wie Internetauftritte wurden in archivierbarer Form lokal gespeichert. Die Aufzeichnungen der Interviews wurden archiviert, regelgeleitet transkribiert und anhand eines theoretisch nachvollziehbar abgeleiteten Kategoriensystems ausgewertet. Darüber hinaus wurde eine Fallstudiendatenbank angelegt, um die Nachvollziehbarkeit der Beweiskette zu gewährleisten.[78] Die Transparenz des Vorgehens wird zudem durch die detaillierte Beschreibung des Forschungsdesigns einschließlich der Fallstudienauswahl, der Datenerhebungsmethoden und der Analyseverfahren erhöht.

6.2 Fallstudienauswahl

Der bereits angesprochenen Replikationslogik im Rahmen einer *Multiple-Case-Study* nach Yin (2018) wurde in meiner Arbeit Rechnung getragen, indem Fallstudien ausgewählt wurden, die einerseits ähnliche Ergebnisse liefern und andererseits unterschiedliche Ergebnisse aufweisen.[79] Durch die Replikation der Ergebnisse soll die Arbeit zur Weiterentwicklung der Theorie beitragen und die theoretisch abgeleiteten Aussagen überprüfbar machen.[80] Eisenhardt (1989) empfiehlt hierfür die Untersuchung von vier bis zehn Fällen.[81] Dieser Empfehlung wurde in meiner Arbeit mit der Untersuchung von sechs Fällen entsprochen.

Mit der Auswahl des **Lebensmittel- und Ernährungssektors** wurde ein spezifischer Kontext gewählt, der mit Blick auf die Literatur eine hohe Relevanz für die Untersuchung nachhaltiger GMI besitzt.[82] Nachhaltige GMI in der Lebensmittel- und Ernährungswirtschaft können vielfältige Ausprägungen

[75] Vgl. Eisenhardt und Graebner (2007: 27).
[76] Vgl. Eisenhardt (1989: 537); Yin (2018: 40 f.).
[77] Vgl. Yin (2018: 46 f.).
[78] Vgl. Yin (2018: 130 ff.).
[79] Vgl. Yin (2018: 54 ff.).
[80] Vgl. Eisenhardt (1989: 537); Eisenhardt und Graebner (2007: 27).
[81] Vgl. Eisenhardt (1989: 545).
[82] Vgl. Silvia und Truzzi (2020: 15 f.); van Bommel et al. (2020: 10 f.).

in Form unterschiedlicher GM-Muster annehmen.[83] Jolink und Niesten (2015) zeigen, dass nachhaltige Unternehmer im Bereich der ökologischen Lebensmittelproduktion unterschiedliche GM umsetzen, abhängig von ihrer Vision und ihrer Sichtweise auf die ökonomische Komponente im GM.[84] Sie sind zudem ein wichtiger Faktor für den Übergang zu einem nachhaltigen Lebensmittel- und Ernährungssystem.[85] So können Unternehmen im Rahmen ihrer GM beispielsweise die Struktur der Wertschöpfungskette beeinflussen, indem sie diese verkürzen, regional vernetzen oder neue Wertschöpfungskanäle schaffen.[86] Darüber hinaus beeinflussen sie durch mediale und politische Aktivitäten die öffentliche Meinungsbildung, indem sie Themen wie Lebensmittelverschwendung oder die generelle Bedeutung von Lebensmitteln auf unterschiedliche Weise thematisieren. Der Abbau von Barrieren zwischen dem Konsum und der Erzeugung von Lebensmitteln durch GMI kann die Verbraucher aktiv dazu veranlassen, ihr Verhalten zu überdenken.[87] Dennoch kann das institutionelle Umfeld der Agrar- und Ernährungswirtschaft die Entwicklung nachhaltiger GM einschränken: Auf der Produktionsseite wird der Sektor weiterhin von Problemen im Zuge der industriellen Landwirtschaft, der Komplexität globaler Lieferketten, dem sinkenden Nährwert von Lebensmitteln, dem Verkauf und Transport von Lebensmitteln in Einwegverpackungen und der Ausbeutung von Arbeitskräften und Ressourcen in Entwicklungsländern geprägt.[88] Hinzu kommen Probleme wie Lebensmittelverschwendung und ungesunde Ernährungsgewohnheiten der Verbraucher, die zu Übergewicht und damit verbundenen Krankheiten führen.[89] Die Notwendigkeit, die Lebensmittelproduktion aufgrund der wachsenden Weltbevölkerung zu steigern und gleichzeitig den Grad der Nachhaltigkeit in der Lebensmittelwertschöpfungskette zu erhöhen, führt zu einem Spannungsfeld, das die Lebensmittel- und Ernährungsbranche zu einem geeigneten Untersuchungsfeld für die Wechselwirkungen zwischen nachhaltigen GMI und dem institutionellen Umfeld macht.[90]

[83] Vgl. Barth et al. (2021: 7 f.); Barth, Ulvenblad und Ulvenblad (2017: 5); Donner und Vries (2023: 9 f.); Mehrabi, Perez-Mesa und Giagnocavo (2022: 13 f.).

[84] Vgl. Jolink und Niesten (2015: 395 ff.).

[85] Vgl. Donner und Vries (2023: 11 f.); Franceschelli, Santoro und Candelo (2018: 2489); Nosratabadi, Mosavi und Lakner (2020: 19 f.).

[86] Vgl. Donner und Vries (2023: 9 f.); Ribeiro et al. (2018: 273).

[87] Vgl. Mehrabi, Perez-Mesa und Giagnocavo (2022: 10 ff.); Närvänen, Mattila und Mesiranta (2021: 613 f.).

[88] Vgl. Baker et al. (2020: 1 f.); Bocken und Short (2021: 5 ff.); IPCC (2019: 5); Reinecke et al. (2019: 11).

[89] Vgl. Bocken und Short (2021: 5 ff.); FAO et al. (2024); Papargyropoulou et al. (2014: 108).

[90] Vgl. Barth, Ulvenblad und Ulvenblad (2017: 3).

Gerade der Lebensmittel- und Ernährungssektor in Deutschland zeichnet sich einerseits durch Defizite bei der Erreichung nachhaltiger Ziele aus, andererseits befindet er sich in einer anhaltenden nachhaltigen Transitionsphase.[91] Er ist einer der wichtigsten Industriezweige in Deutschland und Deutschland selbst ist der drittgrößte Lebensmittelexporteur auf dem Weltmarkt.[92] Die Produktion und der Konsum von Nahrungsmitteln sind für 20 bis 30 % der Umweltbelastungen in Deutschland verantwortlich, insbesondere für CO2-Emissionen und Schadstoffe. Dies betrifft sowohl die landwirtschaftliche Erzeugung der Grundnahrungsmittel als auch deren Verarbeitung in der Lebensmittelindustrie.[93]

Primäres Kriterium für die Aufnahme des jeweiligen Unternehmens in die Fallstudienbetrachtung war das Vorhandensein eines GM, das den Kriterien eines nachhaltigen GM nach Upward und Jones (2016) und Evans et al. (2017) entspricht und sich in das Kategoriensystem nachhaltiger GM-Muster nach Lüdeke-Freund et al. (2018) einordnen lässt (siehe Anhang 3 im elektronischen Zusatzmaterial).[94] Um die Generalisierbarkeit der Ergebnisse trotz der Wahl eines spezifischen Kontextes zu gewährleisten, wurden Gruppen von Unternehmen und Fällen gebildet, die sich in den Wertschöpfungsdimensionen ihrer nachhaltigen GMI eher sozialen (Unternehmen A und F), ökologischen (Unternehmen C und E) und integrativen (Unternehmen B und D) GM-Muster und Schwerpunkten zuordnen lassen.[95] Zum anderen können die Unternehmen nach ihrer Größe in verschiedene Gruppen eingeteilt werden. Dabei erfolgt die Abgrenzung entsprechend der Empfehlung der Europäischen Kommission (siehe Anhang 4 im elektronischen Zusatzmaterial) in große Unternehmen (Unternehmen A, D und E), mittlere Unternehmen (Unternehmen B) und kleine Unternehmen (Unternehmen C und F).[96] Die Abgrenzung in beiden Dimensionen ermöglicht einen Vergleich unterschiedlicher GM-Muster, vielfältige Perspektiven und die Identifizierung von Unterschieden und Gemeinsamkeiten zwischen den Fällen.[97] Tabelle 6.1 gibt einen Überblick über die verschiedenen Fallstudienunternehmen.

---

[91] Vgl. LBBW Research (2022: 12); Umweltbundesamt (2019: 11 f., 2021: 11 ff.).

[92] Vgl. Bundesministerium für Wirtschaft und Klimaschutz (2025).

[93] Vgl. Umweltbundesamt (2025).

[94] Vgl. Evans et al. (2017: 604 f.); Lüdeke-Freund et al. (2018: 156 f.); Upward und Jones (2016: 103 ff.).

[95] Vgl. Eisenhardt (1989: 540 f.); Lüdeke-Freund et al. (2018: 154 ff.).

[96] Vgl. Europäische Kommission (2003: 39).

[97] Vgl. Polit und Beck (2010: 1454).

Tabelle 6.1 Übersicht der Fallstudienunternehmen[98]

Fall	Unternehmen	Beschreibung	Unternehmensart	Zuordnung nachhaltiges GM-Muster
1	A	Omnichannel-Lebensmitteleinzelhändler	Großes B2C-Unternehmen mit ca. 300 Mitarbeitern	sozial
2	B	Transparentes Lebensmittelhandelsunternehmen	Mittleres B2C-Unternehmen mit ca. 100 Mitarbeitern	integrativ
3	C	Lokaler Superfood-Hersteller	Kleines B2C-Unternehmen mit ca. 30 Mitarbeitern	ökologisch
4	D	Dienstleister für Mehrweg-Transportlösungen	Großes B2B-Unternehmen mit ca. 1800 Mitarbeitern	integrativ
5	E	Lebensmittelhersteller für pflanzliche Ersatzprodukte	Großes B2C- und B2B-Unternehmen mit ca. 380 Mitarbeitern	ökologisch
6	F	Inklusiver Lebensmittelhersteller	Kleines B2C-Unternehmen mit ca. 30 Mitarbeitern	sozial

[98] Eigene Darstellung.

Die **erste Fallstudie** befasst sich mit Unternehmen A, einem großen Business-to-Customer-(B2C)-Unternehmen, das sowohl einen digitalen Supermarkt als auch rund um die Uhr geöffnete Supermärkte in ländlichen Regionen betreibt. Eine Besonderheit von Unternehmen A ist, dass die Kunden aktiv an der Sortimentsgestaltung mitwirken und einer Genossenschaft beitreten können, um sich aktiv am GM zu beteiligen.[99] Darüber hinaus hat sich das Unternehmen zum Ziel gesetzt, einen fairen Wettbewerb zwischen kleinen und regionalen Lebensmittelherstellern und großen Lebensmittelkonzernen zu schaffen. Das GM von Unternehmen A stellt vor allem den sozialen Mehrwert in den Vordergrund, indem es sich mit seinem Wertangebot an benachteiligte Gruppen wie die ländliche Bevölkerung und kleine Lebensmittelproduzenten sowie an Verbrauchergruppen richtet, deren Entscheidungsspielraum durch das in herkömmlichen Supermärkten verfügbare Angebot eingeschränkt ist.[100]

Für die **zweite Fallstudie** wurde Unternehmen B ausgewählt, ein mittelgroßes B2C-Unternehmen, das sich auf den Verkauf von Bio-Lebensmitteln spezialisiert hat. Das Unternehmen setzt auf ökologische Landwirtschaft und nachhaltige Fangmethoden, um die Artenvielfalt zu schützen und die Böden zu schonen.[101] Ein besonderes Merkmal von Unternehmen A ist der Fokus auf eine nachhaltige und transparente Wertschöpfungskette. Die Vielfalt der Produkte, darunter Fisch aus ökologischer Aquakultur oder nachhaltigem Wildfang, Kartoffelprodukte sowie Getreideprodukte aus ökologisch regenerativem Anbau, ermöglicht es, die Herkunft der Produkte und der darin enthaltenen Rohstoffe über einen QR-Code zurückzuverfolgen.[102] Das GM von Unternehmen B betont ökologische, ökonomische und soziale Komponenten gleichermaßen, da es darauf ausgelegt ist, durch Innovationen sowohl die vorgelagerten (Partner, Ressourcen, Kompetenzen) als auch die nachgelagerten (Kunden, Beziehungen, Kanäle) Komponenten der Wertschöpfungskette zu verändern.[103]

In der **dritten Fallstudie** geht es um Unternehmen C, ein kleines B2C-Unternehmen, das sich auf die Herstellung und den Verkauf von so genannten

[99] Vgl. Unternehmen A, Webseite (1).

[100] Vgl. Unternehmen A, Broschüre.

[101] Vgl. Unternehmen B, Webseite (1).

[102] Vgl. Unternehmen B, Webseite (2).

[103] Vgl. Unternehmen B, Nachhaltigkeitsbericht.

Superfoods[104] spezialisiert hat.[105] Unternehmen A arbeitet eng mit deutschen Bio-Landwirten und nachhaltigen Lebensmittelherstellern zusammen und stellt seine Produkte in Handarbeit her. Das GM von Unternehmen A stellt vor allem den ökologischen Mehrwert in den Vordergrund, da bewusst biologische, vegane und plastikfreie Produkte entwickelt und hergestellt werden, die als Gegenentwurf zur industriellen Lebensmittelproduktion gesehen werden können.[106]

Die **vierte Fallstudie** befasst sich mit Unternehmen D, einem großen internationalen Business-to-Business-(B2B)-Unternehmen, das sich auf Mehrwegverpackungslösungen für frische Lebensmittel spezialisiert ist. Das GM des Unternehmens basiert auf der Vermietung von wiederverwendbaren Verpackungsbehältern an Kunden. Die Verteilung, Bewegung, Aufbereitung und Wiederverwendung der Behälter wird von Unternehmen D in einem Pooling-System verwaltet, das eine effiziente Nutzung und Wiederverwendung sicherstellt.[107] Im Gegensatz zu Einwegverpackungen bleiben Mehrwegverpackungen länger im Umlauf und sind widerstandsfähiger, wodurch die Lebensmittel länger frisch bleiben und die Lebensmittelverschwendung verringert wird.[108] Das GM von Unternehmen D betont, ähnlich wie das von Unternehmen B, ökologische, ökonomische und soziale Komponenten gleichermaßen, da es eine nachhaltigere und effizientere Lieferkette schafft, indem es die Prinzipien der Kreislaufwirtschaft umsetzt und Innovationen in der gesamten Lebensmittellieferkette implementiert.[109]

In der **fünften Fallstudie** geht es um Unternehmen E, ein großes B2C- und B2B-Unternehmen, das sich auf die Entwicklung und Produktion von pflanzlichen Lebensmitteln spezialisiert hat. Das Unternehmen bietet eine Vielzahl von veganen und pflanzlichen Produkten an, die biologisch und nachhaltig produziert werden.[110] Unternehmen E legt großen Wert auf Qualität und Innovation und setzt gezielt Industrie-4.0-Technologien ein, um auch im großen Maßstab effizient produzieren zu können. Es ist bekannt für flexible und kundenspezifische

---

[104] Superfoods sind Lebensmittel, die für ihren hohen Gehalt an essentiellen Nährstoffen und Antioxidantien bekannt sind und denen verschiedene gesundheitliche Vorteile zugeschrieben werden (Vgl. Jagdale et al. (2021: 1 f.)).

[105] Vgl. Unternehmen C, Webseite (1).

[106] Vgl. Experte 5; Unternehmen C, Interview mit Gründer (1).

[107] Vgl. Experte 7; Unternehmen D, Webseite (1).

[108] Vgl. Unternehmen D, Webseite (2).

[109] Vgl. Unternehmen D, Nachhaltigkeitsbericht.

[110] Vgl. Unternehmen E, Webseite (1); Unternehmen E, Factsheet.

Lösungen in der Lebensmittelproduktion und bietet White-Label-Lösungen[111] für bekannte und etablierte Hersteller und Supermarktketten an.[112] Das GM von Unternehmen E betont vor allem den ökologischen Mehrwert, da Rohstoffe möglichst lokal bezogen werden, lange Lieferketten vermieden werden und die Produkte vegane Alternativen zu tierischen Lebensmitteln darstellen.[113]

Für die **sechste Fallstudie** wurde Unternehmen F ausgewählt, ein kleines B2C-Unternehmen, das sich auf die Herstellung von biologischen und handgefertigten Frühstücksprodukten spezialisiert hat.[114] Ein besonderes Merkmal von Unternehmen F ist, dass es nicht nur auf biologische Zutaten und hohe Qualität setzt, sondern auch soziale Verantwortung übernimmt. Im Unternehmen arbeiten überwiegend Menschen, die aufgrund ihrer Lebensgeschichte oft Schwierigkeiten haben, auf dem Arbeitsmarkt Fuß zu fassen. Darüber hinaus berät Unternehmen F andere Unternehmen bei der Integration von Menschen mit schwierigen Lebensläufen und entwickelt mit wissenschaftlicher Unterstützung ein auf andere Unternehmen übertragbares soziales Beschäftigungsmodell. Das GM von Unternehmen F stellt vor allem den sozialen Mehrwert in den Vordergrund, indem für eine am Arbeitsmarkt benachteiligte Personengruppe Werte geschaffen werden, die durch die Reintegration in die Arbeitswelt die Möglichkeit erhalten, wieder am gesellschaftlichen Leben teilzunehmen.[115]

Innerhalb der Fallstudienunternehmen wurden geeignete Ansprechpartner aus für die Untersuchung relevanten Unternehmensbereichen mit entsprechender Expertise kontaktiert. Insgesamt wurden im Zeitraum von April 2024 bis September 2024 15 deutschsprachige Interviews geführt, von denen letztlich 12 Interviews in die Fallstudienanalyse einflossen. In Summe ergaben sich daraus 644 Minuten an primären Interviewdaten, die durch sekundäre Interviewdaten aus Interviews mit Gründern und Mitarbeitern der Fallstudienunternehmen in öffentlichen Medien mit einer Gesamtlänge von 1.438 Minuten ergänzt wurden. Nützliche Informationen konnten auch auf den Webseiten der Unternehmen, in ihren Pressemitteilungen und öffentlichen Berichten gefunden werden. Tabelle 6.2 enthält eine Zusammenfassung der gesammelten Daten.

---

[111] White-Label-Lösungen beschreiben ein Produkt oder eine Dienstleistung, die von einem Unternehmen hergestellt oder entwickelt und unter dem Namen eines anderen Unternehmens an die Öffentlichkeit verkauft wird (Vgl. Cambridge Dictionary (2025b)).

[112] Vgl. Experte 8.

[113] Vgl. Unternehmen E, Webseite (2).

[114] Vgl. Unternehmen F, Webseite (1).

[115] Vgl. Experte 9; Unternehmen F, Webseite (2).

Tabelle 6.2 Übersicht über Datenquellen in den Fallstudien[116]

Fallstudie	Experte	Unternehmensbereich	Gesprächsdauer	Weitere Datenquellen (Anzahl der Quellen)
1	Experte 1	Geschäftsleitung	Interview 1: 60 Minuten Interview 2: 35 Minuten	• Öffentlich verfügbare Interviews mit Mitarbeitern und Gründern (9) • Webseite (5) • sonstige Dokumente (6)
	Experte 2	Geschäftsleitung	45 Minuten	
2	Experte 3	Nachhaltigkeits- und Umweltanalyse	74 Minuten	• Öffentlich verfügbare Interviews mit Mitarbeitern und Gründern (5) • Webseite (12) • Pressemitteilungen (6) • Nachhaltigkeitsberichte (1) • sonstige Dokumente (1)
	Experte 4	Marketing	66 Minuten	
3	Experte 5	Geschäftsführung	58 Minuten	• Öffentlich verfügbare Interviews mit Mitarbeitern und Gründern (12) • Webseite (9) • sonstige Dokumente (2)
	Experte 6	Geschäftsführung	42 Minuten	
4	Experte 7	Kunden- und Technologiemanagement	Interview 1: 63 Minuten Interview 2: 46 Minuten	• Öffentlich verfügbare Interviews mit Mitarbeitern und Gründern (2) • Webseite (50) • Pressemitteilungen (27) • Nachhaltigkeitsberichte (1) • sonstige Dokumente (1)

(Fortsetzung)

116 Eigene Darstellung.

Tabelle 6.2 (Fortsetzung)

Fallstudie	Experte	Unternehmensbereich	Gesprächsdauer	Weitere Datenquellen (Anzahl der Quellen)
5	Experte 8	Geschäftsführung	Interview 1: 53 Minuten Interview 2: 37 Minuten	• Öffentlich verfügbare Interviews mit Mitarbeitern und Gründern (6) • Webseite (11) • Pressemitteilungen (16) • sonstige Dokumente (4)
6	Experte 9	Produktionsleitung	65 Minuten	• Öffentlich verfügbare Interviews mit Mitarbeitern und Gründern (11) • Webseite (4) • sonstige Dokumente (3)

In den folgenden Einzelfallbetrachtungen (Abschnitten 6.3 bis 6.8) werden die jeweiligen Fallunternehmen im Kontext des theoretischen Bezugsrahmens und der Propositionen beschrieben. Zunächst wird das GM vorgestellt, danach werden die Aktivitäten des Unternehmens im Sinne von institutionellem Entrepreneurship dargestellt und abschließend wird auf institutionelle Einflussfaktoren im Rahmen von nachhaltigen GMI eingegangen.

6.3 Fallstudie 1: Omnichannel-Lebensmitteleinzelhändler

6.3.1 Unternehmen und Geschäftsmodell

Unternehmen A, ein 2016 gegründetes Unternehmen mit Sitz in Deutschland, hat sich auf den Lebensmitteleinzelhandel (LEH) spezialisiert und verfolgt ein GM, das die Digitalisierung des Einkaufserlebnisses, die Stärkung regionaler Wirtschaftskreisläufe und die aktive Beteiligung der Kunden verbindet.[117] Die Geschäftsidee entstand aus der Beobachtung, dass insbesondere in ländlichen Regionen die Nahversorgung durch die Schließung von Supermärkten zunehmend problematisch wird und gleichzeitig neue digitale Technologien den Konsum von Lebensmitteln grundlegend verändern.[118] Unternehmen A hat sich seit seiner Gründung als *Omnichannel*-Retailer[119] positioniert, der sowohl stationäre als auch digitale Supermärkte betreibt. Mit seinem innovativen Nahversorgungskonzept in strukturschwachen Regionen bietet es nicht nur eine Lösung für fehlende Einkaufsmöglichkeiten vor Ort, sondern nutzt auch die Chancen der Digitalisierung, um Offline- und Online-Shopping rund um die Uhr zu ermöglichen.[120]

Das **Wertangebot** von Unternehmen A ist eng mit der Lösung struktureller Versorgungsprobleme, insbesondere in ländlichen Regionen, verbunden. Ein zentrales Problem im ländlichen Raum ist der Rückgang der lokalen Supermärkte und damit die eingeschränkte Verfügbarkeit von Lebensmitteln für die

---

[117] Vgl. Unternehmen A, Video.

[118] Vgl. Experte 1.

[119] Omnichannel-Retailing beschreibt einen Ansatz im Handel, bei dem den Kunden ein nahtloses und einheitliches Einkaufserlebnis geboten wird – unabhängig davon, ob sie online oder in einem physischen Geschäft einkaufen (Vgl. Cambridge Dictionary (2025a)).

[120] Vgl. Unternehmen A, Medienbriefing.

Bevölkerung.[121] Unternehmen A reagiert auf dieses Problem, indem es Nahversorgungsläden in diesen Gebieten eröffnet, die der ländlichen Bevölkerung eine verlässliche Einkaufsmöglichkeit bieten. Das Unternehmen hat jedoch nicht nur eine lokale, sondern auch eine digitale Lösung entwickelt: Über eine Online-Plattform ermöglicht Unternehmen A seinen Kunden, rund um die Uhr einzukaufen, was sowohl für Bewohner ländlicher als auch städtischer Gebiete von Vorteil ist.[122]

Die **Wertschöpfung und -lieferung** von Unternehmen A basieren auf einem Zusammenspiel von physischen und digitalen Ressourcen sowie einem Partnernetzwerk, das auf eine nachhaltige und effiziente Verteilung von Lebensmitteln abzielt. Die Eröffnung von Nahversorgungsläden in ländlichen Regionen ist ein zentrales Element, um den Zugang zu Lebensmitteln vor Ort zu gewährleisten.[123] Die eröffneten Supermärkte sind voll digitalisiert, rund um die Uhr geöffnet und teilweise mit Personal besetzt.[124] Der Wertschöpfungsprozess von Unternehmen A ist durch ein komplexes Sortimentsmanagement gekennzeichnet. Dabei werden nicht nur neue Produkte im Rahmen der Konsumentenbeteiligung eingeführt, sondern auch Produkte großer Lebensmittelhersteller mit denen kleiner regionaler Anbieter kombiniert.[125]

Die **Wertaneigung** von Unternehmen A erfolgt über mehrere miteinander verbundene Einnahmequellen, die sowohl monetäre als auch soziale Komponenten umfassen. Die Haupteinnahmequelle ist der Verkauf von Produkten in physischen Supermärkten und im Onlineshop, die beide ein breites Sortiment an Standard- und Spezialprodukten anbieten.[126] Neben der Generierung von direktem Umsatz bietet das Unternehmen kleinen Produzenten eine Plattform, um ihre Sichtbarkeit auf dem Markt zu erhöhen. Dies stellt nicht nur einen Mehrwert für die Erzeuger dar, sondern ermöglicht dem Unternehmen auch, von einer erweiterten Produktvielfalt zu profitieren, die es von anderen Wettbewerbern abhebt.[127] Ein weiteres wichtiges Element der Wertschöpfung ist die Kundenbindung durch Mitbestimmung. Die Kunden von Unternehmen A können Genossenschaftsanteile erwerben und so nicht nur am wirtschaftlichen Erfolg des Unternehmens teilhaben, sondern

[121] Unternehmen A, Medienbriefing.

[122] Unternehmen A, Interview mit Mitarbeiter (1).

[123] Vgl. Experte 1.

[124] Vgl. Unternehmen A, Broschüre.

[125] Vgl. Experte 2.

[126] Vgl. Experte 1.

[127] Vgl. Experte 2.

auch aktiv Einfluss auf strategische Entscheidungen nehmen.[128] Die Kostenstruktur des Unternehmens ist maßgeblich durch Investitionen in die Eröffnung und den Betrieb der Nahversorgerläden sowie in die Automatisierung der Logistik geprägt.[129]

6.3.2 Analyse der Aktivitäten im Kontext von institutionellem Entrepreneurship

Visionsbildungsprozesse

Im **diagnostischen Framing**-Prozess legt Unternehmen A die Defizite des konventionellen LEH offen. Ein zentrales Problem, das adressiert wird, ist die Machtkonzentration im LEH, der weitgehend von finanziellen Interessen bestimmt wird.[130] Unternehmen A beschreibt den konventionellen LEH als *„Friss-oder-Stirb"*-Modell, in dem Konsumenten dem vorgegebenen Sortiment ausgeliefert sind und kaum Mitbestimmungsmöglichkeiten haben.[131] Ein weiterer kritischer Punkt betrifft die Benachteiligung kleiner und regionaler Hersteller. Unternehmen A diagnostiziert, dass viele kleine Produzenten aufgrund des hohen Kostendrucks und der kurzen Verweildauer im LEH nur begrenzt Zugang zu den Supermarktregalen erhalten.[132] Darüber hinaus stellt Unternehmen A die Versorgungslücke im ländlichen Raum als großes Problem heraus. Mit dem Aussterben von Supermärkten auf dem Land, insbesondere in Regionen mit einer älteren und weniger mobilen Bevölkerung, wächst die Herausforderung, eine Grundversorgung aufrechtzuerhalten.[133] Hier diagnostiziert das Unternehmen ein klares Versagen des konventionellen LEH, der ländliche Gebiete nicht ausreichend bedient.[134]

Auf Basis dieser Diagnose entwickelt Unternehmen A eine Vision, die den Menschen in den Mittelpunkt stellt und demokratische Teilhabe am Handel fördert. Durch das **prognostische Framing** präsentiert das Unternehmen seine neuen Praktiken als überlegene Alternative zum bestehenden System. Dabei

[128] Vgl. Unternehmen A, Webseite (2).

[129] Vgl. Experte 1.

[130] Vgl. Unternehmen A, Vortrag (1); Unternehmen A, Interview mit Gründer (1); Unternehmen A, Interview mit Mitarbeiter (1).

[131] Vgl. Experte 1; Unternehmen A, Vortrag (1).

[132] Vgl. Experte 2.

[133] Vgl. Unternehmen A, Broschüre; Unternehmen A, Medienbriefing.

[134] Vgl. Experte 1.

betont Unternehmen A, dass es nicht nur um eine Veränderung der Handelsstrukturen, sondern um eine tiefgreifende Neuausrichtung auf die Bedürfnisse der Menschen geht.[135] Unternehmen A verfolgt das Ziel, eine neue Form der Zusammenarbeit zwischen Kunden und Herstellern zu schaffen, die auf Fairness, Mitbestimmung und Transparenz beruht.[136] Dies wird insbesondere durch die Einführung einer genossenschaftlichen Organisationsform unterstützt. Unternehmen A positioniert sich nicht nur als Anbieter von Produkten, sondern als Plattform, die Menschen zusammenbringt und ihnen ermöglicht, den Supermarkt der Zukunft aktiv mitzugestalten.[137] Es wird dabei eine Symbiose aus den Vorzügen eines traditionellen Tante-Emma-Ladens (Nähe, persönliche Bindung) und eines hochmodernen, rund um die Uhr geöffneten Supermarkts (Flexibilität, breites Sortiment) geschaffen.[138]

Das **motivationale Framing** von Unternehmen A zielt darauf ab, breite Unterstützung für den eigenen GM-Ansatz zu gewinnen. Unternehmen A nutzt dabei narrative und diskursive Mittel, um sowohl Kunden als auch Hersteller als Pioniere darzustellen, die an einem neuartigen und zukunftsorientierten Projekt teilnehmen.[139] Besonders wichtig in der Kommunikation von Unternehmen A ist die Betonung der Teilhabe durch die genossenschaftliche Struktur. Kunden wird die Möglichkeit gegeben, nicht nur Konsument zu sein, sondern durch ihre Mitbestimmung aktiv Einfluss auf die Entwicklung des Unternehmens und das angebotene Sortiment zu nehmen. Diese demokratische Beteiligung wird als wesentlicher Teil der neuen Handelsphilosophie dargestellt, was den kollektiven Gedanken und die Bereitschaft zur Unterstützung des Wandels fördert.[140] Auch für kleine und regionale Hersteller bietet das motivationale Framing klare Anreize. Unternehmen A stellt sich als *„Heimat"* für kleine Hersteller dar, die ihre Produkte in einem fairen und transparenten Umfeld vermarkten können.[141] Besondere Aufmerksamkeit widmet Unternehmen A den ländlichen Regionen. Durch die Schaffung von Nahversorgungsläden wird nicht nur die Versorgungslücke geschlossen, sondern es wird auch der soziale und menschliche Aspekt in den Mittelpunkt gerückt.[142]

---

[135] Vgl. Unternehmen A, Interview mit Gründer (1); Unternehmen A, Vortrag (2).

[136] Vgl. Unternehmen A, Interview mit Gründer (2).

[137] Vgl. Unternehmen A, Interview mit Mitarbeiter (1).

[138] Vgl. Experte 1; Unternehmen A, Webseite (3).

[139] Vgl. Experte 2; Unternehmen A, Interview mit Mitarbeiter (1).

[140] Vgl. Experte 1; Unternehmen A, Interview mit Gründer (1).

[141] Vgl. Unternehmen A, Video.

[142] Vgl. Experte 1; Unternehmen A, Broschüre.

Mobilisierung von Ressourcen

Das GM von Unternehmen A basiert auf Kooperationen mit verschiedenen Akteuren. Diese Kooperationen sind vor dem Hintergrund zu sehen, zusätzliches Know-how für eine reibungslose und effiziente Durchführung der Wertschöpfung zu erlangen, Zugang zu materiellen bzw. infrastrukturellen Ressourcen zu erhalten und das eigene Wertangebot durch die Integration von Partnerressourcen zu verbessern. In der Anfangsphase konnte Unternehmen A vor allem von seinen Verbindungen zu einem großen Marktforschungsunternehmen profitieren, das einerseits **personelle Ressourcen** wie Mitarbeiter und **Know-how** zur Verfügung stellte und andererseits das Unternehmen auch mit finanziellen Ressourcen unterstützte.[143]

Um die Wertschöpfung effizient zu gestalten, profitiert Unternehmen A von den **Kompetenzen seiner Partner**, die regionales und überregionales Wissen einbringen. So bündelt Unternehmen A mit der Eröffnung seiner Nahversorgungsläden unterschiedliche Kompetenzen von Unternehmen und Dienstleistern vor Ort. Dabei steht vor allem die Einbindung von handwerklichen und technischen Dienstleistungen im Vordergrund, aber auch die Nutzung von partnerschaftlichem Wissen über regionale Strukturen.[144] Den Betrieb der digitalisierten Nahversorgungsläden übernehmen große Technologie- und Kommunikationsdienstleister, mit denen vertragliche Vereinbarungen über die Funktionalität der Supermärkte getroffen werden.[145]

Um vor allem **finanzielle Ressourcen** zu mobilisieren, richtet Unternehmen A sein GM eng an den Kundenbedürfnissen aus. Dies zeigt sich in der Kombination von Online- und stationärem Handel, die dem Kunden Flexibilität garantiert.[146] Unternehmen A möchte mit seinem Sortiment möglichst viele Bedürfnisse abdecken, indem es sowohl das Standardsortiment als auch neue und eher unbekannte Produkte anbietet.[147] Unternehmen A versucht, die Gewöhnung der Kunden an volldigitalisierte Supermärkte möglichst reibungslos zu gestalten, indem zusätzliche Öffnungszeiten mit Personal angeboten werden. Der Online-Shop von Unternehmen A soll als Erweiterung des stationären Handels dienen. Die Integration der beiden Einkaufsmöglichkeiten ist dabei von hoher Relevanz:

[143] Vgl. Experte 1; Unternehmen A, Video.

[144] Vgl. Experte 1.

[145] Vgl. Experte 1; Unternehmen A, Webseite Partner.

[146] Vgl. Unternehmen A, Broschüre.

[147] Vgl. Experte 2.

Kunden sollen die Möglichkeit haben, spezielle Produkte online zu bestellen und im Supermarkt vor Ort abzuholen.[148]

Unternehmen A nutzt die **lokale Infrastruktur** an den jeweiligen Standorten seiner Supermärkte. Bestehende Gebäude werden renoviert und zu lokalen, digitalisierten Supermärkten umgebaut. Durch die Nutzung der Supermärkte als logistische Knotenpunkte und die Einbindung lokaler Akteure, z. B. durch den Betrieb der Supermärkte durch Dorfbewohner, wird lokales Sozialkapital aktiviert.[149] Grundvoraussetzung für die Eröffnung des Supermarktes in den Gemeinden ist die Mitgliedschaft von mindestens 300 Gemeindebürgern in der Genossenschaft von Unternehmen A. Die Mitgliedsgebühr beträgt zum Zeitpunkt der Fallstudie 100 € pro beitretender Person.[150] Neben der Mobilisierung von Kapital steht bei dieser Bedingung vor allem das Einholen eines Zugeständnisses der jeweiligen Dorfgemeinschaft und damit die Prüfung der wirtschaftlichen Tragfähigkeit im Vordergrund.[151]

Netzwerke aufbauen und erweitern

Ein zentraler Aspekt der Netzwerkstrategie von Unternehmen A ist die **Einbindung lokaler Gemeinschaften** und die Schaffung einer Identifikation der Bevölkerung mit dem Projekt.[152] Durch das Konzept der *Co-Creation*[153] werden die Dorfbewohner aktiv in die Planung und Umsetzung der Supermärkte einbezogen. So kann beispielsweise Einfluss auf die ästhetische Gestaltung, das Sortiment und die personalbesetzten Öffnungszeiten des Supermarktes genommen werden.[154] Ereignisse wie die Eröffnung von Supermärkten, die oft von den Medien begleitet und als Fest gefeiert werden, tragen dazu bei, die Sichtbarkeit von Unternehmen A und die Legitimität des Projekts zu erhöhen.[155] Indem sich die Gemeinden aktiv für die Umsetzung der Supermärkte bewerben und nicht das Unternehmen den Standort auswählt, wird der konventionelle

[148] Vgl. Experte 1; Unternehmen A, Interview mit Mitarbeiter (3).

[149] Vgl. Experte 1.

[150] Vgl. Unternehmen A, Webseite (4); Unternehmen A, Webseite (5).

[151] Vgl. Experte 1.

[152] Vgl. Experte 1; Unternehmen A, Webseite (3).

[153] Co-Creation beschreibt die gemeinsame Wertschöpfung von Organisationen und Kunden durch deren aktive Beteiligung, z. B. in der Phase des Produktdesigns oder während der späteren Nutzung (Vgl. Payne, Storbacka und Frow (2008: 83 f.)).

[154] Vgl. Experte 1; Unternehmen A, Broschüre.

[155] Vgl. Experte 1; Unternehmen A, Interview mit Mitarbeiter (3).

Entscheidungsprozess umgekehrt. Im Bewerbungsverfahren muss die Dorfgemeinschaft geschlossen auftreten und eine gemeinsame Bewerbung einreichen.[156] Durch dieses Gemeinschaftsgefühl schafft das Unternehmen eine starke kommunale Bindung und revitalisiert die Dorfgemeinschaft als wesentliches Element der Netzwerkstrategie, indem es lokale Ressourcen mobilisiert und die Beteiligten langfristig an das Unternehmen bindet.[157] Dazu gehören auch Werte wie Fairness, Demokratie und Partizipation durch die Bildung einer Genossenschaft.[158] Unternehmen A gründet mit der Eröffnung des jeweiligen Supermarktes eine zusätzliche Niederlassung in der jeweiligen Gemeinde, um Steuern direkt vor Ort zu zahlen und die Wertschöpfung im jeweiligen Dorf zu belassen.[159]

Neben der Einbindung lokaler Gemeinschaften legt Unternehmen A großen Wert auf die **Unterstützung kleiner Produzenten**, insbesondere von Start-ups im Lebensmittelbereich. In diesem Zusammenhang zeigt sich ein weiterer wichtiger Aspekt der Netzwerkbildung: Unternehmen A bietet diesen Herstellern nicht nur eine Plattform zur Präsentation ihrer Produkte, sondern unterstützt sie aktiv mit Ressourcen und Wissen. So wird beispielsweise durch spezielle Produktplatzierungen und direkte Feedbackprozesse eine enge Zusammenarbeit zwischen Herstellern und Konsumenten ermöglicht. Darüber hinaus unterstützt Unternehmen A Start-ups aktiv beim Aufbau unternehmerischer Strukturen, wie z. B. eines funktionierenden Logistiksystems.[160] Die Hersteller werden zusätzlich mit Daten unterstützt, die das Unternehmen im Rahmen des Verkaufs der jeweiligen Produkte sammelt.[161]

Ein wichtiger Bestandteil der Netzwerkstrategie von Unternehmen A ist in diesem Zusammenhang die **Aufklärung der Konsumenten**. Ziel ist es, den Konsumenten neue Informationen und Kriterien an die Hand zu geben, damit sie fundierte Kaufentscheidungen treffen können. Indem das Unternehmen den Konsumenten hilft, bewusste und informierte Entscheidungen zu treffen, wird ein Netzwerk von engagierten und gut informierten Konsumenten aufgebaut, die die Werte von Unternehmen A teilen und unterstützen.[162]

---

[156] Vgl. Experte 1; Unternehmen A, Webseite (5).

[157] Vgl. Experte 1; Unternehmen A, Interview mit Gründer (1).

[158] Vgl. Unternehmen A, Interview mit Mitarbeiter (1); Unternehmen A, Interview mit Mitarbeiter (2).

[159] Vgl. Experte 1.

[160] Vgl. Experte 2.

[161] Vgl. Experte 2.

[162] Vgl. Experte 1; Unternehmen A, Interview mit Mitarbeiter (1).

6.3.3 Analyse der institutionellen Einflussfaktoren auf nachhaltige Geschäftsmodellinnovationen

Die Bekämpfung der Verödung ländlicher Regionen als Folge der Urbanisierung ist ein politisch relevantes Thema, weshalb die Geschäftsidee von Unternehmen A bei **politischen Entscheidungsträgern** auf Interesse stößt.[163] Eine wichtige Rolle bei der GMI von Unternehmen A spielte das Engagement des Bundeslandes, in dem das Unternehmen tätig ist. So hat das Bundesland die Umsetzung des automatisierten Logistikzentrums bezuschusst und spezielle Kredite vergeben.[164] Darüber hinaus hat das Bundesland Unternehmen A eine Landesbürgschaft für Bankdarlehen gewährt. Diese finanzielle Absicherung hat es dem Unternehmen ermöglicht, zusätzliche Investitionen zu tätigen und innovative Projekte schneller umzusetzen.[165] Zusätzlich wurde Unternehmen A als systemrelevante Technologie durch das Bundesministerium für Wirtschaft eingestuft, was den Zugang zu weiteren Förderprogrammen auf Bundesebene eröffnete. Diese Einstufung ermöglichte es Investoren, bis zu 20 % ihrer Investitionen über ein staatlich gefördertes Programm zurückzuerhalten, was die Attraktivität von Investitionen in das Unternehmen erhöhte und somit die Kapitalbeschaffung erleichterte.[166] Neben der finanziellen Unterstützung auf Landes- und Bundesebene hat auch die kommunalpolitische Unterstützung eine wichtige Rolle in der Entwicklung des GM von Unternehmen A gespielt. Insbesondere in ländlichen Regionen hat das Unternehmen von der engen Zusammenarbeit mit Ortsbürgermeistern und anderen kommunalen Entscheidungsträgern profitiert. In vielen Fällen fungierten die Ortsbürgermeister als Treiber für die Expansion des Unternehmens in lokale Märkte, insbesondere in Regionen mit unzureichender Versorgung durch konventionelle Handelsstrukturen.[167]

Eine besondere Herausforderung und zugleich eine Gelegenheit für Unternehmen A stellte das unterschiedliche rechtliche Umfeld in den Bundesländern dar, insbesondere in Bezug auf die Ladenschlussgesetze. Während in einigen Bundesländern strikte Regelungen gelten, die den Betrieb von rund um die Uhr geöffneten Supermärkten einschränken, gibt es in anderen Bundesländern mehr Flexibilität. Diese unterschiedliche Handhabung ermöglichte es Unternehmen A,

[163] Vgl. Experte 1; Unternehmen A, Interview mit Mitarbeiter (3).

[164] Vgl. Experte 1; Unternehmen A, Medienbriefing.

[165] Vgl. Experte 1.

[166] Vgl. Experte 1; Unternehmen A, Video.

[167] Vgl. Experte 1; Unternehmen A, Vortrag (2); Unternehmen A, Interview mit Mitarbeiter (3).

in bestimmten Regionen innovative Verkaufsstrategien zu testen, wie etwa die Einführung von vollautomatisierten Supermärkten, die ohne Personal auskommen und rund um die Uhr geöffnet sind.[168]

Kunden spielen eine zentrale Rolle bei der Entwicklung und Anpassung des GM, insbesondere durch ihre aktive Beteiligung an Entscheidungsprozessen und ihren Wunsch nach Transparenz, Mitbestimmung und Nähe.[169] Die enge Kundenbindung und der Anspruch der Kunden, das Unternehmen mitzugestalten, haben zu einer Weiterentwicklung des GM von Unternehmen A geführt. Ursprünglich als reiner Online-Supermarkt geplant, zeigte sich durch den Input der Kunden die Notwendigkeit einer Nahversorgungslösung, insbesondere in strukturschwachen Regionen. So entstand das stationäre Konzept mit digitalisierten Supermärkten. Diese sind zu bestimmten Öffnungszeiten personell besetzt, um den Bedürfnissen der Kunden gerecht zu werden.[170] Im institutionellen Kontext spielt das gestiegene Bewusstsein der Kunden für Nachhaltigkeit und faire Produktion eine besondere Rolle. Unternehmen A reagiert auf die wachsende Zahl von Verbrauchern, die sich für Themen wie Ernährung und faire Produktion interessieren.[171] Die Kunden wollen laut Unternehmen A keine vorgefertigten Lösungen, sondern aktiv in Entscheidungsprozesse eingebunden werden. Sie erwarten Transparenz, Offenheit und die Möglichkeit, das Unternehmen in seiner Entwicklung zu begleiten.[172]

Insbesondere während der COVID-19-Pandemie haben sich die Bedürfnisse der Kunden verändert. Sie suchten nach Alternativen zum traditionellen Konsum, wollten neue Produkte kennenlernen und legten gleichzeitig weniger Wert auf schnelle Lieferungen, sondern mehr auf Nachhaltigkeit und Planbarkeit. Unternehmen A reagierte auf diesen Wandel, indem es alternative Produkte anbot und ein flexibles Lieferkonzept einführte, das auf einem festen Liefertag basierte, anstatt auf der Lieferung am selben Tag.[173] In diesem Kontext hat auch die Digitalisierung die Beziehung zwischen Unternehmen und Kunden stark verändert. Durch die verstärkte Nutzung digitaler Plattformen haben Kunden gelernt, mit Unternehmen in Dialog zu treten, und sind damit zu einem wichtigen Faktor bei der Gestaltung von GM geworden. Unternehmen A hat diesen Wandel erkannt

[168] Vgl. Experte 1.

[169] Vgl. Experte 1; Unternehmen A, Interview mit Mitarbeiter (2).

[170] Vgl. Experte 1; Unternehmen A, Interview mit Mitarbeiter (3).

[171] Vgl. Unternehmen A, Interview mit Gründer (4).

[172] Vgl. Experte 1; Unternehmen A, Interview mit Mitarbeiter (2); Unternehmen A, Interview mit Mitarbeiter (3).

[173] Vgl. Experte 2; Unternehmen A, Interview mit Mitarbeiter (4).

und eine Vielzahl digitaler Interaktionsmöglichkeiten geschaffen, bei denen die Kunden nicht nur über die Einführung neuer Produkte abstimmen, sondern auch deren Präsentation auf der Webseite beeinflussen können.[174]

Die GMI von Unternehmen A ist stark von der Integration **innovativer Technologien und der fortschreitenden Digitalisierung** geprägt. Beide Faktoren haben wesentlich zur Weiterentwicklung des GM beigetragen, indem sie Prozesse optimiert, das Kundenerlebnis verbessert und Kosten gesenkt haben.[175] In den stationären Supermärkten von Unternehmen A kommen Technologien wie digitale Kassensysteme, Scanner und Chipkarten zum Einsatz, die es den Kunden ermöglichen, den Einkaufsprozess weitgehend selbstständig durchzuführen. Diese technologischen Innovationen ersetzen weitgehend die manuelle Arbeit in den Filialen, so dass die Mitarbeiter vor Ort hauptsächlich für das Auffüllen der Regale zuständig sind. Dies stellt eine signifikante Kostenersparnis dar, die es Unternehmen A ermöglicht, stationäre Märkte auch in ländlichen Regionen wirtschaftlich zu betreiben.[176] Zudem unterstützen innovative Technologien die Verknüpfung von Online- und Offline-Welt und schaffen so ein flexibles Einkaufserlebnis für die Kunden. Der Online-Shop fungiert als verlängerter Arm der stationären Filialen und bietet ein breites Sortiment an Artikeln, die im stationären Handel oft nicht erhältlich sind.[177] Ein weiterer zentraler Aspekt der GMI von Unternehmen A ist der Einsatz fortschrittlicher Logistiktechnologien. Insbesondere die Integration von Robotik und automatisierten Lagersystemen, die in Kooperation mit spezialisierten Partnern umgesetzt wurden, hat eine entscheidende Rolle bei der Effizienzsteigerung und Kostenreduktion gespielt. Die Automatisierung in den Logistikzentren ermöglicht es Unternehmen A, große Warenmengen effizient zu lagern und zu verwalten, was insbesondere für den Online-Handel von zentraler Bedeutung ist.[178]

Unternehmen A orientiert sich vor allem an ökonomisch sinnvollen Aktivitäten erfolgreicher **Wettbewerber**.[179] Das Streben nach logistischen Innovationen ist ein zentraler Bestandteil der GMI von Unternehmen A, da eine schnelle und zuverlässige Lieferung von Lebensmitteln für den Erfolg des Unternehmens entscheidend ist. Unternehmen wie z. B. Amazon werden von Unternehmen A

[174] Vgl. Unternehmen A, Interview mit Gründer (4).

[175] Vgl. Experte 1.

[176] Vgl. Experte 1; Unternehmen A, Interview mit Mitarbeiter (3).

[177] Vgl. Experte 1; Unternehmen A, Interview mit Mitarbeiter (3).

[178] Vgl. Experte 1; Unternehmen A, Medienbriefing.

[179] Vgl. Experte 1.

hier als Vorbild für den Ablauf und die Perfektion logistischer Prozesse gesehen. Insbesondere im Hinblick auf den Einsatz von Robotik zur Abwicklung und Optimierung von Logistikprozessen lassen sich Parallelen zur Automatisierung der Logistik erkennen.[180] Für Unternehmen A ist zudem der Vergleich mit Unternehmen des LEH von Bedeutung. Diese Unternehmen bieten ein umfassendes Supermarktsortiment an, das als Standard im LEH gilt. Auch Unternehmen A strebt ein ähnliches Vollsortiment an.[181] Insbesondere die Präsentation regionaler Produkte, ein wichtiger Trend im LEH, hat Unternehmen A inspiriert.[182] Darüber hinaus sieht sich Unternehmen A in der Preisgestaltung eher auf dem Niveau des klassischen Lebensmitteleinzelhändlers und grenzt sich bewusst von Discountgeschäften[183] mit günstigeren Preisen ab.[184] Unternehmen A beobachtet insbesondere die Umsetzung von digitalen Supermarktkonzepten durch die Wettbewerber. Große Unternehmen im LEH haben frühzeitig begonnen, digitalisierte Supermärkte zu eröffnen, in denen technologische Innovationen getestet werden. Hier geht der Blick auch in Richtung vollständig autonomer Einkaufslösungen, die nur aus verschiedenen Automatenlösungen bestehen.[185]

Durch die Zusammenarbeit mit einem **Netzwerk** von externen Partnern konnte Unternehmen A sein GM nachhaltig anpassen und weiterentwickeln, um sowohl technologische als auch organisatorische Herausforderungen zu bewältigen.[186] Die beiden Gründer von Unternehmen A waren vor der Unternehmensgründung für ein lokales Marktforschungsunternehmen tätig, das Testmärkte organisierte. Diese Erfahrung inspirierte sie zur Gründung von Unternehmen A, das zunächst als Online-Shop und Experimentierplattform für große Lebensmittelhersteller aktiv wurde.[187] Einen wesentlichen Einfluss auf die ursprüngliche GMI von Unternehmen A hatte die anfängliche Partnerschaft mit einem großen Marktforschungsunternehmen. Diese Partnerschaft ermöglichte nicht nur den Zugang zu wichtigen Marktdaten und Konsumentenverhalten, sondern das Marktforschungsunternehmen unterstützte Unternehmen A auch finanziell und durch

[180] Vgl. Unternehmen A, Interview mit Gründer (3).

[181] Vgl. Experte 1; Unternehmen A, Interview mit Mitarbeiter (1).

[182] Vgl. Experte 2.

[183] Einzelhandelsgeschäfte, in denen nicht preisgebundene Produkte (bei einem Wegfall des Kundendienstes) zu niedrigen Preisen verkauft werden (Vgl. Duden (2025)).

[184] Vgl. Experte 1; Unternehmen A, Interview mit Gründer (5).

[185] Vgl. Experte 1.

[186] Vgl. Experte 1; Experte 2.

[187] Vgl. Experte 1.

die Bereitstellung von Personal.[188] Zudem ist die technologische Infrastruktur von Unternehmen A durch die Zusammenarbeit mit großen Technologie- und Kommunikationsunternehmen geprägt. Diese Kooperationen ermöglichten die Entwicklung eines einfacheren und skalierbaren IT-Systems, das für den Online-Shop von zentraler Bedeutung war. Die Effizienz der IT-Infrastruktur trug dazu bei, dass Unternehmen A seine Geschäftsprozesse effektiver gestalten und Kunden ein besseres Einkaufserlebnis bieten konnte. Ein wesentlicher Bestandteil der GMI von Unternehmen A war die Optimierung der Logistik. Durch die Zusammenarbeit mit Transportdienstleistern konnte eine effiziente und kostengünstige Logistikstruktur geschaffen werden, die es dem Unternehmen ermöglichte, Bestellungen schnell und zuverlässig an die Kunden auszuliefern.[189]

Hersteller und Lieferanten spielten ebenfalls eine wichtige Rolle bei der Entwicklung des GM von Unternehmen A. Die enge Zusammenarbeit mit den Herstellern ermöglichte es, eine vielfältige Produktpalette anzubieten, die den unterschiedlichsten Trends gerecht wird. Ein wichtiger Teil des Wertangebots sind dabei vor allem Nischenprodukte, die ohne den direkten Kontakt zu lokalen Netzwerken nicht beschafft werden können und vom Großhandel nicht abgedeckt werden.[190] Zudem spielen im Netzwerk von Unternehmen A die Gemeinden und Dörfer selbst, die sich aktiv um die Entwicklung eines lokalen Supermarktes bemühen, eine wichtige Rolle. Experte 1 weist darauf hin, dass gerade sehr aktive Dorfgemeinschaften die Umsetzung des Einzelhandels in ländlichen Regionen stark vereinfachen. Durch die Einbindung der lokalen Bevölkerung kann das Unternehmen die lokalen Bedürfnisse besser verstehen und schneller auf Kundenwünsche reagieren.[191]

---

[188] Vgl. Experte 1; Unternehmen A, Video.

[189] Vgl. Experte 1; Unternehmen A, Medienbriefing.

[190] Vgl. Experte 2.

[191] Vgl. Experte 1.

6.4 Fallstudie 2: Transparentes Lebensmittelhandelsunternehmen

6.4.1 Unternehmen und Geschäftsmodell

Im Rahmen dieser Einzelfallanalyse wird Unternehmen B untersucht, ein mittleres Unternehmen im Bereich der nachhaltigen Lebensmittelproduktion mit Sitz in Deutschland, das seit seiner Gründung kontinuierlich an Bekanntheit gewonnen hat. Das 2007 gegründete Unternehmen hat sich durch die Entwicklung einer nachhaltigen GMI als Pionier auf dem Markt für ökologisch und sozial verantwortliche Lebensmittel positioniert.[192]

Unternehmen B richtet sich mit seinem **Wertangebot** an Konsumenten, die Wert auf nachhaltige, biologische und transparent hergestellte Produkte legen.[193] Die Produktpalette reicht von nachhaltig produzierten Lebensmitteln wie Fisch, Gemüse und Fertiggerichten bis hin zu Produkten aus ökologischer Landwirtschaft und Fischerei, die den hohen Anforderungen an Transparenz und Nachhaltigkeit entsprechen.[194] Das Unternehmen legt besonderen Wert auf die transparente Herkunftskennzeichnung seiner Produkte und setzt sich gezielt für eine lückenlose Rückverfolgbarkeit in der Lieferkette ein, indem es einen Tracking-Code auf den Produkten integriert hat. Kunden haben so die Möglichkeit, die Herkunft und Nachhaltigkeit eines Produktes selbst zu überprüfen.[195]

Die **Wertschöpfung und -lieferung** von Unternehmen B basiert auf einer engen Zusammenarbeit mit ausgewählten Partnern aus Landwirtschaft und Fischerei sowie auf der Entwicklung einer nachhaltigen Lieferkette. Zentrale Ressourcen des Unternehmens sind das Know-how im Produktdesign, starke Markenwerte im Bereich Nachhaltigkeit und die Fähigkeit, die Herkunft der Produkte für die Kunden nachvollziehbar zu machen.[196] Dabei betreibt das Unternehmen keine eigenen Produktionsstätten, sondern lagert diesen Schritt komplett an Dienstleister und Lieferanten aus.[197] Der Logistik kommt dabei eine Schlüsselrolle zu, da eine durchdachte und ökologisch optimierte Lieferkette

[192] Vgl. Unternehmen B, Nachhaltigkeitsbericht; Unternehmen B, Webseite (1).

[193] Vgl. Experte 4.

[194] Vgl. Unternehmen B, Webseite (1).

[195] Vgl. Experte 3; Unternehmen B, Interview mit Mitarbeiter (1).

[196] Vgl. Experte 4; Unternehmen B, Interview mit Mitarbeiter (2).

[197] Vgl. Experte 3; Unternehmen B, Nachhaltigkeitsbericht.

die Produktqualität sichert und die Umweltbelastung minimiert.[198] Die Produkte werden über eine Vielzahl von Handelspartnern im LEH und in Biosupermärkten vertrieben, was eine breite Marktdurchdringung und Kundenreichweite ermöglicht.[199]

Die **Wertaneigung** des GM von Unternehmen B basiert auf Einnahmen aus dem Verkauf der Produkte, wobei durch den eigenen Premium-Anspruch und die nachhaltige Ausrichtung höhere Preispunkte als bei konventionellen Produkten erzielt werden können. Der Mehrwert für die Kunden entsteht nicht nur durch die hohe Produktqualität, sondern auch durch das Vertrauen in eine nachhaltige und rückverfolgbare Wertschöpfungskette.[200] Die Förderung regenerativer Landwirtschaft und die Unterstützung sozialer Projekte in der Fischerei sind elementare Bestandteile der Wertaneignung, die einen sozialen und ökologischen Mehrwert für alle Beteiligten schaffen.[201] Die Kosten für die Umsetzung des GM von Unternehmen B setzen sich zusammen aus Ausgaben für F&E, für den Einkauf von Rohstoffen und Fertigprodukten, für Qualitätskontrollen, Marketingausgaben, Ausgaben für Datenerhebung und -auswertung zur Gewährleistung der Transparenz der Wertschöpfungskette sowie für eine umweltfreundliche Logistik.[202]

6.4.2 Analyse der Aktivitäten im Kontext von institutionellem Entrepreneurship

Visionsbildungsprozesse

Im **diagnostischen Framing** deckt Unternehmen B die Schwächen bestehender Umweltstandards und Landwirtschaftsmodelle auf und stellt die Notwendigkeit eines tiefgreifenden Wandels dar. Es kritisiert die aktuelle Rolle von Bio-Standards, die laut Unternehmen B eher als Mindeststandard fungieren, ohne die tatsächlich regenerativen Bedürfnisse der Landwirtschaft umfassend zu berücksichtigen.[203] So sieht das Unternehmen konventionelle und selbst biozertifizierte Praktiken oft als unzureichend an, um den Anforderungen an die Ökosystemregeneration gerecht zu werden. Durch seine Vision fordert Unternehmen B daher die

---

198 Vgl. Experte 3.

199 Vgl. Experte 3.

200 Vgl. Experte 3.

201 Vgl. Unternehmen B, Nachhaltigkeitsbericht.

202 Vgl. Experte 3; Experte 4.

203 Vgl. Unternehmen B, Webseite (6).

Einführung und Verbreitung strengerer Standards, die eine regenerative Wirkung auf die Böden und Meere haben sollen.[204] In der Fischerei wendet Unternehmen B eigene Richtlinien an, die Überfischung und Beifang minimieren sollen und die Biodiversität fördern, indem nur solche Fangmethoden zum Einsatz kommen, die keine negativen Auswirkungen auf den Fischbestand haben.[205] In der Landwirtschaft geht Unternehmen B darüber hinaus und fordert Praktiken, die nicht nur den Boden erhalten, sondern ihn wiederaufbauen und langfristig produktiv halten. Hierbei wird betont, dass Böden und Meere als ein Ökosystem für Unternehmen B gleichermaßen wichtig sind und durch nachhaltige Methoden geschützt werden müssen.[206]

Das **prognostische Framing** von Unternehmen B hebt die Vorteile regenerativer Praktiken hervor und stellt diese als praktikable und überlegene Alternativen zu bestehenden Standards dar.[207] Unternehmen B betont in diesem Zusammenhang die Bedeutung von regenerativer Landwirtschaft und nachhaltigem Fischfang sowie die Notwendigkeit, die planetaren Grenzen zu respektieren und den ökologischen Fußabdruck seiner Produkte zu minimieren: Lebensmittel sollen nachhaltig produziert und so beschafft werden, dass der Klimawandel nicht weiter beschleunigt wird.[208] Dabei sieht Unternehmen B Transparenz als zentrales Element nachhaltiger GM. Transparenz soll nicht nur als Marketinginstrument verstanden werden, sondern als Grundlage zur Vermeidung von Greenwashing[209]. Transparenz wird hier durch ein hohes Maß an Offenlegung gegenüber den Kunden erreicht, indem jedes Produkt bis zu seinem Ursprung zurückverfolgt werden kann. Dies ist besonders wichtig, da die Herkunft von Lebensmitteln oft schwer nachvollziehbar ist und Kunden auf nachprüfbare Informationen angewiesen sind, um eine fundierte Kaufentscheidung treffen zu können.[210]

Durch **motivationales Framing** adressiert Unternehmen B gezielt das kollektive Interesse an einer nachhaltigen Entwicklung und schafft Anreize, die Unterstützung für seine Visionen zu fördern. Die Vision von Unternehmen B

---

[204] Vgl. Unternehmen B, Interview mit Gründer (3); Unternehmen B, Interview mit Mitarbeiter (2); Unternehmen B, Webseite (3).

[205] Vgl. Unternehmen B, Webseite (4); Unternehmen B, Nachhaltigkeitsbericht.

[206] Vgl. Unternehmen B, Webseite (3); Unternehmen B, Nachhaltigkeitsbericht.

[207] Vgl. Unternehmen B, Interview mit Gründer (2); Unternehmen B, Interview mit Mitarbeiter (2).

[208] Vgl. Experte 4; Unternehmen B, Interview mit Mitarbeiter (2).

[209] Greenwashing beschreibt die Praxis, einen falschen Eindruck von der Umweltverträglichkeit oder den Umweltvorteilen eines Produkts zu vermitteln, was zu einer Irreführung der Verbraucher führen kann (Vgl. Europäisches Parlament (2025)).

[210] Vgl. Experte 3; Unternehmen B, Interview mit Mitarbeiter (2).

ist dabei geprägt von der Vorstellung, dass Unternehmen durch ihr Handeln das Gemeinwohl steigern können. Dies wird in Form einer direkten Handlungsaufforderung kommuniziert: Konsumenten wird vermittelt, dass der Kauf von nachhaltig produzierten Produkten dazu beiträgt, nicht nur das eigene Konsumverhalten nachhaltiger zu gestalten, sondern auch aktiv Meere und Böden zu retten.[211] Unternehmen B geht über die klassische Werbung hinaus und nutzt kreative Maßnahmen, um Nachhaltigkeitsthemen einem breiten Publikum zugänglich zu machen.[212] Es kommuniziert Gewinne nicht als Selbstzweck, sondern als Mittel, um nachhaltigen Konsum in der Breite zu fördern und konventionelle Hersteller durch Markteinfluss zu nachhaltigen Anpassungen zu bewegen. Dabei setzt das Unternehmen auf Kooperation statt auf klassisches Konkurrenzdenken.[213]

Mobilisierung von Ressourcen

In der Lieferkette verfolgt Unternehmen B ein partnerschaftliches und langfristiges Modell, das auf Vertrauen und Transparenz basiert. Durch enge Kooperationen mit diesen Partnern gewinnt Unternehmen B wertvolle **Informationen über Produktionsprozesse** und kann diese durch langfristige Unterstützung und Beratung nachhaltig verbessern. Die bewusste Entscheidung, keine eigene Produktion zu unterhalten, sondern durch partnerschaftliche Strukturen zu operieren, ermöglicht eine größere Flexibilität und die Fokussierung auf Qualitätsstandards. Besonders in Produktinnovationen zeigt sich der Wert dieser partnerschaftlichen Ansätze: Der **Austausch von Know-how** und Innovationsleistung wird als Kernbestandteil der Zusammenarbeit genutzt.[214] Die Netzwerke und Partnerschaften in der Lieferkette ermöglichen es Unternehmen B zudem, durch den Einfluss auf Produktionsprozesse und Rohwarenströme eine nachhaltige Beschaffung und eine umweltfreundliche Produktion sicherzustellen.[215]

Eine Unternehmensstrategie besteht in der **Akquisition und Integration** von spezialisierten Unternehmen. So erwarb Unternehmen B in der Vergangenheit einen Eishersteller und sicherte sich eine Mehrheitsbeteiligung an einem international führenden Beratungs- und Handelsunternehmen für nachhaltige Fischerei

---

211 Vgl. Unternehmen B, Interview mit Gründer (3).

212 Vgl. Unternehmen B, Interview mit Gründer (2); Unternehmen B, Interview mit Gründer (3).

213 Vgl. Unternehmen B, Pressemitteilung (1).

214 Vgl. Experte 3; Unternehmen B, Nachhaltigkeitsbericht.

215 Vgl. Unternehmen B, Interview mit Mitarbeiter (2); Unternehmen B, Interview mit Gründer (2).

und Aquakultur.[216] Darüber hinaus hat Unternehmen B einen Lebensmittelhersteller akquiriert, der aussortierte und kommerziell schwer verwertbare Lebensmittel zu Produkten verarbeitet und sich damit gegen Lebensmittelverschwendung einsetzt. Durch die Integration des Unternehmens erhielt Unternehmen B Zugang zu den Warenströmen und Aktivitäten des Lebensmittelherstellers und konnte die geretteten Lebensmittel in seine eigenen Produkte einbeziehen.[217] Zudem setzt Unternehmen B gezielt auf Kooperationen mit wissenschaftlichen Einrichtungen, um Innovationen in der nachhaltigen Landwirtschaft und Fischerei voranzutreiben. Diese Kooperationen schaffen eine wissenschaftliche Basis für Unternehmen B, erweitern das Know-how des Unternehmens und dessen Einfluss im Bereich der ökologischen und sozialverträglichen Lebensmittelherstellung.[218]

Um vor allem **finanzielle Ressourcen** zu mobilisieren, ist es für Unternehmen B notwendig, (1) die Konsumgewohnheiten und -kanäle der Verbraucher anzusprechen und (2) die Produkte bei großen Lebensmitteleinzelhändlern zu verkaufen, um eine breite Zielgruppe zu erreichen. Unternehmen B legt großen Wert darauf, mit seinen nachhaltigen Produkten aus der rein ökologischen Nische herauszukommen und eine breite Zielgruppe anzusprechen. Um nachhaltigen Konsum in der breiten Masse zu etablieren, setzt das Unternehmen auf differenzierte Werbemethoden und eine stark digital ausgerichtete Strategie, insbesondere über Social-Media-Kanäle.[219]

Eine wesentliche Herausforderung für Unternehmen B ist der Zugang zum LEH und die Sicherstellung einer stabilen Regalpräsenz, da die Verfügbarkeit der Produkte einen entscheidenden Einfluss auf den Unternehmenserfolg hat.[220] Unternehmen B verfolgt einen pragmatischen Ansatz, indem es gezielt „*Gatekeeper*“ im LEH wie Einkäufer und Marktleiter anspricht und von den Nachhaltigkeitsvorteilen seiner Produkte überzeugt. Innerhalb des LEH-Netzwerks agiert das Unternehmen flexibel und passt sein Sortiment strategisch an die Anforderungen und Präferenzen der Händler an. So wird versucht, mit Standardprodukten eine höhere Marktakzeptanz zu erreichen und gleichzeitig die Einführung innovativer Produkte zu unterstützen.[221]

---

[216] Vgl. Unternehmen B, Pressemitteilung (2); Unternehmen B, Pressemitteilung (3).

[217] Vgl. Experte 3; Unternehmen B, Pressemitteilung (4).

[218] Vgl. Unternehmen B, Interview mit Mitarbeiter (2); Unternehmen B, Interview mit Gründer (3).

[219] Vgl. Experte 4; Unternehmen B, Interview mit Mitarbeiter (2).

[220] Vgl. Experte 3; Experte 4.

[221] Vgl. Experte 3; Experte 4; Unternehmen B, Interview mit Mitarbeiter (2).

Netzwerke aufbauen und erweitern

Eine zentrale Säule der Netzwerkerweiterung von Unternehmen B ist sein **Marketingansatz**, der auf starke visuelle und inhaltliche Botschaften setzt. Durch künstlerisch wertvolle Kampagnen und Schockelemente in der Werbung weckt das Unternehmen mediales Interesse und schafft Sichtbarkeit für ökologische und soziale Themen. Mit diesen Maßnahmen erreicht Unternehmen B die Öffentlichkeit und positioniert sich als kritischer Akteur, der den Diskurs fördert und auch politische Botschaften in seine Produkte integriert, wie z. B. klare Aussagen gegen die Überfischung der Meere.[222] Durch diese Art der Wertschöpfung baut Unternehmen B nicht nur Konsumentennetzwerke auf, sondern schafft es auch, mit seinen Kommunikationsansätzen die Marketingbranche für sich zu gewinnen. Unternehmen B wurde für seine Marketingkampagnen mehrfach ausgezeichnet und hat dadurch nicht nur Anerkennung, sondern auch Legitimation für seine Kommunikationspolitik erhalten.[223] Unternehmen B lehnt das „*Label-Wirrwarr*" der Branche bewusst ab und setzt auf transparente und authentische Kommunikation, indem es ökologische und soziale Informationen direkt auf den Produkten abbildet und so Konsumenten eine fundierte Kaufentscheidung ermöglicht. Es investiert in die Aufklärung der Öffentlichkeit über regenerative Landwirtschaft und unterstützt den gesellschaftlichen Diskurs durch Vorträge, Veranstaltungen und Workshops. Es vermittelt Konsumenten Zugang zu Informationen und regt durch Transparenz und Offenheit zur Diskussion über Lieferketten an.[224] Unternehmen B nimmt hierbei beispielsweise an Messen teil, auf denen das Unternehmen regelmäßig durch Podiumsbeiträge den Diskurs über nachhaltige Konsumalternativen vorantreibt.[225]

Eine zentrale Strategie der Netzwerkbildung von Unternehmen B ist die **tiefe Integration anderer Unternehmen in die eigene Lieferkette**. Das Unternehmen arbeitet eng mit Produzenten und Lieferanten zusammen und unterhält intensive Beziehungen zu Akteuren in vorgelagerten Lieferketten.[226] Mit diesen Partnern führt es ökologische Nachhaltigkeitsmessungen in der Lieferkette durch und tauscht Daten aus, um eine genaue Rückverfolgbarkeit und Transparenz über die Herkunft der Produkte zu gewährleisten.[227] Darüber hinaus unterstützt

[222] Vgl. Experte 4; Unternehmen B, Interview mit Gründer (1); Unternehmen B, Webseite (8).

[223] Vgl. Unternehmen B, Interview mit Mitarbeiter (2); Unternehmen B, Webseite (9).

[224] Vgl. Experte 3; Unternehmen B, Interview mit Mitarbeiter (2).

[225] Vgl. Experte 3.

[226] Vgl. Unternehmen B, Nachhaltigkeitsbericht; Unternehmen B, Interview mit Gründer (1).

[227] Vgl. Experte 3; Experte 4.

Unternehmen B seine Partner in Form von finanzieller Förderung, Beratung und bürokratischer Entlastung dabei, nachhaltiger zu werden und Umweltstandards einzuhalten.[228] Unternehmen B bietet auch Anreize für bestimmte ökologische und soziale Leistungen der Lieferanten, wie z. B. Bonuszahlungen für Fair-Trade-Zertifizierungen.[229]

Unternehmen B nimmt eine proaktive Rolle im institutionellen Wandel ein, indem es eigene **Standards zur Nachhaltigkeitsbewertung und Wirkungsmessung** entwickelt und umsetzt. Durch seine Rolle in Forschungsprojekten und in der Förderung regenerativer Landwirtschaft schafft das Unternehmen eine Wissensbasis mit Best-Practice-Ansätzen, die auch auf andere Unternehmen übertragen werden können, und arbeitet dabei mit Organisationen wie verschiedenen Verbänden und NGOs zusammen.[230] Unternehmen B gibt beispielsweise an, selbst den Tracking-Code im Lebensmittelhandel erfunden und damit eine Best-Practice für Nachahmer geschaffen zu haben.[231] Es betont zudem, Entwicklungen und Methoden nicht zum Patent anzumelden und damit Raum für Nachahmung und unternehmerischen Wandel in der Lebensmittelbranche zu schaffen.[232] Führungskräfte von Unternehmen B nehmen führende Positionen in Verbänden ein, die sich politisch u. a. für nachhaltiges Wirtschaften in Unternehmen oder die Anerkennung nachhaltiger Leistungen von Unternehmen einsetzen.[233] Unternehmen B versucht durch bestimmte Anreizsysteme gezielt politische, soziale und ökologische Projekte zu fördern, die auf eine Transition des Ernährungs- und Lebensmittelsektors abzielen. Dazu gehört ein Fonds zur Förderung des Wissensaufbaus und des Transfers von Praxiserfahrungen in der regenerativen Landwirtschaft, der sich aus Produktverkäufen von Unternehmen B finanziert.[234] Darüber hinaus engagiert sich Unternehmen B gemeinsam mit Partnern in Projekten zur Wiederaufforstung und zur Reduzierung von Plastikmüll sowie im Rahmen von Spendenaktionen in Initiativen gegen Rassismus und für Vielfalt,

---

[228] Vgl. Unternehmen B, Nachhaltigkeitsbericht.

[229] Vgl. Unternehmen B, Webseite (10).

[230] Vgl. Unternehmen B, Nachhaltigkeitsbericht.

[231] Vgl. Unternehmen B, Interview mit Gründer (1); Unternehmen B, Interview mit Mitarbeiter (2).

[232] Vgl. Unternehmen B, Nachhaltigkeitsbericht.

[233] Vgl. Experte 3; Unternehmen B, Pressemitteilung (5).

[234] Vgl. Unternehmen B, Interview mit Mitarbeiter (2); Unternehmen B, Nachhaltigkeitsbericht.

die nicht nur soziale Netzwerke stärken, sondern auch gesellschaftliche Werte und Normen im institutionellen Umfeld positiv beeinflussen.[235]

6.4.3 Analyse der institutionellen Einflussfaktoren auf nachhaltige Geschäftsmodellinnovationen

Der Einfluss von rechtlichen Rahmenbedingungen und **politischen Entscheidungsträgern** auf die GMI von Unternehmen B ist gering. Es zeigt sich, dass neue Gesetze und Regulationen teilweise nicht weit genug gehen, um die ambitionierten Ziele von Unternehmen B zu unterstützen. Dennoch fördern sie in einigen Aspekten die grundlegende Vision von Unternehmen B und unterstützen Erfolgsfaktoren des GM von Unternehmen A. Beispielsweise zielen die EU-Reform der Fischereirichtlinien und das damit verbundene Anlandegebot[236] darauf ab, Beifänge zu reduzieren und nachhaltige Fischereipraktiken zu fördern.[237] Da sich Unternehmen B bereits seit langem für die Reduzierung von Beifängen und die Einhaltung ethischer Standards in der Fischerei einsetzt, ergibt sich hieraus ein gewisser Vorsprung von Unternehmen B gegenüber anderen Unternehmen des Sektors.[238] Allerdings sind die derzeitigen politischen Regelungen im Fischereisektor oft unzureichend und bieten Unternehmen B wenig Orientierung oder gezielte Anreize für eine weitergehende Nachhaltigkeitsorientierung.[239] Auch das deutsche Lieferkettengesetz[240], das Unternehmen zu mehr Transparenz und Verantwortung entlang ihrer Wertschöpfungsketten verpflichtet, hat aufgrund seiner geringen Stringenz kaum Einfluss auf das GM von Unternehmen B – kann aber auch hier zu einer Vergrößerung des Wettbewerbsvorteils gegenüber großen Konkurrenten führen.[241] Ein positiver Einflussfaktor auf die GMI von Unternehmen B ist die *Deforestation Free*-Gesetzgebung der EU, die Unternehmen zur

---

[235] Vgl. Experte 4; Unternehmen B, Nachhaltigkeitsbericht; Unternehmen B, Webseite (7).

[236] Wenn ein Anlandegebot besteht, muss der gefangene Fisch verwertet werden. Er darf nicht wieder ins Meer zurückgeworfen werden (Vgl. Bundesanstalt für Landwirtschaft und Ernährung (2025)).

[237] Vgl. Bundesministerium für Ernährung und Landwirtschaft (2019, 2021).

[238] Vgl. Unternehmen B, Webseite (11).

[239] Vgl. Unternehmen B, Interview mit Gründer (3).

[240] Vgl. Bundestag (2021).

[241] Vgl. Unternehmen B, Interview mit Mitarbeiter (2).

Geolokalisierung und Rückverfolgbarkeit von Anbauflächen verpflichtet, um illegale Abholzung und Entwaldung zu verhindern.[242] Für Unternehmen B ergibt sich daraus die Möglichkeit, die Rückverfolgbarkeit der einzelnen Rohstoffe von verschiedenen Lieferanten zu verbessern.[243]

Die Kaufentscheidung der **Endkunden** von Unternehmen B wird maßgeblich durch ein starkes Interesse an Nachhaltigkeit und Transparenz entlang der Lieferkette beeinflusst. Die Kunden wollen Gewissheit darüber, wie Produkte hergestellt werden, wie umweltverträglich und fair die Produktion ist und ob Produkte strengen Nachhaltigkeitsstandards entsprechen. Unternehmen B hat auf diese Bedürfnisse reagiert, indem es Transparenz und regionale Wertschöpfung in den Mittelpunkt seines GM gestellt hat. Zudem hat das Unternehmen sein Sortiment zunehmend um Produkte auf pflanzlicher Basis erweitert und setzt auf eine klare Kennzeichnung von Inhaltsstoffen und Herkunft.[244] Durch ein attraktives Produktangebot für unterschiedliche Käufergruppen, wie z. B. finanzstarke Konsumenten mit einer Affinität zu ethischen Produkten und jüngere, ernährungsbewusste Kunden, verfolgt das Unternehmen das Ziel, seine Produkte sowohl im Nischen- als auch im Massenmarkt erfolgreich zu positionieren.[245] Im Kontext der GMI zeigt sich, dass die Kommunikation von Unternehmen B in den letzten Jahren strategisch angepasst wurde, um eine Überforderung der Konsumenten mit komplexen Botschaften zu vermeiden. Früher häufig auf das Thema Klimawandel fokussiert, berücksichtigt die Kommunikationsstrategie nun vermehrt alternative Ansätze, die sich stärker auf den Genuss und den Geschmack der Produkte konzentrieren.[246]

Die Positionierung von Unternehmen B im LEH zeigt die Dynamik zwischen kurzfristigen Listungsentscheidungen und dem langfristigen Erfolg eines Produktes. Mit der Entscheidung des LEH, Produkte von Unternehmen B in sein Sortiment aufzunehmen, wird der Grundstein für die Markteinführung und die Weiterentwicklung des Sortiments gelegt. Dabei geht Unternehmen B Kompromisse bei der Produktgestaltung ein.[247] Den langfristigen Erfolg dieser Produkte beeinflusst der Endkunde durch seine endgültige Kaufentscheidung.

---

242 Vgl. Europäisches Parlament (2023).

243 Vgl. Experte 3.

244 Vgl. Experte 3; Unternehmen B, Interview mit Gründer (1); Unternehmen B, Pressemitteilung (6).

245 Vgl. Experte 3.

246 Vgl. Experte 4.

247 Vgl. Experte 3; Experte 4.

Nur wenn er die Produkte wiederholt kauft und damit signalisiert, dass sie den Marktanforderungen entsprechen, bleibt das Sortiment im Handel.[248]

Unternehmen B hat umfassende **technologische Innovationen** zur Förderung von Transparenz und Nachhaltigkeit in der Lieferkette umgesetzt. Ein wesentliches Element der Technologiestrategie von Unternehmen B ist der Einsatz von Tracking-Codes, die über QR-Codes Informationen zu Produzenten, Herkunftsorten und Transportwegen liefern. Diese Tracking-Codes fördern die Transparenz der Lieferkette und ermöglichen es den Kunden, fundierte Kaufentscheidungen zu treffen, die vor allem auf ökologischen Aspekten des Produktes basieren. Diese Informationen werden mit entsprechenden Dokumenten hinterlegt, um die Authentizität der Daten zu gewährleisten.[249] Zusätzlich führt Unternehmen B ein satellitenbasiertes Tracking als Pilotprojekt ein, bei dem Daten über Fischereiboote gesammelt und ausgewertet werden. Ziel dieser Maßnahme ist es, Kunden detaillierte Informationen über die Herkunft der Produkte bereitzustellen und gleichzeitig die ökologischen und sozialen Standards in der Lieferkette zu dokumentieren und zu optimieren.[250] Unternehmen B engagiert sich zudem aktiv in der Entwicklung einer Blockchain-basierten Rückverfolgbarkeitslösung in Kooperation mit einer Hochschule. Ziel dieses Projekts ist es, eine Open-Source-Softwarelösung für die Nachverfolgung innerhalb der Lieferkette zu entwickeln.[251] Allerdings stellt der Mangel an Digitalisierung entlang der gesamten Lieferkette weiterhin eine Herausforderung dar. Insbesondere fehlen Schnittstellen zwischen den Produzenten und Unternehmen B, was eine vollständige Integration der Lieferketteninformationen erschwert und Ressourcen bindet.[252]

Eine Inspirationsquelle für Unternehmen B sind **Wettbewerber** in Form von traditionsreichen Bio-Unternehmen, deren Prinzipien in der Nachhaltigkeit verwurzelt sind. Diese Unternehmen haben nicht nur Pionierarbeit im Bereich der Bioprodukte geleistet, sondern stehen auch für Werte wie Umweltbewusstsein und Qualitätssicherung. Das Unternehmen ist bestrebt, diese Prinzipien in einer zeitgemäßen und ansprechenden Form neu zu interpretieren, um die Nachhaltigkeitserwartungen der Verbraucher zu erfüllen und gleichzeitig seine Marktrelevanz zu erhöhen.[253] Darüber hinaus hat sich Unternehmen B bei der

---

[248] Vgl. Experte 4.

[249] Vgl. Interview mit Gründer (3); Unternehmen B, Webseite (2).

[250] Vgl. Interview mit Gründer (3); Unternehmen B, Webseite (2).

[251] Vgl. Unternehmen B, Nachhaltigkeitsbericht; Unternehmen B, Zeitungsartikel.

[252] Vgl. Experte 3.

[253] Vgl. Experte 3.

Erweiterung seines GM an Lebensmittelherstellern orientiert, die erfolgreich alle Bedürfnisse ihrer Zielgruppe abdecken. Die GMI dieser Vollsortimenter zeigen, wie durch die Erweiterung des Angebots aufeinander abgestimmte Produktlinien entstehen können, die sich gegenseitig ergänzen und zur Markenbindung beitragen. Der Austausch mit diesen Unternehmen bietet Unternehmen B die Möglichkeit, Prozesse und Strategien zu beobachten, die eine nachhaltige Portfolioerweiterung bei gleichzeitiger Wahrung einer konsistenten Markenidentität ermöglichen. Da ca. 80 % der Lieferanten von Unternehmen B Wettbewerber im eigenen Markt sind, können hier Synergieeffekte realisiert werden.[254] Einen weiteren Einflussfaktor auf die eigene GMI sieht Unternehmen B in der strategischen Markenführung klassischer Convenience-Marken, die die Themen Genuss und Lifestyle betonen. Diese Marken sprechen die Konsumenten nicht nur über die Produktqualität an, sondern auch über die Schaffung eines Lebensgefühls, das Konsum mit Genuss und einer gewissen Leichtigkeit verbindet.[255]

Die Analyse der **Netzwerkeinflüsse** zeigt, dass Unternehmen B sowohl auf der Ebene der Zulieferkette als auch im Bereich der Wissenskooperation und der Zertifizierung weitreichende Beziehungen aufgebaut hat, die den Innovationsprozess kontinuierlich beeinflussen und gestalten. Die erstmalige Entscheidung, bestimmte Fische in das eigene Produktsortiment mitaufzunehmen, basierte auf der Publikation eines Ratgebers durch eine große NGO, in welchem Fische hinsichtlich ihres Bestandes und ihrer Gefährdung beurteilt wurden. Diese NGO war ebenfalls an der Entwicklung der eigenen Fischereirichtlinien beteiligt, welche in Zusammenarbeit mit Unternehmen B, weiteren NGOs sowie einer Universität erstellt wurden.[256] Eine andere große NGO hat Unternehmen B zu Beginn in einem Dialog dazu angeregt, sich auf bestimmte Fischfangmethoden und Gebiete zu konzentrieren.[257] Ein weiterer wesentlicher Einfluss des Netzwerks auf die GMI von Unternehmen B liegt in der Expansion und Positionierung der Marke. Durch die Beteiligung eines Investors, der zuvor im Bereich Elektromobilität tätig war, erhielt Unternehmen B Zugang zu neuen Ressourcen, die zur Skalierung der Marke und ihrer Expansion in den nachhaltigen Mainstream-Markt beitrugen. Die Netzwerkpartner trugen zur Stärkung der Kapitalbasis bei und

---

[254] Vgl. Experte 3; Unternehmen B, Nachhaltigkeitsbericht.

[255] Vgl. Experte 4.

[256] Vgl. Unternehmen B, Interview mit Gründer (1); Unternehmen B, Interview mit Mitarbeiter (2).

[257] Vgl. Unternehmen B, Webseite (7).

investieren ausschließlich in Unternehmen mit sozial-ökologischer Wertschöpfung.[258] Obwohl Unternehmen B seinen Schwerpunkt auf den deutschen Markt legt, ist die Internationalisierung ein zentrales Ziel der zukünftigen Strategie.[259]

Unternehmen B ist für die grundlegende Funktionalität seines GM stark von seinen Lieferanten abhängig. Durch die Auswahl und Integration von Lieferanten, die über umfassende Expertise in nachhaltiger Lebensmittelproduktion und Fischerei verfügen, schafft das Unternehmen die Grundlage für eine ökologisch verantwortliche Lieferkette. Gleichzeitig erfordert nachhaltige Beschaffung, dass Unternehmen B eng mit seinen Lieferanten zusammenarbeitet und deren Daten sammelt, um Nachhaltigkeitsstandards lückenlos zu überprüfen.[260]

Das institutionelle Umfeld hat einen starken Einfluss auf die GMI, indem es einen Rahmen von Nachhaltigkeitsstandards und Zertifizierungen vorgibt, den Unternehmen B als Maßstab für die Qualität seiner Produkte nutzt. Mit Zertifikaten wie Demeter, Bioland, Naturland, Marine Stewardship Council und Fair-Trade signalisiert das Unternehmen sein hohes Engagement für ökologische und soziale Standards und stärkt gleichzeitig seine Marktposition als nachhaltige Lebensmittelmarke.[261] Unternehmen B richtet zudem seine Bilanzierung an den Standards der Gemeinwohlökonomie[262] aus und ist Teil der Bewegung.[263]

6.5 Fallstudie 3: Lokaler Superfood-Hersteller

6.5.1 Unternehmen und Geschäftsmodell

Unternehmen C ist ein kleines Unternehmen, das sich auf nachhaltige und biologische Lebensmittelproduktion spezialisiert hat. Es wurde 2020 in Deutschland gegründet und hat sich seitdem zu einem innovativen Akteur im Bereich des ökologisch und sozial verantwortlichen Wirtschaftens entwickelt. Die Gründer von Unternehmen C hatten von Anfang an das Ziel, eine Alternative zu konventionellen Lebensmitteln anzubieten und legten dabei besonderen Wert auf

[258] Vgl. Unternehmen B, Nachhaltigkeitsbericht; Unternehmen B, Interview mit Gründer (1).

[259] Vgl. Unternehmen B, Interview mit Gründer (1).

[260] Vgl. Experte 3; Unternehmen B, Nachhaltigkeitsbericht.

[261] Vgl. Unternehmen B, Nachhaltigkeitsbericht; Unternehmen B, Webseite (12).

[262] Die Gemeinwohl-Ökonomie ist eine soziale Bewegung, die das Gemeinwohl als zentralen Zweck des Wirtschaftens betrachtet. Ihr Ziel ist es, diesen Beitrag in einer Gemeinwohl-Bilanz messbar und sichtbar zu machen (Vgl. Sommer et al. (2019: 449)).

[263] Vgl. Unternehmen B, Nachhaltigkeitsbericht; Unternehmen B, Webseite (5).

eine ökologische und ressourcenschonende Produktion. Dies spiegelt sich nicht nur in der Auswahl der Rohstoffe wider, sondern auch in der gesamten Wertschöpfungskette, die auf die Minimierung von Umweltbelastungen ausgerichtet ist.[264]

Unternehmen C bietet seinen Kunden eine Lösung für die wachsende Nachfrage nach gesunden und lokal produzierten Lebensmitteln. Im Zentrum des **Wertangebots** steht das Konzept des *„lokalen Superfoods"*: nährstoffreiche und vegane Produkte, die aus gekeimten Getreidesamen hergestellt werden. Die biologisch angebauten Rohstoffe dafür stammen aus regionalem Anbau.[265] Durch die Verwendung bestimmter, nicht handelsüblicher Getreidesorten wie z. B. Ur-Dinkel und durch aufwändige Produktionsverfahren entstehen Produkte wie u. a. Cracker, Brot oder Müsli, die als Grundnahrungsmittel die herkömmlichen Alternativen aus Weißmehl oder Vollkorn ersetzen sollen.[266] Die Beziehung zwischen Unternehmen C und seinen Kunden ist auf Transparenz, Umweltverantwortung und Vertrauen aufgebaut. Unternehmen C zielt darauf ab, Kunden anzusprechen, die sowohl Wert auf eine gesunde Ernährung als auch auf eine nachhaltige Lebensweise legen.[267]

In der **Wertschöpfung und -lieferung** greift Unternehmen C auf eine Vielzahl von Schlüsselressourcen und -aktivitäten zurück. Die Herstellung der Produkte erfolgt weitgehend in Handarbeit, was einen schonenden und sorgfältigen Umgang mit den Rohstoffen ermöglicht und zu einem hochwertigen Endprodukt führt. Im Rahmen der strategischen Ausrichtung von Unternehmen C spielen die Nutzung regionaler Ressourcen und die Förderung lokaler Lieferketten eine Schlüsselrolle. Die Rohstoffversorgung von Unternehmen C basiert weitgehend auf lokalen Anbaupartnern, mit denen langfristige und vertrauensvolle Beziehungen gepflegt werden.[268] Um seine Produkte effizient herzustellen und zu vertreiben, hat Unternehmen C Partnerschaften mit verschiedenen spezialisierten Betrieben aufgebaut, darunter Mühlen und Unternehmen, die den Keimprozess begleiten.[269] Darüber hinaus betreibt das Unternehmen einen Online-Shop, der es ermöglicht, seine Produkte direkt an die Endkunden zu vertreiben.[270]

---

[264] Vgl. Unternehmen C, Interview mit Gründer (1); Unternehmen C, Interview mit Gründer (2).

[265] Vgl. Unternehmen C, Interview mit Gründer (3).

[266] Vgl. Unternehmen C, Interview mit Gründer (4).

[267] Vgl. Experte 5.

[268] Vgl. Experte 5; Unternehmen C, Interview mit Gründer (5).

[269] Vgl. Experte 6.

[270] Vgl. Unternehmen C, Interview mit Gründer (2).

In der **Wertaneignung** basiert das GM von Unternehmen C finanziell auf dem direkten Verkauf seiner Produkte über einen Online-Shop und einem Abonnement-Modell, das regelmäßige Einnahmen generiert. Die regelmäßigen Bestellungen durch das Abonnement-Modell sichern dem Unternehmen eine stabile Einnahmequelle und stärken die Kundenbindung.[271] Der Online-Vertrieb minimiert Lieferwege und ermöglicht es, die Produkte direkt vom Produktionsort aus zu versenden, was den ökologischen Fußabdruck zusätzlich reduziert.[272] Durch die dezentrale Produktionsstätte und die Zusammenarbeit mit Partnern vor Ort trägt das Unternehmen zur Schaffung und zum Erhalt regionaler Arbeitsplätze bei.[273] Zudem stärkt es durch die nachhaltigen Projekte und zielgerichteten Kommunikationsstrategien das Bewusstsein für umweltfreundliche und soziale Aspekte der Wertschöpfungskette.[274]

6.5.2 Analyse der Aktivitäten im Kontext von institutionellem Entrepreneurship

Visionsbildungsprozesse

Das **diagnostische Framing** von Unternehmen C weist auf verschiedene Defizite im modernen Ernährungssystem hin, die sowohl ökologische als auch gesundheitliche Probleme betreffen. Das Unternehmen weist auf Missstände hin, die mit dem Konsum und der Produktion konventioneller Lebensmittel verbunden sind.[275] So wird beispielsweise der weit verbreitete Einsatz von Dosenprodukten kritisiert, die aufgrund ihres hohen Histamingehalts gesundheitliche Nachteile haben können.[276] Auch die Verwendung von herkömmlichem Sauerteigbrot wird als problematisch beschrieben, da es bei vielen Menschen zu Unverträglichkeiten führt.[277] Auch Plastikverpackungen und die Energieintensität des LEH stehen im Fokus der Kritik.[278] Darüber hinaus kritisiert Unternehmen C, dass die

---

[271] Vgl. Unternehmen C, Interview mit Gründer (12); Unternehmen C, Webseite (2).

[272] Vgl. Unternehmen C, Video (1).

[273] Vgl. Unternehmen C, Interview mit Gründer (1); Unternehmen C, Interview mit Gründer (6).

[274] Vgl. Experte 5.

[275] Vgl. Unternehmen C, Interview mit Gründer (4).

[276] Vgl. Unternehmen C, Interview mit Gründer (2).

[277] Vgl. Unternehmen C, Interview mit Gründer (3).

[278] Vgl. Unternehmen C, Interview mit Gründer (7); Unternehmen C, Webseite (3).

moderne Landwirtschaft durch die Züchtung ertragreicher, aber oft nährstoffärmerer Getreidesorten zu einem Verlust der Artenvielfalt und einer zunehmenden Entfremdung des Menschen von der Natur führe.[279]

Im Rahmen des **prognostischen Framings** legt Unternehmen C großen Wert auf die Kommunikation der eigenen Nachhaltigkeitsziele.[280] Die ökologische Vision des Unternehmens beinhaltet die Verpflichtung, im Einklang mit der Natur zu arbeiten und Produkte zu entwickeln, die der Umwelt Raum zur Regeneration geben.[281] Auf gesellschaftlicher Ebene will Unternehmen C ein Bewusstsein für die Bedeutung lokal und nachhaltig produzierter Lebensmittel schaffen. Die Vision ist es, die Wertschätzung für Lebensmittel zu erhöhen und die Konsumenten für eine umweltbewusste Ernährung zu sensibilisieren.[282] Die dezentrale Lebensmittelproduktion wird als Gegenmodell zur globalisierten Lebensmittelindustrie dargestellt und soll langfristig zur Transition der gesamten Branche beitragen.[283] Unternehmen C argumentiert, dass unendliches Wachstum in einer Welt begrenzter Ressourcen nicht nachhaltig ist und setzt stattdessen auf eine bewusste Begrenzung des Wachstums, um Qualität und ökologische Integrität langfristig zu sichern. Das Unternehmen betont, die eigene finanzielle Sättigungsgrenze erreicht und daraufhin eine „interne Postwachstumswende" eingeleitet zu haben.[284] Diese Haltung steht in deutlichem Kontrast zum Leitbild der *„skalierungswütigen"* Start-up-Welt, in der Expansion und Marktanteile im Vordergrund stehen.[285]

Ein zentrales Argument im **motivationalen Framing** ist die Wiederherstellung der Verbindung zwischen Mensch und Natur. Unternehmen C appelliert an das Bewusstsein der Menschen, dass Natur und Mensch eine untrennbare Einheit bilden.[286] Durch die Betonung der ökologischen und ethischen Vorteile seiner Produkte möchte das Unternehmen das Konsumverhalten in Richtung

---

279 Vgl. Unternehmen C, Interview mit Gründer (8); Unternehmen C, Interview mit Gründer (5).

280 Vgl. Experte 5; Unternehmen C, Interview mit Gründer (6).

281 Vgl. Unternehmen C, Interview mit Gründer (6); Unternehmen C, Interview mit Gründer (9).

282 Vgl. Unternehmen C, Interview mit Gründer (3).

283 Vgl. Unternehmen C, Interview mit Gründer (1); Unternehmen C, Interview mit Gründer (6).

284 Vgl. Experte 5; Unternehmen C, Interview mit Gründer (2).

285 Vgl. Unternehmen C, Video (1).

286 Vgl. Unternehmen C, Webseite (3).

lokaler, plastikfreier und ressourcenschonender Alternativen lenken.[287] Studien zur positiven Wirkung des Keimens und unabhängige Laboranalysen dienen als wissenschaftliche Belege für die Vorteile der Produkte und werden in der Kommunikation gezielt eingesetzt, um Vertrauen und Authentizität zu schaffen.[288] Unternehmen C legt im Rahmen des motivationalen Framings großen Wert auf ein authentisches und persönliches Storytelling, das eng mit der Identität der Gründer verbunden ist. Dieses Storytelling ist zentral für die Kommunikation der Vision und basiert auf der Geschichte der Gründer, die bereits vor der Gründung des Unternehmens eine tiefe Verbundenheit zur Natur und zur veganen Ernährung entwickelt haben.[289] Das Unternehmen positioniert sich als Identifikationsfigur für einen nachhaltigen Lebensstil, indem es nicht nur Produkte verkauft, sondern auch eine Lebensphilosophie, die durch die Werte der Gründer verkörpert wird.[290]

Mobilisierung von Ressourcen

Unternehmen C kooperiert mit zertifizierten Bio-Betrieben, darunter Demeter-Betriebe und lokale Bio-Landwirte, die einzigartige Rohstoffe für die Produkte des Unternehmens liefern.[291] Durch den direkten Kontakt zu den Landwirten, von denen viele besondere Anbaumethoden und **spezielles Wissen** über den ökologischen Landbau mitbringen, stärkt Unternehmen C die regionale Landwirtschaft und erhält Zugang zu **spezifischen Rohstoffen**, die für seine Produktpalette entscheidend sind, wie z. B. Bio-Leinsamen, die nur wenige Landwirte in der erforderlichen Qualität anbauen.[292]

Neben der bedeutenden Rolle der Netzwerke zur Rohstoffbeschaffung basiert das GM von Unternehmen C auf Kooperationen mit einer Reihe von Unternehmen, die spezielles **Know-how und exklusive Kapazitäten** in der Wertschöpfung bereitstellen, wie z. B. eine traditionelle Mälzerei, die den Keimprozess übernimmt, Lebensmittelhersteller, die die Verarbeitung der Rohstoffe mit speziellen Methoden übernehmen oder ein etabliertes Unternehmen im Rohkostbereich, mit

---

[287] Vgl. Experte 5; Unternehmen C, Interview mit Gründer (10); Unternehmen C, Interview mit Gründer (11).

[288] Vgl. Unternehmen C, Webseite (4); Unternehmen C, Webseite (5).

[289] Vgl. Unternehmen C, Interview mit Gründer (6); Unternehmen C, Interview mit Gründer (10).

[290] Vgl. Unternehmen C, Interview mit Gründer (1); Vgl. Unternehmen C, Interview mit Gründer (9).

[291] Vgl. Unternehmen C, Interview mit Gründer (3).

[292] Vgl. Experte 5; Unternehmen C, Interview mit Gründer (4).

dem gemeinsam Produkte entwickelt werden.[293] Im Rahmen der **Distribution** arbeitet Unternehmen C mit sogenannten Unverpackt-Läden[294] zusammen und verkauft dort seine Produkte, um Konsumenten mit nachhaltigen Alternativen zum konventionellen LEH anzusprechen und das Bewusstsein für plastikfreie Produkte zu fördern.[295] Zusätzlich sucht das Unternehmen den direkten Kontakt zu seinen Kunden, z. B. durch den Verkauf in Biosupermärkten. Damit positioniert sich Unternehmen C gezielt in einem Umfeld, in dem das Verbraucherbewusstsein für nachhaltige und gesunde Ernährung besonders hoch ist. Der direkte und kontrollierte Kundenzugang ermöglicht es dem Unternehmen, unabhängiger von Großhändlern und Lebensmitteleinzelhändlern zu agieren.[296]

Bei der Mobilisierung von **finanziellen Ressourcen** sind drei Entscheidungen von Unternehmen C hervorzuheben: (1) die Dezentralisierung der Produktion, (2) die Entscheidung für den Online-Shop als primären Vertriebskanal und (3) die Positionierung in bestimmten Kommunikations- und Vertriebskanälen. Durch die Dezentralisierung der Produktion konnte sich Unternehmen C frühzeitig regional etablieren und in die Dorfgemeinschaft integrieren. Dies war zum einen in der Phase der Suche nach einem geeigneten Produktionsstandort in Form einer Immobilie und zum anderen bei der Rekrutierung des für die handwerkliche Produktion notwendigen Personals hilfreich. Auf kommunalpolitischer Ebene wurden Kontakte z. B. zu Ortsbürgermeistern geknüpft.[297] Das Unternehmen hat sich früh für den Online-Shop als primären Vertriebskanal entschieden, auch wenn der ursprüngliche Plan war, sich in bekannten Supermärkten und auf Messen zu präsentieren. Im Zuge der COVID-19-Pandemie und der damit verbundenen Einschränkungen hatten sich jedoch die Konsumgewohnheiten der Kunden verändert und Unternehmen C sah im wachsenden Online-Vertrieb, insbesondere im Lebensmittelbereich, die Möglichkeit, mehr Kunden zu erreichen und mehr Sichtbarkeit zu schaffen.[298] Darüber hinaus nutzte Unternehmen C im Gründungsjahr einen Auftritt in einem bekannten Fernsehformat, um sich einer breiten Öffentlichkeit zu präsentieren. Dieser hatte vor allem einen erheblichen Einfluss auf den wirtschaftlichen Erfolg des Unternehmens: Am Tag der Ausstrahlung

---

[293] Vgl. Experte 6; Unternehmen C, Interview mit Gründer (10).

[294] Unverpackt-Läden zeichnen sich dadurch aus, dass das Sortiment lose bzw. ohne Verpackung angeboten wird und in eigene Behältnisse umgefüllt werden kann (Vgl. Bundesamt für Verbraucherschutz und Lebensmittelsicherheit (2025)).

[295] Vgl. Unternehmen C, Interview mit Gründer (7); Unternehmen C, Webseite (7).

[296] Vgl. Unternehmen C, Interview mit Gründer (4).

[297] Vgl. Experte 5; Unternehmen C, Interview mit Gründer (6).

[298] Vgl. Unternehmen C, Interview mit Gründer (3); Unternehmen C, Interview mit Gründer (9).

verzeichnete Unternehmen C einen bedeutend hohen Umsatz in seinem Online-Shop, der das notwendige Kapital für die Aufrechterhaltung und Expansion des Unternehmens abdeckte.[299] Zudem erlangte Unternehmen C dadurch Bekanntheit und hatte die Möglichkeit, durch die Zusammenarbeit mit großen Medienpartnern und durch die Platzierung in bekannten Publikationsmedien Reichweite zu generieren.[300]

Netzwerke aufbauen und erweitern

Ein wesentlicher Aspekt der Netzwerkbildung bei Unternehmen C ist der **strategische Transfer von Wissen.** Dieses Wissen wird nicht nur intern genutzt, sondern gezielt geteilt, um eine breite Basis für gesellschaftliche und institutionelle Veränderungen zu schaffen.[301] Unternehmen C nutzt digitale Kanäle wie Blogs und Newsletter, um einen kontinuierlichen Informationsfluss aufrechtzuerhalten. Statt verkaufsorientierter Werbung setzt das Unternehmen auf die Verbreitung fundierter, recherchierter Inhalte, die potenziellen Kunden einen Mehrwert bieten sollen. Diese Strategie schafft nicht nur ein besseres Verständnis für Themen wie Landwirtschaft und vegane Ernährung, sondern sensibilisiert die Öffentlichkeit für einen nachhaltigen und gesunden Lebensstil.[302] Es geht nicht darum, reine Marketingbotschaften zu verbreiten, sondern eine tiefere Beziehung zu den Kunden aufzubauen, indem die *„Rückseite"* der Marke, d. h. die Prozesse und Werte hinter den Produkten, in den Vordergrund gerückt wird.[303]

Eine zentrale Säule der Netzwerkerweiterung von Unternehmen C ist die **Nutzung unterschiedlicher Kommunikationskanäle**, die sowohl auf Massenmedien als auch auf digitale Plattformen abzielt. In diesem Zusammenhang hat Unternehmen C seine Produkte als *„lokales Superfood"* positioniert und gerade durch die Präsenz im Fernsehen einen massiven Anstieg des Traffics auf seiner Website erreicht, verbunden mit einem signifikanten Anstieg der Newsletter-Abonnenten.[304] Das Storytelling wurde bewusst als narrative Heldenreise gestaltet, um die Zuschauer emotional zu binden. Die Erzählung beinhaltete

---

[299] Vgl. Experte 6; Unternehmen C, Interview mit Gründer (6); Unternehmen C, Interview mit Gründer (9).

[300] Vgl. Experte 6; Unternehmen C, Interview mit Gründer (7).

[301] Vgl. Experte 5; Unternehmen C, Interview mit Gründer (2).

[302] Vgl. Experte 5; Unternehmen C, Interview mit Gründer (6).

[303] Vgl. Experte 5; Unternehmen C, Interview mit Gründer (12).

[304] Vgl. Unternehmen C, Interview mit Gründer (6).

die persönlichen Herausforderungen der Gründer, ihre Träume, Rückschläge und Erfolge und vermittelte so eine authentische und inspirierende Geschichte.[305]

Unternehmen C betont in seinem Netzwerkaufbau die Wichtigkeit der **lokalen Verankerung bei gleichzeitigem globalen Denken**, um den institutionellen Wandel voranzutreiben.[306] Auf lokaler Ebene setzt Unternehmen C bewusst auf die Dezentralisierung von Arbeitsplätzen, um strukturschwache Regionen zu stärken.[307] Die Unternehmenskultur von Unternehmen C ist geprägt von einer Gemeinschaftsorientierung, die sich in der Einführung der 20-Stunden-Woche und einem partizipativen Arbeitsumfeld widerspiegelt.[308] Darüber hinaus unterstützt Unternehmen C lokale Sportvereine und initiiert Gesundheitsprojekte wie kostenlose Frühstücksangebote für Grundschulen in der Region.[309] Auf überregionaler Ebene ist Unternehmen C bestrebt, nicht nur in seinem direkten Geschäftsumfeld nachhaltig zu agieren, sondern auch einen institutionellen Wandel voranzutreiben, indem es seine Partner inspiriert und motiviert. Unternehmen C sieht in seinem GM ein replizierbares Konzept: So sieht Unternehmen C die Möglichkeit, sein GM als Franchise auf neue Standorte zu übertragen, um die Skalierung effizient zu gestalten. Durch die selbst gesetzte finanzielle Sättigungsgrenze und die daraus resultierende Begrenzung des Wachstums besteht somit die Möglichkeit, weitere Unternehmer zu inspirieren und das eigene GM zu verbreiten.[310] Unternehmen C möchte Unternehmen außerhalb einer *„grünen Blase"* zu nachhaltigen GMI motivieren.[311] Damit strebt Unternehmen C auch einen positiven Einfluss auf die erweiterte Wertschöpfungskette an: So nimmt Unternehmen C positiven Einfluss auf seine Zulieferer, indem es Anreize schafft, von konventioneller auf ökologische Landwirtschaft umzusteigen und Plastik in der Produktion zu vermeiden.[312]

---

[305] Vgl. Experte 6; Unternehmen C, Interview mit Gründer (9).

[306] Vgl. Unternehmen C, Video (1).

[307] Vgl. Unternehmen C, Interview mit Gründer (2); Unternehmen C, Interview mit Gründer (6).

[308] Vgl. Unternehmen C, Interview mit Gründer (1).

[309] Vgl. Experte 5.

[310] Vgl. Experte 6.

[311] Vgl. Unternehmen C, Interview mit Gründer (7).

[312] Vgl. Experte 5; Unternehmen C, Interview mit Gründer (4); Unternehmen C, Interview mit Gründer (7).

6.5.3 Analyse der institutionellen Einflussfaktoren auf nachhaltige Geschäftsmodellinnovationen

Ein zentraler Aspekt, der die GMI von Unternehmen C beeinflusst, ist die umfangreiche Regulierung durch verschiedene **politische Entscheidungsträger**. So stellen staatliche Stellen wie das Gesundheitsamt strenge und kostenintensive Anforderungen an die Produktionsstätte von Unternehmen C.[313] Darüber hinaus unterliegt das GM von Unternehmen C einer strengen Kontrolle durch die Lebensmittelüberwachung. Die konsequente Einhaltung der Bio-Vorschriften ist nicht nur eine regulatorische Verpflichtung, sondern auch die Basis für die Glaubwürdigkeit des Unternehmens gegenüber den Konsumenten. Der intensive Kontrollaufwand und die regelmäßigen Überprüfungen wirken sich direkt auf die Qualitätssicherung sowie die logistischen Prozesse von Unternehmen C aus und erfordern kontinuierliche Investitionen in den Produktionsablauf.[314] Eine weitere regulatorische Herausforderung für Unternehmen C ist die eingeschränkte Verwendung bestimmter Begriffe im Produktmarketing. So ist es dem Unternehmen beispielsweise nicht möglich, das Wort „Gesundheit" zu verwenden, um mögliche gesundheitsbezogene Versprechungen zu vermeiden. Stattdessen muss das Unternehmen auf Begriffe wie „nährstoffreich" ausweichen.[315]

Ein weiterer wesentlicher Einfluss auf das GM von Unternehmen C ist die COVID-19-Pandemie und die damit verbundenen politischen Maßnahmen. Die Lockdowns und die damit einhergehenden Veränderungen des Konsumentenverhaltens haben unerwartet einen Impuls für das Unternehmen gesetzt. Die Pandemie führte dazu, dass Menschen vermehrt haltbare und gesunde Lebensmittel horteten, was den Absatz der Produkte von Unternehmen C positiv beeinflusste. Gleichzeitig gewann der Online-Handel an Bedeutung, was dem Unternehmen neue Marktchancen eröffnete.[316]

Kunden von Unternehmen C spielen eine aktive Rolle in der Entwicklung neuer Produkte. Anfragen und Vorschläge von Konsumenten haben dazu geführt, dass neue Produktvarianten auf den Markt gebracht wurden.[317] Das Unternehmen bringt teilweise unfertige Produkte auf den Markt und entwickelt diese auf

---

[313] Vgl. Unternehmen C, Interview mit Gründer (6).

[314] Vgl. Experte 6; Unternehmen C, Interview mit Gründer (6).

[315] Vgl. Experte 5.

[316] Vgl. Experte 5; Unternehmen C, Interview mit Gründer (6); Unternehmen C, Interview mit Gründer (9).

[317] Vgl. Unternehmen C, Interview mit Gründer (5).

Basis des Kundenfeedbacks weiter. Dieser iterative Ansatz zur Produktentwicklung zeigt, wie Unternehmen C auf die Bedürfnisse seiner Kundschaft eingeht und gleichzeitig eine dialogorientierte Innovationskultur fördert.[318] Unternehmen C hat auch auf die wachsende Nachfrage nach flexiblen Konsumoptionen reagiert. So entstand das Abonnement-Modell auf direkte Anfrage der Kunden, die regelmäßige Lieferungen und mehr Planungssicherheit wünschten.[319] Auf Grundlage des Kundenfeedbacks wurde zudem das Sortiment um größere Verpackungseinheiten erweitert, um den Bedürfnissen von Verbrauchern gerecht zu werden, die Wert auf weniger Verpackungsmaterial und größere Mengen legen. Im gleichen Zug hat die Nachfrage nach unverpackten Unternehmen C dazu veranlasst, eine Vertriebspartnerschaft mit Unverpackt-Läden einzugehen, die ihren Kunden nachhaltige, verpackungsfreie Einkaufsmöglichkeiten bieten.[320]

Das GM von Unternehmen C entwickelt sich auch mit den sich verändernden Bedürfnissen der verschiedenen Kundensegmente. So hat der aktuelle Zeitgeist dazu geführt, dass auch Konsumenten, die keine überzeugten Veganer sind, Interesse an den Produkten zeigen.[321] Gleichzeitig berücksichtigt das Unternehmen die Präferenzen seiner Hauptkunden, die an eine hochwertige und nährstoffreiche Ernährung gewöhnt sind und besonderen Wert auf die Herkunft und Qualität der Lebensmittel legen.[322] Die Markterfahrung hat jedoch gezeigt, dass gesundheitsbezogene Aussagen bei der Vermarktung von Produkten oft besser abschneiden als reine Nachhaltigkeitsversprechen. Diese Erkenntnis hat Unternehmen C dazu veranlasst, seine Marketingstrategien weiterzuentwickeln und auf den gesundheitlichen Nutzen seiner Produkte zu fokussieren.[323]

Die **Digitalisierung** hat es Unternehmen C ermöglicht, Arbeitsprozesse ortsunabhängig und flexibel zu gestalten. Mit Hilfe digitaler Tools kann das Unternehmen spezialisierte Fachkräfte unabhängig von ihrem geografischen Standort einbinden. Darüber hinaus ermöglicht die digitale Kommunikation über Tools eine effiziente, agile Arbeitsstruktur, die die konventionelle E-Mail-Kommunikation ersetzt. Dies erleichtert nicht nur die Kommunikation im Team, sondern unterstützt auch die Etablierung agiler Arbeitsmethoden, die schnelles Feedback und Anpassungen ermöglichen und damit die Innovationsfähigkeit

---

[318] Vgl. Unternehmen C, Interview mit Gründer (12); Unternehmen C, Webseite (8).

[319] Vgl. Experte 6.

[320] Vgl. Unternehmen C, Interview mit Gründer (7).

[321] Vgl. Experte 5; Vgl. Unternehmen C, Interview mit Gründer (11).

[322] Vgl. Unternehmen C, Interview mit Gründer (4).

[323] Vgl. Experte 5.

des Unternehmens steigern.[324] Die Kommunikation mit externen Partnern wird ebenfalls durch digitale Werkzeuge unterstützt. Die ortsunabhängige Vernetzung erleichtert es Unternehmen C, Partnerschaften und Kooperationen auch über große Distanzen hinweg zu pflegen.[325] Eine wesentliche Rolle spielen digitale Technologien auch in der Kommunikation mit Endkunden. Durch den Einsatz digitaler Kanäle kann Unternehmen C seine Produkte zielgerichtet erklären und vermarkten und dabei eine breite Zielgruppe erreichen, unabhängig davon, ob diese in urbanen oder ländlichen Regionen lebt. Unternehmen C nutzt hierfür verschiedene digitale Kommunikationswege, um den Informationsbedarf der Kunden zu decken und ein nachhaltiges Markenimage zu pflegen.[326]

Im Sinne des Einflusses des **Wettbewerbs** sieht Unternehmen C vor allem in den Bemühungen seiner Partner in Form von Demeter-zertifizierten Lebensmittelherstellern und -verarbeitern Vorbilder für den eigenen Anspruch an die Nachhaltigkeit des GM. In diesem Zusammenhang zieht Unternehmen C Vergleiche und leitet daraus Optimierungsbedarf für das eigene GM ab.[327] Durch den steigenden Bekanntheitsgrad von Unternehmen C wurde ein mittelständischer Lebensmittelhersteller auf das Unternehmen aufmerksam und gewährte Unternehmen C Einblicke in die eigenen Unternehmensstrukturen. Dabei sah Unternehmen C vor allem die Personalführung und den Umgang mit den Mitarbeitern als Orientierungspunkt, auch wenn die Größe des Unternehmens die eigenen Ansprüche bei weitem überstieg.[328] Zudem sind in der Gestaltung der Wertschöpfungskette von Unternehmen C Ansätze erkennbar, die bereits in anderen Kontexten und GM erfolgreich umgesetzt wurden. So ist im amerikanischen Markt ein Trend zur Nutzung, Verarbeitung und Verwendung von gekeimten Lebensmitteln wie Mandeln und Reis erkennbar.[329] Unternehmen C nutzt in seinem GM nicht nur Produktionsprozesse der klassischen Lebensmittelindustrie, sondern setzt bei der Keimung der Rohstoffe explizit Methoden ein, die vor allem aus der Bierbrauerei stammen.[330] Bei der Suche nach einer nachhaltigen Verpackungslösung orientierte sich Unternehmen C zunächst an einem niederländischen Schokoladenhersteller, der seine Produkte in Zellulosefolie verpackt. Letztendlich hat sich Unternehmen

---

[324] Vgl. Unternehmen C, Interview mit Gründer (1); Unternehmen C, Interview mit Gründer (3).

[325] Vgl. Unternehmen C, Interview mit Gründer (6).

[326] Vgl. Experte 5; Unternehmen C, Interview mit Gründer (6).

[327] Vgl. Experte 5; Experte 6.

[328] Vgl. Experte 6.

[329] Vgl. Unternehmen C, Interview mit Gründer (3).

[330] Vgl. Unternehmen C, Interview mit Gründer (10);

C jedoch von dieser Idee abgewandt und setzt heute auf vollständig kompostierbare Verpackungslösungen.[331] Im Front-End sind mit digitalen Vertriebs- und Abonnementkonzepten Ansätze zu beobachten, die insbesondere im Kontext des digitalen LEH an Popularität gewinnen.[332]

Ein zentraler Bestandteil des **Netzwerkes** von Unternehmen C sind die Bio- und Demeter-zertifizierten Landwirte, die als Rohstofflieferanten eine wesentliche Rolle spielen.[333] Auch die Zusammenarbeit mit deutschen und österreichischen Unternehmen der Lebensmittelverarbeitung ist für Unternehmen C von großer Bedeutung. Teilweise sind große Teile der Wertschöpfungskette an diese Unternehmen ausgelagert, die z. B. Getreide kaufen, aufbereiten und an Unternehmen C zur Weiterverarbeitung weitergeben.[334] Durch die Partnerschaft mit einem mittelständischen Unternehmen aus der Rohkostbranche kann Unternehmen C seine Innovationsstrategie kontinuierlich anpassen und optimieren.[335] Zudem ist eine Wechselwirkung zwischen Unternehmen C und regionalen Initiativen erkennbar. So war ein zentraler Impuls für die Entscheidung von Unternehmen C, den eigenen Standort dezentral zu platzieren, eine lokale Gemeinschaftskampagne, die zum Ziel hatte, ländliche Räume trotz zunehmender Urbanisierungstendenzen zukunftsfähig und nachhaltig zu gestalten. Um eine ökologisch und ökonomisch sinnvolle dezentrale Gemeinschaft langfristig tragfähig zu machen, waren neben ehrenamtlichen Projekten vor allem Unternehmen notwendig. Dies motivierte die Gründer von Unternehmen C, den Unternehmensstandort und die Produktion in den ländlichen Raum zu verlagern.[336]

Weitere Impulsgeber waren das private Umfeld der Gründer und die Produktionsfirma der Fernsehsendung, in der sich Unternehmen C der Öffentlichkeit präsentierte. Die finanziellen Ressourcen für die Gründung von Unternehmen C kamen zunächst aus dem persönlichen Umfeld, u. a. von einem Triathlon-Trainer, der durch seine Investition das Startkapital zur Verfügung stellte.[337] Der Anstoß für den letztendlichen Fernsehauftritt des Unternehmens kam ebenfalls von außen: So wurde Unternehmen C von der Produktionsfirma des TV-Formats explizit angefragt. Darüber hinaus erhielt Unternehmen C die Möglichkeit, der

[331] Vgl. Unternehmen C, Webseite (6).

[332] Vgl. Experte 6.

[333] Vgl. Experte 5; Unternehmen C, Webseite (4); Unternehmen C, Video (2).

[334] Vgl. Experte 6.

[335] Vgl. Unternehmen C, Interview mit Gründer (10).

[336] Vgl. Unternehmen C, Interview mit Gründer (7); Unternehmen C, Interview mit Gründer (10); Unternehmen C, Webseite (9).

[337] Vgl. Experte 5; Unternehmen C, Interview mit Gründer (12).

breiten Öffentlichkeit einen Einblick hinter die Kulissen und in die Produktion zu geben.[338]

6.6 Fallstudie 4: Dienstleister für Mehrweg-Transportlösungen

6.6.1 Unternehmen und Geschäftsmodell

Unternehmen D ist ein international tätiger Anbieter von Mehrwegtransportverpackungen und -lösungen, der eine führende Rolle im Bereich nachhaltiger Verpackungslösungen eingenommen hat. Gegründet in den frühen 1990er-Jahren, hat sich das Unternehmen seither kontinuierlich zu einem globalen Akteur entwickelt, der mit seinen Produkten und Dienstleistungen heute eine bedeutende Präsenz in zahlreichen Ländern weltweit aufweist. Mit einem breiten Netzwerk von Standorten und einem globalen Kundenstamm hat Unternehmen D den strategischen Fokus auf umweltfreundliche Mehrwegverpackungslösungen als Kern seiner Geschäftsstrategie verankert und fördert dadurch den Wandel hin zu zirkulären Wirtschaftsmodellen.[339]

Im **Wertangebot** hat sich Unternehmen D darauf spezialisiert, eine zentrale Herausforderung in der Frischelogistik zu lösen: den nachhaltigen und effizienten Transport frischer Lebensmittel durch die Bereitstellung wiederverwendbarer Lebensmittelbehälter und logistische Dienstleistungen im Rahmen eines Pooling-Systems. Die Kunden, die von diesem GM profitieren, sind primär Akteure in der Lebensmittellieferkette, darunter Lebensmittelhersteller, Lieferanten und Einzelhändler, die Frischwaren vertreiben.[340] Unternehmen D pflegt eine partnerschaftliche Beziehung zu seinen Kunden, da der Verleih der Behälter nicht nur eine einmalige Transaktion ist, sondern in kontinuierliche Dienstleistungs- und Optimierungsprozesse eingebettet ist.[341]

In der **Wertschöpfung und -lieferung** seines GM bedient sich Unternehmen D eines umfangreichen Pooling-Services, bei dem die Bereitstellung, Reinigung und Rückführung der Behälter im Mittelpunkt steht. Die Schlüsselressourcen, die

[338] Vgl. Unternehmen C, Interview mit Gründer (7); Unternehmen C, Interview mit Gründer (9);

[339] Vgl. Unternehmen D, Pressemitteilung (1).

[340] Vgl. Experte 7.

[341] Vgl. Experte 7; Unternehmen D, Webseite (5); Unternehmen D, Webseite (6).

zur Wertschöpfung benötigt werden, umfassen logistische Infrastruktur, automatisierte Reinigungs- und Managementsysteme sowie ein Netzwerk unabhängiger Dienstleister, die in die Prozesse zur Reinigung, Aufbereitung und Auslieferung der Behälter eingebunden sind.[342] Die enge Zusammenarbeit mit externen Partnern ist ein wichtiger Bestandteil, der die Effizienz der logistischen Abläufe sichert und die flexible Nutzung der Ressourcen ermöglicht.[343] Durch den Einsatz eines flexiblen Auftragsverarbeitungs- und Liefersystems gelingt es Unternehmen D, die Behälter automatisiert und bedarfsorientiert zu verwalten und an die jeweiligen Bedürfnisse der Kunden anzupassen.[344]

Im Rahmen der **Wertaneignung** basiert die Erlösstruktur auf einem Mietsystem, bei dem die Kunden Pfand und Miete für die Nutzung der Behälter zahlen. Darüber hinaus erzielt das Unternehmen Einnahmen aus der Vermietung von Paletten, die ebenfalls Teil der Logistikkette für die Auslieferung von Frischeprodukten sind.[345] Der Pooling-Ansatz ermöglicht Unternehmen D eine effiziente Verwaltung der Bestände, wodurch nicht nur Kostenvorteile erzielt, sondern auch ökologische Ziele erfüllt werden. Die durchgängige Wiederverwendung der Behälter minimiert die Abfallmenge entlang der Lieferkette und reduziert den Bedarf an Einwegverpackungen erheblich, was die ökologischen Gesamtkosten signifikant senkt.[346] Unternehmen D fördert die soziale Wertschöpfung, indem es lokale Gemeinschaften durch Lebensmittelspenden und ehrenamtliche Tätigkeiten unterstützt und mit Lebensmittelbanken und NGOs zusammenarbeitet, um Menschen den Zugang zu frischen Lebensmitteln zu ermöglichen.[347]

6.6.2 Analyse der Aktivitäten im Kontext von institutionellem Entrepreneurship

Visionsbildungsprozesse

Im Mittelpunkt des **diagnostischen Framings** steht die umfassende Kritik am bestehenden linearen *„take-make-throw away“*-Modell, das sowohl zur Ressourcenverschwendung als auch zur Erhöhung der Umweltbelastung beiträgt.

---

[342] Vgl. Unternehmen D, Nachhaltigkeitsbericht; Unternehmen D, Vortrag; Unternehmen D, Webseite (1).

[343] Vgl. Experte 7.

[344] Vgl. Unternehmen D, Webseite (7).

[345] Vgl. Experte 7; Unternehmen D, Webseite (8).

[346] Vgl. Unternehmen D, Nachhaltigkeitsbericht; Unternehmen D, Webseite (9).

[347] Vgl. Unternehmen D, Nachhaltigkeitsbericht; Unternehmen D, Webseite (10).

Unternehmen D beschreibt eindringlich die negativen Folgen dieses Modells für die Umwelt, darunter die Zunahme des Abfallaufkommens, die Verschmutzung der Meere durch Plastikmüll und die Zunahme der *„Wegwerfmentalität"*, die als *Cradle-to-Grave*[348]-Ansatz charakterisiert wird.[349] Durch die Betonung dieser Problembereiche wird Einwegverpackungen in der Logistik- und Verpackungsindustrie eine zentrale Rolle bei der Entstehung ökologischer und ökonomischer Defizite zugewiesen. Unternehmen D verweist in diesem Zusammenhang auf wissenschaftliche Studien, die belegen, dass Einwegverpackungen häufiger beschädigt werden und dadurch zu höheren Warenverlusten führen.[350] Das Unternehmen betont, dass Einwegverpackungen nicht nur ökologisch problematisch sind, sondern auch betriebswirtschaftliche Ineffizienzen verursachen. Einwegverpackungen führen zu hohen Kosten für Unternehmen in der Lebensmittellieferkette, da sie oft keinen ausreichenden Schutz für verderbliche Waren bieten und nicht ausreichend stabil sind.[351]

Im Rahmen des **prognostischen Framings** stellt Unternehmen D Mehrwegsysteme als Lösung für die ökologischen und ökonomischen Herausforderungen des Einwegsystems dar. Die durch das Mehrwegsystem ermöglichte Reduktion von Einwegabfällen und die Recyclingfähigkeit der Verpackungen sind zentrale Argumente.[352] Darüber hinaus zeigt Unternehmen D mögliche Kosteneinsparungspotenziale in jedem Bereich der Lieferkette für seine Kunden auf.[353] Fallstudien und wissenschaftlich fundierte Studien sollen die Überlegenheit von Mehrwegsystemen aufzeigen.[354] Unternehmen D sieht die Digitalisierung als zentralen Bestandteil einer Nachhaltigkeitsvision. Durch die Digitalisierung der Lieferkette wird im Fall von Unternehmen D eine zukunftssichere und transparente Struktur geschaffen, die auf ökologische und ökonomische Vorteile für die gesamte Branche ausgerichtet ist.[355] Unternehmen D betont seine Vorreiterrolle

---

[348] Der Cradle-to-Grave-Ansatz bezieht sich auf den linearen Materialfluss durch industrielle Systeme, bei dem Rohstoffe aus der Umwelt entnommen, in Produkte umgewandelt und schließlich entsorgt werden (Vgl. Braungart, McDonough und Bollinger (2007: 1337 f.)).

[349] Vgl. Unternehmen D, Nachhaltigkeitsbericht; Unternehmen D, Webseite (12).

[350] Vgl. Unternehmen D, Pressemitteilung (3); Unternehmen D, Webseite (13).

[351] Vgl. Unternehmen D, Webseite (6); Unternehmen D, Webseite (14); Unternehmen D, Webseite (15); Unternehmen D, Webseite (16).

[352] Vgl. Unternehmen D, Vortrag; Unternehmen D, Pressemitteilung (2); Unternehmen D, Webseite (3).

[353] Vgl. Unternehmen D, Webseite (17); Unternehmen D, Webseite (18).

[354] Vgl. Unternehmen D, Pressemitteilung (3); Unternehmen D, Webseite (19).

[355] Vgl. Experte 7; Unternehmen D, Pressemitteilung (4); Unternehmen D, Webseite (20).

sowohl bei der Digitalisierung als auch im Bereich nachhaltiger Lieferketten und als Vorbild bei der Einführung von Kreislaufwirtschaftslösungen.[356]

Als zentrales Element des **motivationalen Framings** impliziert die Unternehmensvision, dass ökonomisches Wachstum im Einklang mit Nachhaltigkeit nicht nur möglich, sondern entscheidend für den ökologischen Fortschritt ist: *„Je mehr wir tun, desto besser für den Planeten"*. Dieses Leitmotiv kommuniziert ein Verständnis von Wachstum als Motor für positiven Wandel und spricht gleichzeitig Kunden und Partner an, die auf gemeinsame Wertschöpfung im Sinne globaler Nachhaltigkeit setzen.[357] Unternehmen D nutzt das motivationale Framing, um den Wandel zur Kreislaufwirtschaft als notwendig, machbar und vorteilhaft zu vermitteln. Die starke Betonung gemeinsamer Werte und die Förderung einer kooperativen Kultur im Netzwerk zeigen, dass das Unternehmen diesen Wandel als gemeinsames Ziel sieht, das nur durch einen partnerschaftlichen und integrativen Ansatz erreicht werden kann.[358] Unternehmen D betont die Bedeutung einer Kultur der Zusammenarbeit, in der Kunden, Produzenten, Einzelhändler und andere Partner aktiv in die Gestaltung und Umsetzung nachhaltiger Lösungen einbezogen werden.[359]

Mobilisierung von Ressourcen

Ein zentrales Element der Ressourcenmobilisierung von Unternehmen D ist die intensive Zusammenarbeit mit Partnern und die Förderung **gemeinsamer Innovationsprozesse**. Unternehmen D unterhält enge Partnerschaften mit industriellen Anbaubetrieben, Lebensmittelherstellern und führenden Einzelhändlern, um passende Verpackungslösungen zu entwickeln.[360] Innovative Produkte entstehen durch Pilotversuche und gemeinsame Tests mit Kundeninfrastrukturen und externen Unternehmen.[361] Beispielsweise hat Unternehmen D gemeinsam

---

[356] Vgl. Unternehmen D, Nachhaltigkeitsbericht; Unternehmen D, Pressemitteilung (1); Unternehmen D, Webseite (11).

[357] Experte 7; Unternehmen D, Interview mit Mitarbeiter.

[358] Vgl. Unternehmen D, Vortrag; Unternehmen D, Webseite (9); Unternehmen D, Webseite (24).

[359] Vgl. Experte 7; Unternehmen D, Webseite (25).

[360] Vgl. Unternehmen D, Nachhaltigkeitsbericht; Unternehmen D, Interview mit Mitarbeiter; Unternehmen D, Webseite (26).

[361] Vgl. Unternehmen D, Pressemitteilung (6); Unternehmen D, Webseite (16); Unternehmen D, Webseite (22); Unternehmen D, Webseite (25).

mit Partnern spezielle Lösungen für den Transport frischer Lebensmittel entwickelt, wie faltbare Milch- und Eierbehälter oder optimierte Transportlösungen für Schnittblumen.[362]

Die Wertschöpfungsstrategie von Unternehmen D beinhaltet eine intensive Kooperation mit externen Dienstleistern und die **Entwicklung von Digitalisierungslösungen**, die die gesamte Lieferkette transparenter und effizienter gestalten. Dabei kann Unternehmen D auf das **Know-how** seiner Partner zurückgreifen, indem es spezialisierte Akteure einbindet, die beispielsweise das Waschen, Lagern und Reparieren der Transportlösungen übernehmen. Darüber hinaus arbeitet Unternehmen D verstärkt mit Technologieunternehmen zusammen, um u. a. die Rückverfolgbarkeit und transparente Lokalisierung der Behälter zu ermöglichen.[363]

Ein entscheidender Faktor für die Mobilisierung von **finanziellen Ressourcen** ist die Standardisierung der Infrastruktur von Unternehmen D. Das Unternehmen setzt bei seinen Mehrwegtransportlösungen auf standardisierte Abmessungen und Designs, die auf die Anforderungen von Lagerflächen und Transport- und Lagerprozessen abgestimmt sind. Diese Standardisierung ermöglicht die nahtlose Integration der Verpackungssysteme in bestehende Logistik- und Lagereinrichtungen der Kunden, wodurch zusätzliche Investitionen und Umbauten vermieden werden.[364] Anstatt bestehende Lieferketten komplett umzugestalten, verfolgt das Unternehmen das Ziel, diese durch die Einführung nachhaltiger Technologien zu optimieren und so sukzessive umweltfreundlicher zu gestalten. So wird beispielsweise der Einsatz von Kunststoffpaletten als nachhaltige Alternative zu herkömmlichen Holzpaletten eingeführt, ohne die Komplexität der bestehenden Systeme zu beeinträchtigen.[365] Im Sinne der Kundenorientierung richtet Unternehmen D sein Mehrwegsystem so aus, dass es für Kunden administrativ einfach und ressourcenschonend umsetzbar sind. Dem trägt Unternehmen D z. B. durch ein einfaches Onboarding-Verfahren Rechnung, das innerhalb weniger Minuten durchgeführt werden kann, sowie durch die Automatisierung von Prozessen wie z. B. der Pfandrückgabe und der Mietabrechnung. Unternehmen D bietet eine komplementäre Lösung an, die es den Partnern ermöglicht, bestehende

---

[362] Vgl. Unternehmen D, Pressemitteilung (7).

[363] Vgl. Experte 7; Unternehmen D, Pressemitteilung (8); Unternehmen D, Pressemitteilung (9); Unternehmen D, Pressemitteilung (10).

[364] Vgl. Experte 7; Unternehmen D, Nachhaltigkeitsbericht; Unternehmen D, Webseite (22); Unternehmen D, Webseite (23).

[365] Vgl. Experte 7; Unternehmen D, Webseite (27).

Logistikprozesse umweltfreundlicher und effizienter zu gestalten, ohne signifikante Kapitalinvestitionen tätigen zu müssen.[366] Insbesondere im Kontext des Omnichannel-Retailing kommt Unternehmen D eine strategische Rolle zu: Durch die hohe Transparenz und Rückverfolgbarkeit seiner Transportlösungen unterstützt das Unternehmen Partner bei der Umsetzung konsistenter und nachhaltiger Logistikstrategien über verschiedene Vertriebskanäle hinweg. Um eine lückenlose Rückverfolgbarkeit und Kompatibilität mit den Kundenanforderungen zu gewährleisten, setzt Unternehmen D unterschiedliche Kennzeichnungstechnologien (z. B. RFID oder Barcodes) auf den Transportbehältern ein, um möglichst kompatibel mit den Logistiksystemen seiner Kunden zu sein.[367]

Netzwerke aufbauen und erweitern

Im Zentrum des GM von Unternehmen D steht das **Pooling-Konzept**, das mit Prinzipien der Sharing Economy einhergeht: Je mehr Akteure das System nutzen, desto effizienter und nachhaltiger wird es. Der Pooling-Service von Unternehmen D zielt darauf ab, den Kunden den Übergang zu nachhaltigen Alternativen zu erleichtern, indem er die Verwaltung und den Ausgleich des Bestands an Transportlösungen übernimmt und so den Einstieg in ein Sharing Economy-GM vereinfacht.[368] Darüber hinaus werden die Kunden durch **monetäre Anreize** und **Wissensvermittlung** im Sinne des Sharing-Gedankens motiviert, nicht genutzte Behälter möglichst schnell wieder in den Kreislauf zurückzuführen und den darin enthaltenen Abfall zu reduzieren.[369] Das Unternehmen D setzt auf die Schaffung eines Netzwerks von Kunden und Partnern, die diesen nachhaltigen Ansatz unterstützen.[370]

Unternehmen D engagiert sich intensiv in der **politischen Lobbyarbeit** und ist aktives Mitglied in Netzwerken, die sich für den Einsatz von Mehrwegsystemen einsetzen. In Zusammenarbeit mit politischen Entscheidungsträgern setzt es sich für eine stärkere Regulierung von Einwegverpackungen ein, mit dem Ziel, die Verbreitung wiederverwendbarer Verpackungslösungen zu fördern. Diese Lobbyarbeit ist Teil der Strategie des Unternehmens, gemeinsam mit politischen und industriellen Akteuren verbindliche Standards zu schaffen, die Anreize für wiederverwendbare Systeme und nachhaltige GM stärken. Solche Netzwerke bieten

---

[366] Vgl. Experte 7; Unternehmen D, Webseite (28); Unternehmen D, Webseite (29).

[367] Vgl. Unternehmen D, Webseite (28); Unternehmen D, Webseite (30).

[368] Vgl. Unternehmen D, Webseite (1); Unternehmen D, Webseite (28); Unternehmen D, Webseite (31); Unternehmen D, Webseite (32).

[369] Vgl. Experte 7; Unternehmen D, Nachhaltigkeitsbericht.

[370] Vgl. Unternehmen D, Nachhaltigkeitsbericht; Unternehmen D, Webseite (33).

Unternehmen D die Möglichkeit, sich aktiv an der Gestaltung von Branchenregulationen und EU-weiten Verpackungsvorschriften zu beteiligen.[371] In diesem Kontext hat das Unternehmen zusammen mit anderen Pooling-Unternehmen einen Verband gegründet, um das Pooling-GM breiter zu etablieren und damit den institutionellen Wandel zu fördern.[372]

Unternehmen D nutzt seine Logistikkompetenzen, um **soziale Wertschöpfung** zu fördern und gesellschaftliche Verantwortung wahrzunehmen. In Kooperation mit Wohltätigkeitsorganisationen wie z. B. Lebensmitteltafeln unterstützt das Unternehmen die Verteilung von Lebensmitteln an Bedürftige und engagiert sich aktiv gegen Lebensmittelverschwendung. Es bietet logistische Schulungen und Beratung für gemeinnützige Organisationen an, organisiert Spendenkampagnen und sensibilisiert die Öffentlichkeit durch Informationsveranstaltungen. Zudem spendet Unternehmen D an lokale Lebensmittelbanken und setzt seine Mitarbeiter zur Unterstützung sozialer Projekte ein.[373]

Im Rahmen der zentralen Netzwerkstrategie setzt Unternehmen D auf die Etablierung neuer **Standards** und **Best Practices**. Mit einem eigenen ESG-Bericht und speziellen Initiativen schafft das Unternehmen Benchmarks für Umweltverantwortung und Lebensmittelsicherheit, die es an Partner und Kunden weitergibt. Mit der Einführung von Prüfungsstandards zur Lebensmittelsicherheit und -qualität in Zusammenarbeit mit einer NGO treibt Unternehmen D neue Qualitätsmaßstäbe voran, die von anderen Marktteilnehmern übernommen werden können.[374] Dabei legt Unternehmen D großen Wert auf die wissenschaftliche Fundierung und externe Validierung seiner Prozesse.[375] Darüber hinaus steht die Quantifizierung der Nachhaltigkeitserfolge im Vordergrund, um die Leistungen für Partner und Kunden transparent darzustellen. Mithilfe eines Zertifikatsystems dokumentiert Unternehmen D die Einsparungen an CO2-Emissionen, Wasser und Energie sowie die Reduktion von Abfällen und Lebensmittelverlusten durch den Einsatz des Mehrwegsystems.[376]

---

[371] Vgl. Experte 7; Unternehmen D, Nachhaltigkeitsbericht.

[372] Vgl. Unternehmen D, Pressemitteilung (11).

[373] Vgl. Unternehmen D, Nachhaltigkeitsbericht; Unternehmen D, Pressemitteilung (2); Unternehmen D, Pressemitteilung (7); Unternehmen D, Pressemitteilung (12).

[374] Vgl. Unternehmen D, Nachhaltigkeitsbericht; Unternehmen D, Webseite (27); Unternehmen D, Webseite (34); Unternehmen D, Webseite (35).

[375] Vgl. Unternehmen D, Nachhaltigkeitsbericht; Unternehmen D, Webseite (36); Unternehmen D, Webseite (37); Unternehmen D, Webseite (38).

[376] Vgl. Unternehmen D, Pressemitteilung (13); Unternehmen D, Pressemitteilung (14); Unternehmen D, Pressemitteilung (16); Unternehmen D, Webseite (39).

6.6.3 Analyse der institutionellen Einflussfaktoren auf nachhaltige Geschäftsmodellinnovationen

Die Analyse der **politischen Einflussfaktoren** zeigt, dass sich die Politik vor allem auf nationaler und internationaler Ebene positiv auf die GMI von Unternehmen D auswirkt. Als Teil der Wachstumsstrategie *„European Green Deal"* der EU trägt der *Circular Economy Action Plan* mit seinen Maßnahmen vor allem zur Erhöhung der Legitimität des GM von Unternehmen D bei.[377] Die Gesetzgebung in Ländern wie Ungarn, die die Kreislaufwirtschaft durch Anreize für Mehrwegverpackungen unterstützt, hat es Unternehmen D ermöglicht, seine Innovationsstrategien im Sinne der Nachhaltigkeit weiter zu vertiefen.[378] Darüber hinaus zielt die *europäische Richtlinie über Verpackungen und Verpackungsabfälle* darauf ab, Einwegverpackungen zu reduzieren.[379] Obwohl der Geltungsbereich der Richtlinie durch Lobbyarbeit eingeschränkt wurde, hat sie zur Einführung der erweiterten Herstellerverantwortung geführt. Unternehmen D hat die Kernziele der Richtlinie in sein GM integriert, um nachhaltige Verpackungslösungen im Einklang mit den europäischen Zielen anzubieten.[380] Einige Länder, wie z. B. Frankreich, haben die europäische Richtlinie über Verpackungen und Verpackungsabfälle übernommen und Einwegverpackungen für bestimmte Obst- und Gemüsesorten verboten. Darüber hinaus haben weitere Länder Gebühren für Einwegverpackungen eingeführt, wovon Unternehmen D profitiert, das eine steigende Nachfrage nach Mehrweglösungen verzeichnet.[381] Bereits 1991 führte die deutsche Bundesregierung eine Verpackungsverordnung ein, die zum Ziel hatte, die Entsorgungsverantwortung für bestimmte Waren von den Kommunen auf die Wirtschaft zu übertragen. Für die Gründer von Unternehmen D ergab sich daraus die Gelegenheit, ein Mehrwegsystem in ein geeignetes GM umzusetzen und ein Jahr später das Unternehmen selbst zu gründen.[382]

Die COVID-19-Pandemie und die damit verbundenen Vorschriften haben sowohl die Bedeutung der Lebensmittelsicherheit als auch den Bedarf an digitalen Lösungen erhöht. Um den steigenden Anforderungen gerecht zu werden,

---

377 Vgl. Europäische Kommission (2019, 2020).Unternehmen D, Nachhaltigkeitsbericht; Unternehmen D, Interview mit Mitarbeiter (2).

378 Vgl. Unternehmen D, Webseite (40).

379 Vgl. Europäische Kommission (2022).

380 Vgl. Experte 7; Unternehmen D, Nachhaltigkeitsbericht; Unternehmen D, Interview mit Mitarbeiter (1).

381 Vgl. Unternehmen D, Nachhaltigkeitsbericht; Unternehmen D, Webseite (25); Unternehmen D, Webseite (41).

382 Vgl. Experte 7.

setzt das Unternehmen verstärkt auf digitale Methoden, um Rückverfolgbarkeit und Hygienekontrollen effizienter zu gestalten.[383] Darüber hinaus führte die Pandemie zu einer generellen Stärkung der digitalen Kompetenz des Unternehmens, insbesondere durch die Verbesserung bzw. den Ausbau der ortsunabhängigen Arbeit und der vorhandenen IKT-Infrastruktur. Im Sinne der Digitalisierung profitierte Unternehmen D zudem von politischen Fördermitteln, die insbesondere die Implementierung von Robotik und Automatisierung in den eigenen Servicezentren finanziell unterstützten.[384]

Unternehmen D hat sich durch ständige Optimierung und Diversifizierung seiner Produkte und Dienstleistungen auf die spezifischen Anforderungen seiner **Kunden** eingestellt. Die Entwicklungsprozesse sind stark kundengetrieben und orientieren sich an den Herausforderungen der verschiedenen Produktkategorien. So hat das Unternehmen beispielsweise spezielle Schutzmechanismen für biologisch angebaute Produkte entwickelt, da diese von den Kunden als wertvoller und besonders schützenswert angesehen werden.[385] Durch Prototypen und Pilotprojekte testet das Unternehmen kontinuierlich neue Systeme, bevor sie in größerem Umfang implementiert werden. Regelmäßige Rückmeldungen und Bewertungen der Kunden spielen eine wesentliche Rolle bei der Entwicklung neuer Lösungen und Produkte.[386] Zudem hat die steigende Nachfrage der Kunden nach transparenten, effizienten und leicht integrierbaren Systemen das Unternehmen dazu veranlasst, digitale Tools und automatisierte Prozesse zu implementieren. Durch die Integration digitaler Lösungen können die Kunden von Unternehmen D ihre Lieferketten besser überwachen und steuern. Die fortschreitende Digitalisierung trägt somit zur Schaffung eines nachhaltigeren und effektiveren Gesamtsystems bei, das sowohl den Anforderungen des LEH als auch denen der Endkunden gerecht wird.[387]

Das steigende Nachhaltigkeitsbewusstsein der Kunden erfordert von Unternehmen D eine umfassende Anpassung seiner Infrastruktur und Logistik. Einerseits erwarten die Kunden eine ökologisch verantwortungsvolle Gestaltung der Wertschöpfungskette, andererseits legen sie Wert auf eine effiziente Logistik, um die

[383] Vgl. Unternehmen D, Webseite (42); Unternehmen D, Webseite (43).

[384] Vgl. Experte 7.

[385] Vgl. Unternehmen D, Nachhaltigkeitsbericht; Unternehmen D, Webseite (15); Unternehmen D, Webseite (33); Unternehmen D, Webseite (44).

[386] Vgl. Unternehmen D, Webseite (4); Unternehmen D, Webseite (16); Unternehmen D, Webseite (23); Unternehmen D, Webseite (26); Unternehmen D, Webseite (45).

[387] Vgl. Experte 7; Unternehmen D, Webseite (20); Unternehmen D, Webseite (43).

Lieferketten möglichst kurz und emissionsarm zu halten. Um diesen Anforderungen gerecht zu werden, hat das Unternehmen strategische Standorte in der Nähe wichtiger Nahrungsmittelanbaugebiete und Verkehrsknotenpunkte aufgebaut.[388] Neben den direkten Kundenanforderungen wirkt sich auch der institutionelle Druck der Endverbraucher auf die GMI von Unternehmen D aus. Das steigende Umweltbewusstsein der Endverbraucher führt zu einem erhöhten Druck auf die B2B-Kunden des Unternehmens, die zunehmend auf transparente und umweltfreundliche Lösungen setzen, um sich selbst nachhaltiger zu positionieren und von der Konkurrenz abzuheben.[389]

Ein wesentlicher Bestandteil der GMI von Unternehmen D ist die Implementierung digitaler **Technologien** und Automatisierungslösungen. Durch den Einsatz von digitalen Scanpunkten entlang der Lieferkette kann der Prozess der Behälterbewegung automatisiert und gleichzeitig der administrative Aufwand für die Kunden im Vergleich zu Einwegverpackungen deutlich reduziert werden. Dieser Aspekt ist besonders relevant, da er für die Kunden von Unternehmen D ein wichtiges Kaufargument darstellt.[390] Eine zentrale Rolle spielt die digitale Plattform, die es ermöglicht, die verschiedenen Akteure entlang der Lieferkette zu koordinieren und das Pooling der Mehrwegbehälter zu optimieren. Die Plattform bietet Transparenz über den Standort und den Status der Behälter und ermöglicht so eine präzise Steuerung des Pooling-Systems.[391] Zusätzlich hat Unternehmen D eine mobile Anwendung entwickelt, die den Kunden die Bestellung, Verwaltung und Rückgabe von Mehrwegbehältern erleichtert. Die Möglichkeit, alle Transaktionen elektronisch abzuwickeln, führt zu einer effizienten und nutzerfreundlichen Integration der Plattform in die Geschäftsprozesse der Kunden.[392] Um die Transparenz und Kontrolle innerhalb der Lieferkette zu optimieren, setzt Unternehmen D auf digitale Identifikationssysteme wie Data-Matrix-Codes und Radio Frequency Identification (RFID).[393] Die Erfassung und Analyse großer Datenmengen hat es Unternehmen D ermöglicht, fortschrittliche Funktionen wie

---

[388] Vgl. Experte 7; Unternehmen D, Pressemitteilung (16); Unternehmen D, Pressemitteilung (17).

[389] Vgl. Unternehmen D, Pressemitteilung (18); Unternehmen D, Webseite (5); Unternehmen D, Webseite (21);

[390] Vgl. Experte 7; Unternehmen D, Pressemitteilung (8); Unternehmen D, Pressemitteilung (10).

[391] Vgl. Experte 7; Unternehmen D, Vortrag; Unternehmen D, Pressemitteilung (1); Unternehmen D, Webseite (43).

[392] Vgl. Unternehmen D, Pressemitteilung (5); Unternehmen D, Pressemitteilung (19).

[393] Vgl. Unternehmen D, Webseite (30); Unternehmen D, Webseite (43); Unternehmen D, Webseite (46).

Echtzeitanalysen und prädiktive Modelle zur Verbesserung der Lieferkette zu integrieren. Die digitale Plattform ermöglicht es, Ineffizienzen und Problempunkte zu identifizieren, so dass Unternehmen D und seine Kunden proaktiv auf mögliche Störungen reagieren können. Dies ermöglicht nicht nur eine präzisere Steuerung der Lieferkette, sondern trägt auch zur Identifizierung von Trends und Optimierungsmöglichkeiten bei.[394]

Neben der Überwachung der Lieferkette setzt Unternehmen D auf Automatisierungslösungen im eigenen Umgang mit den Transportbehältern. So nutzt das Unternehmen automatisierte Wasch- und Desinfektionsprozesse, die sicherstellen, dass die Mehrwegbehälter höchsten Hygienestandards entsprechen. Dabei wird der Waschprozess mit Hilfe von Sensoren und Datentechnologien überwacht und gewährleistet so eine lückenlose Qualitätskontrolle in den Servicecentern. Durch die Digitalisierung und Automatisierung wird eine hohe Lebensmittelsicherheit entlang der gesamten Lieferkette erreicht und gleichzeitig der Ressourcenverbrauch optimiert.[395]

Die GM von Unternehmen D und seinen **Wettbewerbern** weisen grundsätzlich große Ähnlichkeiten auf, insbesondere hinsichtlich der Fokussierung auf nachhaltige Mehrwegverpackungen und der Nutzung von Pooling-Systemen. In den 1990er Jahren haben sich parallele Mehrwegmodelle entwickelt, so dass das institutionelle Umfeld aus Unternehmen besteht, die vergleichbare Nachhaltigkeitsziele verfolgen und ähnliche Prozesse implementieren. Die grundsätzliche Übereinstimmung dieser GM und ihre standardisierten Strukturen prägen den Markt bis heute und veranlassen die Anbieter, darunter auch Unternehmen D, sich durch Innovationen zu differenzieren. Eine dieser Differenzierungen zeigt sich in der Nutzung digitaler und automatisierter Prozesse, die Unternehmen D in größerem Umfang und in einem umfassenderen strategischen Rahmen als seine Wettbewerber implementiert hat.[396] Darüber hinaus zeigt sich in der Preisgestaltung im Markt für Mehrwegverpackungslösungen eine starke Annäherung der Wettbewerber. Sowohl Unternehmen D als auch seine Wettbewerber weisen ähnliche Preisstrukturen auf, was vor allem auf die hohe Standardisierung des GM und die Preissensibilität des Marktes zurückzuführen ist. Sowohl Unternehmen D als

---

[394] Vgl. Unternehmen D, Nachhaltigkeitsbericht; Unternehmen D, Pressemitteilung (9); Unternehmen D, Webseite (20).

[395] Vgl. Experte 7; Unternehmen D, Webseite (43); Unternehmen D, Webseite (47); Unternehmen D, Webseite (48); Unternehmen D, Webseite (49).

[396] Vgl. Experte 7.

auch seine Wettbewerber verfolgen ähnliche Marktstrategien, die auf bestimmten Zielmärkten und spezifischen Segmenten basieren.[397]

Unternehmen D ist in nationalen und internationalen **Netzwerken** aktiv, die eine Plattform für den Austausch von Wissen und politischen Interessen bieten. Dieses Netzwerk fördert die Abstimmung gemeinsamer Ziele im Bereich der Kreislaufwirtschaft und stärkt das Unternehmen in seiner Rolle als Akteur im Bereich nachhaltiger Verpackungslösungen. Die Zusammenarbeit mit wissenschaftlichen Einrichtungen und die Mitarbeit in Netzwerken fördern zudem die Digitalisierung und Innovationsfähigkeit des Unternehmens.[398]

Ein wichtiges Element der nachhaltigen Ausrichtung von Unternehmen D sind umfassende Zertifizierungen und Standards, die die Grundlage für die Nachhaltigkeitsstrategie des Unternehmens bilden. Diese Standards, die zum Teil von unabhängigen Zertifizierungsstellen und Organisationen definiert werden, schaffen nicht nur Transparenz gegenüber Stakeholdern, sondern forcieren auch interne Veränderungen und Prozesse.[399] Ein Beispiel ist die Cradle-to-Cradle[400]-Zertifizierung, die als Standard für Kreislaufwirtschaft und Ressourcenschonung im Unternehmen gilt und regelmäßig rezertifiziert wird. Die hohe Komplexität und der Anspruch einer Cradle-to-Cradle-Zertifizierung stellen Unternehmen D vor die Herausforderung, kontinuierlich in innovative und nachhaltige Prozesse zu investieren.[401] Ein zentraler Faktor für die Berichterstattung und strategische Ausrichtung von Unternehmen D sind die ESG-Kriterien der Vereinten Nationen, die zu einer erhöhten Rechenschaftspflicht und einem stärkeren Fokus auf nachhaltige Unternehmenspraktiken geführt haben.[402] Die Zusammenarbeit mit Partnern aus Industrie und Forschung, z. B. durch Ökobilanzen, die nach ISO-Standards

[397] Vgl. Experte 7.

[398] Vgl. Experte 7; Unternehmen D, Nachhaltigkeitsbericht.

[399] Vgl. Unternehmen D, Nachhaltigkeitsbericht; Unternehmen D, Pressemitteilung (16); Unternehmen D, Pressemitteilung (20).

[400] Cradle-to-Cradle bezeichnet ein Designkonzept, das industrielle Systeme und Produkte so gestaltet, dass Materialien endlos in Kreisläufen zirkulieren und so positive wirtschaftliche, ökologische und soziale Ziele gleichzeitig verfolgt werden können (Vgl. Braungart, McDonough und Bollinger (2007: 1343)).

[401] Vgl. Unternehmen D, Nachhaltigkeitsbericht; Unternehmen D, Pressemitteilung (21); Unternehmen D, Pressemitteilung (22); Unternehmen D, Webseite (12).

[402] Vgl. Experte 7; Unternehmen D, Pressemitteilung (23); Unternehmen D, Webseite (21); Unternehmen D, Webseite (40).

durchgeführt und von Experten begutachtet werden, unterstützt die Validität des GM.[403]

Die GMI von Unternehmen D wird durch die Interessen der Netzwerkpartner und -investoren beeinflusst. Die Übernahme durch einen Finanzinvestor in den 2000er Jahren ermöglichte es Unternehmen D, Ressourcen in den Ausbau und die Weiterentwicklung des Mehrwegsystems zu investieren. Dabei konzentrierte sich Unternehmen D auf das Pooling von Transportbehältern, während der Investor auf das Pooling von Paletten fokussiert war. Nach dem Investorenwechsel im Jahr 2019 wurden umfangreiche GMI durchgeführt: Unternehmen D erweiterte sein Produktportfolio um Mehrwegpaletten, formulierte und implementierte eine ambitionierte Digitalisierungsstrategie und setzte sich neue Nachhaltigkeitsziele, die sich auch im ersten Nachhaltigkeitsbericht widerspiegeln.[404]

6.7 Fallstudie 5: Lebensmittelhersteller für pflanzliche Ersatzprodukte

6.7.1 Unternehmen und Geschäftsmodell

Unternehmen E ist ein großes Unternehmen, das sich durch seine Spezialisierung auf pflanzliche Lebensmittel einen Namen im Bereich der nachhaltigen Lebensmittelindustrie gemacht hat. Das in den 1980er Jahren gegründete Unternehmen blickt auf mehr als vier Jahrzehnte Firmengeschichte zurück, die von einem Fokus auf Innovation und Umweltverantwortung geprägt sind. Das in Deutschland ansässige Unternehmen hat seinen Ursprung in der Herstellung von Sojaprodukten und hat sein Portfolio sukzessive um weitere pflanzliche Alternativen erweitert, um den wachsenden Bedürfnissen einer zunehmend bewussten Kundschaft gerecht zu werden.[405]

Unternehmen E adressiert in seinem **Wertangebot** die wachsende Nachfrage nach nachhaltigen, gesunden und ethisch vertretbaren Lebensmitteln durch die Entwicklung und Produktion pflanzlicher Alternativen zu Fleisch- und Milchprodukten. Diese Produkte richten sich an eine breite Kundengruppe,

[403] Vgl. Unternehmen D, Nachhaltigkeitsbericht; Unternehmen D, Pressemitteilung (15); Unternehmen D, Pressemitteilung (24); Unternehmen D, Webseite (49); Unternehmen D, Webseite (50).

[404] Vgl. Experte 7; Unternehmen D, Pressemitteilung (25); Unternehmen D, Pressemitteilung (26); Unternehmen D, Pressemitteilung (27).

[405] Vgl. Unternehmen E, Webseite (1); Unternehmen E, Webseite (4).

von umweltbewussten Konsumenten über Menschen mit Lebensmittelunverträglichkeiten bis hin zu Personen, die eine ausgewogene, pflanzliche Ernährung anstreben. Die Produkte von Unternehmen E bestehen aus biologisch angebauten und regionalen Rohstoffen. Außerdem setzt Unternehmen E auf umweltfreundliche Verpackungslösungen. Mit seiner Vision, pflanzliche Ernährung mit Genuss, Qualität und Innovation zu verbinden, stärkt das Unternehmen die Beziehung zu seinen Kunden durch transparente Produktionsprozesse und einen Fokus auf Nachhaltigkeit.[406]

Die **Wertschöpfung und -lieferung** umfasst Schlüsselressourcen wie moderne Produktionsanlagen, die kontinuierlich digitalisiert und energieeffizient gestaltet werden, sowie die enge Zusammenarbeit mit regionalen und europäischen Verbänden bei der Rohstoffbeschaffung.[407] Zentrale Aktivitäten umfassen die Produktion und kontinuierliche Weiterentwicklung der Produkte sowie den Ausbau der Vertriebswege. Das Unternehmen vertreibt seine Waren sowohl im LEH als auch über einen eigenen Online-Shop, um eine breite Kundenbasis zu erreichen. Darüber hinaus beteiligt sich Unternehmen E an sozialen und ökologischen Projekten, die von der Unterstützung lokaler Landwirte bis zur Förderung nachhaltiger Landwirtschaft reichen. Mit Investitionen in den Neubau und die Erweiterung der Produktionskapazitäten schafft das Unternehmen zudem die Grundlage für weiteres Wachstum und Innovation.[408]

In der **Wertaneignung** resultieren die finanziellen Erträge von Unternehmen E hauptsächlich aus dem Verkauf seiner pflanzlichen Produkte an Endverbraucher und Geschäftskunden, einschließlich White-Label-Produktion für andere Unternehmen. Gleichzeitig generiert das Unternehmen E einen signifikanten sozialen und ökologischen Mehrwert, indem es zur Reduzierung von CO2-Emissionen, Wasserverbrauch und Abfall beiträgt. Die Förderung alternativer Proteinquellen ermöglicht es, einen Beitrag zur Bewältigung globaler Herausforderungen wie dem Klimawandel und der Ernährungssicherung einer wachsenden Weltbevölkerung zu leisten.[409] Darüber hinaus sieht sich Unternehmen E als Arbeitgeber mit Verantwortung für die regionale Wirtschaft und für die Lebensqualität künftiger

---

[406] Vgl. Experte 8: Unternehmen E, Interview mit Mitarbeiter (1); Unternehmen E, Pressemitteilung (1).

[407] Vgl. Experte 8; Unternehmen E, Webseite (2); Unternehmen E, Webseite (3); Unternehmen E, Factsheet.

[408] Vgl. Experte 8; Unternehmen E, Interview mit Mitarbeiter (2); Unternehmen E, Webseite (3).

[409] Vgl. Experte 8; Unternehmen E, Webseite (1); Unternehmen E, Webseite (3).

Generationen. Der Fokus auf Nachhaltigkeit ist tief in der Unternehmenskultur verwurzelt und prägt strategische Entscheidungen, von der Optimierung der Ressourcennutzung bis zum Schutz von Biodiversität und Tierwohl.[410]

6.7.2 Analyse der Aktivitäten im Kontext von institutionellem Entrepreneurship

Visionsbildungsprozesse

Das **diagnostische Framing** von Unternehmen E ist von einer Problematisierung der aktuellen Herausforderungen im Bereich Nachhaltigkeit geprägt. Das Unternehmen kritisiert, dass Nachhaltigkeitsmanagement in vielen Organisationen oft nur als oberflächliche Maßnahme zur Imagepflege dient. Es wird bemängelt, dass es häufig an einer entschlossenen Umsetzung nachhaltiger Konzepte fehle und sich die Politik in widersprüchlichen Ansätzen verliere, anstatt klare Leitlinien für Veränderungen zu schaffen. Besonders hervorgehoben wird die fehlende Förderung entlang der gesamten Wertschöpfungskette: Während Produktionsprozesse subventioniert werden, fehlt es an Maßnahmen, die verbraucherorientiertes Handeln fördern:[411] *„Also man sieht auch die Agrarwende, die ja dann eigentlich nur dann funktionieren kann, wenn es eine Ernährungswende gibt"*.[412] Unternehmen E betont, dass pflanzliche Lebensmittel vor dem Hintergrund des Klimawandels und einer wachsenden Weltbevölkerung eine wichtige Rolle für eine gesunde Ernährung der Menschen spielen.[413]

Im **prognostischen Framing** versteht sich Unternehmen E als Wegbereiter einer Ernährungswende, die zu einer nachhaltigen Agrarwende beitragen soll. Im Mittelpunkt stehen die Förderung alternativer Eiweißquellen, der Schutz von Umwelt und Ressourcen sowie die Verantwortung für zukünftige Generationen. Auch Regionalität spielt eine zentrale Rolle.[414] Als Familienunternehmen hat Unternehmen E seine Identität im Laufe der Jahre weiterentwickelt und verbindet heute traditionelle Werte mit Innovation. Die Vision des Unternehmens beinhaltet eine klare Ausrichtung auf regionale, biologische und pflanzenbasierte Produktion. Nachhaltigkeit wird dabei nicht als kurzfristiger Trend, sondern als

[410] Vgl. Unternehmen E, Webseite (2); Unternehmen E, Verhaltenskodex.

[411] Vgl. Experte 8.

[412] Unternehmen E, Interview mit Mitarbeiter (4).

[413] Vgl. Unternehmen E, Webseite (5).

[414] Vgl. Experte 8; Unternehmen E, Interview mit Mitarbeiter (1); Unternehmen E, Webseite (3).

Teil der Unternehmens-DNA positioniert.[415] Unternehmen E zeigt eine klare Ausrichtung auf technologische Innovation und ökologische Verantwortung. So verfolgt das Unternehmen eine Strategie, bei der durch die Produktion großer Stückzahlen Skaleneffekte erzielt werden, die sich positiv auf die ökologische Effizienz der Prozesse auswirken. Gleichzeitig werden Abfallprodukte minimiert und Produktnebenströme effizient genutzt.[416]

Das **motivationale Framing** des Unternehmens basiert auf einer Kommunikationsstrategie, die verschiedene Stakeholder einbezieht und Vertrauen schafft. Die Produkte von Unternehmen E sollen mit *„gutem Gewissen"* konsumiert werden können, indem sie sich durch ihren Geschmack, eine ausgewogene Nährstoffzusammensetzung und Nachhaltigkeit auszeichnen.[417] Für die Kunden von Unternehmen E steht im Vordergrund, eine nachhaltige Ernährung zugänglich zu machen, ohne seine Gewohnheiten drastisch ändern zu müssen. Die Produkte sollen nicht nur geschmacklich überzeugen, sondern auch zu einer ausgewogenen Ernährung beitragen. Unternehmen E betont die Bedeutung von Regionalität und Qualität.[418] Eine enge Zusammenarbeit mit Verbänden und Partnern entlang der Wertschöpfungskette soll das gemeinschaftsorientierte Handeln des Unternehmens unterstreichen. Unternehmen E betont, dass der Erfolg pflanzlicher Alternativen nicht in der Konkurrenz, sondern in der Kooperation liegt. Damit signalisiert das Unternehmen, dass es Teil einer größeren Bewegung für eine nachhaltige Ernährungswende ist.[419]

Mobilisierung von Ressourcen

Unternehmen E setzt auf umfassende Digitalisierungskooperationen, um seine **Intralogistik zu optimieren** und **Innovationspotenziale** im Bereich der industriellen Produktion **zu erschließen**. Ein zentrales Beispiel ist das „5G-Projekt", das als Machbarkeitsstudie für den Einsatz von 5G-Kommunikationstechnologien im Rahmen eines Campus-Netzwerks dienen soll. Damit können technische Geräte und Maschinen über den neuen Kommunikationsstandard Daten austauschen und miteinander interagieren. Durch die Zusammenarbeit mit zwei Beratungsunternehmen und die Förderung durch den Europäischen Fonds für

---

415 Vgl. Unternehmen E, Interview mit Mitarbeiter (1); Unternehmen E, Webseite Netzwerk; Unternehmen E, Factsheet.

416 Vgl. Experte 8; Unternehmen E, Interview mit Mitarbeiter (2); Unternehmen E, Webseite (4).

417 Vgl. Unternehmen E, Interview mit Mitarbeiter (1).

418 Vgl. Experte 8.

419 Vgl. Experte 8; Unternehmen E, Interview mit Mitarbeiter (4); Unternehmen E, Webseite (5).

regionale Entwicklung konnte ein interdisziplinäres Netzwerk aufgebaut werden. Ziel des Projekts ist es, mit Best-Practice-Beispielen auf Anbieter von Maschinen für die Intralogistik zuzugehen, die den 5G-Standard unterstützen, und so die Implementierung der Technologie voranzutreiben.[420]

Ein weiteres Instrument von Unternehmen E zur Mobilisierung von Ressourcen ist der gezielte interdisziplinäre Austausch. Durch den Einsatz eines *Coworking-Spaces*[421] wird eine Plattform geschaffen, die verschiedene Akteure mit unterschiedlichem Fachwissen zusammenbringt. Hier entstehen nicht nur neue Ideen, sondern auch Kooperationsmöglichkeiten, die über den direkten Einflussbereich des Unternehmens hinausgehen. Durch die Förderung interdisziplinärer Teams erhält Unternehmen E Zugang zu branchenübergreifendem **Know-how**, das die Entwicklung innovativer Ansätze begünstigt und das Unternehmen in die Lage versetzt, aktuelle Technologie- und Markttrends frühzeitig zu erkennen.[422]

Unternehmen E mobilisiert Ressourcen entlang der Wertschöpfungskette durch enge Kooperationen mit Landwirten und Verbänden. Mehrjährige Verträge schaffen Planungssicherheit sowohl für die Produzenten als auch für das Unternehmen. Die Zusammenarbeit mit Verbänden ermöglicht zudem den Zugang zu **Know-how** über Sortenvielfalt und Anbaumethoden sowie die Optimierung von Fruchtfolgen.[423] Für die Umsetzung der Klimaschutzprojekte arbeitet Unternehmen E zudem mit einem Beratungsunternehmen zusammen, das vor allem im Bereich der Reduktion und Kompensation von CO2-Emissionen über Expertise verfügt.[424] Die aktive Rolle in einem Verband für nachhaltige Lebensmittelhersteller ermöglicht dem Unternehmen zudem den **Zugang zu Informationen und innovativen Ansätzen** und stärkt damit seine strategische Position in der Branche.[425]

Ein zentraler Aspekt der **finanziellen Ressourcenmobilisierung** von Unternehmen E liegt in der Ausrichtung der Produktentwicklung an den Bedürfnissen

---

[420] Vgl. Unternehmen E, Interview mit Mitarbeiter (2); Unternehmen E, Pressemitteilung (3); Unternehmen E, Webseite Fördergeber.

[421] Coworking-Spaces sind gemeinschaftlich genutzte Arbeitsplätze, die von verschiedenen Arten von Fachkräften zur Vernetzung und zum Wissensaustausch genutzt werden (Vgl. Gandini (2015: 194 f.)).

[422] Vgl. Experte 8; Unternehmen E, Interview mit Mitarbeiter (3); Unternehmen E, Interview mit Mitarbeiter (5).

[423] Vgl. Experte 8; Unternehmen E, Webseite (5).

[424] Vgl. Unternehmen E, Pressemitteilung (4).

[425] Vgl. Unternehmen E, Webseite (6).

der Konsumenten. Um eine nachhaltige Ernährungsweise zu fördern und gleichzeitig Markterfolge zu erzielen, konzentriert sich das Unternehmen darauf, pflanzliche Alternativen zu konventionellen Molkereiprodukten anzubieten. Der Schlüssel zu institutionellem Wandel liegt hier in der Überwindung bestehender Barrieren beim Konsum pflanzlicher Lebensmittel. Unternehmen E setzt auf die Nachahmung bekannter Produkte in Geschmack, Textur und Aussehen, um die *„Probierhürden"* für Konsumenten zu senken. Durch den Einsatz von geschmacklich und sensorisch angepassten *Blends* (engl. „Mischungen"), die konventionellen Milchprodukten ähneln, gelingt es, neue Zielgruppen zu erschließen und die Akzeptanz für pflanzliche Alternativen zu steigern. Durch die Sichtbarkeit der Produkte und deren klare Kennzeichnung erleichtert Unternehmen E den Konsumenten die Orientierung und unterstützt die bewusste Kaufentscheidung zugunsten von Bio-Produkten.[426] Der LEH bildet dabei den Kernkanal für die Distribution der Produkte. Unternehmen E nutzt die Platzierung seiner Produkte im LEH, um pflanzliche Alternativen deutschlandweit verfügbar zu machen.[427] Um Distributionslücken zu schließen und den wachsenden Marktanforderungen gerecht zu werden, investiert das Unternehmen in den Ausbau des Online-Shops. Gerade weil Unternehmen E in seiner Kommunikation auf bekannte Medienkanäle setzt, um eine breite Zielgruppe zu erreichen, ist die zusätzliche Flexibilität und Verfügbarkeit durch den Online-Shop unabdingbar.[428]

Netzwerke aufbauen und erweitern

Unternehmen E verfolgt eine gezielte Netzwerkstrategie, um **Veränderungen in Politik und Handel voranzutreiben** und alternative Eiweißquellen fest zu verankern. Über einen Bundesverband setzt sich Unternehmen E aktiv für die Verbesserung der politischen und gesellschaftlichen Rahmenbedingungen für pflanzliche Lebensmittel ein. Diese Netzwerke dienen als Plattformen, um Einfluss auf politische Entscheidungsträger zu nehmen und die Wahrnehmung pflanzlicher Produkte als nachhaltige Alternative zu tierischen Produkten zu fördern.[429] Durch die Mitgliedschaft im Vorstand eines Bundesverbandes und die Positionierung als Vizepräsident einer regionalen Industrie- und Handelskammer stärkt Unternehmen E seine regionale Verankerung und nutzt diese Positionen zur

[426] Vgl. Experte 8; Unternehmen E, Pressemitteilung (2).

[427] Vgl. Unternehmen E, Interview mit Mitarbeiter (3); Unternehmen E, Interview mit Mitarbeiter (4).

[428] Vgl. Experte 8; Unternehmen E, Pressemitteilung (5); Unternehmen E, Pressemitteilung (6).

[429] Vgl. Experte 8; Unternehmen E, Webseite Netzwerk.

aktiven Einflussnahme auf politische Entscheidungsprozesse.[430] Darüber hinaus engagiert sich das Unternehmen in Netzwerken für Bio-Lebensmittelhersteller, um das öffentliche Bewusstsein für nachhaltige Ernährung zu schärfen.[431] Unternehmen E hat frühzeitig damit begonnen, **Netzwerke zu Kommunalpolitikern** aufzubauen, um lokale Unterstützung für die eigenen Projekte zu finden. Die lokalen und kommunalen Netzwerke haben sich im Laufe der Zeit und mit zunehmender Größe des Unternehmens auf immer höhere politische Ebenen ausgeweitet. So nimmt Unternehmen E heute an wichtigen Diskussionsrunden in politischen Entscheidungszentren teil.[432]

Neben der politischen Einflussnahme setzt Unternehmen E auf **Nachhaltigkeitsinitiativen in Bildungseinrichtungen**, um gesellschaftliche Akzeptanz für seine Initiativen zu schaffen. Dabei unterstützt das Unternehmen Bildungseinrichtungen bei der Umsetzung nachhaltiger Projekte, indem es Kapital für nachhaltige Projekte bereitstellt. Die Kunden werden motiviert, beim Kauf der Produkte für ihre favorisierten Projekte zu stimmen, wodurch eine direkte Verbindung zwischen Kaufentscheidung und gesellschaftlichem Engagement hergestellt wird. Die wachsende Beteiligung an dieser Aktion – mit über 30.000 eingelösten Aktionscodes und 631 teilnehmenden Einrichtungen – zeigt die Wirksamkeit dieser Netzwerkstrategie. Unternehmen E nutzt hier die Konsumentenbindung und -beteiligung, um gesellschaftliche Unterstützung zu mobilisieren und soziale Netzwerke zu stärken.[433]

Ein weiterer wesentlicher Bestandteil der Netzwerkstrategie von Unternehmen E ist die **Optimierung der sozialen und ökologischen Bedingungen** in seiner Lieferkette. In Kooperation mit verschiedenen Verbänden setzt sich das Unternehmen für nachhaltige Anbaupraktiken und faire Arbeitsbedingungen ein, insbesondere im Bereich des regionalen Sojaanbaus. Durch die Unterstützung lokaler Landwirte und die Förderung ökologischer Landwirtschaft zielt das Unternehmen darauf ab, Transportwege zu reduzieren und die Versorgungskette zu stabilisieren.[434] Hinzu kommt das **Engagement von Unternehmen E auf regionaler Ebene**. Durch Spenden an lokale Vereine und Baumpflanzaktionen trägt das Unternehmen zur ökologischen und sozialen Entwicklung der Region bei.

---

[430] Vgl. Experte 8.

[431] Vgl. Unternehmen E, Webseite (7).

[432] Vgl. Experte 8.

[433] Vgl. Experte 8; Unternehmen E, Pressemitteilung (7); Unternehmen E, Pressemitteilung (8); Unternehmen E, Webseite (7).

[434] Vgl. Experte 8; Unternehmen E, Interview mit Mitarbeiter (3); Unternehmen E, Webseite (8).

Diese Maßnahmen fördern nicht nur die regionale Biodiversität, sondern stärken auch die Bindung an die lokale Gemeinschaft.[435] Durch die Einrichtung eines regionalen Coworking-Spaces hat Unternehmen E zudem ein Ökosystem für den Wissensaustausch und die kollaborative Innovationsentwicklung in der Region geschaffen.[436]

Die Steigerung der öffentlichen Wahrnehmung und Akzeptanz pflanzlicher Produkte ist ein zentrales Ziel von Unternehmen E. Mit gezielten **Kommunikationskampagnen** wie TV-Spots und -Beiträgen versucht das Unternehmen, Verbraucher von pflanzlichen Alternativen zu überzeugen. Die Präsenz auf Messen und Veranstaltungen dient der direkten Interaktion mit Verbrauchern und Stakeholdern, während TV-Kampagnen und Kooperationen mit Partnern die Reichweite erhöhen.[437]

6.7.3 Analyse der institutionellen Einflussfaktoren auf nachhaltige Geschäftsmodellinnovationen

Es zeigt sich ein geringer Einfluss von **politischen Entscheidungsträgern** auf die GMI von Unternehmen E. Aufgrund gesetzlicher Vorgaben darf das Hauptprodukt von Unternehmen E nicht als Milch bezeichnet werden, da diese Bezeichnung ausschließlich tierischen Produkten vorbehalten ist. Diese Regelung, die ursprünglich der Transparenz für den Verbraucher dienen sollte, zwingt das Unternehmen dazu, innovative Kommunikations- und Marketingstrategien zu entwickeln, um die Einzigartigkeit und den Mehrwert seiner pflanzenbasierten Produkte hervorzuheben.[438] Gleichzeitig wirft der höhere Mehrwertsteuersatz für pflanzenbasierte Produkte aus Sicht von Unternehmen E Fragen nach der Fairness der regulatorischen Rahmenbedingungen auf. Während das politische Verständnis für die Förderung pflanzlicher Alternativen vorhanden ist, fehlt es an Umsetzungskraft, um gleiche Wettbewerbsbedingungen für pflanzliche und tierische Produkte zu schaffen.[439] Für Unternehmen E ist der fehlende ganzheitliche

---

[435] Vgl. Unternehmen E, Pressemitteilung (9); Unternehmen E, Webseite (3); Unternehmen E, Webseite (9).

[436] Vgl. Unternehmen E, Interview mit Mitarbeiter (3); Unternehmen E, Interview mit Mitarbeiter (5).

[437] Vgl. Unternehmen E, Pressemitteilung (10); Unternehmen E, Pressemitteilung (11); Unternehmen E, Pressemitteilung (12).

[438] Vgl. Experte 8; Unternehmen E, Pressemitteilung (14).

[439] Vgl. Experte 8; Unternehmen E, Interview mit Mitarbeiter (4); Unternehmen E, Webseite Netzwerk.

Ansatz ein Kernproblem der Nachhaltigkeitsförderung: Es werden nur selektiv Teile der Wertschöpfungskette gefördert, z. B. die ökologische Landwirtschaft, während andere Teile vernachlässigt werden, z. B. Anreize für Konsumenten, ökologische Produkte zu kaufen. Politische Förderungen wirken hier nicht langfristig, da sie Angebot und Nachfrage nicht gleichermaßen beeinflussen.[440]

Das 5G-Projekt von Unternehmen E und seinen Partnern wurde vom *Europäischen Fonds für regionale Entwicklung* gefördert. Die Förderung war für Unternehmen E ein Anreiz, das Projekt zeitlich vorzuziehen und so Synergien zwischen den eigenen strategischen Zielen und der externen Förderung zu schaffen. Die Förderung hatte jedoch keinen direkten Einfluss auf die Entscheidung von Unternehmen E, die Digitalisierung und damit die Effizienz des GM weiter voranzutreiben.[441] Darüber hinaus hat der Europäische Fonds für regionale Entwicklung ein Projekt angestoßen, in dem Unternehmen E gemeinsam mit einem Beratungsunternehmen das Instandhaltungsmanagement optimiert und damit die Anlagenverfügbarkeit und Ressourceneffizienz seiner Produktionsprozesse verbessert hat. Durch das erfolgreich umgesetzte Projekt können die CO2-Emissionen des Unternehmens durch Material- und Energieeinsparungen reduziert werden.[442]

Endkunden sind nicht nur Abnehmer der Produkte, sondern auch Impulsgeber für die Weiterentwicklung des GM von Unternehmen E. Feedbackschleifen aus Kundenwünschen, Marktforschung und Konsumentenverhalten tragen dazu bei, die Produkte kontinuierlich zu verbessern. So hat beispielsweise das wachsende Bewusstsein für eine ausgewogene Ernährung dazu geführt, dass Unternehmen E den Fettgehalt seiner Produkte reduziert und neue, gesündere Rezepturen entwickelt hat. Darüber hinaus spielt die Preisgestaltung eine zentrale Rolle.[443] Während die Verbraucher früher bereit waren, für pflanzliche Alternativen höhere Preise zu zahlen, hat sich die Marktdynamik verändert. Heute müssen Unternehmen ein ausgewogenes Verhältnis zwischen Preis und Qualität bieten, um wettbewerbsfähig zu bleiben. Die Entwicklung von *Blends* und die Reduzierung der Produktvielfalt sind direkte Reaktionen auf diese veränderten Rahmenbedingungen.[444] So hat eine Marktanalyse ergeben, dass sich Verbraucher pflanzliche Milchalternativen wünschen, die bestimmte Eigenschaften aufweisen, wie z. B.

---

440 Vgl. Experte 8.

441 Vgl. Experte 8.

442 Vgl. Unternehmen E, Pressemitteilung (13); Unternehmen E, Pressemitteilung (15).

443 Vgl. Unternehmen E, Interview mit Mitarbeiter (3); Unternehmen E, Pressemitteilung (2).

444 Vgl. Experte 8.

vielseitig einsetzbar zu sein.[445] Dabei ist der Geschmack für den Endverbraucher ein unverzichtbares Kriterium, das die Kaufentscheidung maßgeblich beeinflusst. Gefragt sind Produkte, die konventionelle tierische Proteine geschmacklich und funktional ersetzen können und gleichzeitig Nachhaltigkeitsaspekte wie kürzere Zutatenlisten und regionale Herkunft berücksichtigen. Der Erfolg hängt jedoch entscheidend davon ab, dass diese Produkte als Ersatz für herkömmliche Alternativen akzeptiert werden.[446] Neben den Bedürfnissen der Endkunden stellt der LEH Anforderungen an die Mengenplanung, um saisonale Lieferengpässe zu vermeiden. Dabei stellt vor allem die kurzfristige Nachfrage der B2B-Kunden Unternehmen E vor Herausforderungen, da die für die Herstellung der eigenen Produkte benötigten Rohstoffe oft weit im Voraus im landwirtschaftlichen Anbau geplant werden müssen. Die unterschiedlichen Perspektiven erfordern ein flexibles GM, das sowohl die kurzfristigen Zyklen des LEH als auch die langfristigen Trends der Verbraucher antizipiert.[447]

Innovative Technologien und die **Digitalisierung** spielen eine zentrale Rolle bei der GMI von Unternehmen E. Seit 2017 verfolgt Unternehmen E eine strategische Neuausrichtung, die eine doppelte Transition – hin zu mehr Nachhaltigkeit und Digitalisierung – umfasst.[448] Unternehmen E hat frühzeitig erkannt, dass technologische Innovationen entscheidend sind, um Effizienzpotenziale auszuschöpfen und die Produktion nachhaltiger zu gestalten. Ein Beispiel hierfür ist die Einführung von Robotic-Process-Automation, mit der Produktionsprozesse optimiert und repetitive Tätigkeiten automatisiert wurden.[449] Ein weiteres Beispiel ist der Einsatz der Kommunikationstechnologie 5G in einem Campusnetz, das als Treiber für digitale Prozesse fungiert. Die Vorteile von 5G zeigen sich vor allem in der Intralogistik: Mit der Technologie können Mobilitätslösungen im Unternehmen optimiert und die Effizienz der innerbetrieblichen Prozesse gesteigert werden.[450] Gleichzeitig dient das Netz als Basis für innovative Anwendungen wie Process-Mining-Projekte, die IoT-Daten analysieren, um Optimierungs- und

[445] Vgl. Unternehmen E, Pressemitteilung (2).

[446] Vgl. Experte 8; Unternehmen E, Interview mit Mitarbeiter (4); Unternehmen E, Pressemitteilung (14).

[447] Vgl. Experte 8.

[448] Vgl. Unternehmen E, Interview mit Mitarbeiter (3).

[449] Vgl. Unternehmen E, Interview mit Mitarbeiter (5); Unternehmen E, Interview mit Mitarbeiter (6).

[450] Vgl. Unternehmen E, Interview mit Mitarbeiter (2); Unternehmen E, Pressemitteilung (3).

Automatisierungspotenziale zu identifizieren. Unternehmen E erhält so mehr Wissen und Transparenz über die eigenen Prozesse.[451]

Gerade in den Anfangsjahren des Unternehmens waren technische Innovationen im Rahmen der Haltbarmachung wichtige Erfolge, um frische Lebensmittel anbieten zu können.[452] Heute werden technologische Innovationen im Rahmen des Produktinnovationsprozesses dazu genutzt, um beispielsweise die Zutatenliste der Produkte zu vereinfachen. Durch technische Verfahren gelingt es Unternehmen E, klassische (tierische) Geschmacksprofile ohne zusätzliche Zutaten zu erzeugen. Darüber hinaus zielt Unternehmen E darauf ab, Produktnebenströme zu reduzieren, um die eigene Produktion nachhaltiger zu gestalten. Durch technologische Innovationen wie neue Abfüllanlagen konnte nicht nur der Ressourcenverbrauch reduziert, sondern auch die Haltbarkeit der pflanzlichen Produkte verlängert werden.[453] Unternehmen E setzt gerade im Zuge der Expansion und dem damit verbundenen Neubau von Produktionsanlagen auf moderne und intelligente Lösungen. Dies führte zu effizienteren Prozessen, niedrigeren Produktionskosten und einer gesteigerten Wettbewerbsfähigkeit.[454]

Unternehmen E sieht im Bereich der Digitalisierung und der Implementierung von Industrie-4.0-Technologien gerade größere **Wettbewerber** als Vorreiter. In einem Umfeld zunehmender Digitalisierung bietet der Blick auf andere große Unternehmen wertvolle Einblicke in technologische Entwicklungen und organisatorische Ansätze.[455] Allerdings sind Digitalisierungsprojekte solcher Unternehmen häufig nicht direkt übertragbar. Während Produkte ohne größere Anpassungen reproduziert werden können, erfordert die Digitalisierung einen tiefgreifenden Wandel der Unternehmensstruktur und -kultur.[456] Im Bereich der Produktentwicklung zeigt sich, dass Unternehmen E gezielt technologische Trends und Marktbewegungen analysiert, um vielversprechende Ansätze zu identifizieren. Dabei dient der Wettbewerb nicht nur als Inspirationsquelle, sondern auch als Orientierungspunkt für die Akzeptanz neuer Produkte. Insbesondere im Lebensmittelsektor, in dem Unternehmen E tätig ist, sind Produkte wie Geschmacksrichtungen leicht imitierbar. Dies führt zu einer doppelten Dynamik:

---

451 Vgl. Unternehmen E, Interview mit Mitarbeiter (3).

452 Vgl. Experte 8.

453 Vgl. Experte 8; Unternehmen E, Interview mit Mitarbeiter (4).

454 Vgl. Experte 8; Unternehmen E, Interview mit Mitarbeiter (2); Unternehmen E, Webseite (4).

455 Vgl. Unternehmen E, Interview mit Mitarbeiter (2).

456 Vgl. Experte 8.

Einerseits profitieren Unternehmen wie E von bewährten Konzepten ihrer Mitbewerber, andererseits ist es oft unklar, wer eine bestimmte Innovation zuerst auf den Markt gebracht hat.[457]

Die Analyse zeigt **Netzwerkeinflüsse** auf die GMI von Unternehmen E. Das Unternehmen ist aktives Mitglied in einem Bundesverband, der gezielt Öffentlichkeitsarbeit und Lobbyarbeit im Bereich nachhaltiger Lebensmittel betreibt. Diese Plattform bietet Zugang zu Informationen über Markttrends und unterstützt die Positionierung des Unternehmens als nachhaltigen Akteur.[458] Ähnlich fördert die Mitgliedschaft in einem Verband für Bio-Hersteller den Wissensaustausch und ermöglicht es Unternehmen E, aktuelle Entwicklungen und wissenschaftlich fundierte Erkenntnisse in seine Innovationsprozesse zu integrieren.[459]

Die Zusammenarbeit mit Bio-Verbänden wie Naturland, Demeter und Bioland unterstreicht die Position des Unternehmens in der Branche. Diese Verbände definieren strengere Standards als EU-Bio-Verordnungen und dienen als Orientierungsrahmen, der das Unternehmen E zur kontinuierlichen Verbesserung seiner Produkte und Prozesse motiviert. Die damit verbundenen Zertifizierungen sind weniger als externer Zwang zu verstehen, sondern vielmehr als Anreizsystem, das Innovation und Exzellenz fördert. Zertifizierungen sind ein zentrales Element im institutionellen Netzwerk von Unternehmen E. So unterzieht sich das Unternehmen seit 2006 jährlichen Prüfungen im Rahmen der Bio-Zertifizierung, die nicht nur die Einhaltung der Standards sicherstellt, sondern auch zur Optimierung der Prozesse beiträgt.[460] Seit 2021 ist Unternehmen E nach dem ZNU-Standard für nachhaltiges Wirtschaften zertifiziert. Als praxiserprobter Standard erfordert dieser die Entwicklung eines integrierten Managementsystems mit spezifischen Nachhaltigkeitszielen, die auf Klimaneutralität abzielen. Die regelmäßige Überprüfung des Standards dient als Benchmark und unterstützt das Unternehmen dabei, langfristig nachhaltige Innovationsstrategien zu verfolgen.[461] Ein weiterer Meilenstein ist die Zertifizierung nach ISO 50001, mit der der Energieverbrauch des Unternehmens systematisch überwacht und verbessert wird.[462] Unternehmen

---

[457] Vgl. Experte 8.

[458] Vgl. Experte 8; Unternehmen E, Webseite Netzwerk.

[459] Vgl. Unternehmen E, Webseite (7).

[460] Vgl. Experte 8; Unternehmen E, Webseite (5); Unternehmen E, Webseite (1); Unternehmen E, Webseite (4); Unternehmen E, Webseite (11).

[461] Vgl. Unternehmen E, Pressemitteilung (4); Unternehmen E, Pressemitteilung (16); Unternehmen E, Webseite (1); Unternehmen E, Webseite (4).

[462] Vgl. Unternehmen E, Webseite (10).

E verpflichtet sich zudem im Rahmen der eigenen Klimaneutralität zur Dokumentation nach dem Standard PAS 2060, der als Rahmenwerk die Berechnung des CO2-Fußabdrucks vorgibt.[463]

6.8 Fallstudie 6: Inklusiver Lebensmittelhersteller

6.8.1 Unternehmen und Geschäftsmodell

Unternehmen F ist ein kleiner, innovativer Hersteller von Frühstücksprodukten mit Sitz in Deutschland, der sich durch die Kombination von sozialer Integration, ökologischer Nachhaltigkeit und handwerklicher Qualität auszeichnet. Gegründet 2016 mit dem Ziel, nicht nur Lebensmittel zu produzieren, sondern auch einen sozialen Mehrwert zu schaffen, hat sich das Unternehmen insbesondere auf die Herstellung von biologischen und veganen Frühstücksprodukten spezialisiert.[464]

Unternehmen F bedient mit seinem **Wertangebot** mehrere Kundenbedürfnisse, insbesondere die steigende Nachfrage nach qualitativ hochwertigen, handwerklich hergestellten und nachhaltigen Lebensmitteln**.** Die Kernprodukte des Unternehmens, biologisches, veganes Müsli und andere Frühstücksprodukte, heben sich durch ihren Geschmack und ihre handwerkliche Qualität von industriellen Massenprodukten ab.[465] Die Produkte richten sich an eine Zielgruppe, die bereit ist, für Qualität und sozialen Mehrwert einen höheren Preis zu zahlen. Das Unternehmen nutzt die Verbindung von Genuss und sozialem Engagement als zentrale Botschaft: Jede verkaufte Packung Müsli steht nicht nur für ein hochwertiges Produkt, sondern auch für die Unterstützung eines sozialen Arbeitsmodells.[466]

Die **Wertschöpfung und -lieferung** von Unternehmen F ist durch eine Kombination von ökologischen und sozialen Prinzipien geprägt. Die Produkte werden in einer modernen Manufaktur hergestellt, in der Handarbeit und biologische Zutaten eine zentrale Rolle spielen. Alle Rohstoffe stammen aus kontrolliert biologischem Anbau, wobei besonders auf regenerative und sozialverträgliche Herkunft geachtet wird.[467] Ein Alleinstellungsmerkmal ist die Beschäftigung

[463] Vgl. Unternehmen E, Pressemitteilung (4).

[464] Vgl. Unternehmen F, Interview mit Gründer (1); Unternehmen F, Interview mit Gründer (2).

[465] Vgl. Experte 9; Unternehmen F, Interview mit Gründer (1).

[466] Vgl. Experte 9; Unternehmen F, Interview mit Gründer (2).

[467] Vgl. Unternehmen F, Interview mit Gründer (5); Unternehmen F, Webseite (1).

von Menschen mit *„bewegten Lebensläufen“*.[468] Das Unternehmen bietet Menschen, die auf dem klassischen Arbeitsmarkt keine Chance haben, eine sinnvolle Beschäftigung. Dieses soziale Engagement wird als integraler Bestandteil des Produktionsprozesses genutzt und ist nicht nur Mittel zum Zweck, sondern Kernbestandteil der Unternehmensidentität.[469] Der Vertrieb der Produkte erfolgt über ein ausgebautes Netzwerk, das neben einem Online-Shop auch Kooperationen mit etablierten Partnern im LEH umfasst. Diese Kanäle dienen nicht nur dem Verkauf, sondern auch der Kommunikation der sozialen und ökologischen Mission des Unternehmens.[470]

In der **Wertaneignung** erfolgt die Monetarisierung des GM über den Verkauf der Frühstücksprodukte. Der Preis spiegelt sowohl die hohen Produktionsstandards als auch den sozialen Mehrwert wider, der in die Herstellung eingeflossen ist. Entscheidend ist das Gleichgewicht zwischen wirtschaftlichem Erfolg und der Erfüllung des sozialen Zwecks: Der wirtschaftliche Erfolg ermöglicht es dem Unternehmen, weitere Arbeitsplätze für benachteiligte Menschen zu schaffen und damit die soziale Wirkung zu erhöhen.[471] Der GM-Ansatz soll als Inspiration für andere Unternehmen dienen und zeigen, dass soziale und ökologische Verantwortung nicht im Widerspruch zur wirtschaftlichen Wettbewerbsfähigkeit stehen müssen.[472] Die Vision von Unternehmen F geht über die soziale Dimension hinaus und integriert ökologische Nachhaltigkeit als integralen Bestandteil des GM.[473]

6.8.2 Analyse der Aktivitäten im Kontext von institutionellem Entrepreneurship

Visionsbildungsprozesse

Unternehmen F nutzt das **diagnostische Framing**, um Missstände in der bestehenden Praxis aufzudecken und ein Bewusstsein für die Notwendigkeit von

---

[468] Vgl. Unternehmen F, Interview mit Gründer (3).

[469] Vgl. Experte 9; Unternehmen F, Interview mit Gründer (4).

[470] Vgl. Experte 9; Unternehmen F, Interview mit Gründer (1); Unternehmen F, Webseite (3).

[471] Vgl. Experte 9; Unternehmen F, Interview mit Gründer (2).

[472] Vgl. Unternehmen F, Interview mit Gründer (1); Unternehmen F, Interview mit Gründer (7).

[473] Vgl. Unternehmen F, Interview mit Gründer (4); Unternehmen F, Interview mit Gründer (5); Unternehmen F, Interview mit Gründer (6).

Veränderungen zu schaffen. Ein zentrales Thema in der Analyse von Unternehmen F ist die systematische Ausgrenzung bestimmter Bevölkerungsgruppen vom Arbeitsmarkt. Menschen mit multiplen Vermittlungshemmnissen wie Suchterkrankungen, Migrationshintergrund oder schwierigen Lebensverläufen finden in der bestehenden Unternehmenslandschaft kaum Zugang zu regulären Beschäftigungsverhältnissen. Die damit verbundene Ausgrenzung führt bei vielen Betroffenen zu Vereinsamung, Verlust des Selbstwertgefühls und häufig zu Rückfällen in destruktive Verhaltensmuster.[474] Unternehmen F kritisiert, dass herkömmliche Einstellungsprozesse und die geringe Flexibilität vieler Arbeitgeber nicht auf die Bedürfnisse dieser Personengruppen eingehen. Ein standardisiertes Raster für Bewerber und die ausschließliche Fokussierung auf ökonomische Effizienz schließen Menschen mit *„Ecken und Kanten"* systematisch aus.[475] Dies ist nicht nur ein soziales Problem, sondern auch ein wirtschaftliches: Viele Branchen, darunter auch die Lebensmittelindustrie, leiden unter einem Mangel an Arbeitskräften, insbesondere an ungelernten Helfern.[476]

Im **prognostischen Framing** geht es Unternehmen F nicht nur um die Schaffung eines ökonomisch tragfähigen GM, sondern um die Formulierung eines gesellschaftlichen Gegenentwurfs, der ökologische, soziale und ökonomische Nachhaltigkeit miteinander verbindet.[477] Das Müsli, das als zufälliges Produkt in den Fokus rückte, wurde zum Symbol für den Anspruch von Unternehmen F, in einer Branche voller Monotonie und ökologisch wie sozial fragwürdiger Praktiken etwas Einzigartiges und Nachhaltiges zu schaffen.[478] Das Unternehmen versteht Nachhaltigkeit als Verpflichtung, Dinge besser oder anders zu machen, als sie sind. Das bedeutet, Zielkonflikte und Kompromisse einzugehen und dabei authentisch und transparent zu handeln.[479] Im Mittelpunkt des Handelns stehen die Menschen, nicht als abstrakte Zielgruppe, sondern als Individuen mit Geschichten, Bedürfnissen und Potenzialen. Unternehmen F definiert seine Vision durch

---

[474] Vgl. Experte 9; Unternehmen F, Interview mit Gründer (2); Unternehmen F, Interview mit Gründer (4); Unternehmen F, Webseite (1).

[475] Vgl. Unternehmen F, Interview mit Gründer (5); Unternehmen F, Interview mit Gründer (8).

[476] Vgl. Unternehmen F, Interview mit Gründer (4); Unternehmen F, Interview mit Gründer (8); Unternehmen F, Webseite (2).

[477] Vgl. Unternehmen F, Interview mit Gründer (1).

[478] Vgl. Unternehmen F, Interview mit Gründer (2); Unternehmen F, Interview mit Gründer (4); Unternehmen F, Interview mit Gründer (6).

[479] Vgl. Unternehmen F, Interview mit Gründer (1); Unternehmen F, Interview mit Gründer (5); Unternehmen F, Webseite (2).

eine *„radikale Offenheit"* gegenüber Menschen, die oft am Rande der Gesellschaft stehen.[480] Dahinter steht die Überzeugung, dass alle Menschen einen positiven Beitrag leisten wollen und können. Durch die Überwindung gesellschaftlicher Spaltungen sollen auch ökologische Herausforderungen erfolgreicher bewältigt werden können.[481]

Das **motivationale Framing** von Unternehmen F zielt darauf ab, sowohl interne als auch externe Akteure zu mobilisieren. Intern wird den Mitarbeitern vermittelt, dass ihre Arbeit nicht nur zur Herstellung eines Produkts beiträgt, sondern Teil einer größeren gesellschaftlichen Mission ist.[482] Unternehmen F versteht sich als *„Labor für ein besseres Miteinander"*, in dem Arbeit nicht nur ökonomische, sondern auch soziale und persönliche Funktionen erfüllt. Ziel ist es, ein resilientes Unternehmen zu schaffen, in dem Menschen unabhängig von ihrer Lebensgeschichte einen Platz finden.[483] Extern spricht Unternehmen F eine wachsende Konsumentengruppe an, die Produkte mit sozialer Wirkung bevorzugt. Die Botschaft *„Je mehr Müsli wir rösten, desto mehr Menschen können wir einstellen"* verbindet wirtschaftlichen Erfolg direkt mit sozialem Nutzen.[484] Ein zentraler Bestandteil des motivationalen Framings von Unternehmen F ist die Übertragbarkeit des Modells auf andere Kontexte. Die Unternehmenskultur und die Produktionsprozesse werden dokumentiert, um als Blaupause für andere Unternehmen zu dienen.[485]

Mobilisierung von Ressourcen

Unternehmen F nutzt Netzwerke als Quelle für **Wissen, Erfahrung und Unterstützung**. Durch die Zusammenarbeit mit anderen Akteuren der Lebensmittelbranche, darunter Lieferanten, Wettbewerber und nachhaltige Unternehmen, konnte das Unternehmen seine anfängliche Wissenslücke im Bereich der Müsliherstellung überwinden. Unterstützt von erfahrenen Partnern wurde nicht nur

[480] Vgl. Unternehmen F, Interview mit Gründer (2); Unternehmen F, Interview mit Gründer (5); Unternehmen F, Vortrag.

[481] Vgl. Unternehmen F, Interview mit Gründer (8); Unternehmen F, Interview mit Gründer (10).

[482] Vgl. Experte 9; Unternehmen F, Interview mit Gründer (5).

[483] Vgl. Experte 9; Unternehmen F, Interview mit Gründer (1); Unternehmen F, Interview mit Gründer (3); Unternehmen F, Interview mit Gründer (7); Unternehmen F, Vortrag.

[484] Experte 9; Unternehmen F, Interview mit Gründer (2); Unternehmen F, Interview mit Gründer (7); Unternehmen F, Interview mit Gründer (11).

[485] Vgl. Experte 9; Unternehmen F, Interview mit Gründer (1); Unternehmen F, Interview mit Gründer (4); Unternehmen F, Interview mit Gründer (9).

technisches Know-how aufgebaut, sondern auch ein Bewusstsein für branchenspezifische Herausforderungen wie Qualitätsmanagement und nachhaltige Produktionsprozesse entwickelt.[486] Unternehmen F legt großen Wert darauf, mit Partnern zusammenzuarbeiten, die die Werte des Unternehmens teilen.[487]

Der Aufbau der **Produktionsinfrastruktur** von Unternehmen F wurde durch die Zusammenarbeit mit sozialen Einrichtungen ermöglicht. In den ersten beiden Jahren nutzte das Unternehmen die Küche eines diakonischen Catering-Unternehmens, das einer Wohnungslosenhilfe angegliedert ist. Diese Küche wurde nach dem regulären Betrieb nachmittags genutzt, so dass das Unternehmen nicht in eigene Räumlichkeiten investieren musste. Diese pragmatische Lösung sicherte nicht nur die Wertschöpfung, sondern förderte auch die Zusammenarbeit mit gemeinnützigen Organisationen als wichtigen Teil der Unternehmensidentität.[488]

Ein innovativer Aspekt der Ressourcenmobilisierung bei Unternehmen F ist die Kooperation mit Hochschulen und Forschungseinrichtungen. In Zusammenarbeit mit einer Universität und mehreren Lehrstühlen wird ein dreijähriges Forschungsprojekt zur Übertragbarkeit des GM durchgeführt. Dabei wird analysiert, welche institutionellen Rahmenbedingungen notwendig sind, um Menschen mit multiplen Vermittlungshemmnissen erfolgreich in den Arbeitsmarkt zu integrieren. Diese Forschungskooperation erweitert das **Wissen** von Unternehmen F nicht nur intern, sondern stellt es auch anderen Unternehmen und der Öffentlichkeit zur Verfügung. Das Projekt dokumentiert systematisch die Wirkungen solcher Ansätze und erhöht deren gesellschaftliche Akzeptanz. Gleichzeitig wird durch den Austausch mit Sozialpädagogen und Psychologen ein tieferes Verständnis für die Bedürfnisse und Potenziale der Zielgruppe gewonnen.[489]

Um vor allem **finanzielle Ressourcen** zu mobilisieren, hat sich Unternehmen F dazu entschlossen, seine Produkte neben dem eigenen Vertrieb über den Online-Shop auch über verschiedene Vertriebskanäle zu verkaufen, um sie einem breiteren Publikum zugänglich zu machen. Dabei setzt das Unternehmen auf langfristige Partnerschaften mit Bio-Supermarktketten und einer großen Drogeriekette sowie mit kleinen Händlern und Unverpackt-Läden, die eine breite Distribution

---

486 Vgl. Experte 9; Unternehmen F, Interview mit Gründer (6).

487 Vgl. Unternehmen F, Interview mit Gründer (2); Unternehmen F, Interview mit Gründer (5); Unternehmen F, Interview mit Gründer (6); Unternehmen F, Vortrag.

488 Vgl. Unternehmen F, Interview mit Gründer (2); Unternehmen F, Interview mit Gründer (1); Unternehmen F, Vortrag.

489 Vgl. Experte 9; Unternehmen F, Interview mit Gründer (3); Unternehmen F, Interview mit Gründer (4); Unternehmen F, Vortrag; Unternehmen F, Webseite Projektpartner.

der Produkte ermöglichen.[490] *„Wir sind angewiesen auf Partner, die an die Idee des „anderen" Wirtschaftens glauben, ihm Raum geben – nicht nur im Regal, sondern auch für Sonderaufbauten – und mit uns die Marke entwickeln wollen"*.[491] Eine zentrale Herausforderung für Unternehmen F war es, Produkte zu entwickeln, die nicht nur das Unternehmensleitbild widerspiegeln, sondern auch den Bedürfnissen und Erwartungen der Kunden entsprechen. Um dies zu erreichen, setzt das Unternehmen auf eine Kombination aus breiter Produktverfügbarkeit und geschmacklicher Qualität. Das Produktangebot wurde zunächst auf lokalen Märkten und im lokalen LEH getestet, bevor es auf größere Einzelhandelsstrukturen ausgeweitet wurde.[492]

Netzwerke aufbauen und erweitern

Ein zentrales Element der Netzwerkstrategie von Unternehmen F ist die Schaffung eines **integrativen und unterstützenden Arbeitsumfelds** als Grundlage für institutionelle Veränderungen. Die Unternehmenskultur basiert auf Wertschätzung, Vielfalt und Gemeinschaftssinn. Dieses Arbeitsumfeld fördert nicht nur die Resilienz der Belegschaft, sondern schafft auch soziale Legitimität, die für die Entwicklung von Netzwerken unerlässlich ist.[493] Die Strategie des Unternehmens zielt darauf ab, die Mitarbeiter nicht nur in ihrer Rolle am Arbeitsplatz zu unterstützen, sondern ihnen auch über die Arbeit hinaus Perspektiven zu bieten. So werden beispielsweise unbefristete Arbeitsverträge, ein transparentes Entlohnungssystem und Weiterbildungsmöglichkeiten angeboten.[494]

Neben der internen Gemeinschaftskultur nutzt Unternehmen F gezielt die **Medienpräsenz**, um Netzwerke auszubauen. Im Mittelpunkt stehen dabei die Unternehmens- und Mitarbeitergeschichte sowie die Unternehmensphilosophie, die über verschiedene Medienformate wie Fernsehen, Podcasts und Presseartikel kommuniziert werden. Die so erzeugte öffentliche Wahrnehmung unterstützt die Bildung neuer Allianzen mit externen Akteuren, darunter Unternehmen, der

---

[490] Vgl. Unternehmen F, Interview mit Gründer (2); Unternehmen F, Interview mit Gründer (3); Unternehmen F, Interview mit Gründer (5); Unternehmen F, Zeitungsartikel.

[491] Unternehmen F, Interview mit Gründer (7).

[492] Vgl. Experte 9; Unternehmen F, Interview mit Gründer (2); Unternehmen F, Interview mit Gründer (5); Unternehmen F, Interview mit Gründer (6); Unternehmen F, Vortrag.

[493] Vgl. Experte 9; Unternehmen F, Interview mit Gründer (1); Unternehmen F, Interview mit Gründer (3); Unternehmen F, Interview mit Gründer (4); Unternehmen F, Interview mit Gründer (10).

[494] Vgl. Experte 9; Unternehmen F, Interview mit Gründer (1); Unternehmen F, Interview mit Gründer (4); Unternehmen F, Interview mit Gründer (5); Unternehmen F, Interview mit Gründer (6).

Politik und gesellschaftlichen Initiativen.[495] Darüber hinaus fördern Gastvorträge an Universitäten und die Beteiligung an Forschungsprojekten den Dialog mit akademischen und zivilgesellschaftlichen Netzwerken.[496] Ein besonders wirksamer Aspekt dieser Strategie ist die Sensibilisierung von Unternehmen und der Öffentlichkeit. Indem Unternehmen F andere Unternehmen inspiriert, selbst aktiv zu werden und durch mediale Aufmerksamkeit eine größere Reichweite erzielt, entsteht eine Dynamik, die das Netzwerk organisch wachsen lässt.[497]

Unternehmen F sieht in seiner Netzwerkstrategie Gelegenheiten zur Verbreitung des eigenen Konzepts durch die **Replikation des eigenen GM**: zum einen in der Gründung neuer eigener Standorte und zum anderen in der Umsetzung in unterschiedlichen Kontexten – sei es in städtischen oder ländlichen Regionen, in Kleinbetrieben oder Großunternehmen.[498] Die Motivation, das eigene GM zu replizieren, liegt in der Verbreitung des Konzepts und in der selbst gesetzten Wachstumsgrenze für den eigenen Standort. Damit das eigene GM umsetzbar bleibt, sieht sich Unternehmen F im Wachstum mit einer optimalen Standortgröße konfrontiert, deren Überschreitung durchaus negative Einflüsse auf die soziale Wertschöpfung des Konzepts haben kann.[499] Das Unternehmen agiert daher zunehmend als Intermediär, der anderen Organisationen Methoden und Werkzeuge zum Aufbau ähnlicher Strukturen zur Verfügung stellt. Durch Schulungen und Workshops unterstützt das Unternehmen andere Organisationen dabei, die Prinzipien des GM zu verstehen und umzusetzen.[500] Das Ziel von Unternehmen F ist es, die Umsetzung des Konzepts für andere Organisationen so niedrigschwellig wie möglich zu gestalten. Ein Fokus liegt darauf, die Idee zunächst auf spezifische Zielgruppen und Personengruppen anzupassen, um den Einstieg zu erleichtern. Unternehmen F verweist in diesem Zusammenhang

---

[495] Vgl. Unternehmen F, Interview mit Gründer (2); Unternehmen F, Interview mit Gründer (3); Unternehmen F, Interview mit Gründer (4); Unternehmen F, Vortrag.

[496] Vgl. Unternehmen F, Interview mit Gründer (9).

[497] Vgl. Experte 9; Unternehmen F, Interview mit Gründer (4); Unternehmen F, Interview mit Gründer (6).

[498] Vgl. Experte 9; Unternehmen F, Interview mit Gründer (1).

[499] Vgl. Unternehmen F, Interview mit Gründer (1); Unternehmen F, Interview mit Gründer (3); Unternehmen F, Interview mit Gründer (4); Unternehmen F, Interview mit Gründer (8).

[500] Vgl. Unternehmen F, Interview mit Gründer (3); Unternehmen F, Interview mit Gründer (6); Unternehmen F, Interview mit Gründer (8).

auf ein befreundetes IT-Beratungsunternehmen, das mit Hilfe von Unternehmen F mehrere positive Erfahrungen bei der Einstellung von Personen mit Vermittlungshemmnissen machen konnte.[501]

6.8.3 Analyse der institutionellen Einflussfaktoren auf nachhaltige Geschäftsmodellinnovationen

Unternehmen F hat **politische Förderungen** auf lokaler, nationaler und europäischer Ebene erhalten. Auf Bundesebene besteht ab 2019 die Möglichkeit, im Rahmen des *Teilhabechancengesetzes* Förderungen für die Einstellung von Langzeitarbeitslosen zu erhalten.[502] Konkret profitiert Unternehmen F von der staatlichen Beteiligung an den Lohnkosten für Mitarbeitende, die in zwei möglichen Szenarien entweder länger als zwei oder länger als sechs Jahre arbeitslos waren. Das Programm ermöglichte es Unternehmen F, Mitarbeitende in den ersten zwei Jahren zu 100 % gefördert einzustellen. Danach wurde die Förderung schrittweise auf 90 %, 80 % und 70 % reduziert. Dadurch konnte das Unternehmen neue Mitarbeitende mit großer Offenheit in den Arbeitsalltag einführen und sie langsam an die Arbeitsanforderungen heranführen.[503] Auf europäischer Ebene profitierte Unternehmen F indirekt von der Förderung des Forschungsprojektes mit seinen universitären Partnern durch die Europäische Union. Im Mittelpunkt stand die Entwicklung und Erprobung eines Modells zur Integration von Menschen mit multiplen Vermittlungshemmnissen in den Arbeitsmarkt, um nachhaltige Beschäftigungsmöglichkeiten zu schaffen und Unternehmen bei der Gestaltung einer gerechteren Arbeitswelt zu unterstützen.[504] Auch auf lokaler Ebene wurde Unternehmen F gezielt unterstützt. Die regionale Wirtschaftsförderung unterstützte das Unternehmen bei einzelnen Projekten, insbesondere bei der Anschaffung von Maschinen. Diese Förderung erleichterte es dem Unternehmen, die notwendige Infrastruktur für seine Produktion aufzubauen. In diesem Zusammenhang wird aus Sicht von Unternehmen F vor allem ein reger und regelmäßiger Austausch mit der Kommunalpolitik als wichtig hervorgehoben.[505] Neben finanziellen Anreizen spielten **Regulationen** eine wesentliche Rolle bei

[501] Vgl. Experte 9; Unternehmen F, Interview mit Gründer (3); Unternehmen F, Interview mit Gründer (6).

[502] Vgl. Bundestag (2018).

[503] Vgl. Experte 9; Unternehmen F, Interview mit Gründer (1).

[504] Vgl. Experte 9; Unternehmen F, Webseite (2); Unternehmen F, Webseite Projektpartner.

[505] Vgl. Experte 9; Unternehmen F, Interview mit Gründer (5).

der Entwicklung des GM von Unternehmen F. Lebensmittelrechtliche Vorschriften und gesetzliche Qualitätsanforderungen setzten klare Standards, die das Unternehmen einhalten musste. Diese Vorschriften beeinflussten sowohl die Produktionsprozesse als auch die Produktgestaltung und trugen dazu bei, dass das Unternehmen nachhaltige und qualitativ hochwertige Produkte auf den Markt bringen konnte.[506]

Ein wesentlicher Einflussfaktor auf die GMI von Unternehmen F sind die Qualitätsanforderungen der **Kunden** in Form des LEH. Insbesondere in der Lebensmittelbranche, in der Unternehmen F tätig ist, spielen hohe Anforderungen an Produktsicherheit, Geschmack und Nachhaltigkeit eine zentrale Rolle. Diese Anforderungen wirken sich direkt auf die Gestaltung der Produktionsprozesse und die Auswahl der Rohstoffe aus.[507] Darüber hinaus ist ein zentrales Element der GMI von Unternehmen F die Orientierung an den Bedürfnissen und Erwartungen der Endkunden. Das Unternehmen setzt auf einen iterativen Entwicklungsprozess, der sowohl interne Machbarkeitsstudien als auch externe Markttests umfasst. Zu Beginn eines Innovationsprozesses wird in internen Studien geprüft, ob ein Produkt geschmacklich überzeugt und die Produktionsanforderungen erfüllt. Darauf folgen Marktanalysen und Verkostungen, die häufig auf Messen oder direkt im LEH stattfinden. Dieses schrittweise Vorgehen ermöglicht es, das Kundenfeedback frühzeitig in die Produktentwicklung einfließen zu lassen.[508]

Auch das wachsende gesellschaftliche Bewusstsein für Nachhaltigkeit hat maßgeblich zu den GMI der Unternehmen beigetragen. Konsumenten legen zunehmend Wert auf Unternehmen, die soziale und ökologische Verantwortung übernehmen. Transparenz in den Produktionsprozessen, offene Kommunikation und die Vermittlung authentischer Werte sind daher erfolgsentscheidend. Diese gesellschaftlichen Trends haben dazu geführt, dass sich Unternehmen F verstärkt auf die Authentizität und Glaubwürdigkeit seines GM konzentriert. Unternehmen F verfolgt die Strategie, Produkte zu entwickeln, die nicht nur rational überzeugen, sondern auch emotional begeistern. Das heißt, die Produkte müssen für sich sprechen und ohne *„Gewissensbonus“*, also ohne den alleinigen Hinweis auf ihre Nachhaltigkeit, die Kaufentscheidung auslösen.[509]

---

506 Vgl. Unternehmen F, Interview mit Gründer (1).

507 Vgl. Experte 9.

508 Vgl. Experte 9.

509 Vgl. Experte 9; Unternehmen F, Interview mit Gründer (2); Unternehmen F, Interview mit Gründer (7).

Die COVID-19-Pandemie stellte das Unternehmen vor ungeahnte Herausforderungen. Unternehmen F hat flexibel und schnell reagiert und im Zuge der **Digitalisierung** den Online-Vertrieb als zentrales Standbein ausgebaut. Die Digitalisierung ermöglichte es Unternehmen F, seine Produkte auch in Krisenzeiten an den Kunden zu bringen und gleichzeitig eine engere Kundenbindung über digitale Kommunikationskanäle aufzubauen. Die Entscheidung, den Online-Shop zu stärken, kann als strategische Reaktion auf die Pandemie verstanden werden, die sich langfristig positiv auf die Marktposition ausgewirkt hat.[510] Ein weiterer technologischer Aspekt, der die GMI von Unternehmen F geprägt hat, ist der Einsatz kreativer Technologien zur Produktentwicklung und -implementierung. Als Unternehmen mit eigener Produktion musste Unternehmen F immer wieder innovative Wege finden, um die Produktion effizient und nachhaltig zu gestalten. Dies betrifft nicht nur die Qualität der Produkte, sondern auch die Art und Weise, wie Produktionsprozesse optimiert werden können, um sowohl ökologische als auch ökonomische Vorteile zu realisieren.[511] Unternehmen F hat zudem im Rahmen der Expansion in fortschrittliche Technologien wie Abfüllmaschinen und Computer investiert, die eine schnellere Produktion und eine genauere Qualitätssicherung ermöglichen. Beispielsweise werden Verpackungstechnologien eingesetzt, die es ermöglichen, die Produkte in Beuteln als Verpackungslösung zu verpacken, um die Reichweite des Unternehmens zu erhöhen.[512] Technologie wird zudem in den Bereichen Lagerhaltung und Warenwirtschaft eingesetzt. Durch den Einsatz moderner ERP-Systeme und barcodierter bzw. QR-codierter Produkte konnte Unternehmen F die Lagerhaltung und den Warenfluss optimieren. Diese Technologien unterstützen eine genaue Rückverfolgbarkeit der Produkte und tragen dazu bei, Fehler in der Lagerhaltung zu reduzieren. Gleichzeitig können durch die Vernetzung mit anderen Systemen Daten in Echtzeit analysiert und genutzt werden, um betriebliche Abläufe zu verbessern und schneller auf Nachfrageschwankungen zu reagieren.[513]

Vor dem Hintergrund des **Wettbewerbs** gibt Unternehmen F an, Einflüsse der werteorientierten Unternehmensphilosophie, wie sie das Unternehmen Ben & Jerry's verkörpert, in sein GM integriert zu haben. Die Verbindung von hochwertigen Zutaten mit sozialem Engagement wurde zu einem Leitmotiv für

---

[510] Vgl. Unternehmen F, Interview mit Gründer (2).

[511] Vgl. Experte 9; Unternehmen F, Interview mit Gründer (3).

[512] Vgl. Experte 9.

[513] Vgl. Experte 9.

Unternehmen F.[514] Ein weiterer wichtiger Referenzpunkt für Unternehmen F ist die Greyston Bakery, die als Zulieferer von Ben & Jerry's bekannt ist und sich durch ihre soziale Manufaktur und ihr Konzept des *„Open Hiring"* auszeichnet. Die Greyston Bakery hat bewiesen, dass die Einstellung von ehemaligen Strafgefangenen und Offenheit im Einstellungsprozess nicht nur sozialen, sondern auch wirtschaftlichen Erfolg ermöglichen. Dieses GM hat Unternehmen F dazu inspiriert, ähnliche Ansätze im eigenen Unternehmen umzusetzen, insbesondere durch die Schaffung eines integrativen Arbeitsumfelds. Die Erkenntnis, dass soziale Konzepte nur dann nachhaltig wirken können, wenn sie durch ökonomische Tragfähigkeit unterstützt werden, ist zu einem zentralen Bestandteil des GM von Unternehmen F geworden.[515] Neben den amerikanischen Vorbildern hat sich Unternehmen F von weiteren Akteuren inspirieren lassen, die sozial und ökologisch nachhaltige GM erfolgreich umgesetzt haben. Hier werden deutsche Unternehmen aus der Textil- und Möbelindustrie genannt, die vor allem durch ihre soziale Einstellungspolitik und eine diverse Belegschaft als Orientierungspunkte für Unternehmen F gelten.[516] Einen direkten Einfluss auf das Produktdesign von Unternehmen F hatte die Erfahrung der Gründer mit klassischen Frühstücksprodukten wie Cornflakes und deren Außendarstellung.[517]

Bereits in der Gründungsphase war das **Netzwerk** von Unternehmen F entscheidend für die Entwicklung der Geschäftsidee. Die Gründerkonstellation selbst ist prägend: Einer der Gründer bringt durch seine Arbeit in der Wohnungslosenhilfe ein tiefes Verständnis für soziale Fragen und die Bedürfnisse marginalisierter Gruppen mit. Das Netzwerk des Gründers war vor allem bei der anfänglichen Personalsuche und der damit verbundenen Erprobung des Konzepts von großer Bedeutung.[518] Wichtige Impulse kamen auch aus kritischen Dialogen mit Akteuren entlang der Lieferkette, etwa mit Rohstoffhändlern und Verpackungsherstellern. Diese Gespräche haben nicht nur das Bewusstsein für nachhaltiges

---

[514] Vgl. Unternehmen F, Interview mit Gründer (2); Unternehmen F, Interview mit Gründer (6); Unternehmen F, Interview mit Gründer (7); Unternehmen F, Interview mit Gründer (8).

[515] Vgl. Experte 9; Unternehmen F, Interview mit Gründer (1); Unternehmen F, Interview mit Gründer (2); Unternehmen F, Interview mit Gründer (5); Unternehmen F, Interview mit Gründer (9);

[516] Vgl. Unternehmen F, Interview mit Gründer (5); Unternehmen F, Interview mit Gründer (9).

[517] Vgl. Unternehmen F, Interview mit Gründer (2); Unternehmen F, Interview mit Gründer (5); Unternehmen F, Interview mit Gründer (11).

[518] Vgl. Unternehmen F, Interview mit Gründer (2); Unternehmen F, Interview mit Gründer (6).

Handeln geschärft, sondern auch zur Weiterentwicklung von Prozessen und Produkten beigetragen. Der Austausch auf Plattformen wie Fachmessen half zudem, die Sichtbarkeit des Unternehmens zu erhöhen und Zugang zu einem größeren Kreis potenzieller Partner zu erhalten.[519] Unternehmen F beteiligt sich aktiv am Netzwerkaustausch mit anderen Lebensmittelherstellern und nachhaltigen Unternehmen. Netzwerke dienen als Plattform für den Austausch von Best Practices und die Lösung gemeinsamer Herausforderungen.[520]

In den ersten Jahren wurde Unternehmen F durch Investitionen aus dem privaten Umfeld unterstützt. Familie und Freunde haben wesentlich dazu beigetragen, die ersten Schritte des Unternehmens zu ermöglichen, einschließlich des Kaufs von Maschinen und der Einstellung von Mitarbeitern.[521] Später konnte ein werteorientierter Investor gewonnen werden, der als Kapitalgeber zur Professionalisierung des Unternehmens beitrug, z. B. durch den Ausbau des Maschinenparks oder die Einführung eines Qualitätsmanagementsystems, das durch die IFS-Zertifizierung unterstrichen wird. Dies stärkte die Marktposition des Unternehmens und ermöglichte die Listung bei größeren Kunden.[522]

---

[519] Vgl. Unternehmen F, Interview mit Gründer (2); Unternehmen F, Interview mit Gründer (6); Unternehmen F, Interview mit Gründer (11).

[520] Vgl. Experte 9; Unternehmen F, Interview mit Gründer (11); Unternehmen F, Webseite (4).

[521] Vgl. Unternehmen F, Interview mit Gründer (5); Unternehmen F, Interview mit Gründer (10); Unternehmen F, Interview mit Gründer (11).

[522] Vgl. Unternehmen F, Interview mit Gründer (1); Unternehmen F, Interview mit Gründer (2); Unternehmen F, Interview mit Gründer (5); Unternehmen F, Interview mit Gründer (10); Unternehmen F, Webseite (4).

7 Fallübergreifende Analyse und Anpassung des theoretischen Bezugsrahmens

Ziel dieses Kapitels ist es, in einer fallübergreifenden Analyse die Erkenntnisse aus den einzelnen Fallstudien zusammenzuführen und Gemeinsamkeiten und Unterschiede zwischen den Fallstudien herauszuarbeiten. Die theoretisch abgeleiteten Propositionen sollen überprüft und ggf. angepasst werden.[1] Mit Hilfe des Pattern-Matching-Ansatzes von Yin (2018) sollen Gemeinsamkeiten der Fallstudien herausgearbeitet und interpretiert werden, um eine Generalisierbarkeit der Ergebnisse zu ermöglichen. Die gewonnenen Erkenntnisse ermöglichen eine Anpassung des aus den theoretischen Ergebnissen erstellten Bezugsrahmens.[2]

Entsprechend dieser Vorgehensweise ist es zunächst notwendig, die einzelnen Propositionen in den Propositionsräumen „Institutionelles Entrepreneurship" (Abschnitt 7.1) und „Institutionelle Logiken und institutioneller Druck" (Abschnitt 7.2) zu überprüfen. In Abschnitt 7.3 werden die gewonnenen Erkenntnisse zusammenfassend dargestellt.

7.1 Diskussion Propositionsraum 1: „Institutionelles Entrepreneurship"

Die in Tabelle 7.1 dargestellten vier Propositionen zu unternehmerischen Aktivitäten im Kontext des institutionellen Entrepreneurships bilden die Grundlage für die folgende Diskussion.

[1] Vgl. Eisenhardt (1989: 540 ff.).

[2] Vgl. Yin (2018: 175 ff., 2018: 196 ff.).

F. Stokom, *Nachhaltige Geschäftsmodellinnovationen in sozio-technischen Transitionen*, https://doi.org/10.1007/978-3-658-50053-5_7

Tabelle 7.1 Theoretische Propositionen in Propositionsraum 1[3]

Propositionsraum 1: „Institutionelles Entrepreneurship“
P1: Je stärker Unternehmen eine holistisch nachhaltige Wertschöpfung in GMI in den Vordergrund stellen, desto wahrscheinlicher wird es, dass Unternehmen unterschiedliche Stakeholderinteressen in langfristige Ziele übersetzen und desto wahrscheinlicher verfolgen sie eine konkrete nachhaltige Vision.
P2: Wenn Unternehmen nachhaltige GMI entwickeln und umsetzen, die mit GM anderer Organisationen kompatibel sind, auf einer bestehenden Infrastruktur oder bestehenden Gewohnheiten von Konsumenten basieren, beeinflusst dies positiv die Mobilisierung von Ressourcen.
P3: Wenn Unternehmen nachhaltige GMI entwickeln und umsetzen, die auf der Zusammenarbeit mit einem breiten Netzwerk an Organisationen und Interessengruppen basieren, dann wirkt sich dies positiv auf die Mobilisierung von Ressourcen aus.
P4: Je stärker Unternehmen die soziale Wertschöpfung nachhaltiger GMI in den Vordergrund stellen, desto wahrscheinlicher ist es, dass sie ihr Netzwerk an Unterstützern und Befürwortern erweitern.

Proposition 1

Alle Fallstudien zeigen diagnostische, prognostische und motivationale Framing-Elemente im Prozess der Visionsbildung.[4] Im diagnostischen Framing kritisieren die Fallstudienunternehmen potenzielle Wettbewerber oder andere Unternehmen der Ernährungsindustrie für das Fehlen nachhaltiger Lösungsansätze. Im prognostischen Framing zeigen alle Unternehmen Ansätze, ökologische und soziale Probleme in Kooperation mit anderen Akteuren zu lösen und sehen sich selbst in einer gewissen Vorbildfunktion. Zudem zeigen alle Fallstudien eine langfristige Perspektive, die vom Erhalt der Biodiversität bis zur Integration benachteiligter Bevölkerungsgruppen reicht. Die Ergebnisse zeigen in Übereinstimmung mit der Studie von Rovanto und Bask (2021), dass die Fallstudienunternehmen Nachhaltigkeit als Kernbestandteil eines zukunftsfähigen Unternehmens betrachten und ihre diesbezüglichen Erwartungen sowohl intern als auch extern kommunizieren.[5] Wie bereits in der Theorie des institutionellen Entrepreneurships angenommen, spielen Framing-Strategien eine wichtige Rolle.[6] Die Fallstudien zeigen ein breites

[3] Eigene Darstellung.

[4] Vgl. Battilana, Leca und Boxenbaum (2009: 79); Benford und Snow (2000: 615 ff.); Misangyi, Weaver und Elms (2008: 758 ff.).

[5] Vgl. Rovanto und Bask (2021: 1168 ff.).

[6] Vgl. Benford und Snow (2000: 614 f.); Creed, Scully und Austin (2002: 480); Fligstein (1997: 399); Lounsbury, Ventresca und Hirsch (2003: 76 f.).

Repertoire an narrativen Methoden (z. B. Lebensgeschichten der Gründer oder Geschichten über die Entstehung des GM) und diskursiven Mitteln (z. B. Schockkampagnen oder Wissensvermittlung), um im Sinne institutioneller Entrepreneure überzeugende Erklärungen zu liefern und Aufmerksamkeit für die Legitimation der eigenen unternehmerischen Aktivitäten zu generieren.[7]

Ein Vergleich zeigt Unterschiede in der Ausprägung der Visionen je nach GM-Muster. So weisen die beiden ökologisch orientierten Unternehmen aus den Fallstudien 3 und 5 einen starken Bezug zur Region des Unternehmenssitzes auf und sehen sich im prognostischen Framing als Teil der Lösung, indem die eigenen nachhaltigen Aktivitäten und die Gründeridentität im Mittelpunkt der Kommunikation stehen. Stakeholderinteressen werden hier weniger detailliert behandelt, was dazu führt, dass die Problem- und Lösungsargumentation weniger konkret erscheint als beispielsweise bei den sozial orientierten GM der Fallstudien 1 und 6. Die Fallstudien 2 und 4 zeigen in ihrer Visionsbildung eine holistische Sichtweise, die sich vor allem durch ihr Abstraktionsniveau von den anderen Fallstudien unterscheidet. Damit ist vor allem ihre globale Zielsetzung gemeint, die sich in Fallstudie 4 in einer Internationalisierungsstrategie und einer tiefgreifenden Veränderung der Logistik- und Verpackungsindustrie ausdrückt und in Fallstudie 2 in der Notwendigkeit, Lösungen für nachhaltige Ökosysteme zu entwickeln, die über die Fischerei hinaus in Richtung einer nachhaltigen Landwirtschaft gehen und die Bedingungen für den Anbau von Nahrungsmitteln weltweit verändern sollen. Da beide Fallbeispiele den integrativen GM zugeordnet werden konnten, die sowohl die ökologische als auch die soziale Wertschöpfung betonen, lässt sich hier ein Muster erkennen, das auf die Grundstruktur des GM beider Unternehmen zurückzuführen sein könnte.[8]

Jolink und Niesten (2015) betonen, dass gerade Unternehmen mit weitreichenden Wertangeboten in sozialer und ökologischer Hinsicht klare und langfristige Visionen formulieren. Beide Fallstudien zeigen Parallelen zu Untersuchungen von Dienstleistungsunternehmen im Energiesektor, deren GM auf einer engen und langfristigen Zusammenarbeit mit Stakeholdergruppen basiert und mit langfristigen und spezifischen Visionen einhergeht.[9] Ein Erklärungsansatz für die holistische Sichtweise der beiden Fallstudienunternehmen ist die mit integrativen GM einhergehende Komplexität, die sich aus der gleichzeitigen sozialen, ökologischen und ökonomischen Wertschöpfung und der Wahl der durch das GM definierten Unternehmensgrenzen

[7] Vgl. Hardy und Maguire (2010: 1382 f.); Zilber (2007: 1047 ff.).

[8] Vgl. Lüdeke-Freund et al. (2018: 154 ff.).

[9] Vgl. Ceschin (2013: 81); Hall und Roelich (2016: 287); Hannon, Foxon und Gale (2013: 1035 ff.).

ergibt.[10] Amit und Zott (2007) weisen auf die Bedeutung der Betrachtung der Unternehmensgrenzen hin und beschreiben diese als *„the structuring of a firm's exchanges with external stakeholders"*.[11] Die Autoren argumentieren, dass die Gestaltung des GM dabei eine entscheidende Rolle spielt und zeigen, dass GMI nicht nur durch die eigenen internen Ressourcen des Unternehmens entstehen, sondern auch durch die Nutzung der Ressourcen von Partnern, die Teil des GM sind.[12] In einer späteren Veröffentlichung definieren sie GM wie folgt: *„The business model is a structural template of how a focal firm transacts with customers, partners, and vendors; that is, how it chooses to connect with factor and product markets. It refers to the overall gestalt of these possibly interlinked boundary-spanning transaction"*.[13] Brehmer, Podoynitsyna und Langerak (2018) nutzen diese Perspektive und übertragen sie auf nachhaltige GM, indem sie die Notwendigkeit von Kooperationen betonen und diese als *„boundary-spanning systems of value transfers"* beschreiben.[14] Sie zeigen auch, dass ökologische und soziale Wertschöpfung außerhalb der Unternehmensgrenzen stattfindet, was die Komplexität nachhaltiger GMI erhöht.[15] Mit Blick auf die Unternehmen der Fallstudien 2 und 4 zeigt sich, dass beide Unternehmen aufgrund ihrer integrativen Ausrichtung mit komplexeren Stakeholderkonstellationen im GM konfrontiert sind. Dies begründet möglicherweise das gewählte Abstraktionsniveau der Vision beider Fallstudien und den damit einhergehenden Wunsch, vielfältigen und globalen Bedürfnissen gleichzeitig gerecht zu werden. Somit ist **Proposition 1 konsistent** mit den Daten und lässt sich bekräftigen.

Fallstudie 1 und Fallstudie 6 zeigen durch ihre soziale Orientierung spezifischere Perspektiven auf ihre Stakeholder. Beide Fallstudienunternehmen beschreiben detailliert die Problemlagen der Adressaten ihres GM und bauen darauf ihre spezifischen Problemlösungen und Zukunftsvisionen auf. Fallstudie 1 benennt beispielsweise bereits in der Problembeschreibung spezifische Merkmale der Adressaten wie die unterversorgte Bevölkerung in ländlichen Regionen oder kleine und regionale Produzenten. Fallstudie 6 fokussiert in ihrer Vision auf Personen mit Vermittlungshemmnissen, die aus langer Arbeitslosigkeit kommen. Damit unterscheiden sich die Visionen insofern von den anderen Fallstudien, als z. B. in integrativen nachhaltigen GM häufig von Beiträgen für ganze Ökosysteme und

---

[10] Vgl. Bocken, Boons und Baldassarre (2019: 1509 f.); Hall und Roelich (2016: 295 f.).

[11] Zott und Amit (2007: 194).

[12] Vgl. Zott und Amit (2007: 195).

[13] Zott und Amit (2008: 3).

[14] Brehmer, Podoynitsyna und Langerak (2018: 4514).

[15] Vgl. Brehmer, Podoynitsyna und Langerak (2018: 4524).

globale Lieferketten gesprochen wird und in den beiden ökologischen Fallstudienunternehmen 3 und 5 die regionale Wertschöpfung und die Natur im Mittelpunkt der Argumentation stehen. Die spezifischere Sicht auf die Bedürfnisse der Stakeholder führt dazu, dass Fallstudie 1 und Fallstudie 6 direkte Kausalzusammenhänge zwischen den diagnostischen, prognostischen und motivationalen Teilen ihrer Vision herstellen können. Auch soziale Konzepte wie Car-Sharing-GM und Energiegemeinschaften zeigen eine ähnlich detaillierte Kommunikation der Erwartungen der Stakeholder. Die Forschung betont, dass auch hier spezifische Probleme gelöst werden, die sich auf territoriale oder soziale Aspekte beziehen.[16]

Ein Blick in die Literatur zeigt, dass soziale GM-Muster auf einer Stakeholderebene basieren, d. h. es wird gefragt, inwieweit die Begünstigten mit dem Unternehmen interagieren oder selbst Nutznießer des Produktes sind.[17] Durch die Notwendigkeit der expliziten Definition und der unternehmerischen Aktivitäten, die in direktem Zusammenhang mit der zu unterstützenden Bevölkerungsgruppe stehen, sind die diagnostischen, prognostischen und motivationalen Argumentationsketten sozial orientierter Unternehmen spezifischer und detaillierter. Auf diese Weise stellen Unternehmen mit sozialen GM sicher, dass sie den Bedürfnissen und den sozialen Problemstellungen der betroffenen Bevölkerungsgruppe gerecht werden.[18]

Vor dem Hintergrund dieser Argumentation lässt sich folgende **neue Proposition** aufstellen:

> *P1.1: Wenn Unternehmen die soziale Wertschöpfung nachhaltiger GMI in den Vordergrund stellen, wirkt sich dies positiv auf die Konkretisierung der Stakeholderinteressen und auf die Nachvollziehbarkeit der Argumentation von Problemstellung und Lösungsansätzen aus.*

Proposition 2

Der direkte Vergleich von Literatur und Ergebnissen zeigt, dass auch in den durchgeführten Fallstudien die Imitation bestehender GM eine effektive Methode ist,

[16] Vgl. Kallio et al. (2020: 6 f.); Meijer, Schipper und Huijben (2019: 223 f.); Plewnia und Guenther (2021: 488); Sarasini und Langeland (2021: 238); Vernay, Cartel und Pinkse (2022: 435 ff.).

[17] Vgl. Dohrmann, Raith und Siebold (2015: 133 f.); Saebi, Foss und Linder (2019: 75 f.).

[18] Vgl. Nakata und Weidner (2012: 21 f.); Sabatier et al. (2017: 54); Spieth et al. (2019: 438 f., 2019: 431).

um Ressourcen zu mobilisieren und Akzeptanz zu schaffen.[19] Unternehmen nutzen bekannte GM und kombinieren diese mit neuen Technologien, um Unsicherheiten zu reduzieren und die Akzeptanz bei den Kunden zu erhöhen.[20] In Übereinstimmung mit der Literatur trägt die Nutzung bewährter Erlös- und Vertriebsmechanismen dazu bei, Wechselkosten zu reduzieren und den Erfolg von GM zu fördern.[21]

Die Datenanalyse deutet darauf hin, dass gerade die Mobilisierung materieller Ressourcen in Form von finanziellen und infrastrukturellen Ressourcen im Vordergrund der Kompatibilitätsstrategien steht. Hardy und Maguire (2017) betonen, wie wichtig materielle Ressourcen für institutionelle Entrepreneure sind, um sie produktiv für den Aufbau von Netzwerken und als Druckmittel einzusetzen.[22] Die Literatur zu institutionellem Entrepreneurship konzentriert sich stark auf die Notwendigkeit und den Einsatz dieser Ressourcen, geht aber weniger spezifisch darauf ein, wie diese Ressourcen beschafft werden.[23] In diesem Zusammenhang wird jedoch immer wieder die Bedeutung der Legitimität von Organisationen betont, die gerade durch die Vereinbarkeit der unternehmerischen Aktivitäten mit den Erwartungen der Stakeholder erreicht werden kann.[24] Dabei kann es laut Literatur für Unternehmen herausfordernd sein, ein Gleichgewicht zwischen Innovation und Konformität zu finden. Deephouse (1999) zeigt, dass sich dieses Gleichgewicht positiv auf die Wettbewerbsfähigkeit von Unternehmen auswirken kann.[25] Die Autoren Zhao et al. (2017) bezeichnen dieses Konzept später als *Optimal Distinctiveness* und definieren es als *„positive stakeholder perceptions about a firm's strategic position that reconciles competing demands for differentiation and conformity"*.[26] Unternehmen werden von Stakeholdern anhand mehrerer strategischer Dimensionen (z. B. Innovationsfähigkeit, finanzieller Leistung oder Nachhaltigkeit) bewertet. Nachhaltige Entrepreneure können die Unsicherheit der wichtigsten Stakeholder reduzieren, indem sie die Abweichung in einer strategischen Dimension durch Konformität in einer anderen Dimension ausgleichen.[27]

---

[19] Vgl. Brown, Hall und Davis (2020: 7); Midttun und Piccini (2017: 333 f.); Richter (2013: 1229 f.).

[20] Vgl. Sarasini und Langeland (2021: 240); Vernay, Cartel und Pinkse (2022: 430).

[21] Vgl. Petzer, Wieczorek und Verbong (2020: 265 f.); van Waes et al. (2018: 1302).

[22] Vgl. Hardy und Maguire (2017: 269).

[23] Vgl. Battilana, Leca und Boxenbaum (2009: 83 ff.); DiMaggio (1988: 14); Duygan, Stauffacher und Meylan (2019: 18 f.); Oliver (1997a: 709).

[24] Vgl. Durand und McGuire (2005: 166); Oliver (1991: 149 f., 1997a: 700); Suchman (1995: 571).

[25] Vgl. Deephouse (1999: 159).

[26] Zhao et al. (2017: 93).

[27] Vgl. Philippe und Durand (2011: 987); Zhao et al. (2017: 102).

Alle mittleren und großen Unternehmen der Fallstudien 1, 2, 4 und 5 zeigen eine hohe Kompatibilität mit den GM und Gewohnheiten ihrer Kunden bzw. mit den Infrastrukturen der Lebensmittelindustrie. Fallstudie 2 und Fallstudie 5 setzen dabei für den Vertrieb ihrer Produkte auf den bewährten LEH, wobei Fallstudienunternehmen 2 bereits im Rahmen der Produktentwicklung und Fallstudienunternehmen 5 im Rahmen der Distributionsstrategie mit dem LEH interagiert. Für beide Unternehmen steht im Vordergrund, aus der Bio-Nische herauszukommen und eine breite Verfügbarkeit auch in konventionellen Supermarktketten zu schaffen. Dabei sollen die Kunden ihre Gewohnheiten nicht ändern müssen, indem beide Unternehmen die Kompatibilität ihres GM mit den gewohnten Regeln des LEH schaffen. Das Fallstudienunternehmen 1 baut durch seine Omnichannel-Vertriebsstruktur ebenfalls Barrieren ab und strebt eine nahtlose Integration von Online- und Offline-Vertriebsmodellen an. Fallstudie 4 zeigt, dass die Kompatibilität mit der Infrastruktur und den Wertschöpfungsketten der Kunden wichtige Erfolgsfaktoren sind.

Die Orientierung am klassischen GM eines Lebensmittelherstellers wirkt sich in den Fallstudien 2, 5 und 6 positiv auf die Mobilisierung finanzieller Ressourcen aus. Die GM der Unternehmen sind in der klassischen Lieferkette des LEH angesiedelt und zeigen eine Kompatibilität mit bestehenden GM und Infrastrukturen. Im B2B-Bereich wirkt sich vor allem ein geringer Infrastrukturaufwand positiv aus, im B2C-Bereich die Orientierung an bestehenden Kundenbedürfnissen einerseits in Bezug auf die Produkteigenschaften und andererseits in Bezug auf die Vertriebskanäle.

Auf der Grundlage der gewonnenen Erkenntnisse kann **Proposition 2 modifiziert** werden, indem die Art der gewonnenen Ressource spezifiziert wird:

P2: Wenn Unternehmen nachhaltige GMI entwickeln und umsetzen, die mit GM anderer Organisationen kompatibel sind, auf einer bestehenden Infrastruktur oder bestehenden Gewohnheiten von Konsumenten basieren, beeinflusst dies positiv die Mobilisierung von Ressourcen.

↓

P2m: Wenn Unternehmen nachhaltige GMI entwickeln und umsetzen, die mit GM anderer Organisationen kompatibel sind, auf einer bestehenden

Infrastruktur oder bestehenden Gewohnheiten von Konsumenten basieren, beeinflusst dies positiv die Mobilisierung von materiellen Ressourcen.

Proposition 3

Die Analyse der Fallstudien zeigt, dass Netzwerke ein wichtiger Faktor für die Mobilisierung immaterieller Ressourcen sind. Dabei stehen in allen Fallstudien vor allem der Austausch von Wissen und die Aneignung von Know-how im Vordergrund. Gerade im Rahmen der Produktionsprozesse profitieren die Fallstudienunternehmen 2, 3 und 6 vom Wissen ihrer Netzwerke, die sich aus lebensmittelproduzierenden und -verarbeitenden Unternehmen zusammensetzen. Insbesondere für die Fallstudien 2 und 3 ist die Auswahl geeigneter Lieferanten und Dienstleister ein wesentlicher Bestandteil ihrer nachhaltigen Wertschöpfung. In Fallstudie 6 ist vor allem das Wissen erfahrener Lebensmittelhersteller notwendig, um die eigenen Qualitätsmanagementprozesse zu verbessern und mit den strengen Vorschriften im Lebensmittelbereich umzugehen.

Auch in Fallstudie 1 zeigt sich, dass das Unternehmen vom Know-how des anfangs stark involvierten Marktforschungsunternehmens profitiert, insbesondere im Hinblick auf die notwendige Marktforschung als grundlegender Bestandteil für die Konzeption des GM. Auch Fallstudienunternehmen 5 zeigt einen positiven Einfluss seines Partnernetzwerks gerade auf die Effizienz seines GM. Durch den starken Fokus auf Digitalisierung sind Partnerorganisationen und -unternehmen direkt in Digitalisierungsprojekte eingebunden und bringen ihr Know-how aktiv ein. Ähnliches ist in Fallstudie 4 zu beobachten, wo das Unternehmen gemeinsam mit seinen Kunden passgenaue Lösungen entwickelt und gerade durch das Know-how von Technologieunternehmen seine Digitalisierungsbestrebungen umsetzt.

Darüber hinaus lassen alle Fallstudien eine interessante Beobachtung zu: Die Unternehmen nutzen ihr breites Netzwerk an Stakeholdern, um das eigene nachhaltige Wertangebot zu erweitern. In Fallstudie 6 bildet die Zusammenarbeit mit Forschungseinrichtungen und deren wissenschaftlicher Kompetenz die Grundlage für zukünftige GM in Form von Beratungsdienstleistungen. Ebenso zeigt die Zusammenarbeit mit wissenschaftlichen Einrichtungen in den Fallstudien 2 und 4, wie wichtig deren Einbindung in nachhaltige Zertifizierungs- und Bilanzierungsprozesse ist. Fallstudienunternehmen 1 profitiert in hohem Maße von seinem umfangreichen Netzwerk zu Lebensmittelherstellern als wesentlichem Bestandteil seines Wertangebots. Fallstudienunternehmen 2 schafft durch die Akquisition von spezialisierten Lebensmittelherstellern erweiterte Möglichkeiten zur Herstellung seiner Produkte, nicht nur in infrastruktureller Hinsicht, sondern vor allem durch das Know-how in den Produktionsprozessen.

Neben dem Wissensaustausch nutzen die sozialorientierten Unternehmen in den Fallstudien 1 und 6 ihr Netzwerk, um Humanressourcen aus ihrem Netzwerk zu beziehen. In Fallstudie 1 bezieht das Unternehmen in der Gründungsphase Personal aus der Zusammenarbeit mit einem Marktforschungsunternehmen, das vor allem für Marktforschung und die Konzeption des GM benötigt wurde. Darüber hinaus beschäftigt das Unternehmen Personal aus der lokalen Bevölkerung im ländlichen Raum, das eine wichtige Rolle bei der operativen Umsetzung der Supermärkte spielt. Fallstudienunternehmen 6 erhält gerade über die sozialen Netzwerke der Gründer Zugang zu der spezifischen Zielgruppe seines Arbeitsmodells und profitiert durch die Erweiterung des eigenen Netzwerkes vom Zugang zu potenziellen neuen Mitarbeitern.

Während viele Fallbeispiele in der Literatur vor allem auf infrastrukturelle und finanzielle Ressourcen durch Netzwerke hinweisen, zeigen die vorliegenden Fallstudien eher einen Fokus auf immaterielle Ressourcen.[28] Fallstudie 1 zeigt, dass durch das soziale Konzept der Genossenschaft zwar finanzielle Ressourcen durch die jeweilige Dorfgemeinschaft akquiriert werden, jedoch betont Experte 1 hier explizit, dass die finanziellen Ressourcen weniger als Ressourcen innerhalb des GM gesehen werden, sondern als Zugeständnis der lokalen Bevölkerung und der wirtschaftlichen Machbarkeitsanalyse des jeweiligen Supermarktes. Dies unterscheidet sich beispielsweise von den Fallstudien im Energiesektor, wo Energiegemeinschaften die Beiträge ihrer Mitglieder als wesentliche Komponente für die Anschaffung von Lösungen zur Erzeugung erneuerbarer Energie nutzen.[29] Fallstudie 6 zeigt, dass das Unternehmen zwar infrastrukturelle Ressourcen in der Anfangsphase der Produktion bezogen hat, diese aber nur von relativ kurzer Dauer sind und keinen wesentlichen Bestandteil des eigenen GM darstellen. Demgegenüber zeigen die Beispiele aus den Bereichen Mobilität und Energie, dass die dort genutzten infrastrukturellen Ressourcen wichtige Indikatoren für die Nachhaltigkeit des entwickelten GM sind.[30]

Basierend auf den gewonnenen Erkenntnissen kann **Proposition 3** folgendermaßen **modifiziert** werden:

---

[28] Vgl. Lazarevic et al. (2019: 4 f.); Proka, Beers und Loorbach (2018: 29); Vasileiadou, Huijben und Raven (2016: 146 f.); Vernay, Cartel und Pinkse (2022: 437); Wainstein und Bumpus (2016: 578 ff.).

[29] Vgl. Proka, Beers und Loorbach (2018: 31); Proka, Hisschemöller und Loorbach (2018: 5).

[30] Vgl. Derks, Berkers und Tukker (2022: 11 ff.); Meijer, Schipper und Huijben (2019: 223 ff.); Ruggiero et al. (2021: 8); van Waes et al. (2018: 1306).

P3: Wenn Unternehmen nachhaltige GMI entwickeln und umsetzen, die auf der Zusammenarbeit mit einem breiten Netzwerk an Organisationen und Interessengruppen basieren, dann wirkt sich dies positiv auf die Mobilisierung von Ressourcen aus.

↓

P3m: Wenn Unternehmen nachhaltige GMI entwickeln und umsetzen, die auf der Zusammenarbeit mit einem breiten Netzwerk an Organisationen und Interessengruppen basieren, dann wirkt sich dies positiv auf die Mobilisierung von immateriellen Ressourcen aus.

Proposition 4

Im Sinne der Literatur zu institutionellem Entrepreneurship finden sich in den Daten unterschiedliche Ansätze, wie Unternehmen ihre Netzwerke ausbauen.[31] Mit Blick auf die Fallstudien zielen die Maßnahmen einerseits darauf ab, eine möglichst breite Öffentlichkeit und Netzwerke zu erreichen, die durch bestimmte Kommunikationsmaßnahmen und Anreize überzeugt werden, und andererseits spezifische Akteure als Unterstützer zu gewinnen, die vor allem in Form von politischen Akteuren auftreten. Die Ergebnisse stimmen mit der Literatur überein, wobei die Forschung zu institutionellem Entrepreneurship weniger zwischen den verschiedenen zu mobilisierenden Akteuren unterscheidet.[32] Seo und Creed (2002) zeigen z. B., dass potenzielle Unterstützer neuer Institutionen durch politisches Engagement überzeugt werden und dadurch der allgemeine politische Aktivismus für neue Institutionen gefördert wird.[33] Die Bedeutung kollektiven Handelns im Rahmen von Kooperationsbeziehungen und Netzwerken wird in der Literatur häufig betont, wodurch institutionelle Akteure ihre Reichweite und Einflussmöglichkeiten vergrößern.[34] Um die verschiedenen Ansätze zur Erweiterung des eigenen

[31] Vgl. Hardy und Maguire (2017: 270 f.).

[32] Vgl. Battilana, Leca und Boxenbaum (2009: 81 ff.); Hiebl (2018: 28); Hoogstraaten, Frenken und Boon (2020: 117).

[33] Vgl. Seo und Creed (2002: 237 f.).

[34] Vgl. Hardy und Maguire (2017: 270); Pacheco et al. (2010: 989 f.).

Netzwerks zu differenzieren, wird im Folgenden auf die Unterscheidung von Top-Down- und Bottom-Up-Veränderungsstrategien nach Stephan et al. (2016) und Eilert und Nappier Cherup (2020) zurückgegriffen, die einen möglichen Ansatzpunkt zur Strukturierung unternehmerischer Aktivitäten im institutionellen Wandel darstellen und Teil des *Corporate-Activism*-Konzepts der Autoren sind. Eine *Top-Down*-Strategie zielt auf die Beeinflussung mächtiger Entscheidungsträger (z. B. der Politik) ab, die die Legitimität einer Thematik direkt beeinflussen. Eine Bottom-Up-Strategie zielt dagegen auf die Beeinflussung der individuellen Akteure ab, d. h. der breiten Masse, die diese Institutionen verbreiten.[35]

Die Analyse der Fallstudien zeigt, dass die soziale Wertschöpfung in nachhaltigen GMI in einem positiven Zusammenhang mit der *Bottom-Up*-Mobilisierung von Unterstützern steht. Fallstudie 1 und Fallstudie 6 wecken gerade durch die Integration von sozialen Konzepten wie Gemeinschaft, Solidarität, Partizipation und Gleichberechtigung das Interesse verschiedener Akteure in der Lebensmittelbranche. Ähnlich zeigt sich in Fallstudie 5, dass das Unternehmen durch soziale Konzepte wie die Eröffnung eines regionalen Coworking-Spaces regionale und überregionale Bekanntheit erlangt und ein innovatives Umfeld schafft. Es zeigt sich, wie auch bei Fallbeispielen von Energiegemeinschaften in der Literatur, dass gerade die gemeinschaftlichen Werte und die Partizipation überzeugende Argumente für externe Akteure sind, sich einem neuen Netzwerk anzuschließen.[36]

Darüber hinaus zeigen Fallstudie 1 und Fallstudie 2 die Bedeutung von sozialem Engagement in der Lieferkette, indem beide Unternehmen ein unterstützendes Umfeld für ihre Lieferanten schaffen, das sich einerseits durch die aktive Unterstützung der Lieferanten (durch Infrastruktur und Ressourcen) und andererseits durch die Berücksichtigung ihrer Kontextfaktoren (Vorauszahlung der Ware oder zeitliches Entgegenkommen bei der Lieferung) auszeichnet. Gallo, Antolin-Lopez und Montiel (2018) zeigen diesbezüglich in ihrer Fallstudienuntersuchung zu nachhaltigen Lebensmittelherstellern, dass Lebensmittelhersteller, die ihre Lieferanten aktiv unterstützen, die nachhaltige Wertschöpfung der gesamten Lieferkette verbessern.[37]

Um Verhaltensänderungen bei den Stakeholdern und die Bildung zu Nachhaltigkeitsthemen zu fördern, zeigt die Analyse zwei wesentliche Schritte im Rahmen von institutionellem Entrepreneurship: (1) die Generierung von medialer Aufmerksamkeit und (2) eine Kommunikationspolitik, die auf den Transfer von Wissen und Best Practices und die Sensibilisierung für Nachhaltigkeitsthemen ausgerichtet ist.

[35] Vgl. Eilert und Nappier Cherup (2020: 466 f.); Stephan et al. (2016: 1252 f.).

[36] Vgl. Proka, Beers und Loorbach (2018: 34 ff.); van der Schoor und Scholtens (2015: 673 f.); Vernay, Cartel und Pinkse (2022: 435 ff.).

[37] Vgl. Gallo, Antolin-Lopez und Montiel (2018: 909 ff.).

Die Fallstudien 2 und 3 zeigen besonders popularisierende Maßnahmen bei der Generierung medialer Aufmerksamkeit, die sich einerseits in Schockkampagnen bei Fallstudienunternehmen 2 und andererseits in der Nutzung von Mainstream-Medien in Fallstudie 3 ausdrücken. Auch die Fallstudien 1, 5 und 6 zeigen Ansätze zur Generierung von Aufmerksamkeit, wenngleich die eingesetzten Maßnahmen weniger popularisierend sind und auf regionalen Kampagnen (mediale Begleitung einer Supermarkteröffnung in Fallstudie 1), aber auch auf überregionalen Kampagnen (Berichte in überregionalen Zeitungen über das Fallstudienunternehmen 6 oder Fernsehkampagnen in Fallstudie 5) basieren. Die Kommunikationsstrategien der Fallstudienunternehmen zielen in allen Fällen auf die Wissensvermittlung an unterschiedliche Stakeholder ab. Hier zeigen sich direkte Anknüpfungspunkte zur Literatur, die ebenfalls in verschiedenen Branchen soziale Wertschöpfung durch Wissenstransfer und die Senkung von Wechselkosten in Verbindung bringt.[38]

Als reines B2B-Unternehmen zeigt Fallstudie 4 Kommunikationsmaßnahmen, die die Vorteile von Mehrweglösungen in ökonomischer, ökologischer und sozialer Dimension aufzeigen und diese mit technologischen und nachhaltigen Industrietrends verbinden. Das Unternehmen konzentriert sich vor allem darauf, Best Practices an andere Unternehmen weiterzugeben. Damit reiht es sich in Fallbeispiele aus der Literatur ein, in denen Unternehmen mit Sharing Economy-GM ebenfalls darauf bedacht sind, aktiv Kompetenzen bei ihrer Zielgruppe aufzubauen, um Einstiegsbarrieren zu senken.[39] Die Fallstudien 1, 2, 3 und 5 zeigen in ihrer Kommunikationsstrategie das Bestreben, durch Verbraucheraufklärung und Wissensvermittlung, wie es Experte 1 formuliert, den Verbrauchern zu einer *„informierten Kaufentscheidung“* zu verhelfen. Im Mittelpunkt der Kommunikation steht dabei in den Fallstudien die Vorteilhaftigkeit nachhaltigerer Produkte in ökologischer, gesundheitlicher und sozialer Hinsicht, was vor allem aufgrund des oft höheren Preises und der Preissensibilität der Käufer notwendig ist. Die Bedeutung der Entwicklung eines Nachhaltigkeitsbewusstseins bei Stakeholdern, insbesondere im Lebensmittelsektor, wird auch in der Literatur betont.[40]

Aufbauend auf den gewonnenen Erkenntnissen kann **Proposition 4** folgendermaßen **modifiziert** werden:

[38] Vgl. Gregori und Holzmann (2020: 5 f.); Mihailova (2023: 8 ff.); Plewnia und Guenther (2021: 490 f.); Rovanto und Bask (2021: 1166 ff.); Todeschini et al. (2017: 767 f.).

[39] Vgl. Dreyer et al. (2017: 96 f.); Sarasini und Langeland (2021: 237 f.).

[40] Vgl. Bocken, Morales und Lehner (2020: 11 f.); Jolink und Niesten (2015: 397); Mehrabi, Perez-Mesa und Giagnocavo (2022: 14 f.).

P4: Je stärker Unternehmen die soziale Wertschöpfung nachhaltiger GMI in den Vordergrund stellen, desto wahrscheinlicher ist es, dass sie ihr Netzwerk an Unterstützern und Befürwortern erweitern.

↓

P4m: Je stärker Unternehmen die soziale Wertschöpfung nachhaltiger GMI in den Vordergrund stellen, ihre Kommunikationspolitik auf die Generierung medialer Aufmerksamkeit und die Sensibilisierung für Nachhaltigkeitsthemen ausrichten, desto wahrscheinlicher ist es, dass sie ihr Netzwerk an Unterstützern und Befürwortern erweitern.

Die Fallstudien 1, 2 und 4 zeigen ein besonderes Merkmal in ihrer Bottom-Up-Mobilisierung von Unterstützern: Die Unternehmen sind bestrebt, in ihrem Netzwerk neue Standards für nachhaltiges Wirtschaften zu setzen. Die Fallstudien 2 und 4 zeigen einen starken Fokus auf die Quantifizierung von Nachhaltigkeit in spezifischen Kennzahlen und detaillierten Berichten. Während Fallstudienunternehmen 2 die Gemeinwohlökonomie als Grundlage für seine umfassende Nachhaltigkeitsberichterstattung nutzt, verfolgt Fallstudienunternehmen 4 mit der Quantifizierung von Nachhaltigkeit nicht nur die Messung der eigenen Leistung, sondern mit Nachhaltigkeitszertifikaten auch die vor allem ökologische Messung für seine Kunden. In der Literatur zeigen beispielsweise Thompson, Herrmann und Hekkert (2015), dass die Quantifizierung ein Mittel institutioneller Entrepreneure ist, um den Nutzen unternehmerischer Aktivitäten zu messen und damit Ideen zu verbreiten.[41]

In den Fallstudien 1 und 2 ist der Einsatz von Anreizsystemen als Motivationsinstrument für ein nachhaltigeres Verhalten der Stakeholder zu beobachten. So fördert Fallstudienunternehmen 1 nicht nur die Integration von kleinen und nachhaltigen Produzenten durch Platzierungen und Auszeichnungen, sondern belohnt engagierte Dorfgemeinschaften durch einen eigenen Bewerbungsprozess mit der Eröffnung von lokalen Supermärkten und Einkaufsmöglichkeiten. Fallstudienunternehmen 2 setzt Anreizsysteme vor allem in der eigenen Lieferkette ein: Es belohnt nachhaltigere Anbau- und Fischereimethoden mit höheren Ankaufspreisen und finanziellen Zuschüssen. In der Literatur sind solche Anreizsysteme vor allem im politischen

[41] Vgl. Thompson, Herrmann und Hekkert (2015: 609).

Kontext relevant und zeigen Möglichkeiten für politische Entscheidungsträger auf, institutionellen Wandel durch z. B. finanzielle Anreize zu bewirken.[42] Insbesondere die Literatur zu institutionellem Entrepreneurship zeigt jedoch, dass der Einsatz von Anreizsystemen nicht ausschließlich politischen Entscheidungsträgern vorbehalten ist, sondern ein valides Instrument zur Gewinnung von Unterstützern im unternehmerischen Kontext darstellt.[43]

In den Fallstudien 3 und 6 ist der Ansatz, branchenübergreifende Standards zu setzen, ebenfalls zu beobachten, allerdings in anderer Weise als in den anderen Fallstudien: Die beiden kleinen Unternehmen sehen interne Wachstumsgrenzen und daher in der Replikation des eigenen GM eine Möglichkeit, das eigene Konzept auf andere Unternehmen zu übertragen. Dabei soll es in beiden Fällen möglich sein, das bereits erprobte GM in anderen Kontexten und Unternehmen zu implementieren, die wiederum als eigenes Ökosystem die Grundidee umsetzen. Hier zeigt sich vor allem in Fallstudie 6 eine strukturierte Vorgehensweise und Planung, in der das Konzept in Zusammenarbeit mit wissenschaftlichen Einrichtungen replizierbar gemacht werden soll.

Ausgehend von dieser Argumentation lässt sich folgende **neue Proposition** aufstellen:

P4.1: Wenn sich Unternehmen mit nachhaltigen GMI für neue Standards und Anreizsysteme einsetzen oder die Replikation ihres GM vorantreiben, wirkt sich dies positiv auf die Erweiterung ihres Netzwerks von Unterstützern und Befürwortern aus.

Die Analyse der Fallstudien zeigt, dass gerade die Fallstudien der mittleren und großen Unternehmen stärkere Aktivitäten in der Top-Down-Mobilisierung von Unterstützern aufweisen als kleine Unternehmen in den Fallstudien 3 und 6. In den Fallstudien zeigt sich, dass dabei vor allem die Kommunikation mit politischen Entscheidungsträgern und die Teilnahme an politischen Diskussionsforen im Vordergrund stehen. In der Literatur zu institutionellem Entrepreneurship wird

[42] Vgl. Fei et al. (2016: 84); Hodge, Hauck und Bonn (2015: 997); Ruggiero et al. (2021: 7 f.); Stahel (2013: 14 ff.).

[43] Vgl. Hardy und Maguire (2017: 270 f.); Pacheco et al. (2010: 990).

betont, dass Macht und Einfluss von Organisationen, durch die ihnen zur Verfügung stehenden Ressourcen bestimmt werden. Insbesondere politisch einflussreiche Organisationen verfügen über ein hohes Maß an verfügbaren Ressourcen.[44]

In den Fallstudien 1 und 5 zeigt sich, dass der politische Einfluss der Unternehmen vor allem durch die anfängliche Interaktion mit Kommunalpolitikern und Bürgermeistern gewachsen ist. In den Fallstudien 2, 4 und 5 sind die jeweiligen Unternehmensvertreter in den Vorständen von Industrie- und Bundesverbänden vertreten, die sich für spezifische Belange nachhaltiger Themen einsetzen (z. B. in Fallstudie 5 für den Einsatz von Mehrwegverpackungslösungen) oder das allgemeine Interesse an nachhaltigem Wirtschaften fördern (wie z. B. in Fallstudie 2). Durch ihre Position im Netzwerk können Unternehmen an wichtigen politischen Diskussionen teilnehmen und aktiv Überzeugungsarbeit bei politischen Entscheidungsträgern leisten. Hier besteht ein direkter Zusammenhang zu den Ergebnissen der Studie von Greenwood und Suddaby (2006): Die Autoren zeigen, dass je zentraler Organisationen in einem organisationalen Feld agieren, desto wahrscheinlicher ist es, dass sie institutionellen Wandel herbeiführen im Vergleich zu weniger zentral positionierten Organisationen. Mit Zentralität ist vor allem die Nutzung bestehender Institutionen gemeint: Die Fallstudien 2, 4 und 5 zeigen im Kontext der Lebensmittelindustrie eine hohe Kompatibilität mit bestehenden GM und Lieferketten, positionieren sich also zentral im Ökosystem und erhalten dadurch, wie von Greenwood und Suddaby (2006) angenommen, Zugang zu mehr Ressourcen, was sich vor allem auf ihren politischen Einfluss in den Fallstudien auswirkt.[45]

In Fallstudie 4 wird die Lobbyarbeit durch politische Netzwerke besonders deutlich, da hier mit den Herstellern von Einwegverpackungen eine starke Partei in der Opposition steht. Auffällig ist, dass alle Fallunternehmen nicht nur durch ihren Erfolg die Aufmerksamkeit der Politik auf sich ziehen (wie z. B. in Fallstudie 1 durch Initiativen von Bürgermeistern), sondern mit zunehmendem Unternehmenswachstum auch ihr politisches Netzwerk ausbauen. Wirtschaftlicher Erfolg ist für eine aktive politische Einflussnahme notwendig und bestimmt deren Wirkung. Dazu gehört im Extremfall, wie in Fallstudie 4 zu sehen, auch die Gründung eigener Verbände unter Einsatz von Ressourcen.

Ausgehend von dieser Argumentation lässt sich folgende **neue Proposition** aufstellen:

---

[44] Vgl. Beckert (1999: 791 f.); Dorado (2005: 389 ff.); Duygan, Stauffacher und Meylan (2019: 18 f.); Hardy und Maguire (2017: 269); Pacheco et al. (2010: 986).

[45] Vgl. Greenwood und Suddaby (2006: 42 f.).

P4.2: Wenn Unternehmen mit innovativen, nachhaltigen GM wirtschaftlich erfolgreich sind und dadurch wachsen, wirkt sich dies positiv auf die Erweiterung ihres politischen Netzwerkes von Unterstützern und Befürwortern aus.

7.2 Diskussion Propositionsraum 2: „Institutionelle Logiken und institutioneller Druck"

Die in Tabelle 7.2 dargestellten fünf Propositionen zu institutionellen Einflussfaktoren bei der Gestaltung und Umsetzung nachhaltiger GMI bilden die Grundlage für die folgende Diskussion.

Tabelle 7.2 Theoretische Propositionen in Propositionsraum 2[46]

Propositionsraum 2: „Institutionelle Logiken und institutioneller Druck"
P5: Je umfassender politische Entscheidungsträger förderliche Rahmenbedingungen für nachhaltige GMI schaffen, beispielsweise durch eine erhöhte Nachfrage mittels Gesetzen, die Verpflichtung zu nachhaltigen Aktivitäten oder materielle bzw. immaterielle Förderungen, desto wahrscheinlicher ist ihre Umsetzung durch Unternehmen.
P6: Je stärker das Nachhaltigkeitsbewusstsein der Kunden ausgeprägt ist, desto wahrscheinlicher ist es, dass Unternehmen nachhaltige GMI umsetzen, um den veränderten Nachfragepräferenzen gerecht zu werden.
P7: Technologischer Fortschritt und digitale Innovationen machen es wahrscheinlicher, dass Unternehmen nachhaltige GMI umsetzen.
P8: Der Markterfolg von Wettbewerbern mit nachhaltigen GM macht es wahrscheinlicher, dass auch andere Unternehmen nachhaltige GMI umsetzen.
P9: Je stärker Unternehmen mit Netzwerken interagieren, in denen eine ökologische und soziale Wertschöpfung im Vordergrund steht, desto wahrscheinlicher setzen sie nachhaltige GMI um.

Proposition 5

Politischer Einfluss auf nachhaltige GMI ist in den Fallstudien erkennbar, wenngleich die eingesetzten Instrumente und Maßnahmen der politischen Entscheidungsträger im deutschen und europäischen Kontext keine durchgängige Wirkung

[46] Eigene Darstellung.

entfalten. Während in Fallstudie 4 die Gesetzgebung eine zentrale Gelegenheit für die Umsetzung des GM darstellt und in Fallstudie 6 die finanzielle Förderung integraler Bestandteil der Umsetzung des GM ist, zeigen die anderen Fallstudien, dass politische Maßnahmen eine untergeordnete Rolle spielen.

Aufgrund von Gesetzen und Regulationen lassen sich einige direkte und indirekte Effekte auf nachhaltige GMI identifizieren. Die indirekten Effekte wirken sich vor allem positiv auf die Wertschöpfungsketten der Fallstudienunternehmen aus: Zum einen fördern Regulationen auf EU-Ebene die Nachhaltigkeit und Transparenz der Lieferanten in Fallstudie 2. Zum anderen fördern in Fallstudie 4 nationale und internationale Gesetze zur Verwendung von Einwegverpackungen das GM, indem sie die Nachfrage nach Mehrwegverpackungen erhöhen. Letzteres zeigt, dass, wie in der Literatur vermutet, konsumpolitische Maßnahmen als förderlich für nachhaltige GMI angesehen werden können.[47] Darüber hinaus zeigt Fallstudie 4, dass gerade politisch zentrale Themen wie die Kreislaufwirtschaft durch politische Zielsetzungen gesellschaftlich vorangetrieben werden.[48] Ähnliches zeigt sich in den Fallstudien 3 und 6: Die politischen Maßnahmen im Rahmen der COVID-19-Pandemie hatten Auswirkungen auf die Konsumenten, die vermehrt digitale Kanäle für den Lebensmitteleinkauf nutzten. In beiden Fällen war das dadurch veränderte Konsumverhalten ein wichtiger Faktor für den wirtschaftlichen Erfolg der Unternehmen.

Direkte Effekte von Regulationen sind u. a. im nationalen Kontext speziell für den Lebensmittelsektor erkennbar: Durch strenge Regulationen der Lebensmittelproduktion und -sicherheit zeigt sich in den Fallstudien 3 und 6 ein positiver Einfluss auf die Innovativität der Unternehmen, die ohnehin vor allem Prozessinnovationen durchführen müssen, um sich im gesetzlichen Rahmen zu bewegen. Positive Effekte zeigen sich auch in Fallstudie 4, in der die COVID-19-Regelungen vor allem die Digitalisierung und damit die Innovativität der Unternehmen gefördert haben.

In finanzieller Hinsicht profitieren die Unternehmen in den Fallstudien 1, 4, 5 und 6 direkt oder indirekt von finanziellen Förderungen durch den Gesetzgeber. Diese Förderungen beziehen sich vor allem auf die Digitalisierung der GM, indem in den Fallstudien 1, 4 und 6 die Anschaffung von Maschinen, die Automatisierung und die Digitalisierung auf nationaler Ebene finanziell unterstützt wurden. Fallstudienunternehmen 5 profitierte indirekt von finanzieller Unterstützung auf EU-Ebene, indem die Digitalisierung im Rahmen eines Pilotprojekts zur Implementierung von 5G-Campus-Netzwerken gefördert wurde. Wie in der Literatur vermutet, zeigen auch die

---

[47] Vgl. Arranz und Arroyabe (2023: 7 ff.); Govindan und Hasanagic (2018: 303); Jia et al. (2020: 6).

[48] Vgl. Barford und Ahmad (2023: 1211); Kirchherr et al. (2018: 269).

Fallstudien, dass Förderungen die Digitalisierung und die Einführung nachhaltiger Technologien direkt unterstützen.[49]

Zum anderen finden sich in den Fallstudien 1 und 6 exemplarische Beispiele für materielle und immaterielle Förderungen sozialer Nachhaltigkeit in GM. Zum einen profitierte Fallstudienunternehmen 6 in finanzieller Hinsicht von Förderungen bei der Einstellung von Mitarbeitern und indirekt von der EU-Förderung des Forschungsprojekts zur Übertragbarkeit des eigenen Konzepts auf andere Unternehmenskontexte. Fallstudienunternehmen 1 profitierte vor allem von immateriellen Unterstützungen durch den Gesetzgeber: einerseits bei der Beschaffung finanzieller Mittel durch die Landesbürgschaft und andererseits durch die kommunalpolitische Unterstützung bei der Realisierung der Supermärkte.

Da in den Fallstudien positive Einflüsse der Politik auf die Wirtschaftlichkeit, die ökologische Nachhaltigkeit durch die Förderung der Digitalisierung und die soziale Wertschöpfung erkennbar sind, ist **Proposition 5 konsistent** mit den Daten und kann bestätigt werden.

Proposition 6

Über alle Fallstudien hinweg zeigt sich, dass die Kunden ein immer umfassenderes Verständnis für Nachhaltigkeitsfragen rund um die Produktion, den Vertrieb und den Verkauf von Lebensmitteln entwickeln. Es zeigt sich, wie in der Literatur bereits angenommen, dass alle Fallstudienunternehmen mit steigendem Umweltbewusstsein und Nachhaltigkeitsansprüchen ihrer Kunden konfrontiert werden.[50] Durch die Hebelwirkung ihrer Kaufentscheidung zeigt sich u. a. in den Fallstudien 4 und 5, dass Unternehmen des LEH insofern beeinflusst werden, als sie diesen Vorstellungen gerecht werden wollen und damit die Nachfrage nach nachhaltigen Lösungen entlang der gesamten Wertschöpfungskette steigt. Die umfassende Bedürfnisstruktur zeigt in den Fallstudien folgendes Muster: In den Fallstudien 1, 3 und 5 steht die Regionalität der Produkte im Vordergrund, während in den Fallstudien 2, 4 und 6 vor allem die damit verbundene Transparenz der Wertschöpfungskette eine bedeutende Rolle in der Bedürfnisstruktur der Kunden spielt. In den Fallstudien 3 und 5 zeigt sich das zunehmende Bewusstsein für eine gesunde und ausgewogene Ernährung als wichtige Entscheidungsgrundlage.

Wie bereits von Orji (2019) hervorgehoben, zeigen die Fallstudien, dass der Erfolg nachhaltiger Produkte und Dienstleistungen davon abhängt, Kunden mit

---

[49] Vgl. Bossle et al. (2016: 866 f.); Jabbour et al. (2020: 3).

[50] Vgl. Barford und Ahmad (2023: 1212); Geissdoerfer et al. (2023: 3824); Lozano (2015: 40 ff.); Tura et al. (2019: 94).

Vorteilen zu überzeugen und ihr Nachhaltigkeitsbewusstsein zu erhöhen.[51] In diesem Zusammenhang zeigen vor allem die Fallstudien 4 und 5, dass sowohl B2B- als auch B2C-Kunden die ökonomische Komponente ihrer Kaufentscheidung keineswegs vernachlässigen. Die Bewertung der Nachhaltigkeit eines Produktes oder einer Dienstleistung ist ein multidimensionales Konzept, in das die Fallstudien die Ansprache unterschiedlicher Kundengruppen und deren ganzheitliche Bewertung der Nachhaltigkeit des Produktes und des Unternehmens einbeziehen. So betonen B2B-Kunden in den Fallstudien 2, 4, 5 und 6 ökonomische Kaufkriterien, die auf der Professionalität der Unternehmen basieren. Die Kaufentscheidung der B2B-Kunden ist wiederum ökonomisch von der Kaufentscheidung der Endverbraucher abhängig: Durch deren Nachhaltigkeitsanforderungen entscheiden sich B2B-Kunden in Fallstudie 4, ihre Prozesse nachhaltiger zu gestalten und in den Fallstudien 2, 5 und 6, regionale und nachhaltig produzierte Produkte zu kaufen, die einerseits höhere Margen bieten und andererseits den Wünschen der Endkunden entsprechen. Letztlich bestimmen die Endkunden mit ihren Bedürfnissen das Wertangebot der Unternehmen in allen Fallstudien.

Basierend auf den gewonnenen Erkenntnissen kann **Proposition 6 modifiziert** werden:

P6: *Je stärker das Nachhaltigkeitsbewusstsein der Kunden ausgeprägt ist, desto wahrscheinlicher ist es, dass Unternehmen nachhaltige GMI umsetzen, um den veränderten Nachfragepräferenzen gerecht zu werden.*

↓

P6m: *Je stärker das multidimensionale Nachhaltigkeitsverständnis der Endkunden ausgeprägt ist, desto wahrscheinlicher ist es, dass Unternehmen nachhaltige GMI umsetzen, um deren vielfältigen Bedürfnissen gerecht zu werden.*

Neben Nachhaltigkeitsthemen wird in den Fallstudien ein weiteres einflussreiches Kundenbedürfnis deutlich: der Wunsch, mit Unternehmen in einen direkten Dialog zu treten und aktiv an der Wertschöpfung teilzunehmen. In diesem Zusammenhang zeigen Sinkovics et al. (2021), dass innovative Kundenbeziehungen in

[51] Vgl. Orji (2019: 109 ff.).

nachhaltigen GM aus Elementen der Informationsvermittlung und der Integration von Kunden in Wertschöpfungsprozesse bestehen.[52]

Die Auswertung der Daten aller Fallstudien zeigt, dass die Kunden im Lebensmittelbereich ein ausgeprägtes Bedürfnis entwickelt haben, in einen direkten Dialog mit den Unternehmen zu treten. So zeigen die Fallstudien 2 und 3, dass Unternehmen in der Lage sind, ihre Kommunikationskanäle gezielt auf die Kunden zuzuschneiden und mit ihnen ohne Barrieren in direkten Kontakt zu treten. Die Fallstudien 1, 3, 5 und 6 zeigen iterative Feedbackschleifen in der Entwicklung ihres Wertangebots und ihrer Marktforschungsaktivitäten, um möglichst passgenaue Kundenlösungen zu entwickeln. Dabei geht es in den Fallstudien 5 und 6 darum, mögliche Kaufbarrieren abzubauen und die Produkte möglichst zugänglich und attraktiv zu gestalten. In den Fallstudien 1 und 3 wirkt sich Kundenfeedback auf die Erweiterung des Wertangebots der Unternehmen aus, indem z. B. in Fallstudie 1 die Sortimente online und regional an die Kundenbedürfnisse angepasst werden und in Fallstudie 3 die Vertriebskanäle und Ertragsmechanismen auf Initiative der Kunden erweitert werden. Als reines B2B-Unternehmen zeigt Fallstudie 4 zudem, dass Prozessinnovationen wie die Digitalisierung zur Transparenz der Lieferkette durch die steigende Kundennachfrage vorangetrieben werden.

Die Fallstudien 1, 2 und 4 weisen ein besonders ausgeprägtes integratives Element in ihrer Wertschöpfung auf. Fallstudienunternehmen 1 macht seine Sortimentsentscheidungen nicht nur von direkten Kundenwünschen abhängig, sondern bindet die Kunden in einem Co-Creation-Prozess in die Gestaltung und Steuerung der regionalen Supermärkte ein. Fallstudie 2 zeigt, dass das Unternehmen bereits in der Produktentwicklung mit dem LEH zusammenarbeitet, der zum einen die Tiefe der produzierten Sortimente bestimmt (welche Produktvarianten sind für eine Platzierung in den Märkten notwendig) und zum anderen Einfluss auf die Produktgestaltung der Lebensmittel (u. a. Verpackung und Spezifikationen) nimmt. Fallstudie 4 zeigt ebenfalls eine integrative Form der Zusammenarbeit: Das Unternehmen passt die Mehrweglösungen spezifisch an die individuellen Kundenbedürfnisse an, indem es beispielsweise spezifische Lieferketten oder Automatisierungslösungen entwirft. In allen drei Fallstudien ist der Kunde nicht nur am Front-End der Wertschöpfungskette, sondern auch am Back-End durch seine aktive Beteiligung ein wichtiger Faktor. Studien zeigen, dass die Integration von Stakeholdern in die Wertschöpfung ein wichtiger Bestandteil nachhaltiger GMI ist[53]: „*Thus, a strongly sustainable business model must provide the organization a foundation for guiding*

[52] Vgl. Sinkovics et al. (2021: 5).

[53] Vgl. Biloslavo, Bagnoli und Edgar (2018: 755); Bocken, Boons und Baldassarre (2019: 1503 f.).

the co-creation of value with all an organization's stakeholders".[54] Baldassarre et al. (2017) betonen, dass nachhaltige GMI von der Integration späterer Nutzer in den Innovationsprozess profitieren, indem die Passung zwischen Problem und Lösung verbessert wird.[55] Insbesondere in Fallstudie 4 zeigt sich, dass, wie in der Literatur angenommen, gerade durch die Dienstleistungsorientierung nachhaltiger GM die Kundenintegration zu einem wichtigen Element der Wertschöpfung wird.[56] Alle Fallstudien zeigen, wie von Gregori und Holzmann (2020) festgestellt, dass Technologie und Digitalisierung die Integration von Kunden in den Wertschöpfungsprozess fördern können.[57] Darüber hinaus zeigt Fallstudie 1, dass ein Plattformkonzept den Austausch zwischen Käufern und Verkäufern ermöglicht, die miteinander interagieren und wichtige Aktivitäten zur gemeinsamen Wertschöpfung auf der Plattform durchführen.[58]

Ausgehend von dieser Argumentation lässt sich folgende **neue Proposition** aufstellen:

P6.1: *Je stärker das Bedürfnis verschiedener Kundengruppen ist, mit Unternehmen in Dialog zu treten und sich aktiv an der Wertschöpfung zu beteiligen, desto wahrscheinlicher ist es, dass Unternehmen nachhaltige GMI umsetzen.*

Proposition 7

Alle Fallstudien zeigen positive Auswirkungen von Technologie und Digitalisierung auf die ökonomische, soziale und ökologische Wertschöpfung der GM. Innovative Technologien werden eingesetzt, um einerseits die ökologische und ökonomische Effizienz der Wertschöpfung zu verbessern und andererseits das nachhaltige Wertangebot zu erweitern.

Die ökologische und ökonomische Effizienz ist ein wichtiger Treiber für die Digitalisierung, bei der innovative Technologien Kostensenkungspotenziale bieten und den ökologischen Fußabdruck des Unternehmens verbessern. Die Fallstudien 1 und 4 zeigen beispielsweise, dass neue Technologien ein wesentlicher Bestandteil für den Erfolg des GM sein können, indem sie in Fallstudie 1 eine

[54] Upward und Jones (2016: 105).

[55] Vgl. Baldassarre et al. (2017: 182 ff.).

[56] Vgl. Joyce und Paquin (2016: 1478); Lüdeke-Freund, Gold und Bocken (2019: 47); Reim, Parida und Örtqvist (2015: 70).

[57] Vgl. Gregori und Holzmann (2020: 4).

[58] Vgl. Curtis und Mont (2020: 4).

automatisierte Logistik und Supermärkte ohne Personal ermöglichen. Fallstudienunternehmen 4 realisiert Kosteneinsparungen durch innovative Technologien, indem Transportbehälter automatisch sortiert und gereinigt werden. Hier lassen sich Parallelen zur Literatur erkennen, die ebenfalls betont, dass innovative Technologien nicht nur nachhaltige GMI vorantreiben können, sondern bestimmte GM überhaupt erst ermöglichen.[59] Die Fallstudien 3 und 6 zeigen die Notwendigkeit der Implementierung von Technologien im Kontext kleiner Unternehmen, indem gerade die Skalierung und das Wachstum der Unternehmen den Einsatz von Technologien unabdingbar machen. Neben der rein ökonomischen Sicht auf die Technologieeinführung zeigen die Fallstudien den gezielten Einsatz der Technologie zur Verbesserung der ökologischen Wertschöpfung. So zeigen die Fallstudien 5 und 6, dass sich Technologie und Digitalisierung in der Lebensmittelproduktion vor allem auf die ökologische Nachhaltigkeit der Produktionsprozesse auswirken, indem weniger Energie, Rohstoffe und Abfälle anfallen. Damit sind die Ergebnisse konsistent mit der Literatur, die gerade Effizienzsteigerungen in der ökologischen Wertschöpfung betont.[60]

Belege für den Einsatz von Technologien für die Erweiterung des nachhaltigen Wertangebots finden sich beispielsweise in den Fallstudien 2 und 4, in denen Tracking-Technologien im Rahmen der Rückverfolgbarkeit von Waren und Transportbehältern in der Lieferkette eingesetzt werden. Innovative Technologien ermöglichen es beiden Unternehmen, ihren Kunden genaue Informationen über die Herkunft und Bewegung von Waren in der Lieferkette zu geben und sind darüber hinaus ein wichtiger Bestandteil der Berechnung des ökologischen Mehrwerts des eigenen GM. Die Fallstudien 3 und 4 zeigen die Vorteile der Nutzung der Digitalisierung im Hinblick auf die Interaktion mit Stakeholdern. So profitiert Fallstudie 3 vom technologischen Fortschritt durch verbesserte Möglichkeiten der Kommunikation und des Wissensaustauschs mit Partnerunternehmen und Lieferanten, während sich in Fallstudie 4 die Vorteile vor allem an der Schnittstelle zum Kunden zeigen, indem das Unternehmen durch ein digitales Identifikationssystem die Rückverfolgbarkeit verbessert und durch eine digitale Plattform die Wechselkosten für Kunden senkt.

Die Fallstudien 3 und 6 zeigen die Bedeutung der Digitalisierung für den Unternehmenserfolg und die direkte Kundenansprache. Beide Unternehmen nutzen nicht nur einen Online-Shop als primären Vertriebskanal, sondern stimmen auch ihre

---

[59] Vgl. Bidmon und Knab (2018: 912); Geissdoerfer et al. (2023: 3824); Wirtz, Schilke und Ullrich (2010: 286 f.).

[60] Vgl. Fernando und Wah (2017: 39 f.); Jabbour et al. (2020: 3); Orji (2019: 106 f.); Todeschini et al. (2017: 762).

Kommunikationskampagnen auf die Präsenz in den digitalen Kanälen ab. Fallstudie 1 zeigt, dass die Digitalisierung dem Unternehmen die Möglichkeit bietet, sich stärker mit den Kundenbedürfnissen zu identifizieren. Damit zeigen die Fallstudien, ähnlich den Ergebnissen von Sorescu et al. (2011) und Russell, Gianoli und Grafakos (2020), dass Technologien nicht nur vielfältig eingesetzt werden können, sondern dass gerade IKT neue Wege der Interaktion mit Stakeholdern schaffen.[61]

Die Fallstudien zeigen, dass der Einsatz digitaler Lösungen und innovativer Technologien durchaus von deren Reifegrad abhängt. Insbesondere in den Fallstudien 2 und 5 zeigt sich, dass zwar Offenheit besteht und bereits Testumgebungen bzw. Projekte geschaffen werden, aber Technologien wie Blockchain und Satellitenortung in Fallstudie 2 und IoT bzw. 5G-Campusnetze in Fallstudie 5 in der aktuellen *Early-Adopter*[62]-Phase schlichtweg nicht attraktiv genug sind, um sie flächendeckend im Unternehmen einzuführen. Auch Experte 1 in Fallstudie 1 weist nachdrücklich darauf hin, dass noch nicht alle Technologien ihre Massentauglichkeit unter Beweis gestellt haben. So finden sich in allen Fallstudien vor allem technologische Lösungen, deren Effizienzvorteile bzw. deren ökologischer und sozialer Nutzen in anderen Unternehmen oder Branchen nachgewiesen sind (z. B. Robotiklösungen in der Logistik in den Fallstudien 1, 4 und 5). Die Ergebnisse der fallübergreifenden Analyse bestätigen somit die theoretische Annahme, dass Technologien, die bereits etabliert sind und einen gewissen Reifegrad erreicht haben, potenziell attraktiver für den Einsatz in nachhaltigen GM sind.[63] Insbesondere in den Fallstudien 1, 3 und 4 zeigt sich, ähnlich wie in der Studie von Gregurec, Tomičić Furjan und Tomičić-Pupek (2021), dass etablierte Technologien nicht zuletzt aufgrund ihres geringen Erklärungsbedarfs und der kurzen Implementierungszeit eine höhere Nutzerfreundlichkeit und Kundenakzeptanz aufweisen.[64]

Wie bereits in der Literatur vermutet, zeigen die Fallstudien, dass innovative Technologien den untersuchten Unternehmen die Möglichkeit bieten, ihr GM zu optimieren und anzupassen.[65] Aufgrund der gewonnenen Erkenntnisse kann **Proposition 7** wie folgt **modifiziert** werden:

---

[61] Vgl. Russell, Gianoli und Grafakos (2020: 14 f.); Sorescu et al. (2011: 13 f.).

[62] Early Adopter sind Personen, die in ihrem sozialen System eine führende Rolle in der Meinungsbildung einnehmen und Innovationen fast unmittelbar nach den Innovatoren adaptieren (Vgl. Rogers (1983: 248 f.)).

[63] Vgl. Russell, Gianoli und Grafakos (2020: 14 f.); Tura et al. (2019: 95).

[64] Vgl. Gregurec, Tomičić Furjan und Tomičić-Pupek (2021: 14 f.).

[65] Vgl. Geissdoerfer et al. (2023: 3824); Wirtz, Schilke und Ullrich (2010: 286 f.).

P7: Technologischer Fortschritt und digitale Innovationen machen es wahrscheinlicher, dass Unternehmen nachhaltige GMI umsetzen.

↓

P7m: Ausgereifte digitale und technologische Lösungen ermöglichen es Unternehmen, die Effizienz ihrer Wertschöpfung zu verbessern, ihr Wertangebot zu erweitern und machen es damit wahrscheinlicher, dass sie nachhaltige GMI umsetzen.

Proposition 8

Wettbewerber spielen bei nachhaltigen GMI der Fallunternehmen durchaus eine Rolle, auch wenn sie nicht zu den wichtigsten Treibern zählen. Die Fallstudien zeigen Einflüsse von direkten Wettbewerbern, die vor allem mit ihrem kommerziellen GM unternehmerisch erfolgreich sind, und von anderen Unternehmen, die keine direkten Wettbewerber sind. Letztere dienen den Fallstudienunternehmen vor allem in Bezug auf ihre Nachhaltigkeitsaktivitäten als Vorbild.

Bei der Entwicklung und Weiterentwicklung ihrer nachhaltigen GMI zeigen die Fallstudienunternehmen vor allem Interesse an anderen, meist brancheninternen Unternehmen mit erfolgreichen nachhaltigen GM. In den Fallstudien 2 und 3 richtet sich der Blick der Unternehmen auf nachhaltige Lebensmittelhersteller und -verarbeiter. Vor allem deren Kultur und nachhaltige Werte dienen den Fallstudienunternehmen als Vorbild. In Fallstudie 2 zeigt sich darüber hinaus eine Orientierung an deren Markenkommunikation und traditionell biologischer Ausrichtung. Fallstudie 3 findet Inspirationsquellen in den Nachhaltigkeitsaktivitäten von Unternehmen der Lebensmittelverarbeitung, wie z. B. Lieferanten und deren Nachhaltigkeitsanspruch. Wettbewerber und deren Produktinnovationen dienen in Fallstudie 5 durchaus als Orientierungspunkt für das lebensmittelproduzierende Unternehmen, auch wenn Experte 8 hier eher von einer allgemeinen Marktbeobachtung als von konkreten Inspirationsquellen spricht. Hier zeigen sich Parallelen zu den Ergebnissen von Stål und Corvellec (2018), die ebenfalls betonen, dass Unternehmen nicht immer den direkten Vergleich mit Wettbewerbern suchen, sondern gerade durch ein verändertes Marktumfeld (z. B. ausgelöst durch veränderte Kundenbedürfnisse) zur Umsetzung von Nachhaltigkeitsaktivitäten motiviert werden.[66] Fallstudienunternehmen 1 orientiert sich bei der Gestaltung seines GM, insbesondere im Hinblick auf seine physischen Supermärkte, an den historischen Vorläuferkonzepten der lokalen Tante-Emma-Läden in deren lokalem sozialen Mehrwert.[67] Auch rein digitale Supermärkte der großen Unternehmen im LEH dienen dem Unternehmen als Orientierung, wenngleich viele der dort verwendeten Konzepte gerade im Hinblick auf ihre Massentauglichkeit von Experte 1 kritisch gesehen werden, was wiederum für die Notwendigkeit der Legitimations- und Marktakzeptanzannahmen aus der Literatur spricht.[68] Am deutlichsten wird die Inspirationsquelle in Fallstudie 6: Das Unternehmen hat sich bei der Gestaltung seines GM an der sozialen Wertschöpfung von Ben & Jerry's und vor allem der Greyston Bakery orientiert, die zwar in der gleichen Branche, aber nicht im gleichen Produktbereich tätig sind.

Aufgrund der gewonnenen Erkenntnisse kann **Proposition 8 modifiziert** werden:

P8: Der Markterfolg von Wettbewerbern mit nachhaltigen GM macht es wahrscheinlicher, dass auch andere Unternehmen nachhaltige GMI umsetzen.

↓

P8m: Der Markterfolg von Unternehmen mit nachhaltigen GM innerhalb einer Branche macht es wahrscheinlicher, dass auch andere Unternehmen nachhaltige GMI umsetzen.

Die nachhaltigen GMI in den Fallstudien 1 und 2 stehen in direktem Zusammenhang mit dem Wertangebot der direkten, kommerziell orientierten Wettbewerber. In Fallstudie 1 zeigt das Unternehmen einerseits das Bestreben, ein möglichst umfassendes Sortiment nach dem Vorbild kommerziell erfolgreicher Lebensmitteleinzelhändler anzubieten, andererseits strebt es die logistische Effizienz bekannter

---

[66] Vgl. Stål und Corvellec (2018: 636).

[67] Vgl. Neri et al. (2018: 462 ff.); Teece (2010: 179); Tseng et al. (2013: 78 ff.); van Hemel und Cramer (2002: 442).

[68] Vgl. Bansal und Roth (2000: 728); Huang et al. (2022: 5); Ruggiero et al. (2021: 9 f.); Zhao et al. (2018: 605 ff.).

Online-Versandhändler an. Ähnlich zeigt Fallstudie 2, dass sich das Unternehmen an der Sortimentsbreite und Markenkommunikation erfolgreicher Lebensmittelhersteller orientiert. Beide Fallbeispiele verdeutlichen den in der Literatur beschriebenen Wettbewerbsdruck, der von der größenmäßig überlegenen Konkurrenz ausgehen kann. Beide Unternehmen zeigen, dass es für die eigene Profitabilität notwendig ist, sich an erfolgreichen GM am Markt zu orientieren.[69]

Fallstudie 4 lässt Beobachtungen zu, die McDonald und Eisenhardt (2020) als Ergebnis ihrer Studie hervorheben: In den 1990er Jahren entwickelte nicht nur Fallstudienunternehmen 4, sondern auch seine direkten Wettbewerber ein nahezu identisches GM, das sich erst im Laufe der Zeit voneinander abgrenzte. Dieser Prozess, den die beiden Autoren als *Parallel Play* bezeichnen, beschreibt, dass sich insbesondere jüngere Unternehmen an aufstrebenden Wettbewerbern orientieren und umgekehrt.[70] Dies wirkt sich laut Literatur vor allem auf den Erfolg des GM aus, das einerseits von Lerneffekten und andererseits von einem geringen Risiko aufgrund bereits erprobter Legitimität profitiert.[71] In Übereinstimmung mit der Literatur zeigt insbesondere Fallstudie 4 die positive Wirkung des Wettbewerbsdrucks, der das Fallstudienunternehmen dazu motiviert, sich durch einen nachhaltigen Mehrwert für seine Kunden von der direkten Konkurrenz zu differenzieren.[72] Darüber hinaus zeigen die Fallstudien 3 und 6, dass sich kleine Unternehmen gerade in der Professionalität ihres unternehmerischen Handelns an größeren, bereits kommerziell erfolgreichen Lebensmittelherstellern orientieren. So dienen in beiden Fallstudien deren Produktions-, Verpackungs-, Qualitätsmanagement- und Kommunikationsprozesse als Orientierungspunkte für die Umsetzung der Nachhaltigkeitsvision in ein profitables GM.

Interessant ist, dass im Zusammenhang mit Wettbewerbern eher deren kommerziell erfolgreiche Aktivitäten im Vordergrund stehen als deren ökologische und soziale Wertschöpfung. Erklärungen hierfür können vor allem in den grundlegenden Missionen und Zielen der Fallstudienunternehmen gefunden werden: In den Fallstudien zeigt sich, dass soziale und ökologische Ziele häufig die Intention für die Schaffung der nachhaltigen GMI waren und die kommerziellen Überlegungen darauf aufbauen. Damit unterscheiden sich die Ergebnisse von der Literatur, in der

69 Vgl. Neri et al. (2018: 462 ff.); Teece (2010: 179); Tseng et al. (2013: 78 ff.); van Hemel und Cramer (2002: 442).

70 Vgl. McDonald und Eisenhardt (2020: 511 ff.).

71 Vgl. Comberg et al. (2014: 14); Lui et al. (2021: 4); Ritchie und Melnyk (2012: 866 f.); Teo, Wei und Benbasat (2003: 35 ff.).

72 Vgl. Cai und Li (2018: 112); Dai, Cantor und Montabon (2015: 252 f.); Deif (2011: 1554); Giunipero, Hooker und Denslow (2012: 261).

nachhaltige GMI häufig aus bereits kommerzialisierten GM hervorgehen.[73] Dabei richten die Fallstudienunternehmen den Blick nach außen und suchen nach möglichen GM im Markt und bei Wettbewerbern, um ihre ökologischen und sozialen Ziele wirtschaftlich rentabel umzusetzen.

Ausgehend von dieser Argumentation kann die folgende **neue Proposition** formuliert werden:

P8.1: Wenn Wettbewerber innerhalb einer Branche mit kommerziellen GM am Markt erfolgreich sind, die sich als Referenzkonzept für die eigene GMI eignen, macht das die Umsetzung nachhaltiger GMI durch andere Unternehmen wahrscheinlicher.

Proposition 9

Die Fallstudien verdeutlichen, dass Netzwerke in Form unterschiedlicher Stakeholder an verschiedenen Stellen nachhaltige GMI beeinflussen und fördern können. Ähnlich wie in der Literatur zeigen die Fallstudien, dass Unternehmen in ihrer nachhaltigen GMI mit unterschiedlichen Stakeholdergruppen interagieren, die in gewissen Phasen der Weiterentwicklung des GM eine Rolle spielen.[74]

Im Fokus stehen dabei vor allem die Lieferanten, die durch ihre Nachhaltigkeit nicht nur einen positiven Einfluss auf die Ressourcenbeschaffung der Fallstudienunternehmen ausüben, sondern durch ihr spezifisches Wissen vor allem im Bereich des Anbaus und der Verarbeitung von Lebensmitteln wichtige Orientierungspunkte für GMI darstellen. So erweisen sich in Fallstudie 1 die Lieferanten als wichtiger Bestandteil der unternehmerischen Wertschöpfung, ohne deren vielfältiges Produktangebot das Unternehmen die Bedürfnisse seiner Kunden nicht abdecken könnte. Ebenso essentiell ist die Zusammenarbeit mit Lieferanten und Dienstleistern in den Fallstudien 2 und 4, die durch ihre Prozesse und Transparenz Möglichkeiten zur Überwachung und Steuerung der Lieferkette schaffen und in Fallstudie 2 explizit durch Angaben zur Herkunft der einzelnen Rohstoffe für das Wertangebot des Unternehmens von Bedeutung sind. In den Fallstudien 3, 5 und 6 erweisen sich die Lieferanten als wichtiger Faktor in der Lebensmittelproduktion, indem die Fallstudienunternehmen von deren Wissen über die Bereitstellung geeigneter Rohstoffe

---

[73] Vgl. Jia et al. (2020: 6); Lui et al. (2021: 8 ff.); Tseng et al. (2013: 80); Zhu und Geng (2013: 11).

[74] Vgl. Del Río González (2005: 25 f.); Porter und Kramer (2011: 16); Trianni et al. (2017: 206); Velter et al. (2020: 10 f.).

profitieren und sich insbesondere in Fallstudie 3 neue Möglichkeiten für Produktinnovationen eröffnen. In Übereinstimmung mit der Literatur zeigt sich, dass die Nachhaltigkeit von Lieferanten und Zulieferern eine wichtige Grundlage für die Möglichkeiten zur Gestaltung und Weiterentwicklung nachhaltiger GM darstellt.[75]

Neben den Lieferanten treten in den Fallstudien Investoren, soziale Gruppen, Verbände, Forschungseinrichtungen und NGOs in der Zusammensetzung der Netzwerke auf, die jeweils Einfluss auf die GMI der Fallstudienunternehmen haben. Investoren sind in den Fallstudien 2, 4 und 6 ein wichtiger Faktor für die Expansion und Erweiterung des jeweiligen GM. Für die soziale Wertschöpfung in den Fallstudien 1, 3 und 6 spielen vor allem soziale Gruppen als Netzwerkakteure eine wichtige Rolle. Beispielsweise sind es in Fallstudie 1 die Dorfgemeinschaften, die durch ihren Aktivismus einerseits wichtig für die Standortfindung sind und andererseits eine entscheidende Rolle bei der Umsetzung und Aufrechterhaltung der Supermärkte spielen. In den Fallstudien 2, 4 und 5 sind Verbände wichtige Netzwerkakteure, die den Unternehmen Zugang zu Informationen und in gewissem Umfang auch politische Mitsprache- und Lobbymöglichkeiten bieten. Zwar ist hier kein direkter Einfluss auf die jeweiligen GMI erkennbar, jedoch sind diese Verbände wichtige Faktoren für die Verbesserung der Umfeldbedingungen der Unternehmen und wirken über die Interessenvertretung indirekt auf den Erfolg der jeweiligen GMI ein. Da sich jedoch alle Unternehmen freiwillig für die Teilnahme an Verbandsstrukturen entscheiden können, folgen die Verbände nicht, wie in der Literatur angenommen, einem Regelwerk, sondern dienen eher der Interessenvertretung auf breiterer Ebene.[76] Wie Neri et al. (2018) vermuten, wirken sie sich in den Fallstudien positiv auf die Nachhaltigkeit der Unternehmen aus, indem gemeinsame Ressourcen und Wissen entwickelt und gemeinsame Initiativen umgesetzt werden.[77] In den Fallstudien 2, 4 und 6 treten Forschungseinrichtungen als Akteure im nachhaltigen GMI-Prozess auf. In den Fallstudien 2 und 4 agieren sie eher als Dienstleister, um bestimmte Prozesse wissenschaftlich zu untersuchen und z. B. in Fallstudie 4 den Mehrwert von Mehrweglösungen gegenüber Einwegverpackungen zu zertifizieren. In Fallstudie 6 ist die Kooperation mit einer Hochschule eine wichtige Grundlage

[75] Vgl. Geffen und Rothenberg (2000: 181); Jia et al. (2020: 6); Russell, Gianoli und Grafakos (2020: 12 f.); Varadarajan (2017: 29 f.).

[76] Vgl. Amran und Haniffa (2011: 146 f.); Colwell und Joshi (2013: 75); Oliver (1997b: 102); Scott (1987: 498 f.).

[77] Vgl. Neri et al. (2018: 459).

für weitere GMI.[78] Schließlich treten in Fallstudie 2 verschiedene NGOs als wichtige Akteure gerade in den Anfangsjahren auf, die den Gründern Orientierung für Produktinnovationen bieten und bei der Definition eigener Prozessrichtlinien helfen.

Damit zeigt sich in den Fallstudien ein ähnliches Bild zur Bedeutung von Netzwerken wie in der Literatur, auch wenn die Bedeutung der einzelnen Stakeholdergruppen von Fall zu Fall variiert und sich die Fallstudien in Bezug auf die zentralen Akteure der GMI unterscheiden.[79] Folglich kann **Proposition 9** als **konsistent** mit der Literatur betrachtet werden.

Netzwerke zeigen in den Fallstudien vor allem ihre Wirkung bei der Setzung von Standards. Insbesondere in den Fallstudien 2, 3, 5 und 6 zeigt sich, dass Produktkennzeichnungen im Umfeld von Lebensmittelherstellern und -händlern eine wichtige Rolle spielen. Diese Kennzeichnungen reichen in den Fallstudien von Bio-Standards über allgemeine Kennzeichnungen zum Nährwert der Lebensmittel bis hin zu eigenen Kennzeichnungen, die über Branchenstandards hinausgehen (z. B. in Fallstudie 2 in Form von Nährwerten oder geretteten Lebensmitteln). Insbesondere große Unternehmen in den Fallstudien 4 und 5 zeigen Bestrebungen, ihre Prozesse nach spezifischen Nachhaltigkeitsstandards zertifizieren zu lassen. So zeigt sich in Fallstudie 4, dass der Mehrwert in der Argumentation für ein Mehrwegsystem von unterschiedlichen Standards geprägt ist, die sich z. B. auf die Umweltauswirkungen und die Kreislauffähigkeit des Konzeptes beziehen. In Fallstudie 5 dienen Nachhaltigkeitsstandards als Bewertungsinstrument für unternehmensinterne Prozesse und als Grundlage für deren Weiterentwicklung. Darüber hinaus setzt das Fallstudienunternehmen auf besondere Standards in der Lebensmittelbranche, die es vom Wettbewerb differenzieren.

Nicht zuletzt zeigen die Fallstudien 2 und 4 die Bedeutung von Standards in der Nachhaltigkeitsmessung, -berichterstattung und -bilanzierung. So zeigt Fallstudie 2 anhand eines spezifischen Nachhaltigkeitsberichts zur Gemeinwohlbilanzierung die Anwendung von Standards, die über die gesetzlich vorgeschriebene Nachhaltigkeitsberichterstattung hinausgehen. Damit reiht sich das Unternehmen in ein Netzwerk von Organisationen ein, die mehr Transparenz in der Bilanzierung von Unternehmen fordern. Weniger streng, aber dennoch strukturiert sind die Nachhaltigkeitsberichte des Fallstudienunternehmens 4, das sich an den SDG-Kriterien orientiert. Die Nachhaltigkeitsberichte des Unternehmens gehen explizit mit einer

[78] Vgl. Cainelli, Mazzanti und Montresor (2012: 22 f.); Dhir et al. (2023: 4); Marchi (2012: 620 f.).

[79] Vgl. Bocken und Geradts (2020: 12); Russell, Gianoli und Grafakos (2020: 12 f.); Velter et al. (2020: 10 f.).

sozialen und ökologischen Zielsetzung einher, die als Maßstab für die Erreichung und Bewertung des eigenen GM dient.

In Übereinstimmung mit der Literatur zeigen die Einhaltung und Anpassung von Standards einen positiven Effekt auf die Kommunizierbarkeit der eigenen unternehmerischen Aktivitäten und im Dialog mit externen Stakeholdern.[80] Allerdings sind mehr Standards nicht immer besser, sondern die Standards in den Fallstudien scheinen durch ihre Vielzahl und Entwicklung im Zeitverlauf für die Fallstudienunternehmen in gewisser Weise an Bedeutung zu verlieren. Entgegen einigen theoretischen Annahmen verhalten sich die Fallstudienunternehmen jedoch nicht als Mitläufer und reine Nachahmer dieser Standards, sondern empfinden diese gerade aufgrund ihres geringen Anspruchsniveaus als zunehmend unattraktiv.[81] Die Erreichung strengerer Standards ist für die einzelnen Fallstudienunternehmen Anlass für weitere GMI.

Ausgehend von dieser Argumentation lässt sich folgende **neue Proposition** aufstellen:

P9.1: Die Verbreitung von Nachhaltigkeitsstandards in Form von Produktkennzeichnungen, Prozesszertifizierungen und Bilanzierungsmethoden in Netzwerken macht es wahrscheinlicher, dass Unternehmen nachhaltige GMI umsetzen.

7.3 Zusammenfassung der überprüften Propositionen

Tabelle 7.3 zeigt die Endergebnisse der Fallstudienanalyse. Nach Berücksichtigung der Ergebnisse der fallübergreifenden Analyse mussten einige Propositionen modifiziert werden. Darüber hinaus hat die Analyse neue Propositionen zu den Zusammenhängen zwischen nachhaltigen GMI und dem institutionellen Umfeld von Unternehmen hervorgebracht.

---

[80] Vgl. Campbell (2007: 960 ff.); Del Río González (2005: 25 f.); Mason und Spring (2011: 1035 f.); Trianni et al. (2017: 206).

[81] Vgl. Adiloğlu-Yalçınkaya und Besler (2021: 9); Berrone et al. (2013: 894 f.); Bossle et al. (2016: 868); Liang et al. (2007: 66).

Tabelle 7.3 Übersicht der bekräftigten, modifizierten und neuen Propositionen[82]

Proposition	konsistent	modifiziert	neu
P1: Je stärker Unternehmen eine holistisch nachhaltige Wertschöpfung in GMI in den Vordergrund stellen, desto wahrscheinlicher wird es, dass Unternehmen unterschiedliche Stakeholderinteressen in langfristige Ziele übersetzen und desto wahrscheinlicher verfolgen sie eine konkrete nachhaltige Vision.	x		
P1.1: Wenn Unternehmen die soziale Wertschöpfung nachhaltiger GMI in den Vordergrund stellen, wirkt sich dies positiv auf die Konkretisierung der Stakeholderinteressen und auf die Nachvollziehbarkeit der Argumentation von Problemstellung und Lösungsansätzen aus.			x
P2m: Wenn Unternehmen nachhaltige GMI entwickeln und umsetzen, die mit GM anderer Organisationen kompatibel sind, auf einer bestehenden Infrastruktur oder bestehenden Gewohnheiten von Konsumenten basieren, beeinflusst dies positiv die Mobilisierung von materiellen Ressourcen.		x	
P3m: Wenn Unternehmen nachhaltige GMI entwickeln und umsetzen, die auf der Zusammenarbeit mit einem breiten Netzwerk an Organisationen und Interessengruppen basieren, dann wirkt sich dies positiv auf die Mobilisierung von immateriellen Ressourcen aus.		x	
P4m: Je stärker Unternehmen die soziale Wertschöpfung nachhaltiger GMI in den Vordergrund stellen, ihre Kommunikationspolitik auf die Generierung medialer Aufmerksamkeit und die Sensibilisierung für Nachhaltigkeitsthemen ausrichten, desto wahrscheinlicher ist es, dass sie ihr Netzwerk an Unterstützern und Befürwortern erweitern.		x	
P4.1: Wenn sich Unternehmen mit nachhaltigen GMI für neue Standards und Anreizsysteme einsetzen oder die Replikation ihres GM vorantreiben, wirkt sich dies positiv auf die Erweiterung ihres Netzwerks von Unterstützern und Befürwortern aus.			x
P4.2: Wenn Unternehmen mit innovativen, nachhaltigen GM wirtschaftlich erfolgreich sind und dadurch wachsen, wirkt sich dies positiv auf die Erweiterung ihres politischen Netzwerkes von Unterstützern und Befürwortern aus.			x

(Fortsetzung)

[82] Eigene Darstellung.

Tabelle 7.3 (Fortsetzung)

Proposition	konsistent	modifiziert	neu
P5: Je umfassender politische Entscheidungsträger förderliche Rahmenbedingungen für nachhaltige GMI schaffen, beispielsweise durch eine erhöhte Nachfrage mittels Gesetzen, die Verpflichtung zu nachhaltigen Aktivitäten oder materielle bzw. immaterielle Förderungen, desto wahrscheinlicher ist ihre Umsetzung durch Unternehmen.	x		
P6m: Je stärker das multidimensionale Nachhaltigkeitsverständnis der Endkunden ausgeprägt ist, desto wahrscheinlicher ist es, dass Unternehmen nachhaltige GMI umsetzen, um deren vielfältigen Bedürfnissen gerecht zu werden.		x	
P6.1: Je stärker das Bedürfnis verschiedener Kundengruppen ist, mit Unternehmen in Dialog zu treten und sich aktiv an der Wertschöpfung zu beteiligen, desto wahrscheinlicher ist es, dass Unternehmen nachhaltige GMI umsetzen.			x
P7m: Ausgereifte digitale und technologische Lösungen ermöglichen es Unternehmen, die Effizienz ihrer Wertschöpfung zu verbessern, ihr Wertangebot zu erweitern und machen es damit wahrscheinlicher, dass sie nachhaltige GMI umsetzen.		x	
P8m: Der Markterfolg von Unternehmen mit nachhaltigen GM innerhalb einer Branche macht es wahrscheinlicher, dass auch andere Unternehmen nachhaltige GMI umsetzen.		x	
P8.1: Wenn Wettbewerber innerhalb einer Branche mit kommerziellen GM am Markt erfolgreich sind, die sich als Referenzkonzept für die eigene GMI eignen, macht das die Umsetzung nachhaltiger GMI durch andere Unternehmen wahrscheinlicher.			x
P9: Je stärker Unternehmen mit Netzwerken interagieren, in denen eine ökologische und soziale Wertschöpfung im Vordergrund steht, desto wahrscheinlicher setzen sie nachhaltige GMI um.	x		
P9.1: Die Verbreitung von Nachhaltigkeitsstandards in Form von Produktkennzeichnungen, Prozesszertifizierungen und Bilanzierungsmethoden in Netzwerken macht es wahrscheinlicher, dass Unternehmen nachhaltige GMI umsetzen.			x

Beantwortung der Forschungsfragen und angepasstes Modell zur Interaktion von nachhaltigen Geschäftsmodellinnovationen und ihrem institutionellen Umfeld

8

Aufbauend auf der fallübergreifenden Analyse in Kapitel 7 und der damit einhergehenden Anpassung der theoretischen Propositionen werden im folgenden Kapitel die Forschungsfragen meiner Arbeit thematisiert (Abschnitt 8.1). Darüber hinaus wird die Leitfrage der Arbeit durch ein angepasstes Modell zur Interaktion von nachhaltigen GMI und ihrem institutionellen Umfeld beantwortet (Abschnitt 8.2).

8.1 Beantwortung der Forschungsfragen

Forschungsfrage 1: Wie können Unternehmer durch die Gestaltung nachhaltiger GMI den Wandel ihres institutionellen Umfelds vorantreiben?

Die Betrachtung sozio-technischer Transitionsprozesse und NT in der Literatur ist seit jeher von einer Makroperspektive geprägt, die Transitionsprozesse möglichst umfassend als Interaktion verschiedener Akteure, Institutionen und Technologien darstellt.[1] Die neo-institutionalistische Forschung zeigt, dass sich Wandel nicht nur im Zeitablauf vollzieht, sondern auch im alltäglichen Handeln der einzelnen Akteure.[2] Es ist unbestritten, dass Organisationen und Unternehmen eine

[1] Vgl. Geels (2002: 1259 ff.); Köhler et al. (2019: 3); Markard, Raven und Truffer (2012: 956).

[2] Vgl. Battilana (2006: 668); DiMaggio und Powell (1983: 150); Seo und Creed (2002: 239 f.); Wooten und Hoffman (2017: 69 f.).

F. Stokom, *Nachhaltige Geschäftsmodellinnovationen in sozio-technischen Transitionen*, https://doi.org/10.1007/978-3-658-50053-5_8

wichtige Rolle als Innovatoren spielen.[3] Insbesondere die Gestaltung ihres GM ist ein wichtiger Bestandteil ihres Handelns, der nicht nur den Unternehmenserfolg, sondern auch die Wahrnehmung des Unternehmens und seinen Einfluss auf seine Umwelt beeinflusst.[4] Um der Forderung nach einer Erweiterung der bisherigen Forschung um eine handlungsorientierte Perspektive Rechnung zu tragen[5], werden in meiner Arbeit konkrete Gestaltungsoptionen für nachhaltige GMI untersucht, die einen institutionellen Wandel möglichst förderlich vorantreiben.

In Bezug auf Forschungsfrage 1 zeigen die gewonnenen Erkenntnisse, dass nachhaltige GMI, die ein **ökonomisches, ökologisches und soziales Wertangebot** möglichst umfassend integrieren, zu einem ganzheitlicheren Denken über die Unternehmensgrenzen hinausführen. Die gleichberechtigte Integration der drei Wertschöpfungsdimensionen führt zu komplexeren Stakeholderkonstellationen und zwingt Unternehmen dazu, ein höheres Abstraktionsniveau bei der Visionsbildung einzunehmen bzw. in ganzen Ökosystemen zu denken.[6] Darüber hinaus zeigen die Ergebnisse, dass gerade die Integration **sozialer Wertschöpfung** in GM einen positiven Einfluss auf die Konkretisierung von Stakeholderinteressen hat und sich hierbei vor allem durch eine klare Argumentation in der Verknüpfung von Problemen und Lösungsansätzen auszeichnet.[7] Eine rein ökologische Wertschöpfung, die sich vor allem durch technische Dimensionen auszeichnet, kann hingegen zu einer zu stark ökonomischen und unternehmensinternen Perspektive führen.[8] Dennoch ist die **ökonomische Ebene** für nachhaltige GMI von hoher Relevanz. Der Erfolg der nachhaltigen GMI bestimmt, so die Ergebnisse, die Möglichkeiten der politischen Einflussnahme. Dabei bringt der Erfolg vor allem Sichtbarkeit und demonstriert die Machbarkeit nachhaltiger GM.[9]

---

[3] Vgl. Bergek, Jacobsson und Sandén (2008: 13 f.); Köhler et al. (2019: 11); Musiolik et al. (2020: 10 ff.).

[4] Vgl. Boons et al. (2013: 4); Cao, Fang und Sun (2022: 5); Zimmerman und Zeitz (2002: 416).

[5] Vgl. Levänen, Lyytinen und Gatica (2018: 379); Trotter und Brophy (2022: 20); van Opstal und Smeets (2023: 51); Verleye et al. (2023: 15).

[6] Vgl. Brehmer, Podoynitsyna und Langerak (2018: 4523 f.); Hall und Roelich (2016: 295 f.); Rovanto und Bask (2021: 1168 ff.).

[7] Vgl. Garud, Gehman und Giuliani (2014: 1184 f.); Sabatier et al. (2017: 54); Saebi, Foss und Linder (2019: 75 f.).

[8] Vgl. Adams et al. (2016: 188 f.); Hofmann (2019: 371).

[9] Vgl. Eilert und Nappier Cherup (2020: 466); Vernay, Cartel und Pinkse (2022: 415).

Die Mobilisierung materieller bzw. finanzieller Ressourcen kann vor allem durch die **Kompatibilität** der GMI mit bereits erfolgreichen GM, den Konsumgewohnheiten der Endkunden oder der bestehenden Infrastruktur sichergestellt werden. In jedem Fall reduziert ein kompatibles GM die Wechselkosten und erhöht die Zugänglichkeit für die Akteure im Umfeld des Unternehmens.[10] Die gewonnenen Erkenntnisse zeigen, dass die Kompatibilität mit anderen GM, Konsumgewohnheiten und bestehenden Infrastrukturen in der Regel Hand in Hand geht, d. h. Unternehmen der Lebensmittel- und Ernährungsindustrie nutzen den LEH als Absatzkanal, an den sich einerseits die Endkunden in ihrem Einkaufsverhalten gewöhnt haben und der mit einer Integration in bestehende Strukturen wie GM und Lieferketten einhergeht.[11] Darüber hinaus wirkt sich die **Einbindung verschiedener Stakeholder** positiv auf die Verfügbarkeit vor allem immaterieller Ressourcen aus. Gerade in der Gründungs- und Anfangsphase der untersuchten Fallstudienunternehmen zeigt sich die Notwendigkeit, sich durch gezielte Partnerschaften Kompetenzen, Wissen und Humanressourcen anzueignen.[12]

Die Ergebnisse zeigen aber auch, dass nicht alle Unternehmen mit nachhaltigen GMI langfristige Skalierung und Unternehmenswachstum als bevorzugte Methode sehen, um den eigenen institutionellen Einfluss im Zeitverlauf zu erhöhen. Sie argumentieren gerade aus einer sozialen Perspektive dagegen, Unternehmen unbegrenzt wachsen zu lassen. Vielmehr gestalten sie GM und GM-Komponenten, die möglichst auch außerhalb der eigenen Branche **replizierbar** sind und gewinnen so ihren Einfluss durch die Verbreitung der eigenen GM-Idee.[13]

Forschungsfrage 2: Welche unternehmerischen Aktivitäten sind bei der Umsetzung nachhaltiger GMI von strategischer Bedeutung, um institutionellen Wandel voranzutreiben?

---

[10] Vgl. Tunn et al. (2019: 330 ff.); van Waes et al. (2018: 1302).

[11] Vgl. Amit und Zott (2001: 504 f.); Vernay, Cartel und Pinkse (2022: 425); Zhao et al. (2017: 100 ff.).

[12] Vgl. Rovanto und Bask (2021: 1168); Ruggiero et al. (2021: 8); Wagner et al. (2020: 15 f.).

[13] Vgl. Schaltegger, Lüdeke-Freund und Hansen (2016: 278).

Die Ergebnisse der multiplen Fallstudienanalyse zeigen, dass ein ganzheitlicher und strategisch ausgerichteter Ansatz erforderlich ist, um durch nachhaltige GMI institutionellen Wandel voranzutreiben. Dabei lassen sich mehrere zentrale unternehmerische Aktivitäten identifizieren, die von strategischer Bedeutung sind, damit Unternehmen als institutionelle Entrepreneure in Erscheinung treten können.

Ein wesentliches Element ist die **Entwicklung einer klaren Vision**, die durch gezieltes Framing und eine enge Verbindung mit dem GM sowohl die Zielsetzung als auch die Implementierungsstrategie integriert. Die Vision bildet die Grundlage für eine eindeutige Problemdefinition, die nicht nur innerhalb des Unternehmens, sondern auch gegenüber Stakeholdergruppen klar kommuniziert wird.[14] Diese Verbindung zwischen Problemstellung und Lösungsansätzen muss explizit und kohärent dargestellt werden, um Vertrauen und Unterstützung zu gewinnen. Hierbei spielen narrative und diskursive Methoden eine entscheidende Rolle, um Stakeholder zu überzeugen und eine gemeinsame Ausrichtung zu fördern.[15]

Ein weiterer wesentlicher Aspekt ist die **Mobilisierung von Ressourcen**. Materielle und immaterielle Ressourcen müssen gleichermaßen mobilisiert werden, wobei nicht ausschließlich auf interne Ressourcen zurückgegriffen werden kann. Vielmehr sind strategische Partnerschaften und die Nutzung externer Ressourcen von entscheidender Bedeutung.[16] Insbesondere in den frühen Phasen der GM-Entwicklung und -Skalierung erweisen sich Partnerschaften als entscheidender Erfolgsfaktor, da sie nicht nur zusätzliche Ressourcen bereitstellen, sondern auch neue Möglichkeiten für GMI eröffnen. Durch die gezielte Integration von Komplementaritäten können Wertschöpfungsketten erweitert und Barrieren abgebaut werden.[17] Gerade kleine Unternehmen profitieren von Netzwerken, die den Zugang zu Ressourcen und Märkten erleichtern. Ein weiterer entscheidender

---

[14] Vgl. Duygan, Stauffacher und Meylan (2019: 19); Fligstein (1997: 400); Greenwood, Hinings und Suddaby (2002: 75 f.).

[15] Vgl. Hardy und Maguire (2010: 1382 f.); Zilber (2007: 1047 ff.).

[16] Vgl. Hardy und Maguire (2017: 269); Maguire, Hardy und Lawrence (2004: 658); Zott und Amit (2007: 195).

[17] Vgl. Amit und Zott (2001: 504 f.).

Punkt ist die Notwendigkeit, in bekannten Vertriebs- und Kommunikationskanälen zu operieren und Wechselkosten für Kunden gezielt zu senken.[18] Indem Unternehmen eine realistische Marktsituation schaffen und mit kommerziellen GM konkurrieren, können sie nachhaltige GMI erfolgreich in bestehende Wertschöpfungsketten integrieren. Dies erfordert eine konsequente Ausrichtung auf die Reduktion von Barrieren sowie Experimente in Testumgebungen, um sowohl Problemstellungen zu identifizieren als auch die Zusammenarbeit mit Partnern zu testen.[19]

Die **Mobilisierung von Unterstützern und Stakeholdern** kann sowohl Bottom-Up als auch Top-Down erfolgen.[20] Im **Bottom-Up**-Ansatz werden soziale Wertschöpfungslogiken eingesetzt, die durch Interaktionsmöglichkeiten außerhalb der Unternehmensgrenzen, wie Coworking-Spaces, Gemeinschaften und Genossenschaften, gestärkt werden. Durch die Förderung von sozialer Wertschöpfung entlang der gesamten Lieferkette, die Generierung medialer Aufmerksamkeit und den Austausch von Wissen und Best Practices wird eine breite Unterstützerbasis geschaffen. Zusätzlich zeigt die Analyse, dass Transparenz und Standards im Bereich der Nachhaltigkeit entscheidende Erfolgsfaktoren sind. Durch die Quantifizierung von Nachhaltigkeitsleistungen, etwa in Form von Berichten oder messbaren Kennzahlen, können Unternehmen Standards innerhalb von Netzwerken setzen und die Glaubwürdigkeit ihrer Bemühungen stärken.[21] Dies wird ergänzt durch Anreiz- und Motivationssysteme, die Stakeholder zur aktiven Partizipation und Umsetzung von Veränderungen motivieren.[22] **Top-Down** erfolgt die Mobilisierung durch ökonomischen Erfolg und Wachstum, die schrittweise den Aufbau politischer Netzwerke unterstützten. Insbesondere die Einbindung in die Kommunalpolitik kann als strategisches Instrument genutzt werden, um institutionellen Wandel langfristig zu fördern.

---

[18] Vgl. Petzer, Wieczorek und Verbong (2020: 265 f.); van Waes et al. (2018: 1302).

[19] Vgl. Bocken, Boons und Baldassarre (2019: 1509 f.); Ceschin (2013: 85 f.).

[20] Vgl. Eilert und Nappier Cherup (2020: 466 f.); Stephan et al. (2016: 1252 f.).

[21] Vgl. Mason und Spring (2011: 1035 f.); Thompson, Herrmann und Hekkert (2015: 609).

[22] Vgl. Stephan et al. (2016: 1262 f.).

Forschungsfrage 3: Welche unternehmensexternen Stakeholder und institutionellen Faktoren sind für die Gestaltung und Umsetzung nachhaltiger GMI von zentraler Bedeutung?

Die Ergebnisse der Fallstudienanalyse zeigen, dass die Implementierung nachhaltiger institutioneller Logiken im Rahmen von GMI wesentlich durch externe Stakeholder und institutionelle Faktoren geprägt wird. Insbesondere lassen sich Kunden, Technologien, Netzwerke, die Politik und Wettbewerber als zentrale Treiber identifizieren, wobei ihre jeweilige Bedeutung je nach Kontext und Entwicklungsstadium des GM variiert.

Kunden erweisen sich als der wichtigste externe Treiber, da sie durch ihre Bedürfnisstruktur und Kaufentscheidungen die Marktchancen und den Erfolg nachhaltiger GM maßgeblich bestimmen.[23] Nachhaltigkeit wird von Kunden zunehmend als multidimensionales Konzept wahrgenommen, das sowohl ökologische, soziale als auch wirtschaftliche Aspekte umfasst. Dabei existieren verschiedene Kundensegmente, die unterschiedlich auf nachhaltige GMI reagieren. Unternehmen müssen diese Heterogenität berücksichtigen und gezielte Kommunikations- und Interaktionsstrategien entwickeln, um die unterschiedlichen Bedürfnisse zu adressieren und Kunden in die Umsetzung nachhaltiger Logiken einzubinden.

Innovative Technologien sind ein weiterer bedeutender Faktor, der insbesondere kleinen und mittleren Unternehmen ermöglicht, Skalierungsnachteile gegenüber größeren Unternehmen auszugleichen. Innovative Technologien fördern nicht nur die Effizienz der Wertschöpfung und die Flexibilität, sondern senken auch Wechselkosten und schaffen neue Möglichkeiten für die Integration von Stakeholdern. Zudem erweitern sie die Grenzen von Unternehmen, indem sie ortsunabhängige Mitarbeit und Kooperationen ermöglichen.[24] Allerdings zeigt

[23] Vgl. Geissdoerfer et al. (2023: 3824); Govindan, Diabat und Madan Shankar (2015: 188); Ruggiero et al. (2021: 9 f.).

[24] Vgl. Hannon, Foxon und Gale (2013: 1039 f.); Meijer, Schipper und Huijben (2019: 226); Souto (2015: 152 f.).

die Analyse, dass Technologien nur dann einen substanziellen Beitrag zur Implementierung nachhaltiger Logiken leisten, wenn sie einen gewissen Reifegrad und eine Massentauglichkeit erreicht haben. Reife Technologien reduzieren Risiken, fördern die Akzeptanz durch Stakeholder und unterstützen die Entwicklung von GMI.[25]

Netzwerke spielen eine entscheidende Rolle bei der Wertschöpfung und der langfristigen Entwicklung nachhaltiger GM.[26] Sie bieten Unternehmen Zugang zu Ressourcen, Wissen und Investoren, die für eine erfolgreiche Umsetzung nachhaltiger Logiken notwendig sind. Netzwerke sind insbesondere in der Zusammenarbeit mit Zulieferern von Bedeutung, da eine nachhaltige Wertschöpfung ohne entsprechende Lieferkettenstrukturen nicht realisierbar ist.[27] Darüber hinaus ermöglichen Forschungseinrichtungen die Übertragbarkeit innovativer Konzepte, während Verbände den Zugang zu Informationen erleichtern und durch Lobbyarbeit politische Rahmenbedingungen beeinflussen.[28] NGOs tragen zur Umsetzung sozialer und ökologischer Ziele bei und sind gleichzeitig Partner bei der Entwicklung nachhaltiger Lösungen. In Netzwerken etablierte Standards fördern zudem Prozess- und Produktinnovationen und unterstützen die Bewertung und Berichterstattung nachhaltiger GM.[29]

Die **Politik** kann nachhaltige GMI initiieren und ein förderliches Marktumfeld schaffen, indem sie Gesetzgebung und finanzielle Förderprogramme bereitstellt.[30] Förderungen tragen in den Fallstudien jedoch meist nur zur Abdeckung spezifischer Wertschöpfungsbereiche bei, wie etwa der Anschaffungskosten, und spielen daher eine weniger zentrale Rolle, als dies in der Literatur häufig angenommen wird.[31] Besonders nachhaltige GMI sind weniger stark von politischer Unterstützung abhängig und versuchen vielmehr, die Politik durch ihre Vorreiterrolle zu besseren Rahmenbedingungen zu bewegen, als dass sie direkt durch politische Maßnahmen beeinflusst werden. Dennoch können strenge Regulierungsvorgaben und gesetzliche Rahmenbedingungen Gelegenheiten für neue Wertschöpfung

---

[25] Vgl. Gregurec, Tomičić Furjan und Tomičić-Pupek (2021: 14 f.); Russell, Gianoli und Grafakos (2020: 14 f.); Tura et al. (2019: 95).

[26] Vgl. Porter und Kramer (2011: 16); Stål und Corvellec (2018: 636).

[27] Vgl. Jia et al. (2020: 6); Russell, Gianoli und Grafakos (2020: 12 f.).

[28] Vgl. Cainelli, Mazzanti und Montresor (2012: 22 f.); Dhir et al. (2023: 4); Neri et al. (2018: 459).

[29] Vgl. Mason und Spring (2011: 1035 f.).

[30] Vgl. Broccardo et al. (2023: 6); Hodge, Hauck und Bonn (2015: 997); Ruggiero et al. (2021: 7 f.).

[31] Vgl. Jabbour et al. (2020: 3); Masocha und Fatoki (2018: 9 f.); Rauter, Jonker und Baumgartner (2017: 149 ff.).

schaffen, während gleichzeitig veraltete oder unzureichend durchgesetzte Gesetze als Barrieren wirken können.[32]

Im Gegensatz zu anderen institutionellen Einflüssen zeigt die Analyse der Fallstudien, dass der **Wettbewerb** bei der Umsetzung von Nachhaltigkeitslogiken eine vergleichsweise untergeordnete Rolle spielt. Während er in der frühen Phase der GM-Gestaltung als Inspirationsquelle für ökonomische Aspekte dienen kann, hat er nur begrenzten Einfluss auf die ökologische und soziale Ebene der GM.[33] Erfolgreiche nachhaltige Wettbewerber und Unternehmen erweisen sich eher als Orientierungspunkt für die kulturelle und visionäre Ausrichtung der Fallstudienunternehmen und zeigen weniger direkte Einflüsse auf das eigentliche GM.[34]

Forschungsfrage 4: Wie wirkt sich das institutionelle Umfeld von Unternehmen auf die Gestaltung und Umsetzung nachhaltiger GMI aus?

Die Ergebnisse der multiplen Fallstudienanalyse zeigen, dass das institutionelle Umfeld eine wichtige Rolle bei der Umsetzung nachhaltiger institutioneller Logiken in GMI spielt. Das institutionelle Umfeld wirkt sich sowohl auf die initiale Entwicklung nachhaltiger GM als auch auf deren Weiterentwicklung positiv aus. Das institutionelle Umfeld erfüllt dabei eine Doppelfunktion: Zum einen schafft es einen Rahmen, der Unternehmen durch politische und technologische Impulse neue Möglichkeiten der Wertschöpfung bietet. Zum anderen fördert es die kontinuierliche Weiterentwicklung nachhaltiger GM durch den Dialog mit Kunden, den Wettbewerb und die Einbindung in Netzwerke.[35]

Im **Wertangebot** hat das institutionelle Umfeld einen großen Einfluss darauf, wie Unternehmen die Probleme ihrer Kunden erkennen und angehen und wie sie Beziehungen zu ihren Kunden aufbauen.[36] Kunden treten zunehmend als treibende Kraft auf, da sie nicht nur nachhaltige Lösungen einfordern, sondern auch aktiv in den Innovationsprozess eingebunden werden wollen. Unternehmen profitieren von Co-Creation-Prozessen, bei denen Kunden durch Feedback und direkte Interaktion in die Gestaltung von Produkten und Dienstleistungen

[32] Vgl. Geissdoerfer et al. (2023: 3825); Neri et al. (2018: 459); Orji (2019: 107).

[33] Vgl. McDonald und Eisenhardt (2020: 511 ff.).

[34] Vgl. Stål und Corvellec (2018: 636).

[35] Vgl. Hall et al. (2022: 2); Levänen, Lyytinen und Gatica (2018: 376 ff.); Proka, Hisschemöller und Loorbach (2018: 14).

[36] Vgl. Amit und Zott (2015: 345 ff.); Planing (2018: 80).

einbezogen werden.[37] Dies setzt jedoch voraus, dass Unternehmen effektive Kommunikations- und Feedbackkanäle schaffen, um die multidimensionalen Anforderungen der Kunden zu erfassen. Die Politik unterstützt diese Entwicklung indirekt, indem sie durch strengere Regulierung die Nachfrage nach nachhaltigen Produkten und Dienstleistungen stärkt.[38]

Auch die **Wertschöpfung und -lieferung** werden durch das institutionelle Umfeld beeinflusst, insbesondere durch die Verfügbarkeit von Ressourcen, Partnerschaften und technologischen Möglichkeiten. Netzwerke spielen hier eine entscheidende Rolle, da sie den Unternehmen Zugang zu Wissen, Ressourcen und innovativen Ansätzen ermöglichen.[39] Insbesondere die Zusammenarbeit mit Zulieferern, Forschungseinrichtungen, Verbänden und NGOs hat sich in den Fallstudien als erfolgskritisch erwiesen, um ökologische und soziale Wertschöpfungsziele zu erreichen. Diese externen Akteure tragen nicht nur zur Effizienz der Wertschöpfung bei, sondern unterstützen Unternehmen auch dabei, Nachhaltigkeitsstandards zu setzen und Innovationen voranzutreiben. Technologie erweist sich als Schlüsselfaktor, um die Effizienz und Skalierbarkeit der Wertschöpfung zu verbessern.[40] Sie erleichtert die Einbindung externer Partner, reduziert Wechselkosten und schafft neue Möglichkeiten zur Flexibilisierung und Lokalisierung von Wertschöpfungsprozessen. Auch die Politik nimmt indirekt Einfluss auf die Wertschöpfung und -bereitstellung. Staatliche Förderungen und Regulationen schaffen Möglichkeiten, die Technologisierung nachhaltiger GM finanziell zu unterstützen.[41] Allerdings beziehen sich die politischen Förderungen in den Fallstudien nur auf Teilbereiche des GM, wie z. B. die Anschaffungskosten neuer Produktionsanlagen.

Kunden spielen in der **Wertaneignung** eine zentrale Rolle, da sie durch ihre Kaufentscheidungen die wirtschaftliche Tragfähigkeit nachhaltiger GM direkt beeinflussen. Unternehmen müssen daher nicht nur ökologisch und sozial überzeugend handeln, sondern auch ökonomisch tragfähige Lösungen entwickeln, die die Bedürfnisse der Kunden befriedigen und gleichzeitig die Wettbewerbsfähigkeit sichern.[42] IKT ermöglichen neue und hybride Vertriebswege und

---

[37] Vgl. Baldassarre et al. (2017: 182 ff.); Gasbarro, Rizzi und Frey (2018: 492 ff.); Lüdeke-Freund, Gold und Bocken (2019: 47).

[38] Vgl. Arranz und Arroyabe (2023: 7 ff.); Kühl et al. (2023: 635 f.).

[39] Vgl. Engwall et al. (2021: 12 f.); Rossignoli und Lionzo (2018: 701 ff.).

[40] Vgl. Bocken et al. (2014: 48 ff.); Geissdoerfer et al. (2023: 3824); Wirtz, Schilke und Ullrich (2010: 286 f.).

[41] Vgl. Hodge, Hauck und Bonn (2015: 997); Ruggiero et al. (2021: 7 f.).

[42] Vgl. Boons und Lüdeke-Freund (2013: 13); Gregori und Holzmann (2020: 3 f.).

Möglichkeiten, um langfristige Kundenbeziehungen aufzubauen. Hier gilt es, Interaktionsmöglichkeiten sowohl im physischen als auch im digitalen Sinne zu schaffen, die im besten Fall miteinander verzahnt sind, um wiederum mögliche Wechselkosten zu reduzieren und den Kunden ein Höchstmaß an Flexibilität zu bieten.[43] Der Wettbewerb hat vor allem in der Anfangsphase der GM-Entwicklung eine inspirierende Funktion. Unternehmen orientieren sich an bestehenden kommerziellen GM und übertragen deren ökonomische Mechanismen auf die eigenen Nachhaltigkeitsziele. Schließlich kann das Netzwerk gerade im Bereich der sozialen und ökologischen Wertschöpfung von großer Bedeutung sein, indem es durch Standards Bewertungsmöglichkeiten bietet, die eigene Wertschöpfung vergleichbar zu machen. Auf Basis dieses Vergleichs können Diskrepanzen zwischen tatsächlicher und angestrebter Wertschöpfung aufgedeckt werden, die wiederum Grundlage für weitere Innovationen sein können.[44]

8.2 Angepasstes Modell zur Interaktion von nachhaltigen Geschäftsmodellinnovationen und ihrem institutionellen Umfeld

Die bisherigen Erkenntnisse aus der Diskussion der Forschungsfragen 1–4 werden im nächsten Schritt zur Beantwortung der folgenden Leitfrage herangezogen:

> Welche Wechselwirkungen zeigen sich zwischen unternehmerischen Entscheidungen zur Gestaltung und Umsetzung nachhaltiger GMI und dem institutionellen Umfeld?

Zunächst muss der theoretische Bezugsrahmen aus Abschnitt 5.2 auf Basis der Ergebnisse der Fallstudienuntersuchung angepasst werden. Um die Wechselwirkungen zwischen dem institutionellen Umfeld und den Unternehmen mit nachhaltigen GMI abzubilden, wurden die theoretischen Erkenntnisse spezifiziert und ergänzt, um das Modell detaillierter zu gestalten. Abbildung 8.1 zeigt den überarbeiteten Bezugsrahmen meiner Arbeit.

---

43 Vgl. Gregurec, Tomičić Furjan und Tomičić-Pupek (2021: 14 f.); van Waes et al. (2018: 1309).

44 Vgl. Berrone et al. (2013: 894 f.); Bossle et al. (2016: 868); Mason und Spring (2011: 1035 f.).

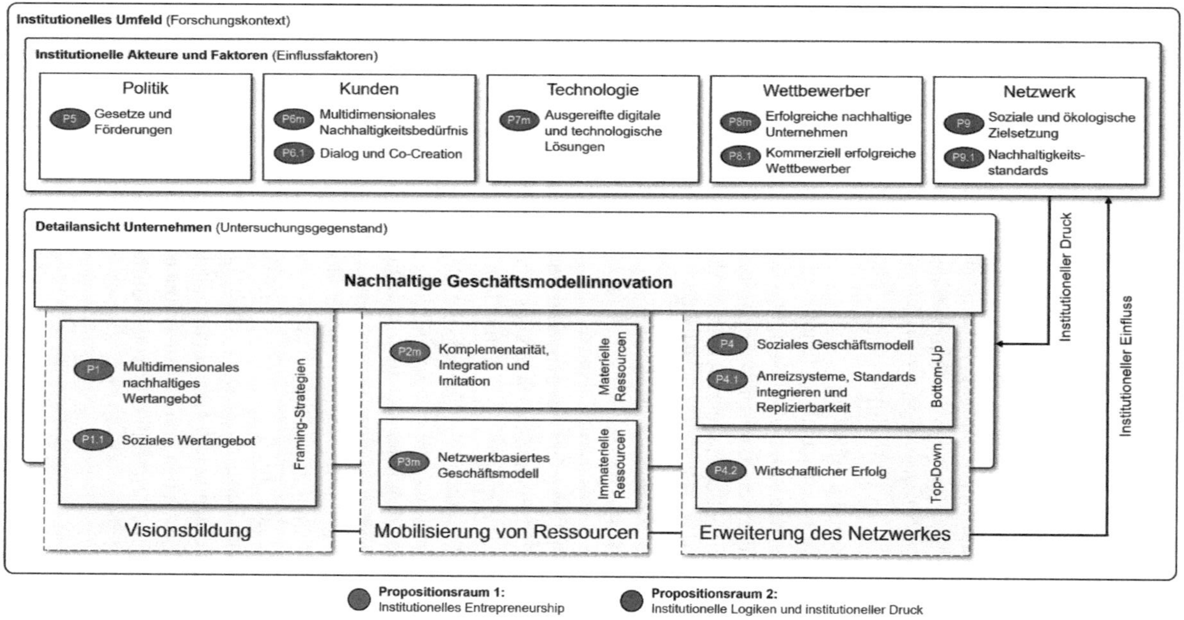

Abbildung 8.1 Angepasstes Modell zur Interaktion von nachhaltigen Geschäftsmodellinnovationen und ihrem institutionellen Umfeld[45]

45 Eigene Darstellung.

Im Mittelpunkt des Bezugsrahmens steht nach wie vor die nachhaltige GMI, die von einem Unternehmen in einem sowohl Gelegenheiten eröffnenden als auch einschränkenden institutionellen Umfeld konzipiert und umgesetzt wird. Die **Einflüsse der einzelnen Stakeholder** werden jedoch spezifischer dargestellt. Beispielsweise zeigen die Ergebnisse der Fallstudienanalyse, dass der Kunde als institutioneller Faktor Nachhaltigkeitsbedürfnisse in unterschiedlichen Dimensionen aufweist. Dabei fordern sie einen direkten Dialog mit den Unternehmen und möchten aktiv an der Wertschöpfung beteiligt werden. Anpassungen des Bezugsrahmens wurden auch bei den institutionellen Faktoren „Technologie", „Wettbewerb" und „Netzwerk" vorgenommen, deren Einflüsse nun auf die ökonomische Ebene der nachhaltigen GMI wirken und Gelegenheiten zur Verbesserung der nachhaltigen Wertschöpfung schaffen.

Die Ergebnisse der Fallstudienanalyse führen zu einem klareren Bild der **Erfolgsfaktoren und Mechanismen** nachhaltiger GMI als Auslöser institutionellen Wandels. Im mittleren bis unteren Bereich der Abbildung wird deutlich, dass die einzelnen institutionellen Entrepreneurship-Aktivitäten nun deutlich stärker auf einzelne Gestaltungsentscheidungen der nachhaltigen GMI zurückgeführt werden können. So zeigt sich z. B., dass das soziale Wertangebot ein wichtiger Faktor in den Framing-Prozessen der Visionsbildung ist. Darüber hinaus konnten gerade in der Erweiterung des Netzwerkes spezifische Eigenschaften wie z. B. die Replizierbarkeit des nachhaltigen GM oder spezifische Mechanismen wie Anreizsysteme und die Nutzung nachhaltiger Standards als wichtige Erfolgsfaktoren identifiziert werden. Ebenso konnten die Aktivitäten „Mobilisierung von Ressourcen" und „Erweiterung des Netzwerks" weiter spezifiziert werden. So zeigt sich, dass bei der Mobilisierung von Ressourcen unterschiedliche Eigenschaften nachhaltiger GMI für die Mobilisierung unterschiedlicher Ressourcen hilfreich sind. Darüber hinaus zeigen die Fallstudien in der Erweiterung des Netzwerks, dass hier eine Unterteilung in Top-Down- und Bottom-Up-Ansätze gerade im Hinblick auf die Eigenschaften nachhaltiger GM notwendig erscheint.

Insgesamt zeigt das Modell im Sinne der neo-institutionellen Literatur einen wechselseitigen **Zusammenhang** zwischen nachhaltigen GMI und dem institutionellen Umfeld von Unternehmen.[46] GM können nach Zott und Amit (2010) als miteinander verknüpfte Aktivitäten von Organisationen und Individuen betrachtet werden, die in einem gewissen Rahmen von institutionellen Faktoren beeinflusst werden.[47] Dabei können Unternehmen den Erfolg ihres Handelns als

---

[46] Vgl. Battilana (2006: 668); DiMaggio und Powell (1983: 150); Seo und Creed (2002: 239 f.); Wooten und Hoffman (2017: 69 f.).

[47] Vgl. Zott und Amit (2010: 217 ff.).

institutionelle Entrepreneure durch die in nachhaltigen GMI integrierten Eigenschaften und Mechanismen bestimmen.[48] Diese sind letztlich Teil eines **positiven Feedback-Loops**, der einerseits Akteure durch ihr institutionelles Umfeld dazu anregt, nachhaltige GM-Logiken in GMI zu übersetzen und andererseits durch die Umsetzung nachhaltiger GMI die Verbreitung nachhaltiger institutioneller Logiken auf der Makroebene fördert.

[48] Vgl. Battilana, Leca und Boxenbaum (2009: 71 f.).

Resümee 9

9.1 Ergebniszusammenfassung

In meiner Arbeit untersuche ich die **Wechselwirkungen zwischen Unternehmen mit nachhaltigen GMI und ihrem institutionellen Umfeld**. Um diese komplexe Beziehung zu verstehen, ist es notwendig, sowohl die Perspektive des Unternehmens als auch die Einflüsse des institutionellen Umfelds zu berücksichtigen. Meine Arbeit verfolgt eine handlungsorientierte Mikroperspektive, um die Entscheidungen von Unternehmern in Bezug auf ihr institutionelles Umfeld zu verstehen und die wechselseitige Beeinflussung zu beleuchten. Zunächst wird untersucht, wie Unternehmer durch die Gestaltung ihrer nachhaltigen GMI institutionellen Wandel vorantreiben können. Darauf aufbauend wird analysiert, welche unternehmerischen Aktivitäten für die Umsetzung nachhaltiger GMI strategisch bedeutsam sind, um institutionellen Wandel zu bewirken. Im Anschluss wird der Fokus auf die externe Perspektive gerichtet, um zu verstehen, welche Stakeholder und institutionellen Faktoren für die Implementierung nachhaltiger Logiken in GM relevant sind. Schließlich wird der Einfluss des institutionellen Umfelds auf die konkrete Umsetzung nachhaltiger Logiken in GMI untersucht.

Meine Arbeit beginnt mit den **theoretischen Grundlagen**. Zunächst werden die Grundlagen von (nachhaltigen) GM erarbeitet, indem ihre Definition, ihre Komponenten und Muster sowie ihre Dynamik durch GMI betrachtet werden. Dieser Schritt ist notwendig, um die Besonderheiten und Herausforderungen nachhaltiger GM zu verstehen. Die Auseinandersetzung mit der Literatur zu nachhaltigen GM zeigt, dass dieses Feld in den letzten Jahren an Bedeutung gewonnen hat. Die Forschung zu nachhaltigen GM lässt sich in verschiedene thematische Schwerpunkte, angewandte Konzepte und Perspektiven sowie branchenspezifische Betrachtungen einteilen. Es wird deutlich, dass Forschungsbedarf

F. Stokom, *Nachhaltige Geschäftsmodellinnovationen in sozio-technischen Transitionen*, https://doi.org/10.1007/978-3-658-50053-5_9

besteht, insbesondere in Bezug auf die Integration von systemischen und unternehmerischen Ebenen sowie die Untersuchung des Zusammenspiels von GM und ihrem institutionellen Umfeld. Darauf aufbauend wird das Konzept der NT in sozio-technischen Systemen eingeführt, um die Rolle der GM in einem breiteren Kontext zu verorten. Es wird die Notwendigkeit betont, die Interaktionen zwischen Unternehmen und ihrem Umfeld zu verstehen. Diese Schritte sind notwendig, um den Kontext für die Analyse der Wechselwirkungen zwischen GM und Institutionen zu schaffen.

Als **theoretischer Erklärungsansatz** wird die neo-institutionalistische Theorie eingeführt. Diese Theorie ermöglicht es, die Wechselwirkungen zwischen Organisationen und ihrer Umwelt zu beleuchten und zu verstehen, wie Institutionen das Handeln von Unternehmen beeinflussen und umgekehrt. Basierend auf den theoretischen Erkenntnissen werden Propositionen formuliert, die sich mit den Zusammenhängen zwischen nachhaltigen GMI und Aktivitäten im Sinne von institutionellem Entrepreneurship sowie mit dem Einfluss des institutionellen Umfelds befassen. Diese Propositionen dienen als Grundlage für die empirische Untersuchung.

Die **empirische Untersuchung** basiert auf einer qualitativen Fallstudienanalyse nach Yin (2018), um die komplexen Zusammenhänge zwischen Unternehmen und ihrem institutionellen Umfeld zu erfassen. Es wird ein Multiple-Case-Study-Design verwendet, um Gemeinsamkeiten und Unterschiede zwischen verschiedenen Unternehmen zu identifizieren. Die Datenerhebung basiert auf der Triangulation verschiedener Quellen, um eine umfassende und valide Datenbasis zu schaffen. Die Datenanalyse erfolgt mittels qualitativer Inhaltsanalyse. Insgesamt werden sechs Fallstudien von Unternehmen in der Lebensmittel- und Ernährungsbranche analysiert und die Ergebnisse in Einzelfallanalysen dargestellt.

Die **fallübergreifende Analyse** führt die Erkenntnisse aus den Fallstudien zusammen und adaptiert die theoretischen Propositionen. Die Ergebnisse meiner Arbeit zeigen, dass Unternehmen durch die Integration ökonomischer, ökologischer und sozialer Werte institutionellen Wandel anstoßen und als institutionelle Entrepreneure agieren können. Sie treiben institutionellen Wandel voran, indem sie Visionen formulieren, Ressourcen mobilisieren und Netzwerke erweitern. Dabei können sie den Erfolg ihrer Aktivitäten bewusst beeinflussen, indem sie ihre GM kompatibel, ganzheitlich, rentabel und replizierbar gestalten, unterschiedliche Stakeholder einbeziehen, die soziale Wertschöpfung betonen sowie Anreizsysteme und Standards setzen. Es wird zudem deutlich, dass die Interaktion mit dem institutionellen Umfeld die Umsetzung nachhaltiger GMI maßgeblich beeinflusst. Insbesondere Kundenbedürfnisse, technologischer Fortschritt und

Netzwerke sind von zentraler Bedeutung. Institutionelle Faktoren wie staatliche Regulationen und Wettbewerb wirken sich ebenfalls auf die Gestaltung von GMI aus, wobei der Wettbewerb eine untergeordnete Rolle spielt.

Basierend auf diesen Ergebnissen wird ein **angepasstes Modell** zur Interaktion von nachhaltigen GMI und ihrem institutionellen Umfeld entwickelt. Dieses Modell zeigt, wie Unternehmen im Prozess ihrer nachhaltigen GMI von ihrem institutionellen Umfeld beeinflusst werden. Der Einfluss von Kunden, Technologien, Netzwerken, politischen Rahmenbedingungen und Wettbewerbern wird im Modell spezifischer dargestellt, um den Erkenntnissen aus den Fallstudien gerecht zu werden. Das Modell zeigt außerdem, wie Unternehmen als Akteure des Wandels aktiv an der Gestaltung ihres institutionellen Umfelds teilnehmen und dabei durch ihre GMI eine wichtige Rolle einnehmen. Meine Arbeit beantwortet die Forschungsfragen umfassend und leistet einen Beitrag zum Verständnis der komplexen Wechselwirkungen zwischen nachhaltigen GMI und ihrem institutionellen Umfeld.

9.2 Implikationen für die Wissenschaft und weiterer Forschungsbedarf

Meine Arbeit leistet einen wichtigen Beitrag zur wissenschaftlichen Literatur an der Schnittstelle von nachhaltigen GM, NT und Entrepreneurship. Ein zentraler Beitrag liegt in der **systematischen Verknüpfung einer systemischen Perspektive auf NT mit einer handlungsorientierten Mikroperspektive** aus Sicht des Unternehmens. Während die bisherige Forschung häufig eine Makroebene einnimmt und Unternehmen als Teil von Transitionsprozessen betrachtet, konzentriert sich meine Arbeit auf die Entscheidungen und Aktivitäten von Unternehmern als Akteure des institutionellen Wandels.[1] Die Studie demonstriert empirisch, wie Unternehmen durch die Gestaltung ihrer nachhaltigen GMI aktiv zur Transformation sozio-technischer Systeme beitragen und institutionellen Wandel vorantreiben können. Sie adressiert damit den in der Literatur geäußerten Bedarf, die Interaktion zwischen GMI, Stakeholdern und Netzwerken empirisch zu untersuchen und den Beitrag von Unternehmen zu NT aus einer handlungsorientierten Perspektive zu beleuchten.[2]

---

[1] Vgl. Bidmon und Knab (2018: 907); Sarasini und Linder (2018: 20 ff.); Trotter und Brophy (2022: 17 ff.).

[2] Vgl. Koistinen et al. (2018: 120); Trotter und Brophy (2022: 20); van Opstal und Smeets (2023: 51); Verleye et al. (2023: 15).

Darüber hinaus leistet meine Arbeit einen Beitrag zur **theoretischen Verknüpfung der Forschung zu NT- und der GM-Literatur**, indem sie die neo-institutionalistische Theorie als Erklärungsansatz einführt. Diese Theorie ermöglicht es, die komplexen Wechselwirkungen zwischen Unternehmen und ihrer institutionellen Umwelt zu analysieren und zu verstehen, wie sich Institutionen und Organisationen gegenseitig beeinflussen.[3] Die Erkenntnisse zeigen, dass Unternehmen nicht nur durch formale Regeln und Gesetze, sondern auch durch normative und kognitive Institutionen beeinflusst werden. Die Ergebnisse meiner Arbeit unterstreichen, wie wichtig es ist, den institutionellen Kontext bei der Untersuchung von GMI zu berücksichtigen, um deren Erfolg und Auswirkungen besser zu verstehen.

Meine Arbeit leistet auch einen Beitrag zur **Weiterentwicklung der GM-Forschung**. Es wird gezeigt, dass GM nicht nur als Wertschöpfungsinstrument, sondern auch als Hebel für NT eingesetzt werden kann.[4] Die Integration ökologischer und sozialer Ziele in das GM wird als wichtiger Erfolgsfaktor identifiziert. Die in der Literatur geforderte differenziertere Analyse spezifischer Formen nachhaltiger GM wurde durch die detaillierte Untersuchung von sechs Fallstudien umgesetzt.[5]

Ein weiterer wichtiger Beitrag der Arbeit liegt in der Beantwortung der spezifischen Forschungsfragen:

- **Forschungsfrage 1**, die sich mit der Frage befasst, wie Unternehmer durch die Gestaltung ihrer nachhaltigen GMI institutionellen Wandel vorantreiben können, zeigt, dass Unternehmen, die ökonomische, ökologische und soziale Wertschöpfung integrieren, einen umfassenderen Einfluss auf ihr Umfeld nehmen können.
- **Forschungsfrage 2**, die untersucht, welche unternehmerischen Aktivitäten für die Umsetzung nachhaltiger GMI strategisch wichtig sind, identifiziert die Bedeutung klarer Visionen, der Mobilisierung von Ressourcen und Unterstützern, um NT zu initiieren.
- **Forschungsfrage 3**, die eine externe Perspektive einnimmt, um zu verstehen, welche Stakeholder und institutionellen Faktoren für die Implementierung

---

[3] Vgl. Friedland und Alford (1991: 255 f.); Fuenfschilling und Truffer (2014: 776); Seo und Creed (2002: 231).

[4] Vgl. Boons et al. (2013: 1); Boons und Lüdeke-Freund (2013: 16 f.).

[5] Vgl. Duan (2023: 28 ff.); Geissdoerfer et al. (2020: 13); Henry et al. (2021: 15); Zhang et al. (2024: 120).

von Nachhaltigkeitslogiken relevant sind, betont die Bedeutung von Kunden, Technologien, Wettbewerbern, Politik und Netzwerken.
- **Forschungsfrage 4,** die den Einfluss des institutionellen Umfelds auf die konkrete Umsetzung von Nachhaltigkeitslogiken in GMI untersucht, unterstreicht, dass das institutionelle Umfeld alle Komponenten (Wertangebot, Wertschöpfung und -lieferung sowie Wertaneignung) nachhaltiger GMI beeinflusst.

Die Ergebnisse der Arbeit verdeutlichen, dass die Wechselwirkungen zwischen Unternehmen und ihrem institutionellen Umfeld komplex und dynamisch sind. Sie zeigen, dass unternehmerisches Handeln im Kontext von NT eine aktive Gestaltung des Umfelds und der „Spielregeln" bedeutet.[6] Dabei wird die Notwendigkeit einer ganzheitlichen Perspektive auf nachhaltige GMI betont, die sowohl die Unternehmens- als auch die Systemebene berücksichtigt.[7] Die Erkenntnisse liefern wichtige **Impulse für die Entwicklung neuer Theorien und Modelle** in diesem Bereich. Meine Arbeit zeigt die Relevanz eines interdisziplinären Ansatzes, der Erkenntnisse aus der Managementforschung, der Soziologie und der Politikwissenschaft verbindet.[8]

Aufbauend auf den Erkenntnissen meiner Arbeit und den gewonnenen spezifischen Einblicken in die Mechanismen und Faktoren, die nachhaltige GMI und ihren Einfluss auf NT prägen, ergibt sich **weiterer Forschungsbedarf**. Dieser Forschungsbedarf zielt darauf ab, die gewonnenen Erkenntnisse zu vertiefen, auf andere Kontexte zu übertragen und methodisch zu erweitern:

- **Vertiefung spezifischer Mechanismen und Interaktionen:** Die Studie identifiziert verschiedene Einflussfaktoren und unternehmerische Strategien. Zukünftige Forschung könnte die **Kausalmechanismen zwischen den internen Elementen nachhaltiger GM und den externen Umweltkräften** tiefergehend untersuchen, um besser zu verstehen, wie und unter welchen Bedingungen nachhaltige GM erfolgreich sind.[9] Wie interagieren beispielsweise spezifische politische Instrumente mit unternehmerischen Visionen oder Netzwerkstrategien, um Wandel zu fördern?
- **Erforschung der Rolle unterschiedlicher Akteure**: Während meine Arbeit primär die Unternehmensperspektive einnimmt, zeigen die Ergebnisse die

[6] Vgl. Levänen, Lyytinen und Gatica (2018: 374 f.).

[7] Vgl. Koistinen et al. (2018: 122 f.); Susur und Engwall (2023: 28).

[8] Vgl. Dentchev et al. (2018: 700 f.); Ferreira et al. (2022: 808); Sinkovics et al. (2021: 8 f.).

[9] Vgl. Levänen, Lyytinen und Gatica (2018: 379); Najmaei und Sadeghinejad (2023: 980); van Bommel et al. (2020: 17).

Relevanz verschiedener Stakeholder wie Kunden, Politik und Netzwerkpartner. Zukünftige Forschung könnte die **Interaktionen dieser Akteure** und ihre jeweiligen Beiträge und Herausforderungen bei der Umsetzung von Nachhaltigkeitslogiken in GM genauer beleuchten.[10]

- **Analyse unterschiedlicher GMI-Muster und Entwicklungsstufen**: Die Studie konzentriert sich auf Unternehmen, die bereits nachhaltige GMI umgesetzt haben. Forschungsbedarf besteht bei der Untersuchung von Unternehmen, die sich in **früheren Phasen der GMI** befinden oder **hybride GM** verfolgen, bei denen nachhaltige und konventionelle Ansätze koexistieren.[11] Es ist notwendig, die statische Perspektive auf GM und sozio-technische Transitionsprozesse zu überwinden und zu untersuchen, wie Unternehmen ein Gleichgewicht zwischen der Schwächung konventioneller und der Förderung nachhaltiger GM finden können.[12]
- **Methodische Erweiterung:** Die qualitative Fallstudienmethode ermöglicht tiefe Einblicke. Zukünftige Forschung könnte die hier gewonnenen Erkenntnisse durch den **Einsatz quantitativer Methoden validieren und ergänzen**, um die Robustheit und Generalisierbarkeit zu erhöhen. Auch der Einsatz weiterer qualitativer Methoden wie teilnehmender Beobachtung könnte tiefere Einblicke ermöglichen.[13]
- **Kontextualisierung und Generalisierbarkeit:** Die Fokussierung auf den deutschen Lebensmittel- und Ernährungssektor liefert spezifische Erkenntnisse. Zukünftige Forschung sollte **länderübergreifende Vergleiche**[14] und Untersuchungen in **anderen Branchen**[15] anstreben, um die Übertragbarkeit der Ergebnisse zu prüfen und den Einfluss unterschiedlicher kultureller, politischer, infrastruktureller und branchenspezifischer Faktoren besser zu verstehen.

---

[10] Vgl. Bonfanti et al. (2023: 2504); Planing (2018: 80); Tschiedel, Feiter und Kock (2024: 21 f.).

[11] Vgl. Dentchev et al. (2018: 700 f.); Najmaei und Sadeghinejad (2023: 981).

[12] Vgl. Cao, Fang und Sun (2022: 14 f.); Schaltegger, Hansen und Lüdeke-Freund (2016: 7 f.); Vernay, Cartel und Pinkse (2022: 441).

[13] Vgl. Dentchev et al. (2018: 700 f.); van Bommel et al. (2020: 9 f.).

[14] Vgl. Dreyer et al. (2017: 99); Elmustapha und Hoppe (2020: 16); Hiteva und Sovacool (2017: 638).

[15] Vgl. Bocken und Short (2021: 12); Mihailova (2023: 11); Sarasini und Linder (2018: 26 f.); Tschiedel, Feiter und Kock (2024: 21 f.).

Diese Forschungsbedarfe bieten Wissenschaftlern vielfältige Anknüpfungspunkte, um die in meiner Arbeit gewonnenen Erkenntnisse aufzugreifen und das Verständnis für die Rolle von Unternehmen mit nachhaltigen GMI in NT weiter zu vertiefen.

9.3 Implikationen für die Praxis

Die Ergebnisse meiner Arbeit deuten darauf hin, dass **nachhaltige GMI potenziell neue Gelegenheiten** für Unternehmen eröffnen könnten, sich in einem zunehmend dynamischen Marktumfeld zu positionieren.[16] Es erscheint möglich, dass die Integration ökologischer und sozialer Ziele in GM nicht nur gesellschaftliche Effekte mit sich bringt, sondern unter bestimmten Bedingungen auch wirtschaftliche Potenziale erschließen kann. Die Ergebnisse legen nahe, dass Nachhaltigkeit in diesem Kontext nicht zwangsläufig als externe Anforderung zu betrachten ist, sondern sich möglicherweise auch als strategischer Faktor interpretieren lässt.[17]

Vorstellbar ist, dass Unternehmen, die ihre **GM ganzheitlich reflektieren** und neue Ansätze in Richtung Nachhaltigkeit erproben, über bestimmte Vorteile verfügen könnten – etwa im Hinblick auf die Ansprache veränderter Kundenbedürfnisse oder den Zugang zu neuen Marktsegmenten.[18] In den analysierten Fällen zeigte sich, dass eine stärkere Kundenorientierung und die aktive Einbindung externer Akteure möglicherweise zur Umsetzung nachhaltiger GMI beitragen können.

Darüber hinaus könnten **strategische Allianzen und Kooperationen** mit verschiedenen Akteuren – darunter Unternehmen, Forschungseinrichtungen oder zivilgesellschaftliche Organisationen – als förderlich für die Entwicklung nachhaltiger GMI interpretiert werden. In den untersuchten Fällen ließ sich beobachten, dass solche Netzwerke zur Mobilisierung von Ressourcen beitragen und dabei helfen, mögliche institutionelle Hürden leichter zu überwinden.

Ein weiterer Aspekt betrifft die **Rolle von Unternehmen im institutionellen Wandel**. Die empirischen Befunde legen nahe, dass bestimmte Unternehmen als institutionelle Entrepreneure auftreten und unter spezifischen Bedingungen

[16] Vgl. Baldassarre et al. (2017: 175); Bocken et al. (2014: 42); Lüdeke-Freund (2010: 1).

[17] Vgl. Lüdeke-Freund und Dembek (2017: 1674 ff.); Schaltegger, Lüdeke-Freund und Hansen (2012: 110 f.).

[18] Vgl. Baldassarre et al. (2017: 182 ff.); Sinkovics et al. (2021: 5).

bestehende institutionelle Logiken herausfordern können. Hierbei scheint insbesondere die Generierung von sozialer Wertschöpfung in Kombination mit gemeinschaftsorientierten Narrativen eine Rolle zu spielen, um Unterstützung für neue Praktiken zu gewinnen. Es könnte zudem hilfreich sein, Nachhaltigkeitsstrategien integrativ – also ökonomisch, ökologisch und sozial – auszurichten, um breitere Stakeholdergruppen anzusprechen.[19] In den untersuchten Fällen ließ sich beobachten, dass Unternehmen mitunter auf informellen oder indirekten Wegen Einfluss auf institutionelle Rahmenbedingungen nehmen können, etwa durch den schrittweisen Aufbau von Politiknetzwerken im Umfeld der Kommunalpolitik. Ebenso deuten die Ergebnisse darauf hin, dass sich Veränderungen im institutionellen Umfeld auch durch die Einführung neuer Anreizsysteme oder branchenspezifischer Standards andeuten könnten. Ein weiterer Aspekt, der in den Fallanalysen sichtbar wurde, betrifft die Rolle von Kompatibilität und Replizierbarkeit: Bereits bei der Gestaltung von GM scheint deren potenzielle Verbindung zu bestehenden Strukturen ein wichtiger Faktor für deren langfristige institutionelle Wirksamkeit zu sein.

In Bezug auf **politische Rahmenbedingungen** lassen die Fallstudien Hinweise darauf ableiten, dass bestehende regulatorische Maßnahmen nicht immer ausreichen, um umfassende Nachhaltigkeitsbestrebungen in Unternehmen zu initiieren. Denkbar wäre, politische Impulse stärker auf die Ermöglichung und Skalierung nachhaltiger GM auszurichten, indem Gesetze beispielsweise die Nachfrage nach nachhaltigen Lösungen erhöhen und Unternehmen zur Integration nachhaltiger Praktiken verpflichten. Dabei könnte es von Bedeutung sein, Anreize für nachhaltiges Handeln zu setzen und gleichzeitig bürokratische Hürden abzubauen.[20] Auch könnten Netzwerke und Kooperationsformen im politischen Kontext stärker in den Fokus rücken, sofern sie als Hebel für innovationsfördernde Strukturen dienen.

Letztlich bleibt offen, unter welchen Bedingungen wirtschaftlicher Erfolg mit nachhaltigen Zielsetzungen vereinbar ist und welche institutionellen Strukturen langfristig eine transformative Wirkung entfalten können. Die vorliegenden Ergebnisse liefern erste Anhaltspunkte, die in zukünftigen Forschungs- und Diskussionsprozessen weiter vertieft werden könnten.

---

[19] Vgl. Jolink und Niesten (2015: 395 f.).

[20] Vgl. Amoako et al. (2021: 11212); Martínez-Ferrero und García-Sánchez (2017: 113); Zapata Riveros et al. (2021: 25 f.).

9.4 Limitationen der Arbeit

Meine Arbeit ist durch spezifische Limitationen gekennzeichnet, die sich in methodische, kontextuelle und perspektivische Limitationen unterteilen lassen, aber gleichzeitig Anknüpfungspunkte für zukünftige Forschung bieten.

Hinsichtlich der **methodischen Limitationen** ist zunächst festzuhalten, dass die Wahl der qualitativen Fallstudienmethode tiefe und kontextbezogene Einblicke in das komplexe Phänomen der Wechselwirkung zwischen nachhaltigen GMI und ihrem institutionellen Umfeld ermöglichte. Dies ist besonders geeignet für Phänomene, deren Grenzen zum Kontext fließend sind. Ein inhärentes Merkmal dieser Methodik ist jedoch, dass sich die Ergebnisse nicht auf eine breitere Grundgesamtheit verallgemeinern lassen. Die Untersuchung basiert auf einer begrenzten Stichprobe von insgesamt sechs Fallstudien. Obwohl die Auswahl dieser Fälle gezielt erfolgte, um eine gewisse Vielfalt innerhalb des definierten Forschungsrahmens zu gewährleisten und die analytische Generalisierbarkeit im Sinne der Theorieentwicklung zu unterstützen, stellt die geringe Anzahl von Fällen eine Limitation für die Robustheit der Ergebnisse dar. Eine größere Stichprobe könnte hier zu belastbareren Erkenntnissen führen.[21]

Des Weiteren ist die Interpretation der erhobenen qualitativen Daten durch den Forschenden bis zu einem gewissen Grad subjektiv. Zwar wurde durch die Anwendung etablierter Analysetechniken, das multiple Fallstudiendesign, die Triangulation verschiedener Datenquellen sowie durch transparente Dokumentation und kritische Reflexion der eigenen Subjektivität versucht, diese zu minimieren, doch bleibt sie als Faktor bestehen.[22] Die Fokussierung auf semistrukturierte Interviews als Hauptmethode der Datenerhebung ermöglichte ein tiefes Verständnis der Perspektiven der befragten Akteure und ließ Raum für die Erfassung neuer, unerwarteter Aspekte. Allerdings wurden keine direkten Beobachtungen des unternehmerischen Handelns oder der Interaktionen zwischen den Akteuren geliefert. Andere qualitative Methoden wie die teilnehmende Beobachtung oder Fokusgruppen hätten potenziell zusätzliche Einsichten in die beobachtbaren Praktiken und kollektiven Dynamiken liefern können.[23]

Die **kontextuellen Limitationen** resultieren hauptsächlich aus dem spezifischen Untersuchungsrahmen. Meine Arbeit wurde im deutschen Kontext durchgeführt. Die Ergebnisse können daher durch die spezifischen institutionellen Rahmenbedingungen Deutschlands beeinflusst sein. Dazu zählen Gesetze,

[21] Vgl. Yin (2018: 37 ff.).

[22] Vgl. Döring (2023: 113); Eisenhardt und Graebner (2007: 27); Yin (2018: 47 f.).

[23] Vgl. Döring (2023: 322).

Normen, politische Prioritäten und insbesondere spezifische staatliche Fördermaßnahmen. Dies schränkt die direkte Übertragbarkeit der aus den Fallstudien gewonnenen Erkenntnisse auf andere Länder oder Regionen mit abweichenden kulturellen, politischen und infrastrukturellen Gegebenheiten ein. Darüber hinaus beschränkt sich die Untersuchung auf den Lebensmittel- und Ernährungssektor. Obwohl dieser Sektor eine hohe Relevanz für nachhaltige GMI aufweist, lassen sich die identifizierten Wechselwirkungen und strategischen Aktivitäten nicht ohne Weiteres auf andere Branchen übertragen, die möglicherweise andere Dynamiken, institutionelle Logiken oder Herausforderungen im Hinblick auf Nachhaltigkeit und Innovation aufweisen.

Aus **perspektivischer Sicht** liegt eine wesentliche Limitation in der Fokussierung der Untersuchung auf die Unternehmen selbst, insbesondere auf die Entscheidungsträger innerhalb dieser Organisationen. Obwohl meine Arbeit das Zusammenspiel von Unternehmen und ihrem Umfeld analysiert, wurde die Perspektive anderer wichtiger Stakeholder wie Kunden, Investoren, NGOs oder politischer Akteure nicht in gleicher Tiefe erfasst. Die komplexen Interaktionen zwischen den verschiedenen Akteuren, die für die Gestaltung und Umsetzung nachhaltiger GMI relevant sind, wurden somit nur aus der Sicht der Unternehmen beleuchtet. Eine weitere Einschränkung ist, dass die Fallstudien nur Unternehmen betrachten, die bereits erfolgreiche oder zumindest fortgeschrittene nachhaltige GMI umgesetzt haben. Die Literatur zu nachhaltigen GM zeigt jedoch eine Vielzahl von Ansätzen, die sich auch aus rein kommerziellen Modellen entwickeln oder neben bestehenden kommerziellen Aktivitäten existieren.[24] Meine Arbeit liefert daher nur begrenzte Einblicke in die Herausforderungen, die bei der Entwicklung oder Umsetzung weniger radikaler oder hybrider nachhaltiger GM auftreten, oder in die Gründe, warum Unternehmen möglicherweise nicht in der Lage sind, eine umfassende nachhaltige GMI zu realisieren.

9.5 Schlussbemerkung

Am Ende dieser intensiven und rückblickend betrachtet bereichernden Forschungsreise steht mehr als der formale Abschluss einer wissenschaftlichen Arbeit. Es ist auch ein Moment der kritischen Selbstreflexion über die grundlegenden Beweggründe, die mich zu diesem Thema geführt haben und mich

[24] Vgl. Geissdoerfer et al. (2023: 3815 f.); Geissdoerfer, Vladimirova und Evans (2018: 406 f.).

während des gesamten Prozesses begleitet haben. Dabei bildeten die drängenden globalen Herausforderungen im Bereich der Nachhaltigkeit und insbesondere die Frage, welche Rolle Unternehmen innerhalb dieser Transformationsprozesse einnehmen können, eine zentrale Motivation.

Diese Dissertation verortet sich an der Schnittstelle zwischen der Forschung zu nachhaltigen GM und der NT-Forschung. Ziel war es, die komplexen Wechselwirkungen zwischen Unternehmen, die GMI verfolgen, und ihrem institutionellen Umfeld zu analysieren. Durch die Verbindung der systemischen Makroperspektive der Transitionstheorie mit einer handlungsorientierten Mikroperspektive aus Sicht der Unternehmen und unter Nutzung der neoinstitutionalistischen Theorie als theoretischem Rahmen konnte ein differenziertes Bild davon gezeichnet werden, wie Unternehmen nicht nur auf institutionellen Druck reagieren, sondern auch selbst als Treiber institutionellen Wandels agieren.

Die Entscheidung für eine qualitative Methodik, insbesondere die multiple Fallstudie auf Basis semistrukturierter Interviews, ermöglichte es, der Komplexität des Forschungsgegenstands gerecht zu werden und tiefgreifende Einblicke in unternehmerische Praktiken und Entscheidungsprozesse zu gewinnen. Die Analyse ausgewählter Fälle aus dem deutschen Lebensmittel- und Ernährungssektor hat die Vielschichtigkeit und Kontextabhängigkeit dieser Wechselwirkungen deutlich gemacht.

Meine Arbeit versteht sich als wissenschaftlicher Beitrag zur theoretischen Weiterentwicklung und als Impulsgeber für eine breitere gesellschaftliche Debatte. Die Ergebnisse verdeutlichen die zentrale Bedeutung institutioneller Rahmenbedingungen sowie die aktive Rolle von Unternehmen in nachhaltigen Transformationsprozessen. Ein gemeinsames Verständnis und eine Koordination zwischen den verschiedenen Akteursgruppen sind dabei von entscheidender Bedeutung.

Die Auseinandersetzung mit diesem Themenfeld hat mir verdeutlicht, dass eine nachhaltige Transformation nicht allein durch technologische Innovationen oder politische Maßnahmen gelingen kann. Sie erfordert tiefgreifende Veränderungen in den Wertschöpfungslogiken und Handlungsrationalitäten wirtschaftlicher Akteure. Unternehmen, die eine GMI-Strategie verfolgen, stehen hierbei oftmals an vorderster Front, agieren als Pioniere und sehen sich vielfältigen Herausforderungen gegenüber. Meine Arbeit zeigt, dass es keine universellen Lösungen gibt, sondern dass kontextspezifische Strategien und ein tiefes Verständnis für institutionelle Dynamiken erforderlich sind.

Auch wenn die spezifischen Forschungsfragen meiner Arbeit beantwortet wurden und ein angepasstes Modell zur Beschreibung der identifizierten Wechselwirkungen entwickelt wurde, stellt dieses Ergebnis keinen Endpunkt dar.

Vielmehr bildet es den Ausgangspunkt für weiterführende Untersuchungen in einem dynamischen, interdisziplinären Forschungsfeld. Die Komplexität und Relevanz nachhaltiger GMI und ihrer institutionellen Einbettung bieten zahlreiche Anknüpfungspunkte für künftige wissenschaftliche Arbeiten.

Mit dieser Dissertation hoffe ich, einen Beitrag zum besseren Verständnis der Rolle unternehmerischen Handelns im Kontext institutionellen Wandels geleistet zu haben. Die Transformation zu einer nachhaltigeren Gesellschaft ist und bleibt eine gesamtgesellschaftliche Aufgabe, bei der die Forschung aufgefordert ist, diesen Wandel weiterhin kritisch, differenziert und konstruktiv zu begleiten. Mit großer Motivation blicke ich daher auf die zukünftigen Möglichkeiten, dieses bedeutende und hochaktuelle Themenfeld weiter zu erforschen.

Literaturverzeichnis

Abadzhiev, A., Sukhov, A., & Johnson, M. 2024. Business model innovation for reducing uncertainty in sustainability transitions: A case study of the wood construction industry. ***Creativity and Innovation Management***: 1–21.

Abdelkafi, N., Makhotin, S., & Posselt, T. 2013. Business model innovations for electric mobility—what can be learned from existing business model patterns? ***International Journal of Innovation Management***, 17(1): 1–41.

Abdelkafi, N., & Täuscher, K. 2016. Business Models for Sustainability From a System Dynamics Perspective. ***Organization & Environment***, 29(1): 74–96.

Abernathy, W. J., & Utterback, J. M. 1978. Patterns of industrial innovation. ***Technology review***, 80(7): 40–47.

Ableitner, L., Tiefenbeck, V., Meeuw, A., Wörner, A., Fleisch, E., & Wortmann, F. 2020. User behavior in a real-world peer-to-peer electricity market. ***Applied Energy***, 270(115061): 1–19.

Achtenhagen, L., Melin, L., & Naldi, L. 2013. Dynamics of Business Models – Strategizing, Critical Capabilities and Activities for Sustained Value Creation. ***Long Range Planning***, 46(6): 427–442.

Acquah, I. S. K., Essel, D., Baah, C., Agyabeng-Mensah, Y., & Afum, E. 2021. Investigating the efficacy of isomorphic pressures on the adoption of green manufacturing practices and its influence on organizational legitimacy and financial performance. ***Journal of Manufacturing Technology Management***, 32(7): 1399–1420.

Acquier, A., Daudigeos, T., & Pinkse, J. 2017. Promises and paradoxes of the sharing economy: An organizing framework. ***Technological Forecasting & Social Change***, 125: 1–10.

Adams, R., Jeanrenaud, S., Bessant, J., Denyer, D., & Overy, P. 2016. Sustainability-oriented Innovation: A Systematic Review. ***International Journal of Management Reviews***, 18(2): 180–205.

Adiloğlu-Yalçınkaya, L., & Besler, S. 2021. Institutional factors influencing business models: The case of Turkish Airlines. ***Journal of Air Transport Management***, 91(101989): 1–13.

Afuah, A., & Tucci, C. L. 2003. ***Internet business models and strategies: Text and cases*** (2. ed., internat. ed.). Boston: McGraw-Hill Higher Education.

F. Stokom, *Nachhaltige Geschäftsmodellinnovationen in sozio-technischen Transitionen*, https://doi.org/10.1007/978-3-658-50053-5

Agee, J. 2009. Developing qualitative research questions: a reflective process. ***International Journal of Qualitative Studies in Education***, 22(4): 431–447.

Al-Saleh, Y., & Mahroum, S. 2015. A critical review of the interplay between policy instruments and business models: greening the built environment a case in point. ***Journal of Cleaner Production***, 109: 260–270.

Altunay, M., Bergek, A., & Palm, A. 2021. Solar business model adoption by energy incumbents: the importance of strategic fit. ***Environmental Innovation and Societal Transitions***, 40: 501–520.

Amit, R., & Zott, C. 2001. Value creation in E-business. ***Strategic Management Journal***, 22(6–7): 493–520.

Amit, R., & Zott, C. 2012. Creating Value Through Business Model Innovation. ***MIT Sloan Management Review***, 53(3): 41–49.

Amit, R., & Zott, C. 2015. Crafting Business Architecture: the Antecedents of Business Model Design. ***Strategic Entrepreneurship Journal***, 9(4): 331–350.

Amoako, G. K., Adam, A. M., Arthur, C. L., & Tackie, G. 2021. Institutional isomorphism, environmental management accounting and environmental accountability: a review. ***Environment, Development and Sustainability***, 23(8): 11201–11216.

Amran, A., & Haniffa, R. 2011. Evidence in development of sustainability reporting: a case of a developing country. ***Business Strategy and the Environment***, 20(3): 141–156.

Amshoff, B., Dülme, C., Echterfeld, J., & Gausemeier, J. 2015. Business model patterns for disruptive technologies. ***International Journal of Innovation Management***, 19(3): 1–22.

André Queirós, Daniel Faria, & Fernando Almeida. 2017. Strengths and limitations of qualitative and quantitative research methods. ***European Journal of Education Studies***, 3(9): 369–387.

Aoki, M. 2007. Endogenizing institutions and institutional changes. ***Journal of Institutional Economics***, 3(1): 1–31.

Arenas, D., Strumińska-Kutra, M., & Landoni, P. 2020. Walking the tightrope and stirring things up: Exploring the institutional work of sustainable entrepreneurs. ***Business Strategy and the Environment***, 29(8): 3055–3071.

Arranz, C. F. A., & Arroyabe, M. F. 2023. Institutional theory and circular economy business models: The case of the European Union and the role of consumption policies. ***Journal of Environmental Management***, 340(117906): 1–12.

Aspers, P., & Corte, U. 2019. What is Qualitative in Qualitative Research. ***Qualitative Sociology***, 42(2): 139–160.

Aurich, J. C., Fuchs, C., & Wagenknecht, C. 2006. Life cycle oriented design of technical Product-Service Systems. ***Journal of Cleaner Production***, 14(17): 1480–1494.

Avelino, F., & Wittmayer, J. M. 2016. Shifting Power Relations in Sustainability Transitions: A Multi-actor Perspective. ***Journal of Environmental Policy & Planning***, 18(5): 628–649.

Babiak, K., & Trendafilova, S. 2011. CSR and environmental responsibility: motives and pressures to adopt green management practices. ***Corporate Social Responsibility and Environmental Management***, 18(1): 11–24.

Baden-Fuller, C., & Mangematin, V. 2013. Business models: A challenging agenda. ***Strategic Organization***, 11(4): 418–427.

Baden-Fuller, C., & Morgan, M. S. 2010. Business Models as Models. ***Long Range Planning***, 43(2–3): 156–171.

Baker, P., Machado, P., Santos, T., Sievert, K., Backholer, K., Hadjikakou, M., Russell, C., Huse, O., Bell, C., Scrinis, G., Worsley, A., Friel, S., & Lawrence, M. 2020. Ultra-processed foods and the nutrition transition: Global, regional and national trends, food systems transformations and political economy drivers. ***Obesity Reviews***, 21(12): 1–22.

Bakker, S., Leguijt, P., & van Lente, H. 2015. Niche accumulation and standardization – the case of electric vehicle recharging plugs. ***Journal of Cleaner Production***, 94: 155–164.

Baldassarre, B., Calabretta, G., Bocken, N., & Jaskiewicz, T. 2017. Bridging sustainable business model innovation and user-driven innovation: A process for sustainable value proposition design. ***Journal of Cleaner Production***, 147: 175–186.

Baldassarre, B., Keskin, D., Diehl, J. C., Bocken, N., & Calabretta, G. 2020. Implementing sustainable design theory in business practice: A call to action. ***Journal of Cleaner Production***, 273(123113): 1–17.

Bandi, V., Sahrakorpi, T., Paatero, J., & Lahdelma, R. 2022. The paradox of mini-grid business models: A conflict between business viability and customer affordability in rural India. ***Energy Research & Social Science***, 89(102535): 1–16.

Bansal, P., & Roth, K. 2000. Why Companies Go Green: A Model of Ecological Responsiveness. ***Academy of Management Journal***, 43(4): 717–736.

Barford, A., & Ahmad, S. R. 2023. Levers for a corporate transition to a plastics circular economy. ***Business Strategy and the Environment***, 32(4): 1203–1217.

Barley, S. R., & Tolbert, P. S. 1997. Institutionalization and Structuration: Studying the Links between Action and Institution. ***Organization Studies***, 18(1): 93–117.

Barth, H., Ulvenblad, P., Ulvenblad, P.-O., & Hoveskog, M. 2021. Unpacking sustainable business models in the Swedish agricultural sector– the challenges of technological, social and organisational innovation. ***Journal of Cleaner Production***, 304(127004): 1–10.

Barth, H., Ulvenblad, P.-O., & Ulvenblad, P. 2017. Towards a Conceptual Framework of Sustainable Business Model Innovation in the Agri-Food Sector: A Systematic Literature Review. ***Sustainability***, 9(9): 1–15.

Battilana, J. 2006. Agency and Institutions: The Enabling Role of Individuals' Social Position. ***Organization***, 13(5): 653–676.

Battilana, J., & Dorado, S. 2010. Building Sustainable Hybrid Organizations: The Case of Commercial Microfinance Organizations. ***Academy of Management Journal***, 53(6): 1419–1440.

Battilana, J., Leca, B., & Boxenbaum, E. 2009. How Actors Change Institutions: Towards a Theory of Institutional Entrepreneurship. ***Academy of Management Annals***, 3(1): 65–107.

Bauwens, T., Hekkert, M., & Kirchherr, J. 2020. Circular futures: What Will They Look Like? ***Ecological Economics***, 175(106703): 1–14.

Baxter, P., & Jack, S. 2008. Qualitative Case Study Methodology: Study Design and Implementation for Novice Researchers. ***The Qualitative Report***, 13(4): 544–559.

Beaulieu, T., Sarker, S., & Sarker, S. 2015. A Conceptual Framework for Understanding Crowdfunding. ***Communications of the Association for Information Systems***, 37: 1–31.

Beckert, J. 1999. Agency, Entrepreneurs, and Institutional Change. The Role of Strategic Choice and Institutionalized Practices in Organizations. ***Organization Studies***, 20(5): 777–799.

Beise, M., & Rennings, K. 2005. Lead markets and regulation: a framework for analyzing the international diffusion of environmental innovations. ***Ecological Economics***, 52(1): 5–17.

Benford, R. D., & Snow, D. A. 2000. Framing Processes and Social Movements: An Overview and Assessment. ***Annual Review of Sociology***, 26(1): 611–639.

Bergek, A., Berggren, C., Magnusson, T., & Hobday, M. 2013. Technological discontinuities and the challenge for incumbent firms: Destruction, disruption or creative accumulation? ***Research Policy***, 42(6–7): 1210–1224.

Bergek, A., Hekkert, M., Jacobsson, S., Markard, J., Sandén, B., & Truffer, B. 2015. Technological innovation systems in contexts: Conceptualizing contextual structures and interaction dynamics. ***Environmental Innovation and Societal Transitions***, 16: 51–64.

Bergek, A., Jacobsson, S., Carlsson, B., Lindmark, S., & Rickne, A. 2008. Analyzing the functional dynamics of technological innovation systems: A scheme of analysis. ***Research Policy***, 37(3): 407–429.

Bergek, A., Jacobsson, S., & Sandén, B. A. 2008. 'Legitimation' and 'development of positive externalities': two key processes in the formation phase of technological innovation systems. ***Technology Analysis & Strategic Management***, 20(5): 575–592.

Berger, P. L., & Luckmann, T. 1991. ***The social construction of reality: A treatise in the sociology of knowledge*** (Repr. in Penguin Books). Penguin social sciences. London: Penguin Books.

Berggren, C., Magnusson, T., & Sushandoyo, D. 2015. Transition pathways revisited: Established firms as multi-level actors in the heavy vehicle industry. ***Research Policy***, 44(5): 1017–1028.

Bergquist, A.-K., & Söderholm, K. 2011. Green Innovation Systems in Swedish Industry, 1960–1989. ***Business History Review***, 85(4): 677–698.

Berkhout, F. 2002. Technological regimes, path dependency and the environment. ***Global Environmental Change***, 12(1): 1–4.

Berrone, P., Fosfuri, A., Gelabert, L., & Gomez-Mejia, L. R. 2013. Necessity as the mother of 'green' inventions: Institutional pressures and environmental innovations. ***Strategic Management Journal***, 34(8): 891–909.

Beske, P., & Seuring, S. 2014. Putting sustainability into supply chain management. ***Supply Chain Management: An International Journal***, 19(3): 322–331.

Bidmon, C. M., & Knab, S. F. 2018. The three roles of business models in societal transitions: New linkages between business model and transition research. ***Journal of Cleaner Production***, 178: 903–916.

Biloshapka, V., & Osiyevskyy, O. 2018. Value creation mechanisms of business models. ***The International Journal of Entrepreneurship and Innovation***, 19(3): 166–176.

Biloslavo, R., Bagnoli, C., & Edgar, D. 2018. An eco-critical perspective on business models: The value triangle as an approach to closing the sustainability gap. ***Journal of Cleaner Production***, 174: 746–762.

Biloslavo, R., Bagnoli, C., Massaro, M., & Cosentino, A. 2020. Business model transformation toward sustainability: the impact of legitimation. ***Management Decision***, 58(8): 1643–1662.

Bittencourt Marconatto, D. A., Barin-Cruz, L., Pozzebon, M., & Poitras, J.-E. 2016. Developing sustainable business models within BOP contexts: mobilizing native capability to cope with government programs. ***Journal of Cleaner Production***, 129: 735–748.

Bocken, N., Boons, F., & Baldassarre, B. 2019. Sustainable business model experimentation by understanding ecologies of business models. ***Journal of Cleaner Production***, 208: 1498–1512.

Bocken, N., Morales, L. S., & Lehner, M. 2020. Sufficiency Business Strategies in the Food Industry—The Case of Oatly. ***Sustainability***, 12(3): 1–20.

Bocken, N., Short, S., Rana, P., & Evans, S. 2013. A value mapping tool for sustainable business modelling. ***Corporate Governance***, 13(5): 482–497.

Bocken, N., Short, S. W., Rana, P., & Evans, S. 2014. A literature and practice review to develop sustainable business model archetypes. ***Journal of Cleaner Production***, 65: 42–56.

Bocken, N. M., & Geradts, T. H. 2020. Barriers and drivers to sustainable business model innovation: Organization design and dynamic capabilities. ***Long Range Planning***, 53(4): 101950.

Bocken, N. M., Mugge, R., Bom, C. A., & Lemstra, H.-J. 2018. Pay-per-use business models as a driver for sustainable consumption: Evidence from the case of HOMIE. ***Journal of Cleaner Production***, 198: 498–510.

Bocken, N. M., & Short, S. W. 2021. Unsustainable business models – Recognising and resolving institutionalised social and environmental harm. ***Journal of Cleaner Production***, 312(127828): 1–14.

Bogner, A. 2014. ***Interviews mit Experten: Eine praxisorientierte Einführung.*** Springer eBook Collection. Wiesbaden: Springer VS.

Bohnsack, R., Pinkse, J., & Waelpoel, A. 2016. The institutional evolution process of the global solar industry: The role of public and private actors in creating institutional shifts. ***Environmental Innovation and Societal Transitions***, 20: 16–32.

Bolton, R., & Hannon, M. 2016. Governing sustainability transitions through business model innovation: Towards a systems understanding. ***Research Policy***, 45(9): 1731–1742.

Bonfanti, A., Mion, G., Brunetti, F., & Vargas-Sánchez, A. 2023. The contribution of manufacturing companies to the achievement of sustainable development goals: An empirical analysis of the operationalization of sustainable business models. ***Business Strategy and the Environment***, 32(4): 2490–2508.

Boons, F., & Lüdeke-Freund, F. 2013. Business models for sustainable innovation: state-of-the-art and steps towards a research agenda. ***Journal of Cleaner Production***, 45: 9–19.

Boons, F., Montalvo, C., Quist, J., & Wagner, M. 2013. Sustainable innovation, business models and economic performance: an overview. ***Journal of Cleaner Production***, 45: 1–8.

Bossle, M. B., Dutra de Barcellos, M., Vieira, L. M., & Sauvée, L. 2016. The drivers for adoption of eco-innovation. ***Journal of Cleaner Production***, 113: 861–872.

Braungart, M., McDonough, W., & Bollinger, A. 2007. Cradle-to-cradle design: creating healthy emissions – a strategy for eco-effective product and system design. ***Journal of Cleaner Production***, 15(13–14): 1337–1348.

Brehmer, M., Podoynitsyna, K., & Langerak, F. 2018. Sustainable business models as boundary-spanning systems of value transfers. ***Journal of Cleaner Production***, 172: 4514–4531.

Brenner, B. 2018. Transformative Sustainable Business Models in the Light of the Digital Imperative—A Global Business Economics Perspective. ***Sustainability***, 10(12): 1–25.

Brenner, B., & Drdla, D. 2023. Business Model Innovation toward Sustainability and Circularity—A Systematic Review of Innovation Types. ***Sustainability***, 15(15): 1–20.

Brickson, S. 2000. The Impact of Identity Orientation on Individual and Organizational Outcomes in Demographically Diverse Settings. ***Academy of Management Review***, 25(1): 82–101.

Brinker, L., & Satchwell, A. J. 2020. A comparative review of municipal energy business models in Germany, California, and Great Britain: Institutional context and forms of energy decentralization. ***Renewable and Sustainable Energy Reviews***, 119(109521): 1–12.

Broccardo, L., Vola, P., Zicari, A., & Alshibani, S. M. 2023. Contingency-based analysis of the drivers and obstacles to a successful sustainable business model: Seeking the uncaptured value. ***Technological Forecasting and Social Change***, 191(122513): 1–13.

Brown, D., Hall, S., & Davis, M. E. 2020. What is prosumerism for? Exploring the normative dimensions of decentralised energy transitions. ***Energy Research & Social Science***, 66(101475): 1–13.

Brown, P., Bocken, N., & Balkenende, R. 2019. Why Do Companies Pursue Collaborative Circular Oriented Innovation? ***Sustainability***, 11(3): 635.

Brown, T. 2008. Design thinking. ***Harvard Business Review***, 86(6): 1–10.

Bucherer, E., Eisert, U., & Gassmann, O. 2012. Towards Systematic Business Model Innovation: Lessons from Product Innovation Management. ***Creativity and Innovation Management***, 21(2): 183–198.

Budde, B., Alkemade, F., & Weber, K. M. 2012. Expectations as a key to understanding actor strategies in the field of fuel cell and hydrogen vehicles. ***Technological Forecasting and Social Change***, 79–540(6–7): 1072–1083.

Budde Christensen, T., Wells, P., & Cipcigan, L. 2012. Can innovative business models overcome resistance to electric vehicles? Better Place and battery electric cars in Denmark. ***Energy Policy***, 48: 498–505.

Buhr, K. 2012. The Inclusion of Aviation in the EU Emissions Trading Scheme: Temporal Conditions for Institutional Entrepreneurship. ***Organization Studies***, 33(11): 1565–1587.

Bundesamt für Verbraucherschutz und Lebensmittelsicherheit. 2025. Fokusmeldungen – Unverpackt-Läden: Was Verbraucher beachten sollten, from: https://www.bvl.bund.de/SharedDocs/Fokusmeldungen/01_lebensmittel/2022/2022_06_unverpackt-Laeden.html.

Bundesanstalt für Landwirtschaft und Ernährung. 2025. Fischereimanagement, from: https://www.ble.de/DE/Themen/Fischerei/Fischereimanagement/fischereimanagement_node.html.

Bundesministerium für Ernährung und Landwirtschaft. 2019. Gemeinsame Fischereipolitik der EU, from: https://www.bmel.de/DE/themen/fischerei/fischereipolitik/gemeinsame-fischereipolitik.html.

Bundesministerium für Ernährung und Landwirtschaft. 2021. Modernisierung der Fischereikontrolle, from: https://www.bmel.de/SharedDocs/Pressemitteilungen/DE/2021/111-modernisierung-fischereikontrolle.html.

Bundesministerium für Wirtschaft und Klimaschutz. 2025. Lebensmittelindustrie, from: https://www.bmwk.de/Redaktion/DE/Artikel/Branchenfokus/Industrie/branchenfokus-lebensmittelindustrie.html.

Bundestag. 2018. ***Zehntes Gesetz zur Änderung des Zweiten Buches Sozialgesetzbuch – Schaffung neuer Teilhabechancen für Langzeitarbeitslose auf dem allgemeinen und sozialen Arbeitsmarkt (Teilhabechancengesetz – 10. SGB II-ÄndG)*** 47.

Bundestag. 2021. ***Lieferkettensorgfaltspflichtengesetz vom 16. Juli 2021***.

Cai, W., & Li, G. 2018. The drivers of eco-innovation and its impact on performance: Evidence from China. ***Journal of Cleaner Production***, 176: 110–118.

Cainelli, G., Mazzanti, M., & Montresor, S. 2012. Environmental Innovations, Local Networks and Internationalization. ***Industry and Innovation***, 19(8): 697–734.

Calandra, D., Secinaro, S., Massaro, M., Dal Mas, F., & Bagnoli, C. 2023. The link between sustainable business models and Blockchain: A multiple case study approach. ***Business Strategy and the Environment***, 32(4): 1403–1417.

Cambridge Dictionary. 2025a. Omnichannel, from: https://dictionary.cambridge.org/dictionary/english/omnichannel.

Cambridge Dictionary. 2025b. White Label, from: https://dictionary.cambridge.org/dictionary/english/white-label.

Campbell, J. L. 2007. Why would corporations behave in socially responsible ways? an institutional theory of corporate social responsibility. ***Academy of Management Review***, 32(3): 946–967.

Caniëls, M. C., & Romijn, H. A. 2008. Actor networks in Strategic Niche Management: Insights from social network theory. ***Futures***, 40(7): 613–629.

Cao, H., Fang, Y., & Sun, J. 2022. A Study on the Impact of Institutional Support on the Servitization Transformation Performance of Manufacturing Firms—Based on a Dual Mediation Model of Business Model Innovation and Technological Innovation. ***Sustainability***, 14(21): 1–18.

Carolis, D. M. de, & Saparito, P. 2006. Social Capital, Cognition, and Entrepreneurial Opportunities: A Theoretical Framework. ***Entrepreneurship Theory and Practice***, 30(1): 41–56.

Casadesus-Masanell, R., & Ricart, J. E. 2010. From Strategy to Business Models and onto Tactics. ***Long Range Planning***, 43(2–3): 195–215.

Casadesus-Masanell, R., & Zhu, F. 2010. Strategies to Fight Ad-Sponsored Rivals. ***Management Science***, 56(9): 1484–1499.

Castillo-Montoya, M. 2016. Preparing for Interview Research: The Interview Protocol Refinement Framework. ***The Qualitative Report***, 21(5): 811–831.

Catulli, M., Sopjani, L., Reed, N., Tzilivakis, J., & Green, A. 2021. A socio-technical experiment with a resource efficient product service system. ***Resources, Conservation and Recycling***, 166(105364): 1–10.

Centobelli, P., Cerchione, R., Chiaroni, D., Del Vecchio, P., & Urbinati, A. 2020. Designing business models in circular economy: A systematic literature review and research agenda. ***Business Strategy and the Environment***, 29(4): 1734–1749.

Ceschin, F. 2013. Critical factors for implementing and diffusing sustainable product-Service systems: insights from innovation studies and companies' experiences. ***Journal of Cleaner Production***, 45: 74–88.

Ceschin, F., & Gaziulusoy, I. 2016. Evolution of design for sustainability: From product design to design for system innovations and transitions. ***Design Studies***, 47: 118–163.

Chaddad, F. R., & Cook, M. L. 2004. Understanding New Cooperative Models: An Ownership-Control Rights Typology. ***Review of Agricultural Economics***, 26(3): 348–360.

Chesbrough, H. 2006. Open Innovation: A New Paradigm for Understanding Industrial Innovation. In H. Chesbrough, W. Vanhaverbeke & J. West (Eds.), ***Open innovation: Researching a New Paradigm***: 1–12. Oxford: Oxford Univ. Press.

Chesbrough, H. 2007. Why Companies Should Have Open Business Models. ***MIT Sloan Management Review***, 48(2).

Chesbrough, H. 2010. Business Model Innovation: Opportunities and Barriers. ***Long Range Planning***, 43(2–3): 354–363.

Chesbrough, H., & Rosenbloom, R. S. 2002. The role of the business model in capturing value from innovation: evidence from Xerox Corporation's technology spin-off companies. ***Industrial and Corporate Change***, 11(3): 529–555.

Chesbrough, H. W., & Appleyard, M. M. 2007. Open Innovation and Strategy. ***California Management Review***, 50(1): 57–76.

Ciplet, D., & Harrison, J. L. 2020. Transition tensions: mapping conflicts in movements for a just and sustainable transition. ***Environmental Politics***, 29(3): 435–456.

Coenen, L., Raven, R., & Verbong, G. 2010. Local niche experimentation in energy transitions: A theoretical and empirical exploration of proximity advantages and disadvantages. ***Technology in Society***, 32(4): 295–302.

Cohen, B., & Kietzmann, J. 2014. Ride On! Mobility Business Models for the Sharing Economy. ***Organization & Environment***, 27(3): 279–296.

Colomy, P. 1998. Neofunctionalism and Neoinstitutionalism: Human Agency and Interest in Institutional Change. ***Sociological Forum***, 13(2): 265–300.

Colovic, A., & Schruoffeneger, M. 2021. Institutional Voids and Business Model Innovation: How Grassroots Social Businesses Advance Deprived Communities in Emerging Economies. ***Management and Organization Review***, 17(2): 314–343.

Colwell, S. R., & Joshi, A. W. 2013. Corporate Ecological Responsiveness: Antecedent Effects of Institutional Pressure and Top Management Commitment and Their Impact on Organizational Performance. ***Business Strategy and the Environment***, 22(2): 73–91.

Comberg C., Seith F., German A., & Velamuri V. K. (Eds.). 2014. ***Pivots in startups: Factors influencing business model innovation in startups***.

Comin, L. C., Aguiar, C. C., Sehnem, S., Yusliza, M.-Y., Cazella, C. F., & Julkovski, D. J. 2020. Sustainable business models: a literature review. ***Benchmarking: An International Journal***, 27(7): 2028–2047.

Creed, W. E. D., Scully, M. A., & Austin, J. R. 2002. Clothes Make the Person? The Tailoring of Legitimating Accounts and the Social Construction of Identity. ***Organization Science***, 13(5): 475–496.

Curtis, S. K. 2021. Business model patterns in the sharing economy. ***Sustainable Production and Consumption***, 27: 1650–1671.

Curtis, S. K., & Mont, O. 2020. Sharing economy business models for sustainability. ***Journal of Cleaner Production***, 266(121519): 1–15.

Dahan, N. M., Doh, J. P., Oetzel, J., & Yaziji, M. 2010. Corporate-NGO Collaboration: Co-creating New Business Models for Developing Markets. ***Long Range Planning***, 43(2–3): 326–342.

Dai, J., Cantor, D. E., & Montabon, F. L. 2015. How Environmental Management Competitive Pressure Affects a Focal Firm's Environmental Innovation Activities: A Green Supply Chain Perspective. ***Journal of Business Logistics***, 36(3): 242–259.

Daou, A., Salamoun, R., & Abdallah, C. 2024. Institutional voids and business model convergence in the recycling industry. ***Environmental Innovation and Societal Transitions***, 52(100882): 1–17.

D'Aunno, T., Sutton, R. I., & Price, R. H. 1991. Isomorphism and External Support in Conflicting Institutional Environments: A Study Of Drug Abuse Treatment Units. ***Academy of Management Journal***, 34(3): 636–661.

de Reuver, M., Bouwman, H., & MacInnes, I. 2009. Business models dynamics for start-ups and innovating e-businesses. ***International Journal of Electronic Business***, 7(3): 269–286.

Dean, T. J., & McMullen, J. S. 2007. Toward a theory of sustainable entrepreneurship: Reducing environmental degradation through entrepreneurial action. ***Journal of Business Venturing***, 22(1): 50–76.

Deephouse, D. L. 1999. To be different, or to be the same? It's a question (and theory) of strategic balance. ***Strategic Management Journal***, 20(2): 147–166.

Deephouse, D. L., Bundy, J., Tost, L. P., & Suchman, M. C. 2017. Organizational Legitimacy: Six Key Questions. In R. Greenwood, C. Oliver, R. Suddaby & K. Sahlin (Eds.), ***The SAGE Handbook of Organizational Institutionalism***: 27–54. London: SAGE Publications Ltd.

Deif, A. M. 2011. A system model for green manufacturing. ***Journal of Cleaner Production***, 19(14): 1553–1559.

Del Río González, P. 2005. Analysing the factors influencing clean technology adoption: a study of the Spanish pulp and paper industry. ***Business Strategy and the Environment***, 14(1): 20–37.

Del Río González, P. 2009. The empirical analysis of the determinants for environmental technological change: A research agenda. ***Ecological Economics***, 68(3): 861–878.

Delmas, M. A., Lyon, T. P., & Maxwell, J. W. 2019. Understanding the Role of the Corporation in Sustainability Transitions. ***Organization & Environment***, 32(2): 87–97.

Demil, B., & Lecocq, X. 2010. Business Model Evolution: In Search of Dynamic Consistency. ***Long Range Planning***, 43(2–3): 227–246.

Dentchev, N., Baumgartner, R., Dieleman, H., Jóhannsdóttir, L., Jonker, J., Nyberg, T., Rauter, R., Rosano, M., Snihur, Y., Tang, X., & van Hoof, B. 2016. Embracing the variety of sustainable business models: social entrepreneurship, corporate intrapreneurship, creativity, innovation, and other approaches to sustainability challenges. ***Journal of Cleaner Production***, 113(1): 1–4.

Dentchev, N., Rauter, R., Jóhannsdóttir, L., Snihur, Y., Rosano, M., Baumgartner, R., Nyberg, T., Tang, X., van Hoof, B., & Jonker, J. 2018. Embracing the variety of sustainable business models: A prolific field of research and a future research agenda. ***Journal of Cleaner Production***, 194: 695–703.

Denzin, N. K. 2017. ***The research act: A theoretical introduction to sociological methods***. New York, London: Routledge Taylor & Francis Group.

Derks, M., Berkers, F., & Tukker, A. 2022. Toward Accelerating Sustainability Transitions through Collaborative Sustainable Business Modeling: A Conceptual Approach. ***Sustainability***, 14(7): 3803.

Dhir, A., Khan, S. J., Islam, N., Ractham, P., & Meenakshi, N. 2023. Drivers of sustainable business model innovations. An upper echelon theory perspective. ***Technological Forecasting & Social Change***, 191(122409): 1–16.

Di Vaio, A., Palladino, R., Hassan, R., & Escobar, O. 2020. Artificial intelligence and business models in the sustainable development goals perspective: A systematic literature review. ***Journal of Business Research***, 121: 283–314.

Diaz Lopez, F. J., Bastein, T., & Tukker, A. 2019. Business Model Innovation for Resource-efficiency, Circularity and Cleaner Production: What 143 Cases Tell Us. ***Ecological Economics***, 155: 20–35.

DiMaggio, P. 1988. Interest and agency in institutional theory. In L. G. Zucker (Ed.), ***Institutional patterns and organizations: Culture and environment***: 3–22. Cambridge, Mass.: Ballinger.

DiMaggio, P. 1997. Culture and Cognition. ***Annual Review of Sociology***, 23(1): 263–287.

DiMaggio, P. J., & Powell, W. W. 1983. The Iron Cage Revisited: Institutional Isomorphism and Collective Rationality in Organizational Fields. ***American Sociological Review***, 48(2): 147–160.

DiMaggio, P. J., & Powell, W. W. 1991. Introduction. In W. W. Powell & P. J. DiMaggio (Eds.), ***The New Institutionalism in Organizational Analysis***: 1–38. Chicago: University of Chicago Press.

DiVito, L., Leitheiser, E., & Piller, C. 2023. Circular Moonshot: Understanding Shifts in Organizational Field Logics and Business Model Innovation. ***Organization & Environment***, 36(2): 349–377.

Doganova, L., & Eyquem-Renault, M. 2009. What do business models do? ***Research Policy***, 38(10): 1559–1570.

Dohrmann, S., Raith, M., & Siebold, N. 2015. Monetizing Social Value Creation – A Business Model Approach. ***Entrepreneurship Research Journal***, 5(2): 127–154.

Donner, M., & Vries, H. de. 2023. Business models for sustainable food systems: a typology based on a literature review. ***Frontiers in Sustainable Food Systems***, 7(1160097): 1–16.

Dorado, S. 2005. Institutional Entrepreneurship, Partaking, and Convening. ***Organization Studies***, 26(3): 385–414.

Döring, N. 2023. ***Forschungsmethoden und Evaluation in den Sozial- und Humanwissenschaften*** (6., vollständig überarbeitete, aktualisierte und erweiterte Auflage). Lehrbuch. Berlin, Heidelberg: Springer.

Doz, Y. 2011. Qualitative research for international business. ***Journal of International Business Studies***, 42(5): 582–590.

Doz, Y. L., & Kosonen, M. 2010. Embedding Strategic Agility: A Leadership Agenda for Accelerating Business Model Renewal. ***Long Range Planning***, 43(2–3): 370–382.

Dresing, T., & Pehl, T. 2018. ***Praxisbuch Interview, Transkription & Analyse: Anleitungen und Regelsysteme für qualitativ Forschende*** (8. Auflage). Marburg: Eigenverlag.

Dreyer, B., Lüdeke-Freund, F., Hamann, R., & Faccer, K. 2017. Upsides and downsides of the sharing economy: Collaborative consumption business models' stakeholder value impacts and their relationship to context. ***Technological Forecasting and Social Change***, 125: 87–104.

Drury, E., Miller, M., Macal, C. M., Graziano, D. J., Heimiller, D., Ozik, J., & Perry IV, T. D. 2012. The transformation of southern California's residential photovoltaics market through third-party ownership. ***Energy Policy***, 42: 681–690.

Duan, C. 2023. A State-of-the-Art Review of Sharing Economy Business Models and a Forecast of Future Research Directions for Sustainable Development: A Bibliometric Analysis Approach. ***Sustainability***, 15(5): 1–37.

Duden. 2025. Discountgeschäft, from: https://www.duden.de/rechtschreibung/Discountgeschaeft.

Durand, R., & McGuire, J. 2005. Legitimating Agencies in the Face of Selection: The Case of AACSB. ***Organization Studies***, 26(2): 165–196.

Dutton, J. E., & Dukerich, J. M. 1991. Keeping An Eye on the Mirror: Image and Identity In Organizational Adaptation. ***Academy of Management Journal***, 34(3): 517–554.

Duygan, M., Stauffacher, M., & Meylan, G. 2019. A heuristic for conceptualizing and uncovering the determinants of agency in socio-technical transitions. ***Environmental Innovation and Societal Transitions***, 33: 13–29.

Dyllick, T., & Hockerts, K. 2002. Beyond the business case for corporate sustainability. ***Business Strategy and the Environment***, 11(2): 130–141.

Ebneyamini, S., & Sadeghi Moghadam, M. R. 2018. Toward Developing a Framework for Conducting Case Study Research. ***International Journal of Qualitative Methods***, 17(1): 1–11.

Ebrahim, A., Battilana, J., & Mair, J. 2014. The governance of social enterprises: Mission drift and accountability challenges in hybrid organizations. ***Research in Organizational Behavior***, 34: 81–100.

Eco-Innovation Observatory. 2012. ***Europe in transition: Paving the way to a green economy through eco-innovation***. Brüssel.

Edmondson, A. C., & Mcmanus, S. E. 2007. Methodological fit in management field research. ***Academy of Management Review***, 32(4): 1155–1179.

Edsand, H.-E. 2019. Technological innovation system and the wider context: A framework for developing countries. ***Technology in Society***, 58(101150): 1–17.

Ehret, M., Kashyap, V., & Wirtz, J. 2013. Business models: Impact on business markets and opportunities for marketing research. ***Industrial Marketing Management***, 42(5): 649–655.

Eilert, M., & Nappier Cherup, A. 2020. The Activist Company: Examining a Company's Pursuit of Societal Change Through Corporate Activism Using an Institutional Theoretical Lens. ***Journal of Public Policy & Marketing***, 39(4): 461–476.

Eisenhardt, K. M. 1989. Building Theories from Case Study Research. ***Academy of Management Review***, 14(4): 532–550.

Eisenhardt, K. M., & Graebner, M. E. 2007. Theory Building From Cases: Opportunities And Challenges. ***Academy of Management Journal***, 50(1): 25–32.

El Bilali, H. 2019. The Multi-Level Perspective in Research on Sustainability Transitions in Agriculture and Food Systems: A Systematic Review. ***Agriculture***, 9(74): 1–24.

El Bilali, H. 2020. Transition heuristic frameworks in research on agro-food sustainability transitions. ***Environment, Development and Sustainability***, 22: 1693–1728.

Elmustapha, H., & Hoppe, T. 2020. Challenges and Opportunities of Business Models in Sustainable Transitions: Evidence from Solar Energy Niche Development in Lebanon. ***Energies***, 13(670): 1–18.

Emirbayer, M., & Mische, A. 1998. What Is Agency? ***American Journal of Sociology***, 103(4): 962–1023.

Engwall, M., Kaulio, M., Karakaya, E., Miterev, M., & Berlin, D. 2021. Experimental networks for business model innovation: A way for incumbents to navigate sustainability transitions? ***Technovation***, 108(102330): 1–17.

Erlinghagen, S., & Markard, J. 2012. Smart grids and the transformation of the electricity sector: ICT firms as potential catalysts for sectoral change. ***Energy Policy***, 51: 895–906.

Europäische Kommission. 2003. ***Empfehlung der Kommission vom 6. Mai 2003 betreffend die Definition der Kleinstunternehmen sowie der kleinen und mittleren Unternehmen.***

Europäische Kommission. 2019. COMMUNICATION FROM THE COMMISSION TO THE EUROPEAN PARLIAMENT, THE EUROPEAN COUNCIL, THE COUNCIL, THE EUROPEAN ECONOMIC AND SOCIAL COMMITTEE AND THE COMMITTEE OF THE REGIONS: The European Green Deal, from: https://eur-lex.europa.eu/legal-content/EN/TXT/?uri=COM:2019:640:FIN.

Europäische Kommission. 2020. COMMUNICATION FROM THE COMMISSION TO THE EUROPEAN PARLIAMENT, THE COUNCIL, THE EUROPEAN ECONOMIC AND SOCIAL COMMITTEE AND THE COMMITTEE OF THE REGIONS A new Circular Economy: Action Plan For a cleaner and more competitive Europe, from: https://eur-lex.europa.eu/legal-content/EN/TXT/?uri=COM:2020:98:FIN.

Europäische Kommission. 2022. Packaging waste: EU rules on packaging and packaging waste, including design and waste management., from: https://environment.ec.europa.eu/topics/waste-and-recycling/packaging-waste_en.

Europäisches Parlament. 2016. ***Verordnung (EU) 2016/679 des Europäischen Parlaments und des Rates vom 27. April 2016 zum Schutz natürlicher Personen bei der Verarbeitung personenbezogener Daten, zum freien Datenverkehr und zur Aufhebung der Richtlinie 95/46/EG: DSGVO.***

Europäisches Parlament. 2023. ***Regulation (EU) 2023/1115 on deforestation-free products.***

Europäisches Parlament. 2025. Stopping greenwashing: how the EU regulates green claims | Topics | European Parliament, from: https://www.europarl.europa.eu/topics/en/article/20240111STO16722/stopping-greenwashing-how-the-eu-regulates-green-claims.

Evans, S., Vladimirova, D., Holgado, M., van Fossen, K., Yang, M., Silva, E. A., & Barlow, C. Y. 2017. Business Model Innovation for Sustainability: Towards a Unified Perspective for Creation of Sustainable Business Models. ***Business Strategy and the Environment***, 26(5): 597–608.

FAO, IFAD, UNICEF, WFP, & WHO. 2024. ***The State of Food Security and Nutrition in the World 2024: Financing to end hunger, food insecurity and malnutrition in all its forms.*** The State of Food Security and Nutrition in the World. Rome: FAO.

Farla, J., Markard, J., Raven, R., & Coenen, L. 2012. Sustainability transitions in the making: A closer look at actors, strategies and resources. ***Technological Forecasting and Social Change***, 79(6): 991–998.

Faruque Aly, H., Mason, K., & Onyas, W. 2021. The institutional work of a social enterprise operating in a subsistence marketplace: Using the business model as a market-shaping tool. ***Journal of Consumer Affairs***, 55(1): 31–58.

Fehrer, J. A., & Wieland, H. 2021. A systemic logic for circular business models. ***Journal of Business Research***, 125: 609–620.

Fei, F., Qu, L., Wen, Z., Xue, Y., & Zhang, H. 2016. How to integrate the informal recycling system into municipal solid waste management in developing countries: Based on a China's case in Suzhou urban area. ***Resources, Conservation and Recycling***, 110: 74–86.

Fernando, Y., & Wah, W. X. 2017. The impact of eco-innovation drivers on environmental performance: Empirical results from the green technology sector in Malaysia. ***Sustainable Production and Consumption***, 12: 27–43.

Ferreira, F. N. H., Proença, J. F., Spencer, R., & Cova, B. 2013. The transition from products to solutions: External business model fit and dynamics. ***Industrial Marketing Management***, 42(7): 1093–1101.

Ferreira, J. J., Fernandes, C. I., Veiga, P. M., & Hughes, M. 2022. Prevailing theoretical approaches predicting sustainable business models: a systematic review. ***International Journal of Productivity and Performance Management***, 71(3): 790–813.

Fligstein, N. 1996. Markets as Politics: A Political-Cultural Approach to Market Institutions. ***American Sociological Review***, 61(4): 656.

Fligstein, N. 1997. Social Skill and Institutional Theory. ***American Behavioral Scientist***, 40(4): 397–405.

Fligstein, N. 2001. Institutional entrepreneurs and cultural frames: The case of the European Union's Single Market Program. ***European Societies***, 3(3): 261–287.

Fligstein, N., & McAdam, D. 2012. ***A theory offields***. Oxford, New York, Auckland: Oxford University Press.

Fobbe, L., & Hilletofth, P. 2021. The role of stakeholder interaction in sustainable business models. A systematic literature review. ***Journal of Cleaner Production***, 327(129510): 1–13.

Foss, N. J., & Saebi, T. 2017. Fifteen Years of Research on Business Model Innovation. ***Journal of Management***, 43(1): 200–227.

Foss, N. J., & Saebi, T. 2018. Business models and business model innovation: Between wicked and paradigmatic problems. ***Long Range Planning***, 51(1): 9–21.

Fowler, A. 2000. NGDOs as a moment in history: Beyond aid to social entrepreneurship or civic innovation? ***Third World Quarterly***, 21(4): 637–654.

Franceschelli, M. V., Santoro, G., & Candelo, E. 2018. Business model innovation for sustainability: a food start-up case study. ***British Food Journal***, 120(10): 2483–2494.

Frankenberger, K., Weiblen, T., Csik, M., & Oliver Gassmann. 2013. The 4I-framework of business model innovation: a structured view on process phases and challenges. ***International Journal of Product Development***, 18: 249–273.

Frantzeskaki, N., Loorbach, D., & Meadowcroft, J. 2012. Governing societal transitions to sustainability. ***International Journal of Sustainable Development***, 15(1/2): 19.

Freudenreich, B., Lüdeke-Freund, F., & Schaltegger, S. 2020. A Stakeholder Theory Perspective on Business Models: Value Creation for Sustainability. ***Journal of Business Ethics***, 166(1): 3–18.

Friedland, R. 2018. Moving Institutional Logics Forward: Emotion and Meaningful Material Practice. ***Organization Studies***, 39(4): 515–542.

Friedland, R., & Alford, R. R. 1991. Bringing Society Back In: Symbols, Practices, and Institutional Contradictions. In W. W. Powell & P. J. DiMaggio (Eds.), ***The New Institutionalism in Organizational Analysis***. Chicago: University of Chicago Press.

Fuenfschilling, L., & Truffer, B. 2014. The structuration of socio-technical regimes—Conceptual foundations from institutional theory. ***Research Policy***, 43(4): 772–791.

Fuenfschilling, L., & Truffer, B. 2016. The interplay of institutions, actors and technologies in socio-technical systems — An analysis of transformations in the Australian urban water sector. ***Technological Forecasting and Social Change***, 103: 298–312.

Galak, J., Small, D., & Stephen, A. T. 2011. Microfinance Decision Making: A Field Study of Prosocial Lending. ***Journal of Marketing Research***, 48: 130–137.

Gallo, P. J., Antolin-Lopez, R., & Montiel, I. 2018. Associative Sustainable Business Models: Cases in the bean-to-bar chocolate industry. ***Journal of Cleaner Production***, 174: 905–916.

Gambardella, A., & McGahan, A. M. 2010. Business-Model Innovation: General Purpose Technologies and their Implications for Industry Structure. ***Long Range Planning***, 43(2–3): 262–271.

Gandini, A. 2015. The rise of coworking spaces a literature review. ***EPHEMERA***, 15(1): 192–205.

Garud, R., Gehman, J., & Giuliani, A. P. 2014. Contextualizing entrepreneurial innovation: A narrative perspective. ***Research Policy***, 43(7): 1177–1188.

Garud, R., Hardy, C., & Maguire, S. 2007. Institutional Entrepreneurship as Embedded Agency: An Introduction to the Special Issue. ***Organization Studies***, 28(7): 957–969.

Garud R., & Karnøe P. (Eds.). 2001. ***Path Dependence and Creation.*** Series in Organization and Management. Hoboken: Taylor and Francis.

Garud, R., & Karnøe, P. 2003. Bricolage versus breakthrough: distributed and embedded agency in technology entrepreneurship. ***Research Policy***, 32(2): 277–300.

Gasbarro, F., Rizzi, F., & Frey, M. 2018. Sustainable institutional entrepreneurship in practice: Insights from SMEs in the clean energy sector in Tuscany (Italy). ***International Journal of Entrepreneurial Behavior & Research***, 24(2): 476–498.

Gassmann, O., Frankenberger, K., & Choudury, M. 2014. ***The Business Model Navigator: 55 Models That Will Revolutionise Your Business***. München: Pearson.

Geels, F., & Raven, R. 2006. Non-linearity and Expectations in Niche-Development Trajectories: Ups and Downs in Dutch Biogas Development (1973–2003). ***Technology Analysis & Strategic Management***, 18(3–4): 375–392.

Geels, F. W. 2002. Technological transitions as evolutionary reconfiguration processes: a multi-level perspective and a case-study. ***Research Policy***, 31(8–9): 1257–1274.

Geels, F. W. 2004. From sectoral systems of innovation to socio-technical systems. ***Research Policy***, 33(6–7): 897–920.

Geels, F. W. 2005a. Processes and patterns in transitions and system innovations: Refining the co-evolutionary multi-level perspective. ***Technological Forecasting and Social Change***, 72(6): 681–696.

Geels, F. W. 2005b. The dynamics of transitions in socio-technical systems: A multi-level analysis of the transition pathway from horse-drawn carriages to automobiles (1860–1930). ***Technology Analysis & Strategic Management***, 17(4): 445–476.

Geels, F. W. 2010. Ontologies, socio-technical transitions (to sustainability), and the multi-level perspective. ***Research Policy***, 39(4): 495–510.

Geels, F. W. 2011. The multi-level perspective on sustainability transitions: Responses to seven criticisms. ***Environmental Innovation and Societal Transitions***, 1: 24–40.

Geels, F. W. 2012. A socio-technical analysis of low-carbon transitions: introducing the multi-level perspective into transport studies. ***Journal of Transport Geography***, 24: 471–482.

Geels, F. W. 2018. Disruption and low-carbon system transformation: Progress and new challenges in socio-technical transitions research and the Multi-Level Perspective. ***Energy Research & Social Science***, 37: 224–231.

Geels, F. W. 2019. Socio-technical transitions to sustainability: a review of criticisms and elaborations of the Multi-Level Perspective. ***Current Opinion in Environmental Sustainability***, 39: 187–201.

Geels, F. W. 2020. Micro-foundations of the multi-level perspective on socio-technical transitions: Developing a multi-dimensional model of agency through crossovers between social constructivism, evolutionary economics and neo-institutional theory. ***Technological Forecasting and Social Change***, 152(119894): 1–17.

Geels, F. W., Kern, F., Fuchs, G., Hinderer, N., Kungl, G., Mylan, J., Neukirch, M., & Wassermann, S. 2016. The enactment of socio-technical transition pathways: A reformulated typology and a comparative multi-level analysis of the German and UK low-carbon electricity transitions (1990–2014). ***Research Policy***, 45(4): 896–913.

Geels, F. W., & Schot, J. 2007. Typology of sociotechnical transition pathways. ***Research Policy***, 36(3): 399–417.

Geels, F. W., Sovacool, B. K., Schwanen, T., & Sorrell, S. 2017. The Socio-Technical Dynamics of Low-Carbon Transitions. ***Joule***, 1(3): 463–479.

Geffen, C. A., & Rothenberg, S. 2000. Suppliers and environmental innovation: The automotive paint process. ***International Journal of Operations & Production Management***, 20(2): 166–186.

Geissdoerfer, M., Bocken, N. M., & Hultink, E. J. 2016. Design thinking to enhance the sustainable business modelling process – A workshop based on a value mapping process. ***Journal of Cleaner Production***, 135: 1218–1232.

Geissdoerfer, M., Morioka, S. N., Carvalho, M. M. de, & Evans, S. 2018. Business models and supply chains for the circular economy. ***Journal of Cleaner Production***, 190: 712–721.

Geissdoerfer, M., Pieroni, M. P., Pigosso, D. C., & Soufani, K. 2020. Circular business models: A review. ***Journal of Cleaner Production***, 277(123741): 1–17.

Geissdoerfer, M., Santa-Maria, T., Kirchherr, J., & Pelzeter, C. 2023. Drivers and barriers for circular business model innovation. ***Business Strategy and the Environment***, 32(6): 3814–3832.

Geissdoerfer, M., Savaget, P., Bocken, N. M., & Hultink, E. J. 2017. The Circular Economy – A new sustainability paradigm? ***Journal of Cleaner Production***, 143: 757–768.

Geissdoerfer, M., Vladimirova, D., & Evans, S. 2018. Sustainable business model innovation: A review. ***Journal of Cleaner Production***, 198: 401–416.

George, G., & Bock, A. J. 2011. The Business Model in Practice and its Implications for Entrepreneurship Research. ***Entrepreneurship Theory and Practice***, 35(1): 83–111.

Giunipero, L. C., Hooker, R. E., & Denslow, D. 2012. Purchasing and supply management sustainability: Drivers and barriers. ***Journal of Purchasing and Supply Management***, 18(4): 258–269.

Glynn, M. A. 2000. When Cymbals Become Symbols: Conflict Over Organizational Identity Within a Symphony Orchestra. ***Organization Science***, 11(3): 285–298.

Glynn, M. A., & Lounsbury, M. 2005. From the Critics' Corner: Logic Blending, Discursive Change and Authenticity in a Cultural Production System*. ***Journal of Management Studies***, 42(5): 1031–1055.

Goodrick, E., & Reay, T. 2011. Constellations of Institutional Logics. ***Work and Occupations***, 38(3): 372–416.

Gorissen, L., Vrancken, K., & Manshoven, S. 2016. Transition Thinking and Business Model Innovation–Towards a Transformative Business Model and New Role for the Reuse Centers of Limburg, Belgium. ***Sustainability***, 8(2): 1–23.

Govindan, K., Diabat, A., & Madan Shankar, K. 2015. Analyzing the drivers of green manufacturing with fuzzy approach. ***Journal of Cleaner Production***, 96: 182–193.

Govindan, K., & Hasanagic, M. 2018. A systematic review on drivers, barriers, and practices towards circular economy: a supply chain perspective. ***International Journal of Production Research***, 56(1–2): 278–311.

Goyal, S., Sergi, B. S., & Kapoor, A. 2017. Emerging role of for-profit social enterprises at the base of the pyramid: the case of Selco. ***Journal of Management Development***, 36(1): 97–108.

Greenwood, R., & Hinings, C. R. 1996. Understanding Radical Organizational Change: Bringing Together the Old and the New Institutionalism. ***Academy of Management Review***, 21(4): 1022–1054.

Greenwood, R., Hinings, C. R., & Suddaby, R. 2002. Theorizing change: The role of professional associations in the transformation of institutionalized fields. ***Academy of Management Journal***, 45(1): 58–80.

Greenwood, R., Raynard, M., Kodeih, F., Micelotta, E. R., & Lounsbury, M. 2011. Institutional Complexity and Organizational Responses. ***Academy of Management Annals***, 5(1): 317-371.

Greenwood, R., & Suddaby, R. 2006. Institutional Entrepreneurship In Mature Fields: The Big Five Accounting Firms. ***Academy of Management Journal***, 49(1): 27–48.

Gregori, Wdowiak, Schwarz, & Holzmann. 2019. Exploring Value Creation in Sustainable Entrepreneurship: Insights from the Institutional Logics Perspective and the Business Model Lens. ***Sustainability***, 11(9): 1–28.

Gregori, P., & Holzmann, P. 2020. Digital sustainable entrepreneurship: A business model perspective on embedding digital technologies for social and environmental value creation. ***Journal of Cleaner Production***, 272(122817): 1–9.

Gregurec, I., Tomičić Furjan, M., & Tomičić-Pupek, K. 2021. The Impact of COVID-19 on Sustainable Business Models in SMEs. ***Sustainability***, 13(1098): 1–24.

Grin, J., Rotmans, J., & Schot, J. 2010. ***Transitions to Sustainable Development: New Directions in the Study of Long Term Transformative Change***. New York, London: Routledge.

Grossoehme, D. H. 2014. Overview of qualitative research. ***Journal of health care chaplaincy***, 20: 109–122.

Gummesson, E. 2006. Qualitative research in management: addressing complexity, context and persona. ***Management Decision***, 44(2): 167–179.

Gupta, H., Kumar, A., & Wasan, P. 2021. Industry 4.0, cleaner production and circular economy: An integrative framework for evaluating ethical and sustainable business performance of manufacturing organizations. ***Journal of Cleaner Production***, 295(126253): 1–18.

Hall, S., & Roelich, K. 2016. Business model innovation in electricity supply markets: The role of complex value in the United Kingdom. ***Energy Policy***, 92: 286–298.

Hall, S., Workman, M., Hardy, J., Mazur, C., Anable, J., Powell, M., & Wagner, S. M. 2022. Doing business model innovation for sustainability transitions — Bringing in strategic foresight and human centred design. ***Energy Research & Social Science***, 90(102685): 1–10.

Hannon, M. J., Foxon, T. J., & Gale, W. F. 2013. The co-evolutionary relationship between Energy Service Companies and the UK energy system: Implications for a low-carbon transition. ***Energy Policy***, 61: 1031–1045.

Hardy, C., & Maguire, S. 2010. Discourse, Field-Configuring Events, and Change in Organizations and Institutional Fields: Narratives of DDT and the Stockholm Convention. ***Academy of Management Journal***, 53(6): 1365–1392.

Hardy, C., & Maguire, S. 2017. Institutional Entrepreneurship and Change in Fields. In R. Greenwood, C. Oliver, R. Suddaby & K. Sahlin (Eds.), ***The SAGE Handbook of Organizational Institutionalism***: 261–280. London: SAGE Publications Ltd.

Hargadon, A. B., & Douglas, Y. 2001. When Innovations Meet Institutions: Edison and the Design of the Electric Light. ***Administrative Science Quarterly***, 46: 476–501.

Hausdorf, M. 2024. What You Get Is What You See—The Mutual Relationships between Images of Human Nature and Business Model Innovation. ***Sustainability***, 16(1332): 1–15.

Hausdorf, M., & Timm, J.-M. 2023. Business research for sustainable development: How does sustainable business model research reflect doughnut economics? ***Business Strategy and the Environment***, 32(6): 3398–3416.

Heaton, J. 2008. Secondary Analysis of Qualitative Data: An Overview. ***Historical Social Research / Historische Sozialforschung***, 33(3): 33–45.

Hedman, J., & Kalling, T. 2003. The business model concept: theoretical underpinnings and empirical illustrations. ***European Journal of Information Systems***, 12: 49–59.

Hein, A., Schreieck, M., Riasanow, T., Setzke, D. S., Wiesche, M., Böhm, M., & Krcmar, H. 2020. Digital platform ecosystems. ***Electronic Markets***, 30: 87–98.

Hekkert, M. P., & Negro, S. O. 2009. Functions of innovation systems as a framework to understand sustainable technological change: Empirical evidence for earlier claims. ***Technological Forecasting & Social Change***, 76(4): 584–594.

Hekkert, M. P., Suurs, R., Negro, S. O., Kuhlmann, S., & Smits, R. 2007. Functions of innovation systems: A new approach for analysing technological change. ***Technological Forecasting and Social Change***, 74(4): 413–432.

Hellström, M., Tsvetkova, A., Gustafsson, M., & Wikström, K. 2015. Collaboration mechanisms for business models in distributed energy ecosystems. ***Journal of Cleaner Production***, 102: 226–236.

Henry, M., Schraven, D., Bocken, N., Frenken, K., Hekkert, M., & Kirchherr, J. 2021. The battle of the buzzwords: A comparative review of the circular economy and the sharing economy concepts. ***Environmental Innovation and Societal Transitions***, 38: 1–21.

Hermans, F., van Apeldoorn, D., Stuiver, M., & Kok, K. 2013. Niches and networks: Explaining network evolution through niche formation processes. ***Research Policy***, 42(3): 613–623.

Heugens, P. P. M. A. R., & Lander, M. W. 2009. Structure! Agency! (And Other Quarrels): A Meta-Analysis Of Institutional Theories Of Organization. ***Academy of Management Journal***, 52(1): 61–85.

Heyes, G., Sharmina, M., Mendoza, J. M. F., Gallego-Schmid, A., & Azapagic, A. 2018. Developing and implementing circular economy business models in service-oriented technology companies. ***Journal of Cleaner Production***, 177: 621–632.

Heylighen, F. 2017. Towards an intelligent network for matching offer and demand: From the sharing economy to the global brain. ***Technological Forecasting & Social Change***, 114: 74–85.

Hiebl, M. R. 2018. Management accounting as a political resource for enabling embedded agency. ***Management Accounting Research***, 38: 22–38.

Hillman, J., Axon, S., & Morrissey, J. 2018. Social enterprise as a potential niche innovation breakout for low carbon transition. ***Energy Policy***, 117: 445–456.

Hirsch, P. M., & Lounsbury, M. 1997. Putting the Organization Back into Organization Theory. ***Journal of Management Inquiry***, 6(1): 79–88.

Hiteva, R., & Foxon, T. J. 2021. Beware the value gap: Creating value for users and for the system through innovation in digital energy services business models. ***Technological Forecasting and Social Change***, 166(120525): 1–14.

Hiteva, R., & Sovacool, B. 2017. Harnessing social innovation for energy justice: A business model perspective. ***Energy Policy***, 107: 631–639.

Hockerts, K., & Wüstenhagen, R. 2010. Greening Goliaths versus emerging Davids – Theorizing about the role of incumbents and new entrants in sustainable entrepreneurship. ***Journal of Business Venturing***, 25(5): 481–492.

Hodge, I., Hauck, J., & Bonn, A. 2015. The alignment of agricultural and nature conservation policies in the European Union. ***Conservation Biology***, 29(4): 996–1005.

Hoffman, A. J., Badiane, K. K., & Haigh, N. 2012. Hybrid Organizations as Agents of Positive Social Change: Bridging the For-Profit and Non-Profit Divide. In K. Golden-Biddle & J. E. Dutton (Eds.), ***Using a Positive Lens to Explore Social Change and Organizations: Building a Theoretical and Research Foundation***: 152–174. Routledge.

Hofmann, F. 2019. Circular business models: Business approach as driver or obstructer of sustainability transitions? ***Journal of Cleaner Production***, 224: 361–374.

Hojnik, J., & Ruzzier, M. 2016. What drives eco-innovation? A review of an emerging literature. ***Environmental Innovation and Societal Transitions***, 19: 31–41.

Holm, P. 1995. The Dynamics of Institutionalization: Transformation Processes in Norwegian Fisheries. ***Administrative Science Quarterly***, 40(3): 398–422.

Hoogstraaten, M. J., Frenken, K., & Boon, W. P. 2020. The study of institutional entrepreneurship and its implications for transition studies. ***Environmental Innovation and Societal Transitions***, 36: 114–136.

Horak, S., Arya, B., & Ismail, K. M. 2018. Organizational Sustainability Determinants in Different Cultural Settings: A Conceptual Framework. ***Business Strategy and the Environment***, 27(4): 528–546.

Horbach, J. 2008. Determinants of environmental innovation—New evidence from German panel data sources. ***Research Policy***, 37(1): 163–173.

Hörisch, J. 2015. The Role of Sustainable Entrepreneurship in Sustainability Transitions: A Conceptual Synthesis against the Background of the Multi-Level Perspective. ***Administrative Sciences***, 5(4): 286–300.

Hu, Q., & Huang, C. D. 2006. The rise and fall of the competitive local exchange carriers in the U.S.: An institutional perspective. ***Information Systems Frontiers***, 8(3): 225–239.

Huang, L., Wang, C., Chin, T., Huang, J., & Cheng, X. 2022. Technological knowledge coupling and green innovation in manufacturing firms: Moderating roles of mimetic pressure and environmental identity. ***International Journal of Production Economics***, 248(108482): 1–16.

Huijben, J., & Verbong, G. 2013. Breakthrough without subsidies? PV business model experiments in the Netherlands. ***Energy Policy***, 56: 362–370.

Huijben, J., Verbong, G., & Podoynitsyna, K. S. 2016. Mainstreaming solar: Stretching the regulatory regime through business model innovation. ***Environmental Innovation and Societal Transitions***, 20: 1–15.

Hung, S.-C., & Whittington, R. 2011. Agency in national innovation systems: Institutional entrepreneurship and the professionalization of Taiwanese IT. ***Research Policy***, 40(4): 526–538.

Huo, B., Han, Z., Zhao, X., Zhou, H., Wood, C. H., & Zhai, X. 2013. The impact of institutional pressures on supplier integration and financial performance: Evidence from China. ***International Journal of Production Economics***, 146(1): 82–94.

IPCC. 2019. Climate Change and Land: An IPCC Special Report on climate change, desertification, land degradation, sustainable land management, food security, and greenhouse gas fluxes in terrestrial ecosystems, from: https://www.ipcc.ch/srccl/.

IPCC. 2021. Summary for Policymakers. In IPCC (Ed.), ***Climate Change 2021: The Physical Science Basis. Contribution of Working Group I to the Sixth Assessment Report of the Intergovernmental Panel on Climate Change***. Cambridge, UK: Cambridge University Press.

IPCC. 2023. Summary for Policymakers. In IPCC (Ed.), ***Climate Change 2023: Synthesis Report: Contribution of Working Groups I, II and III to the Sixth Assessment Report of the Intergovernmental Panel on Climate Change***: 1–34. Geneva, Switzerland.

Isaksson, O., Larsson, T. C., & Rönnbäck, A. Ö. 2009. Development of product-service systems: challenges and opportunities for the manufacturing firm. ***Journal of Engineering Design***, 20(4): 329–348.

Jabbour, C. J. C., Seuring, S., Sousa Jabbour, A. B. L. de, Jugend, D., Fiorini, P. D. C., Latan, H., & Izeppi, W. C. 2020. Stakeholders, innovative business models for the circular economy and sustainable performance of firms in an emerging economy facing institutional voids. ***Journal of Environmental Management***, 264(110416): 1–12.

Jacobsson, S., & Bergek, A. 2011. Innovation system analyses and sustainability transitions: Contributions and suggestions for research. ***Environmental Innovation and Societal Transitions***, 1(1): 41–57.

Jagdale, Y. D., Mahale, S. V., Zohra, B., Nayik, G. A., Dar, A. H., Khan, K. A., Abdi, G., & Karabagias, I. K. 2021. Nutritional Profile and Potential Health Benefits of Super Foods: A Review. ***Sustainability***, 13(9240): 1–30.

Jay, J. 2013. Navigating Paradox as a Mechanism of Change and Innovation in Hybrid Organizations. ***Academy of Management Journal***, 56(1): 137–159.

Jepperson, R. 1991. Institutions, institutional effects, and institutionalism. In W. W. Powell & P. J. DiMaggio (Eds.), ***The New Institutionalism in Organizational Analysis***: 143–163. Chicago: University of Chicago Press.

Jia, F., Yin, S., Chen, L., & Chen, X. 2020. The circular economy in the textile and apparel industry: A systematic literature review. ***Journal of Cleaner Production***, 259(120728): 1–20.

Jin, J., & McKelvey, M. 2019. Building a sectoral innovation system for new energy vehicles in Hangzhou, China: Insights from evolutionary economics and strategic niche management. ***Journal of Cleaner Production***, 224: 1–9.

Johnson, M. W., & Suskewicz, J. 2009. How to Jump-Start the Clean-Tech Economy. ***Harvard Business Review***, 87(11).

Johnson, R. B., & Onwuegbuzie, A. J. 2004. Mixed Methods Research: A Research Paradigm Whose Time Has Come. ***Educational Researcher***, 33(7): 14–26.

Jolink, A., & Niesten, E. 2015. Sustainable Development and Business Models of Entrepreneurs in the Organic Food Industry. ***Business Strategy and the Environment***, 24(6): 386–401.

Jolly, S., Raven, R., & Romijn, H. 2012. Upscaling of business model experiments in off-grid PV solar energy in India. ***Sustainability Science***, 7(2): 199–212.

Jorge, D., & Correia, G. 2013. Carsharing systems demand estimation and defined operations: a literature review. ***European Journal of Transport and Infrastructure Research***, 13(3): 201–220.

Joyce, A., & Paquin, R. L. 2016. The triple layered business model canvas: A tool to design more sustainable business models. ***Journal of Cleaner Production***, 135: 1474–1486.

Joyner Armstrong, C. M., & Park, H. 2017. Sustainability and collaborative apparel consumption: putting the digital 'sharing' economy under the microscope. ***International Journal of Fashion Design, Technology and Education***, 10(3): 276–286.

Kallio, L., Heiskanen, E., Apajalahti, E.-L., & Matschoss, K. 2020. Farm power: How a new business model impacts the energy transition in Finland. ***Energy Research & Social Science***, 65(101484): 1–8.

Karltorp, K., & Sandén, B. A. 2012. Explaining regime destabilisation in the pulp and paper industry. ***Environmental Innovation and Societal Transitions***, 2: 66–81.

Keiningham, T., Aksoy, L., Bruce, H. L., Cadet, F., Clennell, N., Hodgkinson, I. R., & Kearney, T. 2020. Customer experience driven business model innovation. ***Journal of Business Research***, 116: 431–440.

Kelman, H. C. 2006. Interests, relationships, identities: three central issues for individuals and groups in negotiating their social environment. ***Annual Review of Psychology***, 57: 1–26.

Kemp, R. 1994. Technology and the transition to environmental sustainability. ***Futures***, 26(10): 1023–1046.

Kemp, R., Loorbach, D., & Rotmans, J. 2007. Transition management as a model for managing processes of co-evolution towards sustainable development. ***International Journal of Sustainable Development & World Ecology***, 14(1): 78–91.

Kemp, R., Schot, J., & Hoogma, R. 1998. Regime shifts to sustainability through processes of niche formation: The approach of strategic niche management. ***Technology Analysis & Strategic Management***, 10(2): 175–198.

Kern, F., & Smith, A. 2008. Restructuring energy systems for sustainability? Energy transition policy in the Netherlands. ***Energy Policy***, 36(11): 4093–4103.

Khavul, S. 2010. Microfinance: Creating Opportunities for the Poor? ***Academy of Management Perspectives***, 24(3): 58–72.

Kirchherr, J., Piscicelli, L., Bour, R., Kostense-Smit, E., Muller, J., Huibrechtse-Truijens, A., & Hekkert, M. 2018. Barriers to the Circular Economy: Evidence From the European Union (EU). ***Ecological Economics***, 150: 264–272.

Kitto, S. C., Chesters, J., & Grbich, C. 2008. Quality in qualitative research. ***Medical Journal of Australia***, 188(4): 243–246.

Klein Woolthuis, R., Lankhuizen, M., & Gilsing, V. 2005. A system failure framework for innovation policy design. ***Technovation***, 25(6): 609–619.

Kluza, K., Ziolo, M., & Spoz, A. 2021. Innovation and environmental, social, and governance factors influencing sustainable business models – Meta-analysis. ***Journal of Cleaner Production***, 303(127015): 1–14.

Koberg, E., & Longoni, A. 2019. A systematic review of sustainable supply chain management in global supply chains. ***Journal of Cleaner Production***, 207: 1084–1098.

Koen Frenken, & Juliet Schor. 2019. Putting the sharing economy into perspective. In O. Mont & E. E. Publishing (Eds.), ***A Research Agenda for Sustainable Consumption Governance***: 121–135. Edward Elgar Publishing.

Köhler, J., Geels, F. W., Kern, F., Markard, J., Onsongo, E., Wieczorek, A., Alkemade, F., Avelino, F., Bergek, A., Boons, F., Fünfschilling, L., Hess, D., Holtz, G., Hyysalo, S., Jenkins, K., Kivimaa, P., Martiskainen, M., McMeekin, A., Mühlemeier, M. S., Nykvist, B., Pel, B., Raven, R., Rohracher, H., Sandén, B., Schot, J., Sovacool, B., Turnheim, B., Welch, D., & Wells, P. 2019. An agenda for sustainability transitions research: State of the art and future directions. ***Environmental Innovation and Societal Transitions***, 31: 1–32.

Koistinen, K., Laukkanen, M., Mikkilä, M., Huiskonen, J., & Linnanen, L. 2018. Sustainable System Value Creation: Development of Preliminary Frameworks for a Business Model Change Within a Systemic Transition Process. In L. Moratis, F. Melissen & S. O. Idowu (Eds.), ***Sustainable business models: Principles, promise, and practice***: 105–127. Cham: Springer.

Kuckartz, U. 2018. ***Qualitative Inhaltsanalyse. Methoden, Praxis, Computerunterstützung*** (4., überarbeitete Aufl.). Grundlagentexte Methoden. Weinheim: Beltz.

Kuckartz, U., & Rädiker, S. 2022. ***Qualitative Inhaltsanalyse. Methoden, Praxis, Computerunterstützung: Grundlagentexte Methoden*** (5. Auflage). Grundlagentexte Methoden. Weinheim, Basel: Beltz Juventa.

Kuckartz, U., & Rädiker, S. 2024. ***Fokussierte Interviewanalyse mit MAXQDA: Schritt für Schritt*** (2. Auflage). Lehrbuch. Wiesbaden: Springer VS.

Kühl, C., Skipworth, H. D., Bourlakis, M., & Aktas, E. 2023. The circularity of product-service systems: the role of macro-, meso- and micro-level contextual factors. ***International Journal of Operations & Production Management***, 43(4): 619–650.

Kurek, J., Brandli, L. L., Leite Frandoloso, M. A., Lange Salvia, A., & Mazutti, J. 2023. Sustainable Business Models Innovation and Design Thinking: A Bibliometric Analysis and Systematic Review of Literature. ***Sustainability***, 15(2): 988.

Kurucz, E. C., Colbert, B. A., Lüdeke-Freund, F., Upward, A., & Willard, B. 2017. Relational leadership for strategic sustainability: practices and capabilities to advance the design and assessment of sustainable business models. ***Journal of Cleaner Production***, 140: 189–204.

Laasch, O. 2018. Beyond the purely commercial business model: Organizational value logics and the heterogeneity of sustainability business models. ***Long Range Planning***, 51(1): 158–183.

Laasch, O., & Pinkse, J. 2020. Explaining the leopards' spots: Responsibility-embedding in business model artefacts across spaces of institutional complexity. ***Long Range Planning***, 53(4): 1–24.

Lachman, D. A. 2013. A survey and review of approaches to study transitions. ***Energy Policy***, 58: 269–276.

Lambert, S. C., & Davidson, R. A. 2013. Applications of the business model in studies of enterprise success, innovation and classification: An analysis of empirical research from 1996 to 2010. ***European Management Journal***, 31(6): 668–681.

Lang, D. J., Wiek, A., Bergmann, M., Stauffacher, M., Martens, P., Moll, P., Swilling, M., & Thomas, C. J. 2012. Transdisciplinary research in sustainability science: practice, principles, and challenges. ***Sustainability Science***, 7(1): 25–43.

Laukkanen, M., & Patala, S. 2014. Analysing barriers to sustainable business model innovations: Innovation systems approach. ***International Journal of Innovation Management***, 18(1440010): 1–21.

Laukkanen, M., & Tura, N. 2020. The potential of sharing economy business models for sustainable value creation. ***Journal of Cleaner Production***, 253(120004): 1–9.

Lawrence, T. B., Hardy, C., & Phillips, N. 2002. Institutional Effects of Interorganizational Collaboration: The Emergence of Proto-Institutions. ***Academy of Management Journal***, 45(1): 281–290.

Lazarevic, D., Kivimaa, P., Lukkarinen, J., & Kangas, H.-L. 2019. Understanding integrated-solution innovations in sustainability transitions: Reconfigurative building-energy services in Finland. ***Energy Research & Social Science***, 56(101209): 1–11.

LBBW Research. 2022. ***Corporates Blickpunkt: LBBW Corporates Vier-Phasen-Umweltmodell***. Unternehmen auf dem Weg in die Klimaneutralität.

Leech, B. L. 2002. Asking Questions: Techniques for Semistructured Interviews. ***Political Science & Politics***, 35(4): 665–668.

Leipold, S., & Petit-Boix, A. 2018. The circular economy and the bio-based sector – Perspectives of European and German stakeholders. ***Journal of Cleaner Production***, 201: 1125–1137.

Leisen, R., Steffen, B., & Weber, C. 2019. Regulatory risk and the resilience of new sustainable business models in the energy sector. ***Journal of Cleaner Production***, 219: 865–878.

Levänen, J., Lyytinen, T., & Gatica, S. 2018. Modelling the Interplay Between Institutions and Circular Economy Business Models: A Case Study of Battery Recycling in Finland and Chile. ***Ecological Economics***, 154: 373–382.

Levy, J. S. 2008. Case Studies: Types, Designs, and Logics of Inference. ***Conflict Management and Peace Science***, 25(1): 1–18.

Lewandowski, M. 2016. Designing the Business Models for Circular Economy—Towards the Conceptual Framework. ***Sustainability***, 8(1): 43.

Liang, Saraf, Hu, & Xue. 2007. Assimilation of Enterprise Systems: The Effect of Institutional Pressures and the Mediating Role of Top Management. ***MIS Quarterly***, 31(1): 59.

Liedtke, C., Baedeker, C., Hasselkuß, M., Rohn, H., & Grinewitschus, V. 2015. User-integrated innovation in Sustainable LivingLabs: an experimental infrastructure for researching and developing sustainable product service systems. ***Journal of Cleaner Production***, 97: 106–116.

Lincoln, Y. S., & Guba, E. G. 1985. ***Naturalistic inquiry***. Newbury Park, Calif.: SAGE.

Lindgart, Z., Reeves, M., Stalk, G., & Deimler, M. S. 2009. ***Business Model Innovation: When the Game Gets Tough, Change the Game***. Boston, MA: Boston Consulting Group Report.

Lindgreen, A., & Wynstra, F. 2005. Value in business markets: What do we know? Where are we going? ***Industrial Marketing Management***, 34(7): 732–748.

Long, T. B., Looijen, A., & Blok, V. 2018. Critical success factors for the transition to business models for sustainability in the food and beverage industry in the Netherlands. ***Journal of Cleaner Production***, 175: 82–95.

Loock, M. 2020. Unlocking the value of digitalization for the European energy transition: A typology of innovative business models. ***Energy Research & Social Science***, 69(101740): 1–9.

Loorbach, D. 2010. Transition Management for Sustainable Development: A Prescriptive, Complexity-Based Governance Framework. ***Governance***, 23(1): 161–183.

Loorbach, D., Frantzeskaki, N., & Avelino, F. 2017. Sustainability Transitions Research: Transforming Science and Practice for Societal Change. ***Annual Review of Environment and Resources***, 42(1): 599–626.

Loorbach, D., & Rotmans, J. 2006. Managing Transitions for Sustainable Development. In X. Olsthoorn & A. J. Wieczorek (Eds.), ***Understanding industrial transformation: Views from different disciplines***: 187–206. Dordrecht: Springer.

Loorbach, D., & Wijsman, K. 2013. Business transition management: exploring a new role for business in sustainability transitions. ***Journal of Cleaner Production***, 45: 20–28.

Loorbach, D. A. 2007. ***Transition management: New mode of governance for sustainable development***. Utrecht: International Books.

Lopes, C., Scavarda, A., Vaccaro, G., Pohlmann, C., & Korzenowski, A. 2019. Perspective of Business Models and Innovation for Sustainability Transition in Hospitals. ***Sustainability***, 11(5): 1–19.

Lorek, S., & Spangenberg, J. H. 2014. Sustainable consumption within a sustainable economy – beyond green growth and green economies. ***Journal of Cleaner Production***, 63: 33–44.

Lounsbury, M. 2007. A Tale of Two Cities: Competing Logics and Practice Variation in the Professionalizing of Mutual Funds. ***Academy of Management Journal***, 50(2): 289–307.

Lounsbury, M., & Ventresca, M. 2003. The New Structuralism in Organizational Theory. ***Organization***, 10(3): 457–480.

Lounsbury, M., Ventresca, M., & Hirsch, P. M. 2003. Social movements, field frames and industry emergence: a cultural-political perspective on US recycling. ***Socio-Economic Review***, 1(1): 71–104.

Lozano, R. 2015. A Holistic Perspective on Corporate Sustainability Drivers. ***Corporate Social Responsibility and Environmental Management***, 22(1): 32–44.

Lozano, R. 2018. Sustainable business models: Providing a more holistic perspective. ***Business Strategy and the Environment***, 27(8): 1159–1166.

Lüdeke-Freund, F. 2010. Towards a Conceptual Framework of Business Models for Sustainability. ***Knowledge Collaboration & Learning for Sustainable Innovation ERSCP-EMSU Conference***. 25–29 October: 1–28. Delft, The Netherlands.

Lüdeke-Freund, F., Carroux, S., Joyce, A., Massa, L., & Breuer, H. 2018. The sustainable business model pattern taxonomy—45 patterns to support sustainability-oriented business model innovation. ***Sustainable Production and Consumption***, 15: 145–162.

Lüdeke-Freund, F., & Dembek, K. 2017. Sustainable business model research and practice: Emerging field or passing fancy? ***Journal of Cleaner Production***, 168: 1668–1678.

Lüdeke-Freund, F. 2020. Sustainable entrepreneurship, innovation, and business models: Integrative framework and propositions for future research. ***Business Strategy and the Environment***, 29(2): 665–681.

Lüdeke-Freund, F., Gold, S., & Bocken, N. M. P. 2019. A Review and Typology of Circular Economy Business Model Patterns. ***Journal of Industrial Ecology***, 23(1): 36–61.

Lui, A. K., Lo, C. K., Ngai, E. W., & Yeung, A. C. 2021. Forced to be green? The performance impact of energy-efficient systems under institutional pressures. ***International Journal of Production Economics***, 239(108213): 1–14.

Madsen, S., Miörner, J., & Hansen, T. 2022. Axes of contestation in sustainability transitions. ***Environmental Innovation and Societal Transitions***, 45: 246–269.

Magnusson, T., & Werner, V. 2023. Conceptualisations of incumbent firms in sustainability transitions: Insights from organisation theory and a systematic literature review. ***Business Strategy and the Environment***, 32(2): 903–919.

Magretta, J. 2002. Why Business Models Matter. ***Harvard Business Review***, 80: 86–92.

Maguire, S., Hardy, C., & Lawrence, T. B. 2004. Institutional Entrepreneurship in Emerging Fields: HIV/AIDS Treatment Advocacy in Canada. ***Academy of Management Journal***, 47(5): 657–679.

Mair, J., & Marti, I. 2009. Entrepreneurship in and around institutional voids: A case study from Bangladesh. ***Journal of Business Venturing***, 24(5): 419–435.

Mair, J., Mayer, J., & Lutz, E. 2015. Navigating Institutional Plurality: Organizational Governance in Hybrid Organizations. ***Organization Studies***, 36(6): 713–739.

Marano, V., Tallman, S., & Teegen, H. J. 2020. The liability of disruption. ***Global Strategy Journal***, 10(1): 174–209.

Marchi, V. de. 2012. Environmental innovation and R&D cooperation: Empirical evidence from Spanish manufacturing firms. ***Research Policy***, 41(3): 614–623.

Marczewska, M., & Kostrzewski, M. 2020. Sustainable Business Models: A Bibliometric Performance Analysis. ***Energies***, 13(22): 1–30.

Markard, J. 2018. The next phase of the energy transition and its implications for research and policy. ***Nature Energy***, 3(8): 628–633.

Markard, J., Geels, F. W., & Raven, R. 2020. Challenges in the acceleration of sustainability transitions. ***Environmental Research Letters***, 15(081001): 1–6.

Markard, J., Hekkert, M., & Jacobsson, S. 2015. The technological innovation systems framework: Response to six criticisms. ***Environmental Innovation and Societal Transitions***, 16: 76–86.

Markard, J., Raven, R., & Truffer, B. 2012. Sustainability transitions: An emerging field of research and its prospects. ***Research Policy***, 41(6): 955–967.

Markard, J., & Truffer, B. 2008. Technological innovation systems and the multi-level perspective: Towards an integrated framework. ***Research Policy***, 37(4): 596–615.

Markoff-Legrand, A., Bocquet, R., & Gandia, R. 2024. Multi-level neo-institutional analysis of pressures and tensions for adopting a digitally driven business model innovation: Responses from a French energy incumbent. ***Technological Forecasting & Social Change***, 205: 1–14.

Marquis, C., & Lounsbury, M. 2007. Vive La Résistance: Competing Logics and the Consolidation of U.S. Community Banking. ***Academy of Management Journal***, 50(4): 799–820.

Martínez-Ferrero, J., & García-Sánchez, I.-M. 2017. Coercive, normative and mimetic isomorphism as determinants of the voluntary assurance of sustainability reports. ***International Business Review***, 26(1): 102–118.

Masocha, R., & Fatoki, O. 2018. The Impact of Coercive Pressures on Sustainability Practices of Small Businesses in South Africa. ***Sustainability***, 10(9): 1–14.

Mason, K., & Spring, M. 2011. The sites and practices of business models. ***Industrial Marketing Management***, 40(6): 1032–1041.

Massa, L., Tucci, C. L., & Afuah, A. 2017. A Critical Assessment of Business Model Research. ***Academy of Management Annals***, 11(1): 73–104.

Massaro, M., Dumay, J., & Bagnoli, C. 2019. Transparency and the rhetorical use of citations to Robert Yin in case study research. ***Meditari Accountancy Research***, 27(1): 44–71.

Matos, S., & Silvestre, B. S. 2013. Managing stakeholder relations when developing sustainable business models: the case of the Brazilian energy sector. ***Journal of Cleaner Production***, 45: 61–73.

McDonald, R. M., & Eisenhardt, K. M. 2020. Parallel Play: Startups, Nascent Markets, and Effective Business-model Design. ***Administrative Science Quarterly***, 65(2): 483–523.

McGrath, R. G. 2010. Business Models: A Discovery Driven Approach. ***Long Range Planning***, 43(2–3): 247–261.

Mehrabi, S., Perez-Mesa, J. C., & Giagnocavo, C. 2022. The Role of Consumer-Citizens and Connectedness to Nature in the Sustainable Transition to Agroecological Food Systems: The Mediation of Innovative Business Models and a Multi-Level Perspective. ***Agriculture***, 12(2): 1–21.

Meijer, L., Schipper, F., & Huijben, J. 2019. Align, adapt or amplify: Upscaling strategies for car sharing business models in Sydney, Australia. ***Environmental Innovation and Societal Transitions***, 33: 215–230.

Méndez-León, E., Díaz-Pichardo, R., Reyes-Carrillo, T., & Del Rosario Reyes-Santiago, M. 2023. What is unique about sustainable business models for the base of the pyramid? ***Business Strategy and the Environment***, 33(3): 2345–2366.

Menguc, B., Auh, S., & Ozanne, L. 2010. The Interactive Effect of Internal and External Factors on a Proactive Environmental Strategy and its Influence on a Firm's Performance. ***Journal of Business Ethics***, 94(2): 279–298.

Meyer, C. B. 2001. A Case in Case Study Methodology. ***Field Methods***, 13(4): 329–352.

Meyer, J. P., Stanley, D. J., Herscovitch, L., & Topolnytsky, L. 2002. Affective, Continuance, and Normative Commitment to the Organization: A Meta-analysis of Antecedents, Correlates, and Consequences. ***Journal of Vocational Behavior***, 61(1): 20–52.

Meyer, J. W. 2017. Reflections on Institutional Theories of Organizations. In R. Greenwood, C. Oliver, R. Suddaby & K. Sahlin (Eds.), ***The SAGE Handbook of Organizational Institutionalism***: 831–852. London: SAGE Publications Ltd.

Meyer, J. W., & Rowan, B. 1977. Institutionalized Organizations: Formal Structure as Myth and Ceremony. ***American Journal of Sociology***, 83(2): 340–363.

Meyer, K. E., Estrin, S., Bhaumik, S. K., & Peng, M. W. 2009. Institutions, resources, and entry strategies in emerging economies. ***Strategic Management Journal***, 30(1): 61–80.

Micelotta, E., Lounsbury, M., & Greenwood, R. 2017. Pathways of Institutional Change: An Integrative Review and Research Agenda. ***Journal of Management***, 43(6): 1885–1910.

Midttun, A., & Piccini, P. B. 2017. Facing the climate and digital challenge: European energy industry from boom to crisis and transformation. ***Energy Policy***, 108: 330–343.

Mihailova, D. 2023. Redefining business models for the energy transition: Social innovation and sustainable value creation in the European energy system. ***Energy Research & Social Science***, 100(103114): 1–13.

Milios, L. 2018. Advancing to a Circular Economy: three essential ingredients for a comprehensive policy mix. ***Sustainability Science***, 13(3): 861–878.

Mintrom, M., & Rogers, B. C. 2022. How can we drive sustainability transitions? ***Policy Design and Practice***, 5(3): 294–306.

Misangyi, V. F., Weaver, G. R., & Elms, H. 2008. Ending Corruption: The Interplay Among Institutional Logics, Resources, and Institutional Entrepreneurs. ***Academy of Management Review***, 33(3): 750–770.

Mollick, E. 2014. The dynamics of crowdfunding: An exploratory study. ***Journal of Business Venturing***, 29(1): 1–16.

Morgan, G., & Smircich, L. 1980. The Case for Qualitative Research. ***Academy of Management Review***, 5(4): 491–500.

Morioka, S. N., Bolis, I., & Carvalho, M. M. de. 2018. From an ideal dream towards reality analysis: Proposing Sustainable Value Exchange Matrix (SVEM) from systematic literature review on sustainable business models and face validation. ***Journal of Cleaner Production***, 178: 76–88.

Morioka, S. N., Bolis, I., Evans, S., & Carvalho, M. M. 2017. Transforming sustainability challenges into competitive advantage: Multiple case studies kaleidoscope converging into sustainable business models. ***Journal of Cleaner Production***, 167: 723–738.

Moroni, S., Alberti, V., Antoniucci, V., & Bisello, A. 2019. Energy communities in the transition to a low-carbon future: A taxonomical approach and some policy dilemmas. ***Journal of Environmental Management***, 236: 45–53.

Mouakhar, K., & Tellier, A. 2017. How do Open Source software companies respond to institutional pressures? A business model perspective. ***Journal of Enterprise Information Management***, 30(4): 534–554.

Muñoz, P., & Cohen, B. 2017. Mapping out the sharing economy: A configurational approach to sharing business modeling. ***Technological Forecasting & Social Change***, 125: 21–37.

Murray, A., Skene, K., & Haynes, K. 2017. The Circular Economy: An Interdisciplinary Exploration of the Concept and Application in a Global Context. ***Journal of Business Ethics***, 140(3): 369–380.

Musiolik, J., Markard, J., & Hekkert, M. 2012. Networks and network resources in technological innovation systems: Towards a conceptual framework for system building. ***Technological Forecasting and Social Change***, 79(6): 1032–1048.

Musiolik, J., Markard, J., Hekkert, M., & Furrer, B. 2020. Creating innovation systems: How resource constellations affect the strategies of system builders. ***Technological Forecasting & Social Change***, 153(119209): 1–13.

Mutch, A. 2007. Reflexivity and the Institutional Entrepreneur: A Historical Exploration. ***Organization Studies***, 28(7): 1123–1140.

Najmaei, A., & Sadeghinejad, Z. 2023. Green and sustainable business models: historical roots, growth trajectory, conceptual architecture and an agenda for future research-A bibliometric review of green and sustainable business models. ***Scientometrics***, 128(2): 957–999.

Nakata, C., & Weidner, K. 2012. Enhancing New Product Adoption at the Base of the Pyramid: A Contextualized Model. ***Journal of Product Innovation Management***, 29(1): 21–32.

Närvänen, E., Mattila, M., & Mesiranta, N. 2021. Institutional work in food waste reduction: Start-ups' role in moving towards a circular economy. ***Industrial Marketing Management***, 93: 605–616.

Neri, A., Cagno, E., Di Sebastiano, G., & Trianni, A. 2018. Industrial sustainability: Modelling drivers and mechanisms with barriers. ***Journal of Cleaner Production***, 194: 452–472.

Neumeyer, X., & Santos, S. C. 2018. Sustainable business models, venture typologies, and entrepreneurial ecosystems: A social network perspective. ***Journal of Cleaner Production***, 172: 4565–4579.

North, D. C. 1991. Institutions, ideology, and economic performance. ***The Journal of Economic Perspectives***, 5(1): 97–112.

Nosratabadi, S., Mosavi, A., & Lakner, Z. 2020. Food Supply Chain and Business Model Innovation. ***Foods***, 9(2): 132.

Nosratabadi, S., Mosavi, A., Shamshirband, S., Kazimieras Zavadskas, E., Rakotonirainy, A., & Chau, K. W. 2019. Sustainable Business Models: A Review. ***Sustainability***, 11(6): 1–30.

Ocasio, W. 1997. Towards an attention-based view of the firm. ***Strategic Management Journal***, 18: 187–206.

Ocasio, W. 1999. Institutionalized Action and Corporate Governance: The Reliance on Rules of CEO Succession. ***Administrative Science Quarterly***, 44(2): 384–416.

Ocasio, W., & Joseph, J. 2005. Cultural adaptation and institutional change: The evolution of vocabularies of corporate governance, 1972–2003. ***Poetics***, 33(3–4): 163–178.

Ocasio, W., & Kim, H. 1999. The Circulation of Corporate Control: Selection of Functional Backgrounds of New CEOs in Large U.S. Manufacturing Firms, 1981–1992. ***Administrative Science Quarterly***, 44(3): 532–562.

Ocasio, W., & Radoynovska, N. 2016. Strategy and commitments to institutional logics: Organizational heterogeneity in business models and governance. ***Strategic Organization***, 14(4): 287–309.

OECD. 2009. ***Sustainable Manufacturing and Eco-innovation: Framework, Practices and Measurement*****. Synthesis Report.** Paris.

OECD. 2024. ***The Climate Action Monitor 2024***. Paris: OECD Publishing.

Olawumi, T. O., & Chan, D. W. 2018. A scientometric review of global research on sustainability and sustainable development. ***Journal of Cleaner Production***, 183: 231–250.

Olesson, E., Nenonen, S., & Newth, J. 2023. Enablers and Barriers: The Conflicting Role of Institutional Logics in Business Model Change for Sustainability. ***Organization & Environment***, 36(2): 228–252.

Oliver, C. 1991. Strategic Responses to Institutional Processes. ***Academy of Management Review***, 16(1): 145–179.

Oliver, C. 1992. The Antecedents of Deinstitutionalization. ***Organization Studies***, 13(4): 563–588.

Oliver, C. 1997a. Sustainable competitive advantage: combining institutional and resource-based views. ***Strategic Management Journal***, 18(9): 697–713.

Oliver, C. 1997b. The Influence of Institutional and Task Environment Relationships on Organizational Performance: The Canadian Construction Industry. ***Journal of Management Studies***, 34(1): 99–124.

Orji, I. J. 2019. Examining barriers to organizational change for sustainability and drivers of sustainable performance in the metal manufacturing industry. ***Resources, Conservation and Recycling***, 140: 102–114.

Osterwalder, A., & Pigneur, Y. 2010. ***Business model generation: A handbook of visionaries, game changers, and challengers***. Hoboken, N.J.: John Wiley & Sons.

Osterwalder, A., Pigneur, Y., & Tucci, C. L. 2005. Clarifying Business Models: Origins, Present, and Future of the Concept. ***Communications of the Association for Information Systems***, 16: 1–25.

Pache, A.-C., & Santos, F. 2010. When Worlds Collide: The Internal Dynamics of Organizational Responses to Conflicting Institutional Demands. ***Academy of Management Review***, 35(3): 455–476.

Pacheco, D. F., York, J. G., Dean, T. J., & Sarasvathy, S. D. 2010. The Coevolution of Institutional Entrepreneurship: A Tale of Two Theories. ***Journal of Management***, 36(4): 974–1010.

Palomares-Aguirre, I., Barnett, M., Layrisse, F., & Husted, B. W. 2018. Built to scale? How sustainable business models can better serve the base of the pyramid. ***Journal of Cleaner Production***, 172: 4506–4513.

Pan, L., Xu, Z., & Skare, M. 2023. Sustainable business model innovation literature: a bibliometrics analysis. ***Review of Managerial Science***, 17(3): 757–785.

Panigrahi, S. S., Bahinipati, B., & Jain, V. 2019. Sustainable supply chain management. ***Management of Environmental Quality: An International Journal***, 30(5): 1001–1049.

Papargyropoulou, E., Lozano, R., K. Steinberger, J., Wright, N., & Ujang, Z. b. 2014. The food waste hierarchy as a framework for the management of food surplus and food waste. ***Journal of Cleaner Production***, 76: 106–115.

Parida, V., Sjödin, D., & Reim, W. 2019. Reviewing Literature on Digitalization, Business Model Innovation, and Sustainable Industry: Past Achievements and Future Promises. ***Sustainability***, 11(2): 1–18.

Parker, L. D. 2012. Qualitative management accounting research: Assessing deliverables and relevance. ***Critical Perspectives on Accounting***, 23(1): 54–70.

Payne, A. F., Storbacka, K., & Frow, P. 2008. Managing the co-creation of value. ***Journal of the Academy of Marketing Science***, 36(1): 83–96.

Pedersen, E. R. G., Neergaard, P., Pedersen, J. T., & Gwozdz, W. 2013. Conformance and Deviance: Company Responses to Institutional Pressures for Corporate Social Responsibility Reporting. ***Business Strategy and the Environment***, 22(6): 357–373.

Pelli, P., & Lähtinen, K. 2020. Servitization and bioeconomy transitions: Insights on prefabricated wooden elements supply networks. ***Journal of Cleaner Production***, 244(118711): 1–13.

Peprah, A. A., Giachetti, C., Larsen, M. M., & Rajwani, T. S. 2022. How Business Models Evolve in Weak Institutional Environments: The Case of Jumia, the Amazon.Com of Africa. ***Organization Science***, 33(1): 431–463.

Peric, M., Durkin, J., & Vitezic, V. 2017. The Constructs of a Business Model Redefined: A Half-Century Journey. ***SAGE Open***, 7(3): 1–13.

Perkmann, M., & Spicer, A. 2010. What are business models? Developing a theory of performative representations. In N. Phillips, G. Sewell & D. Griffiths (Eds.), ***Technology And Organization: Essays in Honour of Joan Woodward***: 265–275. Bradford: Emerald Publishing Limited.

Petzer, B. J. M., Wieczorek, A., & Verbong, G. 2020. Cycling as a service assessed from a combined business-model and transitions perspective. ***Environmental Innovation and Societal Transitions***, 36: 255–269.

Philippe, D., & Durand, R. 2011. The impact of norm-conforming behaviors on firm reputation. ***Strategic Management Journal***, 32(9): 969–993.

Pieroni, M. P., McAloone, T. C., & Pigosso, D. C. 2019. Business model innovation for circular economy and sustainability: A review of approaches. ***Journal of Cleaner Production***, 215: 198–216.

Pizzi, S., Corbo, L., & Caputo, A. 2021. Fintech and SMEs sustainable business models: Reflections and considerations for a circular economy. ***Journal of Cleaner Production***, 281: 1–9.

Planing, P. 2018. Towards a circular economy – how business model innovation will help to make the shift. ***International Journal of Business and Globalisation***, 20(1): 71–83.

Planko, J., Cramer, J., Hekkert, M. P., & Chappin, M. M. 2017. Combining the technological innovation systems framework with the entrepreneurs' perspective on innovation. ***Technology Analysis & Strategic Management***, 29(6): 614–625.

Plewnia, F., & Guenther, E. 2021. The Transition Value of Business Models for a Sustainable Energy System: The Case of Virtual Peer-to-Peer Energy Communities. ***Organization & Environment***, 34(3): 479–503.

Polit, D. F., & Beck, C. T. 2010. Generalization in quantitative and qualitative research: myths and strategies. ***International Journal of Nursing Studies***, 47(11): 1451–1458.

Polletta, F., & Jasper, J. M. 2001. Collective Identity and Social Movements. ***Annual Review of Sociology***, 27(1): 283–305.

Porter, M. E., & Kramer, M. R. 2011. The Big Idea: Creating Shared Value. ***Harvard Business Review***, 89: 2–17.

Proka, A., Beers, P. J., & Loorbach, D. 2018. Transformative Business Models for Sustainability Transitions. In L. Moratis, F. Melissen & S. O. Idowu (Eds.), ***Sustainable business models: Principles, promise, and practice***: 19–39. Cham: Springer.

Proka, A., Hisschemöller, M., & Loorbach, D. 2018. Transition without Conflict? Renewable Energy Initiatives in the Dutch Energy Transition. ***Sustainability***, 10(1721): 1–19.

Proka, A., Hisschemöller, M., & Loorbach, D. 2020. When top-down meets bottom-up: Is there a collaborative business model for local energy storage? ***Energy Research & Social Science***, 69(101606): 1–13.

Provance, M., Donnelly, R. G., & Carayannis, E. G. 2011. Institutional influences on business model choice by new ventures in the microgenerated energy industry. ***Energy Policy***, 39(9): 5630–5637.

Ramos-Mejía, M., & Balanzo, A. 2018. What It Takes to Lead Sustainability Transitions from the Bottom-Up: Strategic Interactions of Grassroots Ecopreneurs. ***Sustainability***, 10(7): 2294.

Ranta, V., Aarikka-Stenroos, L., & Mäkinen, S. J. 2018. Creating value in the circular economy: A structured multiple-case analysis of business models. ***Journal of Cleaner Production***, 201: 988–1000.

Ranta, V., Aarikka-Stenroos, L., Ritala, P., & Mäkinen, S. J. 2018. Exploring institutional drivers and barriers of the circular economy: A cross-regional comparison of China, the US, and Europe. ***Resources, Conservation and Recycling***, 135: 70–82.

Rao, H. 1998. Caveat Emptor: The Construction of Nonprofit Consumer Watchdog Organizations. ***American Journal of Sociology***, 103(4): 912–961.

Rao, H., Monin, P., & Durand, R. 2003. Institutional Change in Toque Ville: Nouvelle Cuisine as an Identity Movement in French Gastronomy. ***American Journal of Sociology***, 108(4): 795–843.

Rashid, Y., Rashid, A., Warraich, M. A., Sabir, S. S., & Waseem, A. 2019. Case Study Method: A Step-by-Step Guide for Business Researchers. ***International Journal of Qualitative Methods***, 18: 1–13.

Rauschmayer, F., Bauler, T., & Schäpke, N. 2015. Towards a thick understanding of sustainability transitions — Linking transition management, capabilities and social practices. ***Ecological Economics***, 109: 211–221.

Rauter, R., Jonker, J., & Baumgartner, R. J. 2017. Going one's own way: drivers in developing business models for sustainability. ***Journal of Cleaner Production***, 140: 144–154.

Rauter, R., Santa-Maria, T., & Schöggl, J.-P. 2022. Sustainable Business Models State of the Art and Emerging Avenues. In K. Baker (Ed.), ***The Role of Business in Global Sustainability Transformations***: 26–44. Routledge.

Raven, R., & Geels, F. W. 2010. Socio-cognitive evolution in niche development: Comparative analysis of biogas development in Denmark and the Netherlands (1973–2004). ***Technovation***, 30(2): 87–99.

Raynard, M. 2016. Deconstructing complexity: Configurations of institutional complexity and structural hybridity. ***Strategic Organization***, 14(4): 310–335.

Reese, H. W. 2011. The learning-by-doing principle. ***Behavioral Development Bulletin***, 17(1): 1–19.

Reim, W., Parida, V., & Örtqvist, D. 2015. Product–Service Systems (PSS) business models and tactics – a systematic literature review. ***Journal of Cleaner Production***, 97: 61–75.

Reinecke, J., Donaghey, J., Bocken, N., & Lauriano, L. 2019. ***Business Model and Labour Standards: Making the Connection***. London.

Remané, G., Hanelt, A., Tesch, F. J., & Kolb, M. L. 2017. The Business Model Pattern Database: A Tool for Systematic BMI. ***International Journal of Innovation Management***, 21(1): 1–61.

Rentería Núñez, G., & Perez-Castillo, D. 2023. Business Models for Industrial Symbiosis: A Literature Review. ***Sustainability***, 15(12): 1–24.

Rezaeian, M., Pinkse, J., & Rigby, J. 2024a. Transforming titans: The role of policy mixes in business model adaptation strategies for sustainability transitions. ***Energy Research & Social Science***, 112(103499): 1–16.

Rezaeian, M., Pinkse, J., & Rigby, J. 2024b. Transition policy mixes and business model adaptation: Incumbent firms' response to zero-carbon policy in the housing sector. ***Business Strategy and the Environment***: 1–18.

Ribeiro, I., Sobral, P., Peças, P., & Henriques, E. 2018. A sustainable business model to fight food waste. ***Journal of Cleaner Production***, 177: 262–275.

Richardson, J. 2008. The business model: an integrative framework for strategy execution. ***Strategic Change***, 17(5–6): 133–144.

Richter, M. 2013. Business model innovation for sustainable energy: German utilities and renewable energy. ***Energy Policy***, 62: 1226–1237.

Rip, A., & Kemp, R. 1998. Technological change. In S. Rayner & E. L. Malone (Eds.), ***Human choice and climate change***: 327–399. Columbus, Ohio: Battelle Press.

Ritala, P., Albareda, L., & Bocken, N. 2021. Value creation and appropriation in economic, social, and environmental domains: Recognizing and resolving the institutionalized asymmetries. ***Journal of Cleaner Production***, 290(125796): 1–14.

Ritchie, W. J., & Melnyk, S. A. 2012. The impact of emerging institutional norms on adoption timing decisions: evidence from C-TPAT—A government antiterrorism initiative. ***Strategic Management Journal***, 33(7): 860–870.

Rivas-Hermann, R., Köhler, J., & Scheepens, A. E. 2015. Innovation in product and services in the shipping retrofit industry: a case study of ballast water treatment systems. ***Journal of Cleaner Production***, 106: 443–454.

Robèrt, K.-H., & Broman, G. 2017. Prisoners' dilemma misleads business and policy making. ***Journal of Cleaner Production***, 140: 10–16.

Robinson, O. C. 2014. Sampling in Interview-Based Qualitative Research: A Theoretical and Practical Guide. ***Qualitative Research in Psychology***, 11(1): 25–41.

Rogers, E. M. 1983. ***Diffusion of innovations*** (3. ed.). New York, NY: Free Press.

Rogge, K. S., & Reichardt, K. 2016. Policy mixes for sustainability transitions: An extended concept and framework for analysis. ***Research Policy***, 45(8): 1620–1635.

Roman, P., Thiry, G., Muylaert, C., Ruwet, C., & Maréchal, K. 2023. Defining and identifying strongly sustainable product-service systems (SSPSS). ***Journal of Cleaner Production***, 391(136295): 1–18.

Roome, N., & Louche, C. 2016. Journeying Toward Business Models for Sustainability. ***Organization & Environment***, 29(1): 11–35.

Rosca, E., Arnold, M., & Bendul, J. C. 2017. Business models for sustainable innovation – an empirical analysis of frugal products and services. ***Journal of Cleaner Production***, 162: 133–145.

Rosenbloom, D. 2020. Engaging with multi-system interactions in sustainability transitions: A comment on the transitions research agenda. ***Environmental Innovation and Societal Transitions***, 34: 336–340.

Rossignoli, F., & Lionzo, A. 2018. Network impact on business models for sustainability: Case study in the energy sector. ***Journal of Cleaner Production***, 182: 694–704.

Rothaermel, F. T. 2001. Complementary assets, strategic alliances, and the incumbent's advantage: an empirical study of industry and firm effects in the biopharmaceutical industry. ***Research Policy***, 30(8): 1235–1251.

Rotmans, J., Kemp, R., & van Asselt, M. 2001. More evolution than revolution: transition management in public policy. ***Foresight***, 3(1): 15–31.

Rovanto, I. K., & Bask, A. 2021. Systemic circular business model application at the company, supply chain and society levels—A view into circular economy native and adopter companies. ***Business Strategy and the Environment***, 30(2): 1153–1173.

Ruggiero, S., Kangas, H.-L., Annala, S., & Lazarevic, D. 2021. Business model innovation in demand response firms: Beyond the niche-regime dichotomy. ***Environmental Innovation and Societal Transitions***, 39: 1–17.

Russell, M., Gianoli, A., & Grafakos, S. 2020. Getting the ball rolling: an exploration of the drivers and barriers towards the implementation of bottom-up circular economy initiatives in Amsterdam and Rotterdam. ***Journal of Environmental Planning and Management***, 63(11): 1903–1926.

Rutherford, M. W., & Buller, P. F. 2007. Searching for the Legitimacy Threshold. ***Journal of Management Inquiry***, 16(1): 78–92.

Sabatier, V., Craig-Kennard, A., & Mangematin, V. 2012. When technological discontinuities and disruptive business models challenge dominant industry logics: Insights from the drugs industry. ***Technological Forecasting and Social Change***, 79(5): 949–962.

Sabatier, V., Medah, I., Augsdorfer, P., & Maduekwe, A. 2017. Social business model design and implementation in developing countries. ***Journal of Management Development***, 36(1): 48–57.

Saebi, T., Foss, N. J., & Linder, S. 2019. Social Entrepreneurship Research: Past Achievements and Future Promises. ***Journal of Management***, 45(1): 70–95.

Safarzyńska, K., Frenken, K., & van den Bergh, J. C. 2012. Evolutionary theorizing and modeling of sustainability transitions. ***Research Policy***, 41(6): 1011–1024.

Sajjad, A., Eweje, G., & Tappin, D. 2020. Managerial perspectives on drivers for and barriers to sustainable supply chain management implementation: Evidence from New Zealand. ***Business Strategy and the Environment***, 29(2): 592–604.

Santos, F., Pache, A.-C., & Birkholz, C. 2015. Making Hybrids Work: Aligning Business Models and Organizational Design for Social Enterprises. ***California Management Review***, 57(3): 36–58.

Santos, J., Spector, B., & van der Heyden, L. 2009. Toward a Theory of Business Model Innovation within Incumbent Firms. ***SSRN Electronic Journal***, (Working Paper No. 16): 1–53.

Sarasini, S., & Langeland, O. 2021. Business model innovation as a process for transforming user mobility practices. ***Environmental Innovation and Societal Transitions***, 39: 229–248.

Sarasini, S., & Linder, M. 2018. Integrating a business model perspective into transition theory: The example of new mobility services. ***Environmental Innovation and Societal Transitions***, 27: 16–31.

Sarma, S., & Sun, S. L. 2017. The genesis of fabless business model: Institutional entrepreneurs in an adaptive ecosystem. ***Asia Pacific Journal of Management***, 34(3): 587–617.

Schaltegger, S., Hansen, E. G., & Lüdeke-Freund, F. 2016. Business Models for Sustainability: Origins, Present Research, and Future Avenues. ***Organization & Environment***, 29(1): 3–10.

Schaltegger, S., Hörisch, J., & Loorbach, D. 2020. Corporate and entrepreneurial contributions to sustainability transitions. ***Business Strategy and the Environment***, 29(3): 1617–1618.

Schaltegger, S., Loorbach, D., & Hörisch, J. 2023. Managing entrepreneurial and corporate contributions to sustainability transitions. ***Business Strategy and the Environment***, 32(2): 891–902.

Schaltegger, S., Lüdeke-Freund, F., & Hansen, E. G. 2012. Business cases for sustainability: The role of business model innovation for corporate sustainability. ***International Journal of Innovation and Sustainable Development***, 6(2): 95–119.

Schaltegger, S., Lüdeke-Freund, F., & Hansen, E. G. 2016. Business Models for Sustainability: A Co-Evolutionary Analysis of Sustainable Entrepreneurship, Innovation, and Transformation. ***Organization & Environment***, 29(3): 264–289.

Schaltegger, S., & Wagner, M. 2011. Sustainable entrepreneurship and sustainability innovation: categories and interactions. ***Business Strategy and the Environment***, 20(4): 222–237.

Schäpke, N., Omann, I., Wittmayer, J., van Steenbergen, F., & Mock, M. 2017. Linking Transitions to Sustainability: A Study of the Societal Effects of Transition Management. ***Sustainability***, 9(5): 737.

Schilling, T., Wyss, R., & Binder, C. R. 2018. The Resilience of Sustainability Transitions. ***Sustainability***, 10(12): 1–23.

Schneider, S., & Spieth, P. 2013. Business model innovation: Towards an integrated future research agenda. ***International Journal of Innovation Management***, 17(1): 1–34.

Schoneveld, G. C. 2020. Sustainable business models for inclusive growth: Towards a conceptual foundation of inclusive business. ***Journal of Cleaner Production***, 277: 124062.

Schot, J., & Geels, F. W. 2008. Strategic niche management and sustainable innovation journeys: theory, findings, research agenda, and policy. ***Technology Analysis & Strategic Management***, 20(5): 537–554.

Scott, R. W. 1991. Unpacking Institutional Arguments. In W. W. Powell & P. J. DiMaggio (Eds.), ***The New Institutionalism in Organizational Analysis***: 164–182. Chicago: University of Chicago Press.

Scott, W. R. 1987. The Adolescence of Institutional Theory. ***Administrative Science Quarterly***, 32(4): 493.

Scott, W. R. 2013. ***Institutions and organizations: Ideas, interests and identities*** (4th ed.). Thousand Oaks, CA: Sage Publishing.

Seawright, J., & Gerring, J. 2008. Case Selection Techniques in Case Study Research. ***Political Research Quarterly***, 61(2): 294–308.

Seo, M.-G., & Creed, W. E. D. 2002. Institutional Contradictions, Praxis, and Institutional Change: A Dialectical Perspective. ***Academy of Management Review***, 27(2): 222–247.

Sewell, W. H. 1992. A Theory of Structure: Duality, Agency, and Transformation. ***American Journal of Sociology***, 98(1): 1–29.

Sewell, W. H. 1996. Historical events as transformations of structures: Inventing revolution at the Bastille. ***Theory and Society***, 25(6): 841–881.

Shadish, W. R., Cook, T. D., & Campbell, D. T. 2003. ***Experimental and quasi-experimental designs for generalized causal inference***. Boston: Houghton Mifflin.

Shafer, S. M., Smith, H. J., & Linder, J. C. 2005. The power of business models. ***Business Horizons***, 48(3): 199–207.

Shakeel, J., Mardani, A., Chofreh, A. G., Goni, F. A., & Klemeš, J. J. 2020. Anatomy of sustainable business model innovation. ***Journal of Cleaner Production***, 261(121201): 1–14.

Shove, E., & Walker, G. 2007. Caution! Transitions Ahead: Politics, Practice, and Sustainable Transition Management. ***Environment and Planning A: Economy and Space***, 39(4): 763–770.

Silvia, C., & Truzzi, S. 2020. Sustainable Business Models: Literature Review of Main Contributions and Themes. ***International Journal of Business and Management***, 15(5): 11–25.

Sinkovics, N., Gunaratne, D., Sinkovics, R. R., & Molina-Castillo, F.-J. 2021. Sustainable Business Model Innovation: An Umbrella Review. ***Sustainability***, 13(13): 1–17.

Sinkovics, R. R., & Alfoldi, E. A. 2012. Progressive Focusing and Trustworthiness in Qualitative Research. ***Management International Review***, 52(6): 817–845.

Smets, M., Morris, T., & Greenwood, R. 2012. From Practice to Field: A Multilevel Model of Practice-Driven Institutional Change. ***Academy of Management Journal***, 55(4): 877–904.

Smink, M. M., Hekkert, M. P., & Negro, S. O. 2015. Keeping sustainable innovation on a leash? Exploring incumbents' institutional strategies. ***Business Strategy and the Environment***, 24(2): 86–101.

Smith, A., & Raven, R. 2012. What is protective space? Reconsidering niches in transitions to sustainability. ***Research Policy***, 41(6): 1025–1036.

Smith, A., Stirling, A., & Berkhout, F. 2005. The governance of sustainable socio-technical transitions. ***Research Policy***, 34(10): 1491–1510.

Smith, A., Voß, J.-P., & Grin, J. 2010. Innovation studies and sustainability transitions: The allure of the multi-level perspective and its challenges. ***Research Policy***, 39(4): 435–448.

Sommer, B., Stumpf, K., Köhne, R., Kny, J., & Wiefek, J. 2019. Die zivilgesellschaftliche Bewegung der ›Gemeinwohl-Ökonomie‹ (GWÖ) aus Perspektive der sozialwissenschaftlichen Transformationsforschung und Praktischen Philosophie. ***Zeitschrift für Wirtschafts- und Unternehmensethik***, 20(3): 448–457.

Sorescu, A., Frambach, R. T., Singh, J., Rangaswamy, A., & Bridges, C. 2011. Innovations in Retail Business Models. ***Journal of Retailing***, 87(1): 3–16.

Sorrell, S. 2007. The economics of energy service contracts. ***Energy Policy***, 35(1): 507–521.

Sosna, M., Trevinyo-Rodríguez, R. N., & Velamuri, S. R. 2010. Business Model Innovation through Trial-and-Error Learning. ***Long Range Planning***, 43(2–3): 383–407.

Souto, J. E. 2015. Business model innovation and business concept innovation as the context of incremental innovation and radical innovation. ***Tourism Management***, 51: 142–155.

Sovacool, B. K., Turnheim, B., Martiskainen, M., Brown, D., & Kivimaa, P. 2020. Guides or gatekeepers? Incumbent-oriented transition intermediaries in a low-carbon era. ***Energy Research & Social Science***, 66(101490): 1–17.

Späth, P., Rohracher, H., & Radecki, A. von. 2016. Incumbent Actors as Niche Agents: The German Car Industry and the Taming of the "Stuttgart E-Mobility Region". ***Sustainability***, 8(3): 1–16.

Speich, M., & Ulli-Beer, S. 2023. Applying an ecosystem lens to low-carbon energy transitions: A conceptual framework. ***Journal of Cleaner Production***, 398(136429): 1–12.

Spieth, P., Schneider, S., Clauß, T., & Eichenberg, D. 2019. Value drivers of social businesses: A business model perspective. ***Long Range Planning***, 52(3): 427–444.

Stahel, W. R. 2013. Policy for material efficiency-sustainable taxation as a departure from the throwaway society. ***Philosophical transactions. Series A, Mathematical, physical, and engineering sciences***, 371(1986): 1–19.

Stål, H. I., & Corvellec, H. 2018. A decoupling perspective on circular business model implementation: Illustrations from Swedish apparel. ***Journal of Cleaner Production***, 171: 630–643.

Stephan, U., Patterson, M., Kelly, C., & Mair, J. 2016. Organizations Driving Positive Social Change. ***Journal of Management***, 42(5): 1250–1281.

Stephan, U., Uhlaner, L. M., & Stride, C. 2015. Institutions and social entrepreneurship: The role of institutional voids, institutional support, and institutional configurations. ***Journal of International Business Studies***, 46(3): 308–331.

Strauss, A. L., & Corbin, J. M. 1998. ***Basics of qualitative research: Techniques and procedures for developing grounded theory*** (2. ed.). Thousand Oaks: SAGE.

Stubbs, W. 2017. Characterising B Corps as a sustainable business model: An exploratory study of B Corps in Australia. ***Journal of Cleaner Production***, 144: 299–312.

Stubbs, W., & Cocklin, C. 2008. Conceptualizing a "Sustainability Business Model". ***Organization & Environment***, 21(2): 103–127.

Suchman, M. C. 1995. Managing Legitimacy: Strategic and Institutional Approaches. ***Academy of Management Review***, 20(3): 571–610.

Suddaby, R., & Greenwood, R. 2005. Rhetorical Strategies of Legitimacy. ***Administrative Science Quarterly***, 50(1): 35–67.

Sühlsen, K., & Hisschemöller, M. 2014. Lobbying the 'Energiewende'. Assessing the effectiveness of strategies to promote the renewable energy business in Germany. ***Energy Policy***, 69: 316–325.

Sułek, A., & Borowski, P. F. 2024. Business Models on the Energy Market in the Era of a Low-Emission Economy. ***Energies***, 17(13): 3235.

Sushandoyo, D., & Magnusson, T. 2014. Strategic niche management from a business perspective: taking cleaner vehicle technologies from prototype to series production. ***Journal of Cleaner Production***, 74: 17–26.

Susur, E., & Engwall, M. 2023. A transitions framework for circular business models. ***Journal of Industrial Ecology***, 27(1): 19–32.

Swiss Re Institute. 2021. The Economics of Climate Change: No Action Not an Option, from: https://www.swissre.com/dam/jcr:e73ee7c3-7f83-4c17-a2b8-8ef23a8d3312/swiss-re-institute-expertise-publication-economics-of-climate-change.pdf.

Tajfel, H., & Turner, J. 1979. An integrative theory of intergroup conflict. In M. J. Hatch & M. Schultz (Eds.), ***The social psychology of intergroup relations***: 56–65. Monterey, Calif.: Brooks/Cole Publ., 1979.

Täuscher, K., & Laudien, S. M. 2018. Understanding platform business models: A mixed methods study of marketplaces. ***European Management Journal***, 36(3): 319–329.

Teece, D. J. 2007. Explicating dynamic capabilities: the nature and microfoundations of (sustainable) enterprise performance. ***Strategic Management Journal***, 28(13): 1319–1350.

Teece, D. J. 2010. Business Models, Business Strategy and Innovation. ***Long Range Planning***, 43(2–3): 172–194.

Teece, D. J., Pisano, G., & Shuen, A. 1997. Dynamic capabilities and strategic management. ***Strategic Management Journal***, 18(7): 509–533.

Teo, Wei, & Benbasat. 2003. Predicting Intention to Adopt Interorganizational Linkages: An Institutional Perspective. ***MIS Quarterly***, 27(1): 19–49.

Terlaak, A. 2007. Order without law? the role of certified management standards in shaping socially desired firm behaviors. ***Academy of Management Review***, 32(3): 968–985.

Thollander, P., Backlund, S., Trianni, A., & Cagno, E. 2013. Beyond barriers – A case study on driving forces for improved energy efficiency in the foundry industries in Finland, France, Germany, Italy, Poland, Spain, and Sweden. ***Applied Energy***, 111: 636–643.

Thompson, N. A., Herrmann, A. M., & Hekkert, M. P. 2015. How sustainable entrepreneurs engage in institutional change: insights from biomass torrefaction in the Netherlands. ***Journal of Cleaner Production***, 106: 608–618.

Thornton, P. H., Jones, C., & Kury, K. 2005. Institutional Logics and Institutional Change in Organizations: Transformation in Accounting, Architecture, and Publishing. ***Research in the Sociology of Organizations***, 23: 125–170.

Thornton, P. H., & Ocasio, W. 1999. Institutional Logics and the Historical Contingency of Power in Organizations: Executive Succession in the Higher Education Publishing Industry, 1958– 1990. ***American Journal of Sociology***, 105(3): 801–843.

Thornton, P. H., & Ocasio, W. 2017. Institutional Logics. In R. Greenwood, C. Oliver, R. Suddaby & K. Sahlin (Eds.), ***The SAGE Handbook of Organizational Institutionalism***: 99–128. London: SAGE Publications Ltd.

Thurmond, V. A. 2001. The Point of Triangulation. ***Journal of Nursing Scholarship***, 33(3): 253–258.

Timmers, P. 1998. Business Models for Electronic Markets. ***Electronic Markets***, (8): 3–8.

Todeschini, B. V., Cortimiglia, M. N., Callegaro-de-Menezes, D., & Ghezzi, A. 2017. Innovative and sustainable business models in the fashion industry: Entrepreneurial drivers, opportunities, and challenges. ***Business Horizons***, 60(6): 759–770.

Tongur, S., & Engwall, M. 2014. The business model dilemma of technology shifts. ***Technovation***, 34(9): 525–535.

Trapp, C. T., & Kanbach, D. K. 2021. Green entrepreneurship and business models: Deriving green technology business model archetypes. ***Journal of Cleaner Production***, 297(126694): 1–17.

Trianni, A., Cagno, E., Marchesani, F., & Spallina, G. 2017. Classification of drivers for industrial energy efficiency and their effect on the barriers affecting the investment decision-making process. ***Energy Efficiency***, 10(1): 199–215.

Trimi, S., & Berbegal-Mirabent, J. 2012. Business model innovation in entrepreneurship. ***International Entrepreneurship and Management Journal***, 8(4): 449–465.

Trotter, P. A., & Brophy, A. 2022. Policy mixes for business model innovation: The case of off-grid energy for sustainable development in sub-Saharan Africa. ***Research Policy***, 51(6): 1–25.

Tschiedel, C., Feiter, T., & Kock, A. 2024. Engaging Paradoxical Tensions in Cross-Sectoral Collaborative Business Model Development for Sustainability: A Case Study in the Urban Energy Transition. ***Organization & Environment***: 1–26.

Tseng, M.-L., Wang, R., Chiu, A. S., Geng, Y., & Lin, Y. H. 2013. Improving performance of green innovation practices under uncertainty. ***Journal of Cleaner Production***, 40: 71–82.

Tukker, A., & Ekins, P. 2019. Concepts Fostering Resource Efficiency: A Trade-off Between Ambitions and Viability. ***Ecological Economics***, 155: 36–45.

Tunn, V., Bocken, N., van den Hende, E. A., & Schoormans, J. 2019. Business models for sustainable consumption in the circular economy: An expert study. ***Journal of Cleaner Production***, 212: 324–333.

Tura, N., Hanski, J., Ahola, T., Ståhle, M., Piiparinen, S., & Valkokari, P. 2019. Unlocking circular business: A framework of barriers and drivers. ***Journal of Cleaner Production***, 212: 90–98.

Turnheim, B., & Geels, F. W. 2012. Regime destabilisation as the flipside of energy transitions: Lessons from the history of the British coal industry (1913–1997). ***Energy Policy***, 50: 35–49.

Umweltbundesamt. 2019. ***Transformation des Ernährungssystems: Grundlagen und Perspektiven.***

Umweltbundesamt. 2021. ***Sozial-ökologische Transformation des Ernährungssystems: Politische Interventionsmöglichkeiten auf Basis aktueller Erkenntnisse der Transformationsforschung.***

Umweltbundesamt. 2025. Nahrungsmittelindustrie, from: https://www.umweltbundesamt.de/themen/wirtschaft-konsum/industriebranchen/nahrungs-futtermittelindustrie-tierhaltungsanlagen/nahrungsmittelindustrie#allgemeines.

UN General Assembly. 2021. Implementation of the outcome of the World Summit for Social Development and of the twenty-fourth special session of the General Assembly: Report of the Secretary-General, from: https://documents-dds-ny.un.org/doc/UNDOC/GEN/N21/198/09/PDF/N2119809.pdf?OpenElement.

United Nations Department of Economic and Social Affairs. 2024. ***World Social Report 2024: Social Development in Times of Converging Crises: A Call for Global Action.*** United Nations publication.

United Nations Environment Programme. 2024. Emissions Gap Report 2024: No more hot air … please! With a massive gap between rhetoric and reality, countries draft new climate commitments., from: https://www.unep.org/emissions-gap-report-2024.

Upward, A., & Jones, P. 2016. An Ontology for Strongly Sustainable Business Models. ***Organization & Environment***, 29(1): 97–123.

Utterback, J. M., & Abernathy, W. J. 1975. A dynamic model of process and product innovation. ***Omega***, 3(6): 639–656.

van Bommel, K., Henkemans, M. B., Brinkhorst, T., & Meurs, M. 2020. A Review of Sustainable Business Models: Past Accomplishments and Future Promises. ***Journal of Sustainability Research***, 2(3): 1–25.

van der Schoor, T., & Scholtens, B. 2015. Power to the people: Local community initiatives and the transition to sustainable energy. ***Renewable and Sustainable Energy Reviews***, 43: 666–675.

van Hemel, C., & Cramer, J. 2002. Barriers and stimuli for ecodesign in SMEs. ***Journal of Cleaner Production***, 10(5): 439–453.

van Opstal, W., & Smeets, A. 2023. Circular economy strategies as enablers for solar PV adoption in organizational market segments. ***Sustainable Production and Consumption***, 35: 40–54.

van Waes, A., Farla, J., Frenken, K., Jong, J. P. de, & Raven, R. 2018. Business model innovation and socio-technical transitions. A new prospective framework with an application to bike sharing. ***Journal of Cleaner Production***, 195: 1300–1312.

Varadarajan, R. 2017. Innovating for sustainability: a framework for sustainable innovations and a model of sustainable innovations orientation. ***Journal of the Academy of Marketing Science***, 45(1): 14–36.

Vasileiadou, E., Huijben, J., & Raven, R. 2016. Three is a crowd? Exploring the potential of crowdfunding for renewable energy in the Netherlands. ***Journal of Cleaner Production***, 128: 142–155.

Velter, M., Bitzer, V., Bocken, N., & Kemp, R. 2020. Sustainable business model innovation: The role of boundary work for multi-stakeholder alignment. ***Journal of Cleaner Production***, 247(119497): 1–17.

Verleye, K., Keyser, A. de, Raassens, N., Alblas, A. A., Lit, F. C., & Huijben, J. C. C. M. 2023. Pushing Forward the Transition to a Circular Economy by Adopting an Actor Engagement Lens. ***Journal of Service Research***: 1–20.

Vermunt, D. A., Negro, S. O., Verweij, P. A., Kuppens, D. V., & Hekkert, M. P. 2019. Exploring barriers to implementing different circular business models. ***Journal of Cleaner Production***, 222: 891–902.

Vernay, A.-L., Cartel, M., & Pinkse, J. 2022. Mainstreaming Business Models for Sustainability in Mature Industries: Leveraging Alternative Institutional Logics for Optimal Distinctiveness. ***Organization & Environment***, 35(3): 414–445.

Vernay, A.-L., Sebi, C., & Arroyo, F. 2023. Energy community business models and their impact on the energy transition: Lessons learnt from France. ***Energy Policy***, 175(113473): 1–13.

Visnjic, I., Wiengarten, F., & Neely, A. 2016. Only the Brave: Product Innovation, Service Business Model Innovation, and Their Impact on Performance. ***Journal of Product Innovation Management***, 33(1): 36–52.

Wagner, O., Adisorn, T., Tholen, L., & Kiyar, D. 2020. Surviving the Energy Transition: Development of a Proposal for Evaluating Sustainable Business Models for Incumbents in Germany's Electricity Market. ***Energies***, 13(3): 1–17.

Wainstein, M. E., & Bumpus, A. G. 2016. Business models as drivers of the low carbon power system transition: a multi-level perspective. ***Journal of Cleaner Production***, 126: 572–585.

Walgenbach, P. 2006. Neoinstitutionalistische Ansätze in der Organisationstheorie. In A. Kieser & M. Ebers (Eds.), ***Organisationstheorien*** (6., erw. Aufl.): 353–401. Stuttgart: Kohlhammer.

Walker, H., Di Sisto, L., & McBain, D. 2008. Drivers and barriers to environmental supply chain management practices: Lessons from the public and private sectors. ***Journal of Purchasing and Supply Management***, 14(1): 69–85.

Wallin, A. J., & Fuglsang, L. 2017. Service innovations breaking institutionalized rules of health care. ***Journal of Service Management***, 28(5): 972–997.

WBCSD. 2021. Vision 2050: Roadmap for a sustainable earth, from: https://www.wbcsd.org/T2TV2050.

Weking, J., Hein, A., Böhm, M., & Krcmar, H. 2020. A hierarchical taxonomy of business model patterns. ***Electronic Markets***, 30(3): 447–468.

Wells, P. 2016. Economies of Scale Versus Small Is Beautiful. ***Organization & Environment***, 29(1): 36–52.

Werner, V., Flaig, A., Magnusson, T., & Ottosson, M. 2022. Using dynamic capabilities to shape markets for alternative technologies: A comparative case study of automotive incumbents. ***Environmental Innovation and Societal Transitions***, 42: 12–26.

Wesseling, J. H., Bidmon, C., & Bohnsack, R. 2020. Business model design spaces in socio-technical transitions: The case of electric driving in the Netherlands. ***Technological Forecasting and Social Change***, 154(119950): 1–11.

Wesseling, J. H., Farla, J., Sperling, D., & Hekkert, M. P. 2014. Car manufacturers' changing political strategies on the ZEV mandate. ***Transportation Research Part D: Transport and Environment***, 33: 196–209.

Westley, F., Olsson, P., Folke, C., Homer-Dixon, T., Vredenburg, H., Loorbach, D., Thompson, J., Nilsson, M., Lambin, E., Sendzimir, J., Banerjee, B., Galaz, V., & van der Leeuw, S. 2011. Tipping toward sustainability: emerging pathways of transformation. ***Ambio***, 40(7): 762–780.

Wieczorek, A. J. 2018. Sustainability transitions in developing countries: Major insights and their implications for research and policy. ***Environmental Science & Policy***, 84: 204–216.

Wirtz, B. W., Pistoia, A., Ullrich, S., & Göttel, V. 2016. Business Models: Origin, Development and Future Research Perspectives. ***Long Range Planning***, 49(1): 36–54.

Wirtz, B. W., Schilke, O., & Ullrich, S. 2010. Strategic Development of Business Models: Implications of the Web 2.0 for Creating Value on the Internet. ***Long Range Planning***, 43(2–3): 272–290.

Wooten, M., & Hoffman, A. J. 2017. Organizational Fields Past, Present and Future. In R. Greenwood, C. Oliver, R. Suddaby & K. Sahlin (Eds.), ***The SAGE Handbook of Organizational Institutionalism***. London: SAGE Publications Ltd.

Xia-Bauer, C., Vondung, F., Thomas, S., & Moser, R. 2022. Business Model Innovations for Renewable Energy Prosumer Development in Germany. ***Sustainability***, 14(13): 1–17.

Xu, D., & Shenkar, O. 2002. Institutional Distance and The Multinational Enterprise. ***Academy of Management Review***, 27(4): 608–618.

Yang, M., Evans, S., Vladimirova, D., & Rana, P. 2017. Value uncaptured perspective for sustainable business model innovation. ***Journal of Cleaner Production***, 140: 1794–1804.

Yin, R. K. 2018. ***Case study research and applications: Design and methods*** (Sixth edition). Los Angeles, London, New Delhi, Singapore, Washington DC, Melbourne: SAGE.

Yin, R. K., Bateman, P. G., & Moore, G. B. 1985. Case Studies and Organizational Innovation. ***Knowledge***, 6(3): 249–260.

Yip, A. W., & Bocken, N. M. 2018. Sustainable business model archetypes for the banking industry. ***Journal of Cleaner Production***, 174: 150–169.

Yunus, M., Moingeon, B., & Lehmann-Ortega, L. 2010. Building Social Business Models: Lessons from the Grameen Experience. ***Long Range Planning***, 43(2–3): 308–325.

Zapata Riveros, J., Speich, M., West, M., & Ulli-Beer, S. 2021. Combining Business Model Innovation and Model-Based Analysis to Tackle the Deep Uncertainty of Societal Transitions—A Case Study on Industrial Electrification and Power Grid Management. ***Sustainability***, 13(13): 1–29.

Zhang, X., Antonialli, F., Bonnardel, S. M., & Bareille, O. 2024. Where business model innovation comes from and where it goes: A bibliometric review. ***Creativity and Innovation Management***, 33(2): 109–126.

Zhao, E. Y., Fisher, G., Lounsbury, M., & Miller, D. 2017. Optimal distinctiveness: Broadening the interface between institutional theory and strategic management. ***Strategic Management Journal***, 38(1): 93–113.

Zhao, E. Y., Ishihara, M., Jennings, P. D., & Lounsbury, M. 2018. Optimal Distinctiveness in the Console Video Game Industry: An Exemplar-Based Model of Proto-Category Evolution. ***Organization Science***, 29(4): 588–611.

Zhu, Q., & Geng, Y. 2013. Drivers and barriers of extended supply chain practices for energy saving and emission reduction among Chinese manufacturers. ***Journal of Cleaner Production***, 40: 6–12.

Zhu, Q., Sarkis, J., & Lai, K. 2013. Institutional-based antecedents and performance outcomes of internal and external green supply chain management practices. ***Journal of Purchasing and Supply Management***, 19(2): 106–117.

Zilber, T. B. 2007. Stories and the Discursive Dynamics of Institutional Entrepreneurship: The Case of Israeli High-tech after the Bubble. ***Organization Studies***, 28(7): 1035–1054.

Zimmerman, M. A., & Zeitz, G. J. 2002. Beyond Survival: Achieving New Venture Growth by Building Legitimacy. ***Academy of Management Review***, 27(3): 414–431.

Zolfagharian, M., Walrave, B., Raven, R., & Romme, A. G. L. 2019. Studying transitions: Past, present, and future. ***Research Policy***, 48(9): 1–16.

Zott, C., & Amit, R. 2007. Business Model Design and the Performance of Entrepreneurial Firms. ***Organization Science***, 18(2): 181–199.

Zott, C., & Amit, R. 2008. The fit between product market strategy and business model: implications for firm performance. ***Strategic Management Journal***, 29(1): 1–26.

Zott, C., & Amit, R. 2010. Business Model Design: An Activity System Perspective. ***Long Range Planning***, 43(2–3): 216–226.

Zott, C., Amit, R., & Massa, L. 2011. The Business Model: Recent Developments and Future Research. ***Journal of Management***, 37(4): 1019–1042.

Zucker, L. 1987. Institutional Theories Of Organization. ***Annual Review of Sociology***, 13(1): 443–464.

Zucker, L. G. 1977. The Role of Institutionalization in Cultural Persistence. ***American Sociological Review***, 42(5): 726.

FSC
www.fsc.org
MIX
Papier | Fördert
gute Waldnutzung
FSC® C083411

Kolibri 360 GmbH
Ferdinand-Jühlke-Straße 7
99095 Erfurt, Deutschland
produktsicherheit@kolibri360.de